中国科学院科学出版基金资助出版

国防科技大学研究生教材专项经费资助出版

量子计算机研究(下)

——纠错和容错计算

李承祖　陈平形　梁林梅　戴宏毅　编著

科 学 出 版 社

北　京

内 容 简 介

量子信息学是20世纪80年代以量子物理学为基础，融入计算机科学、经典信息论形成的新兴交叉学科，主要包括量子通信和量子计算两个分支。本书是关于量子计算机研究，分上、下两册出版。上册是关于量子计算机原理和物理实现，下册是关于量子纠错和容错量子计算。

本书为下册，内容包括经典纠错码理论、CSS量子纠错码、稳定子量子纠错码、无消相干子空间和无消相干子系统理论、容错量子计算、拓扑量子计算等。书后附录内容包括量子力学概要、量子纠错码的群论基础、群表示理论、李群和李代数。

本书兼有基础性和系统性特色，既包含学科主要基础理论，又系统介绍当前该领域前沿主要研究方向和动态。全书体系清晰、逻辑严谨、分析深入、推导详尽。既可作为高等院校的研究生教材或教学参考书，又可供相关领域研究人员和科技工作者参考。

图书在版编目(CIP)数据

量子计算机研究(下)：纠错和容错计算/李承祖等编著. —北京：科学出版社，2011

ISBN 978-7-03-031945-6

Ⅰ.①量… Ⅱ.①李… Ⅲ.①第五代计算机-研究 Ⅳ.①TP387

中国版本图书馆CIP数据核字(2011)第153004号

责任编辑：刘宝莉 孙伯元 / 责任校对：张怡君

责任印制：赵 博 / 封面设计：陈 敬

科学出版社出版

北京东黄城根北街16号

邮政编码：100717

http://www.sciencep.com

北京富资园科技发展有限公司印刷

科学出版社发行 各地新华书店经销

*

2011年8月第 一 版 开本：B5(720×1000)

2024年7月第五次印刷 印张：20 1/2

字数：374 000

定价：168.00元

(如有印装质量问题，我社负责调换)

前　　言

数字电子计算机是20世纪最重要的科技发明，目前它已深入到现代人类生产、生活以及科学研究活动的各个方面，对人类社会文明的形式和内容都产生了深远、重大影响。20世纪前半叶，Gödel、Turing和Church创造了计算机科学的理论，而计算机的物理实现、计算机硬件技术进步则和量子物理学研究有密切的关系。创建于20世纪初的量子力学，不仅深刻揭示了原子、分子以及固体微观结构，而且促成了现代微电子技术、激光技术和新材料技术的出现和进步。量子物理学发展为现代电子计算机硬件技术发展奠定了物质基础。

如果仅说到量子物理为计算机硬件技术进步提供了物质基础，这还只是说到了问题的一半。最近30年来，人们越来越清楚地认识到“信息是物理的”。**信息源于物理态在时空中的变化，信息传输是编码有信息的物理态的传输，信息存储是把编码有信息的物理态固化在被称为存储器的物理系统中，信息处理则是在被称为计算机的物理系统中，编码有信息的物理态按算法要求控制的变换或演化，计算结果的提取就是对演化末态的物理测量。**今天，对信息本质的这一深刻洞悉，已经产生了巍峨壮观的量子信息科学，它融合了数学、信息、计算机科学和量子物理学，正雄心勃勃地向工程技术转化，希望在新的基础上推进或变革现在的信息科学和技术。

计算机科学和物理学的联系，不仅表现在其硬件实现需要借助于物理学，还表现在计算机科学概念、原理都要受到物理规律的制约。传统的计算机科学是计算机先驱们凭直觉建立在对计算机系统做经典描写的基础上。当物理学理论从经典发展到量子，把我们对物质世界的描写从经典物理学上升到量子物理学时，用量子力学系统实现计算机，对计算机系统作量子力学描写就是非常自然的事情。量子力学系统的态（在量子计算机中用来编码数据）具有不同于经典物理态（在经典计算机中编码数据）的性质，这一方面表明不能把经典计算机理论和技术照搬到量子计算机上，另一方面也表明对以经典物理为基础的计算机科学加以重新审视是不可避免的。

以量子态编码信息、量子力学原理为基础，研究信息存储、信息传输和信息处理的信息理论就是量子信息学。**量子计算机就是以量子力学系统为计算机用量子态编码信息，并根据具体问题算法要求、按照量子力学规律执行计算任务（变换、演化编码量子态），根据量子测量理论提取计算结果的计算机。**由于量子态具有相干叠加性质，特别是具有经典物理中没有的量子纠缠特性，这就使量子计算机具有天然的“大规模并行计算”的能力。量子计算机的并行计算不是像经典计算机通过多机并行实现，而是在同一个量子运算器硬件芯片上以一种十分自然的方式进行。由于并行规模随芯片上集成量子位数目指数增加，因此量子计算的并行规模实际上是不受限制的。目前已经知道，量子计算机至少在解决某些类问题上，如分解大数质因子、随机数据库搜索等，相对经典计算机具有加速作用。特别是对量子物理系统的计算机模拟，在经典计算机上是个难题，而这种模拟对发现微尺度物质新现象、纳米材料研究以及微机电制造技术是非常基本的。用量子计算机去模拟量子物理系统就是十分自然的事情。

虽然早在 20 世纪 70～80 年代，Bennett、Benioff 等就讨论过利用量子态演化进行 Turing 似的计算，但一般认为量子计算的概念起源于著名美国物理学家 Feynman。1982 年，Feynman 注意到，用经典计算机模拟量子力学系统，将出现指数的变慢，需要的计算资源(空间、时间)随被模拟系统包含的粒子数目、自由度指数增大。Feynman 敏锐地认识到，或许用实际的量子力学系统来模拟量子现象更为实际、自然，从而提出建造用量子力学器件组装起来的、服从量子力学规律的计算机的设想。1985 年，英国牛津大学教授 Deutsch 研究了量子 Turing 机，引进了量子计算线路模型和量子通用逻辑门组，突破了经典计算 Boole 逻辑的限制，实现了到量子幺正演化跃进。1985～1993 年的这段时间里，量子计算和量子计算机研究仍局限在少数对量子力学原理、信息物理以及算法复杂性理论感兴趣的小圈子里，研究动力基本上来自于学术上的兴趣和好奇心。情况的突然变化发生在 1994 年，这一年美国 Bell 实验室 Shor 提出了分解大数质因子的量子算法。这个算法在拟议的量子计算机上，可以以输入位数的多项式时间分解大数质因子。分解大数质因子对于经典计算机是个难解问题，广泛使用的 RSA(以三个发明者名字首字母命名)密钥，就是以这个问题的难解为基础的。Shor 算法的提出，使量子计算机研究获得了实际的应用背景和新的研究动力，激发了一批物理学家、信息专家的研究热情。量子计算机的实现意味着目前广泛使用的 RSA 密钥的破译和失效，这就使量子计算机研究从最初仅是学术上感兴趣的对象，变成对密码技术、国家安全和商业应用都有潜在重大影响的研究领域，引起了世界范围内的研究热潮。

量子计算机虽然具有经典计算机不可比拟的信息处理能力，但在物理实现上却比经典计算机更困难。首先，由于量子计算机用量子态编码信息，信息处理(计算)过程就是这些编码有信息的量子态，按具体问题算法要求幺正变换(演化)，因此需要研究能够开发和应用量子并行性的具体问题的量子算法。在量子算法研究方面，继 1994 年 Shor 提出分解大数质因子量子算法之后，1996 年 Grover 提出了平方根加速的随机数据库量子搜索算法，近十几年来虽然人们对这些量子算法的本质和数学结构有了更深入的理解，但至今也没有本质上新类型的量子算法出现，这表明在量子算法研究上存在极大的难度。其次，量子态本身固有的脆弱性，给量子信息的物理实现造成巨大的困难。根据量子力学理论，量子力学系统和“环境”

(泛指可以和编码态相互作用的一切)存在不可避免的相互作用,这种相互作用会迅速导致编码量子态“消相干”,使利用量子态编码信息可能带来的好处损失殆尽。这种编码量子态的消相干,一度曾被认为是量子信息物理实现不可逾越的障碍。

十多年来,量子计算机在战胜消相干研究方面不断取得新进展。1995～1996年,Shor、Steane 和 Calderbank 等提出了量子纠错码理论和方法,建立了量子计算的精确阈限定理。该定理指出,只要环境噪声造成的门出错率低于某个有限值——精确阈限(目前估计值在 $10^{-5}\sim10^{-3}$ 量级),任意长的量子计算都能可靠地执行。理论上量子计算机物理实现已没有原则性的困难,但要达到这个精度对今天的技术仍是一个严峻的挑战。关于量子计算机模型,除了 Deutsch 提出的标准线路模型外,2001 年,Raussendorf 还提出了在多量子位簇态上以单量子位测量为基础的量子计算模型。目前,文献中广泛讨论的还有绝热量子计算模型以及拓扑量子计算模型等。

在实验上,近年来人们已经在磁共振、离子阱、光格中的中性原子、腔量子电动力学、线性光学、固态量子点以及超导线路等几个物理系统中实现了基本量子逻辑门操作,使用核磁共振、离子阱和线性光学等系统还演示了少数量子位的简单量子计算,提出了利用强磁场作用下的 2 维电子液实现拓扑量子计算方案。但要实现规模化的、真正意义上的量子计算,因为对物理系统性质的要求常常互相矛盾,所以建造真正的、有实际应用价值的量子计算机还存在巨大的技术困难。不管如何,量子计算机理论研究和实验研究正在探索克服这些困难的途径,一步一步逼近这一最终目标。回想一下经典电子计算机发展的历程,20 世纪 40 年代时人们所面临的困难,并不亚于今天发展量子计算机所遇到的困难。经典计算机的发展和进步给我们以启示,人类有着无穷无尽的创造力,凡是自然界允许的、物理规律允许的,或许终有一天能变为现实。十几年来,量子计算机研究激发了数学、物理学以及计算机科学等各个学科专家的创造热情,从物理学基本原理出发,应用严格的数学工具,集思广益,探讨着实现量子计算机的各种可能方案和途径,克服了一个又一个困难。近年来在包括量子计算在内的量子信息学研究中实际取得的进展,不仅给予我们发展量子信息技术的信心,而且正在深化人们对量子力学基本原理的理解,丰富着人类关于物质世界的知识。这本身就具有重要的科学价值和学术意义。

本书是作者在国防科技大学为研究生讲授量子信息专题选讲讲稿的基础上,经整理、补充、改写而成的。本书的目标就是追踪这一快速发展的领域,对众多的文献资料进行初步归纳、整理,构建一个初步的系统、体系,总结出一些规律性的、有普遍意义的结果,希望对从事该领域研究的研究生、教师以及对该领域感兴趣的其他方面的专家学者起到参考和导引作用,希望借本书的出版为推动我国量子计算机研究尽一点微薄之力。

本书内容共 15 章,分上、下两册出版。上册是关于量子计算机原理和物理实现的研究。第 1 章,计算机从经典到量子,首先说明实现计算机的物理系统必须具备的基本条件,然后通过实现这些条件的物理原理和技术进步,说明计算机从经典到量子的发展过程,最后根据量子物理学的基本原理,说明量子计算机可能具有的一些特点。第 2 章,量子位和量子逻辑门,介绍量子计算机的基本单元部件和量子计算机的通用逻辑门组。第 3 章,量子算法,介绍算法的概念和经典算法复杂性理论、目前已知的几种量子算法,说明量子计算机相对经典计算机的特殊信息处理能力,最后介绍量子系统量子计算机模拟算法。第 4 章,量子计算机动力学模型,从操控量子系统就是控制系统 Hamilton 量和系统与外界作用的 Hamilton 量出发,说明实现量子计算对充当量子计算机的物理系统 Hamilton 量形式的要求,以及系统 Hamilton 量不同形式,在实现量子计算中的作用;本章还从量子物理学原理出发阐明了量子计算机消相干的物理机制。第 5~7 章,分别介绍目前研究比较多的三个有希望实现量子计算的物理系统:离子阱量子计算机、基于半导体量子点的量子计算机和固体超导体量子计算,其中主要介绍了相关的物理原理、实现方法和研究进展情况。第 8 章,绝热量子计算,介绍量子绝热定理以及它在量子计算中的应用。第 9 章,簇态和簇态上的量子计算,介绍簇态的概念、簇态上以单量子位测量为基础的量子计算的原理以及它和量子计算的线路模型的差别和联系。

下册是关于量子纠错和容错量子计算,着重介绍解决量子消相干问题的理论和方法。内容包括:第 10 章,经典线性纠错码,介绍经典纠错码的基本概念和基本理论,为后面介绍量子纠错码打下基础。第 11 章,量子纠错和 CSS 量子纠错码,介绍量子纠错的特殊性和从经典纠错码发展起来的 CSS 量子纠错码。第 12 章,稳定子量子纠错码,介绍更系统的量子纠错码——稳定子量子纠错码理论和方法。第 13 章,无消相干子空间和无消相干子系统,详细介绍处理计算机和“环境”耦合消相干的理论和方法。如果说量子纠错码是针对独立出错、一种被动的纠错方法,那么无消相干子空间、无消相干子系统则是针对集体出错的,一种防止出错主动方法;最后介绍了统一这些概念的算子量子纠错的方法。第 14 章,容错量子计算,介绍容错纠错和容错量子计算的概念。针对稳定子码讨论容错量子计算的通用逻辑门组以及量子计算的精确阈限定理和重要的 S-K 定理和算法。第 15 章,拓扑量子计算。拓扑量子计算利用 2 维多体量子系统可能存在的一类特殊物质态——拓扑态——的准粒子激发“任意子”服从辫子群非 Abel 统计,用这些任意子非局域的拓扑自由度编码量子信息,从而使信息对局域扰动引起的消相干具有天然的免疫性。拓扑量子计算提供了迄今为止理想的量子计算物理实现方案。如果说量子纠错码、无消相干子空间、无消相干子系统等是从“软件”水平上克服消相干,拓扑量子计算则试图从“硬件”水平上对付出错。这一章介绍拓扑量子计算的数学原理、物理基础以及容错性质和可能的物理实现。

书后列出的附录内容包括：本书涉及的量子力学概要、量子信息理论涉及的群论基础、群表示理论、李群和李代数等。这些材料是作者从大量教学内容和参考文献中精选出来的，和本书内容有密切的关系。这些材料作为附录列出，对有着不同知识背景的读者使用本书会带来很大的方便。

参加本书撰写的有陈平形教授(第 8 章，绝热量子计算)，梁林梅教授(第 5 章，离子阱量子计算机)，戴宏毅副教授(第 7 章，超导体量子计算机部分)，张婷博士(14.7 节，S-K 定理和迭代算法)，吴伟博士(3.7 节，量子系统动力学模拟算法)，李承祖撰写了全书其余部分，并对全书进行了统稿和审定。另外，张婷、刘伟涛、欧保全、孙琳等帮助搜集了许多文献资料，美国普渡大学(Purdue University)计算机系李宁辉教授审阅了本书第 3 章部分内容，并帮助整理了全书的参考文献。

国防科技大学研究生院、理学院对本书的撰写给予了大力支持，研究生院还资助了本书的出版，在此深表感谢。

量子计算机是涉及计算机科学、经典信息论和量子物理学的典型交叉学科，它的物理实现研究几乎涉及现代物理学的所有分支，近年来发展又十分迅速，要对如此庞大的领域作一个比较完整的、系统的总结和评述，确实是超出作者的学识和能力范围，本书只能看做是作者向这一方向的一种努力和尝试，书中难免存在不足，诚恳地欢迎读者批评指正。

李承祖
2011 年 4 月

目　　录

上　　册

第 1 章　计算机从经典到量子 ······ 1
第 2 章　量子位和量子逻辑门 ······ 29
第 3 章　量子算法 ······ 59
第 4 章　量子计算机动力学模型 ······ 107
第 5 章　离子阱量子计算机 ······ 156
第 6 章　基于半导体量子点的量子计算机 ······ 192
第 7 章　固体超导量子计算机 ······ 225
第 8 章　绝热量子计算 ······ 269
第 9 章　簇态和簇态上的量子计算 ······ 285

下　　册

前言
第 10 章　经典线性纠错码 ······ 337
10.1　二元数域上的线性矢量空间 ······ 337
10.1.1　矢量空间 ······ 337
10.1.2　n 长二元串集合作为矢量空间 ······ 339
10.2　经典线性纠错码概念 ······ 340
10.2.1　经典线性纠错码 ······ 340
10.2.2　有关线性纠错码的几个基本概念 ······ 341
10.2.3　码的检错能力 ······ 342
10.2.4　码的纠错能力 ······ 343
10.3　经典线性纠错码理论(Ⅰ) ······ 344
10.3.1　群码 ······ 344
10.3.2　生成矩阵和编码 ······ 346
10.3.3　系统码 ······ 347
10.3.4　校验矩阵 ······ 347
10.3.5　关于码距离的定理 ······ 349
10.4　经典线性纠错码理论(Ⅱ) ······ 350

10.4.1 线性纠错码标准译码表 …… 350
10.4.2 Hamming 码 …… 351
10.4.3 指错子 …… 354
10.5 经典线性纠错码的例子——7-位码 …… 355
10.5.1 7-位线性纠错码的生成矩阵和校验矩阵 …… 355
10.5.2 $C[7,3]$,$C[7,4]$码 …… 356
10.5.3 取核法编码方法 …… 357
10.5.4 $C[7,3,4]$码和 $C[7,4,3]$码的译码表 …… 359
10.5.5 经典线性码码率的 Hamming 限 …… 360
参考文献 …… 361
第 11 章 量子纠错和 CSS 量子纠错码 …… 362
11.1 量子纠错概念 …… 362
11.1.1 量子纠错的特殊性 …… 362
11.1.2 错误离散化 …… 364
11.1.3 Kraus 算子展开和独立出错模型 …… 365
11.1.4 量子纠错的基本思想 …… 366
11.1.5 量子纠错码条件 …… 368
11.2 量子纠错码例子——3-位重复码和 Shor-9 位码 …… 368
11.2.1 纠正 1-位反转错的 3-位重复码 …… 369
11.2.2 小错的纠正 …… 370
11.2.3 相位错的纠正 …… 371
11.2.4 Shor-9 位码 …… 372
11.3 CSS 量子纠错码 …… 374
11.3.1 关于经典线性纠错码的定理 1 …… 375
11.3.2 关于经典线性纠错码的定理 2 …… 378
11.3.3 CSS 量子纠错码的原理和构造 …… 379
11.4 纠正 1-位错的 7-位量子 CSS 码 …… 380
11.4.1 纠正 1-位错的 7-位量子 CSS 码构造 …… 380
11.4.2 7-位 CSS 码的编码线路 …… 382
11.4.3 错误诊断和纠错 …… 383
参考文献 …… 384
第 12 章 稳定子量子纠错码 …… 385
12.1 Pauli 算子群 …… 385
12.1.1 Pauli 算子群概念 …… 385
12.1.2 Pauli 算子群元素的性质 …… 386

12.2 稳定子量子纠错码概念…… 387
12.2.1 Shor-9 位码的再分析 …… 387
12.2.2 稳定子码概念 …… 388
12.2.3 稳定子的生成元和稳定子群阶 …… 389
12.2.4 稳定子 S 在 G_n 中的中心子和正规子…… 390
12.2.5 稳定子码空间上的逻辑操作 …… 390
12.2.6 稳定子码的指错子 …… 391
12.3 稳定子码空间作为二元域上的线性矢量空间…… 392
12.3.1 G_n 群算子的双矢量表示 …… 392
12.3.2 双矢量表示中的二元乘积…… 393
12.3.3 双矢量表示中群算子的对易关系 …… 393
12.3.4 双矢量表示中的稳定子和指错子 …… 394
12.4 稳定子码生成矩阵的标准形式和编码操作、逻辑操作 …… 394
12.4.1 稳定子码生成矩阵的标准形式 …… 395
12.4.2 稳定子码的逻辑算子 …… 396
12.4.3 稳定子码的编码操作 …… 399
12.5 作为稳定子码子类的 CSS 码 …… 400
12.5.1 7-位 CSS 码的稳定子 …… 400
12.5.2 7-位 CSS 码空间 …… 402
12.5.3 7-位 CSS 码的逻辑操作 …… 403
12.5.4 7-位 CSS 码的编码线路 …… 403
12.6 5-位稳定子码…… 405
12.6.1 5-位码的稳定子 …… 405
12.6.2 5-位稳定子码的生成元矩阵的标准形式…… 406
12.6.3 5-位稳定子码的码字和编码线路 …… 407
12.6.4 5-位稳定子码的指错子…… 409
参考文献…… 410
第 13 章　无消相干子空间和无消相干子系统 …… 411
13.1 无消相干子空间概念、存在无消相干子空间的 Hamilton 算子条件 …… 412
13.1.1 无消相干子空间概念 …… 412
13.1.2 存在无消相干子空间条件的 Hamilton 算子描述 …… 413
13.1.3 独立相互作用和集体相互作用…… 414
13.1.4 只存在相位阻尼情况下的无消相干子空间…… 415
13.2 多量子位系统的无消相干子空间…… 416

13.2.1 两量子位系统的无消相干态 …… 417
13.2.2 多量子位系统的无消相干子空间 …… 418
13.2.3 多量子位系统存在无消相干子空间的定理 …… 419
13.3 无消相干子空间条件的算子和表示、系统-环境非对称耦合情况下的无消相干子空间 …… 421
13.3.1 系统-环境相互作用的算子和描述、存在消相干子空间条件 …… 421
13.3.2 系统-环境相互作用不具有完全对称性情况下存在无消相干子空间条件 …… 422
13.3.3 相互作用是 Pauli 算子群 Abel 子群的无消相干子空间的例子 …… 426
13.3.4 相互作用是 Pauli 算子群非 Abel 子群的无消相干子空间 …… 428
13.3.5 无消相干子空间和量子纠错码 …… 429
13.4 用半群主方程描写系统-环境相互作用系统存在无消相干子空间条件 …… 430
13.4.1 半群主方程描写中无消相干子空间条件 …… 431
13.4.2 Hamilton 算子描述和半群主方程描述中无消相干子空间条件的差别 …… 432
13.5 系统-环境相互作用算子代数、无消相干子系统 …… 433
13.5.1 无消相干子空间和无消相干子系统 …… 433
13.5.2 相互作用算子代数 …… 434
13.5.3 完全算子代数的约化——无消相干子系统 …… 435
13.5.4 无消相干子系统作为无消相干子空间 …… 437
13.6 算子量子纠错、量子纠错标准模型 …… 437
13.6.1 量子纠错的标准模型 …… 437
13.6.2 无消相干子系统 …… 438
13.6.3 非幺正噪声超算子作用下的无消相干子系统 …… 439
13.6.4 非幺正量子超算子作用下存在无消相干子系统的例子 …… 443
13.6.5 量子纠错的统一理论——算子量子纠错 …… 445
13.7 寻找无消相干子系统的方法 …… 445
13.7.1 非幺正量子超算子作用下存在无消相干子系统的一个例子 …… 445
13.7.2 无噪声子系统结构和寻找无噪声子系统的方法 …… 448
13.7.3 寻找非幺正量子超算子作用下存在无消相干子系统的例子 …… 450
参考文献 …… 451
第 14 章 容错量子计算 …… 453
14.1 容错测量和容错恢复 …… 453
14.1.1 错误传播规律和容错操作 …… 454

14.1.2　7-位 CSS 码的指错子测量 …… 455
14.1.3　对一般稳定子码的指错子测量 …… 458
14.1.4　Knill 指错子容错测量方案 …… 458
14.2　容错操作和稳定子码的幺正操作 …… 459
14.2.1　横向操作 …… 459
14.2.2　稳定子码的幺正操作 …… 459
14.3　CSS 类稳定子码上的容错计算 …… 463
14.3.1　CSS 类稳定子码 1-位操作 …… 463
14.3.2　CSS 类码的控制非门操作 …… 464
14.3.3　7-位 CSS 码的容错操作 …… 465
14.4　一般稳定子码上的幺正操作 …… 467
14.4.1　测量和一般稳定子码的幺正操作 …… 468
14.4.2　一般稳定子码的容错一位门操作 …… 469
14.4.3　一般稳定子码的容错控制非门操作 …… 471
14.5　一般稳定子码容错通用逻辑门组、Toffli 门 …… 473
14.5.1　Toffoli 门诱导的幺正变换 …… 474
14.5.2　实现 Toffoli 门方法 …… 475
14.5.3　对 7-位 CSS 码 Toffoli 门的容错执行 …… 476
14.5.4　对于一般稳定子码的容错 Toffoli 门 …… 478
14.6　量子计算容错阈限定理 …… 480
14.6.1　基本出错率和逻辑出错率 …… 480
14.6.2　级联码 …… 481
14.6.3　量子计算的精确性阈限定理和精确阈限估计 …… 482
14.6.4　关于精确性阈限值研究 …… 484
14.7　Solovay-Kitaev 定理和迭代算法 …… 485
14.7.1　算子距离、Solovay-Kitaev 定理 …… 485
14.7.2　两个预备定理 …… 486
14.7.3　Solovay-Kitaev 定理的证明 …… 489
14.7.4　推广到 $SU(N)$ 情况时 Solovay-Kitave 定理的证明 …… 491
参考文献 …… 493
第 15 章　拓扑量子计算 …… 495
15.1　拓扑量子计算的数学基础 …… 495
15.1.1　拓扑学和容错量子计算 …… 495
15.1.2　几何相位(局域相)和拓扑相位 …… 497
15.1.3　空间拓扑性质、任意子存在的可能性 …… 498

15.1.4　任意子的坐标交换和编织操作 …… 500
15.2　辫子群 …… 501
15.2.1　辫子和辫子群 …… 501
15.2.2　辫子群中的基本元素、Yang-Baxter 关系 …… 503
15.2.3　辫子群的生成元 …… 504
15.2.4　梭编织和梭编织群 …… 506
15.2.5　辫子群的表示 …… 506
15.3　量子 Hall 物理(Ⅰ) …… 507
15.3.1　经典 Hall 效应 …… 508
15.3.2　量子 Hall 效应 …… 509
15.3.3　电子在均匀电磁场中的运动、Landau 能级 …… 510
15.3.4　整数量子 Hall 效应 …… 513
15.4　量子 Hall 物理(Ⅱ) …… 513
15.4.1　强磁场中 2 维电子气、单电子运动的极坐标描写 …… 513
15.4.2　Laughlin 波函数 …… 516
15.4.3　分数量子 Hall 效应的复合粒子理论 …… 518
15.4.4　分数量子 Hall 态中准粒子激发——任意子 …… 519
15.4.5　物质的拓扑相 …… 521
15.5　任意子的性质(Ⅰ) …… 522
15.5.1　任意子交换和编织统计、Abel 任意子和非 Abel 任意子 …… 523
15.5.2　熔结规则 …… 524
15.5.3　Ising 任意子的熔结规则、编码量子位和简并空间维数 …… 526
15.5.4　Fibonacci 任意子的熔结规则、编码量子位和简并空间维数 …… 528
15.6　任意子的性质(Ⅱ) …… 529
15.6.1　F 矩阵 …… 530
15.6.2　R 矩阵 …… 532
15.6.3　三个 Fibonacci 任意子的基本编织矩阵 …… 533
15.7　使用 Fibonacci 任意子的通用量子计算 …… 534
15.7.1　逻辑量子位构造 …… 534
15.7.2　梭编织对拓扑量子计算的通用性 …… 536
15.7.3　执行单量子位门的编织操作 …… 536
15.7.4　实现两量子位门的编织操作 …… 538
15.8　拓扑态测量 …… 541
15.8.1　$\nu=5/2$ 分数量子 Hall 效应编织统计检测 …… 542
15.8.2　Ising 任意子($\nu=5/2$ 系统)量子位测量 …… 544

15.8.3 Fibonacci 任意子($\nu=12/5$ 系统)量子位测量 …… 545
15.9 拓扑量子计算研究的新进展和简要评述…… 547
15.9.1 人造系统任意子理论研究…… 547
15.9.2 不需要编织操作的拓扑量子计算 …… 548
15.9.3 对拓扑量子计算的简要评述…… 549
参考文献…… 550
附录 A1 量子物理概要 …… 554
A1.1 量子力学的第一条基本假设——量子态用波函数描写 …… 554
A1.2 量子力学的第二条基本假设——量子态叠加原理 …… 557
A1.2.1 量子态叠加原理 …… 557
A1.2.2 矢量空间 …… 557
A1.2.3 度量空间 …… 558
A1.2.4 Banach 空间、内积、内积空间 …… 559
A1.2.5 Hilbert 空间 …… 560
A1.3 量子态随时间的演化——Schrödinger 方程 …… 560
A1.4 量子力学中的力学量 …… 562
A1.4.1 线性 Hermitian 算子 …… 562
A1.4.2 量子力学的第四条基本假设——力学量用线性 Hermitian 算子表示 …… 564
A1.4.3 算子的对易关系、算子对易的物理意义…… 565
A1.4.4 电子自旋、Pauli 算子 …… 567
A1.5 量子测量假设 …… 569
A1.5.1 量子力学的第五条基本假设——量子测量假设…… 569
A1.5.2 一般量子测量…… 570
A1.5.3 正交投影测量…… 570
A1.5.4 POVM 测量 …… 571
A1.5.5 Neumark 定理…… 572
A1.6 量子纠缠现象 …… 574
A1.6.1 量子纠缠现象…… 575
A1.6.2 EPR 佯谬 …… 575
A1.6.3 隐参数理论和 Bell 不等式 …… 576
A1.7 算子代数 …… 579
A1.7.1 投影算子和密度算子 …… 579
A1.7.2 Banach 代数 …… 580
A1.7.3 C^*-代数…… 581

A1.7.4　C^*-代数的表示 …… 582
附录 A2　量子信息中的群论基础 …… 584
A2.1　群和半群的基本概念 …… 584
A2.1.1　群和半群的概念 …… 584
A2.1.2　群的例子 …… 585
A2.2　群乘法表和重排定理 …… 587
A2.2.1　群乘法表 …… 587
A2.2.2　重排定理 …… 588
A2.3　群的子集合 …… 589
A2.3.1　子群 …… 589
A2.3.2　陪集 …… 590
A2.3.3　Lagrange 定理 …… 591
A2.3.4　共轭元素类 …… 592
A2.3.5　生成元和循环子群 …… 593
A2.4　正规子群 …… 594
A2.4.1　正规子群 …… 594
A2.4.2　中心化子 …… 596
A2.4.3　商群 …… 597
A2.5　同态、同构、直积群 …… 597
A2.5.1　同态 …… 598
A2.5.2　同构 …… 598
A2.5.3　同态核和商群 …… 600
A2.5.4　直积群 …… 601
附录 A3　群表示理论 …… 603
A3.1　群表示的定义 …… 603
A3.1.1　群表示的概念 …… 603
A3.1.2　群代数和群正则表示 …… 604
A3.1.3　等价表示、幺正表示定理 …… 604
A3.1.4　可约表示、不可约表示 …… 605
A3.2　群不可约表示矩阵元正交性定理 …… 606
A3.2.1　Schur 引理 1 …… 606
A3.2.2　Schur 引理 2 …… 608
A3.2.3　群不可约表示矩阵元正交性定理的概念 …… 609
A3.2.4　群不可约表示矩阵元正交性定理的几何解释 …… 611
A3.3　群表示的特征标 …… 612

A3.3.1　特征标和特征标表 …… 612
A3.3.2　群可约表示的约化 …… 613
A3.3.3　投影算子 …… 615
附录 A4　李群和李代数 …… 618
A4.1　李群的概念 …… 618
A4.1.1　连续群的概念 …… 618
A4.1.2　李群的概念 …… 618
A4.1.3　李群的例子 …… 620
A4.2　李群的无穷小算子、李代数 …… 621
A4.2.1　李群的无穷小算子 …… 621
A4.2.2　有限群元的生成、群生成元 …… 623
A4.3　李代数和李群的表示 …… 624
A4.3.1　李代数 …… 624
A4.3.2　李代数的表示和李群的表示 …… 626
A4.4　几个重要李群的表示 …… 627
A4.4.1　$SO(2)$群的表示 …… 627
A4.4.2　$SO(3)$群的表示 …… 627
A4.4.3　$SO(3)$群不可约表示的特征标和不可约表示直积的约化 …… 628
A4.4.4　$SU(2)$群的不可约表示 …… 630
A4.4.5　$SU(2)$群不可约表示的特征标 …… 632
索引 …… 634

第 10 章 经典线性纠错码

在量子信息中,用来编码信息的量子物理系统称为编码量子系统,简称**量子系统**(quantum system)(量子存储器、量子运算器等),而与编码量子系统相互作用的其他物理系统或自由度称为**环境**(enviroment)。实际存在的量子系统都不可避免地存在与环境的相互作用,这种相互作用导致量子系统表示信息的量子态蜕化为经典态,使利用量子态编码信息,进行信息处理带来的好处损失殆尽,量子信息中的这种蜕化称为**消相干**(decoherence)。消相干最初是指波函数互相叠加的各成分相对相位的衰变或丢失,即态密度矩阵非对角元衰变。现在消相干泛指引起量子态非幺正变化的一切形式,不仅包括直接的相位丢失,还包括波函数强度耗散、态空间漏失等。消相干使编码量子态蜕变为经典态,使它表示的量子信息不可逆地泄漏到环境中去,造成量子信息丢失和计算出错。消相干曾一度被认为是量子信息物理实现的最大障碍。

1995 年,量子纠错方法的提出成为量子计算机理论研究最关键的进展。人们发现,尽管量子态具有非经典性质,但消相干出错问题原则上仍然可以像经典计算机一样,用检错、纠错方法解决。美国电话电报公司的 Shor[1] 和英国牛津大学的 Steane[2~4],各自独立地设计了量子纠错方案。量子纠错的基本思想和经典纠错相同,即引进冗余,把单个逻辑量子位态(数据)编码在若干个物理量子位构成的量子位块的态上,通过对编码态执行适当的、不破坏逻辑态的测量,诊断出错错误,借助于相关的操作予以纠正。

量子纠错码的研究最初是受经典纠错码启发的,为了更好地理解量子纠错码的构造,本章介绍纠错码的概念以及经典线性纠错码的构造和纠错原理。

10.1 二元数域上的线性矢量空间

实数域或复数域上的矢量空间是大家熟悉的,本节把矢量空间的概念推广到二元数域,并讨论 n 长二元串构成的二元数域上矢量空间的一些特点。

10.1.1 矢量空间

设 F 是个数域(实数域、复数域,特别是二元数域 $F_2=\{0,1\}$),L 是由一组元素$\{\vec{u},\vec{v},\vec{w},\cdots\}$构成的非空集合,且满足以下条件:

(1) L 在指定的加法下是一个交换群(见附录 A2)。

(2) L 在数乘下满足封闭性质,即对任意 $c\in F,\vec{v}\in L$,有 $c\vec{v}\in L$ 成立。

(3) L 在数乘下满足分配率和结合率,即对任意 $a,b\in F,\vec{u},\vec{v}\in L$,有

$$\begin{aligned} a(\vec{u}+\vec{v}) &= a\vec{u}+a\vec{v} \\ (a+b)\vec{u} &= a\vec{u}+b\vec{u} \\ (ab)\vec{u} &= a(b\vec{u}) \end{aligned} \tag{10.1.1}$$

则称 L 是一个**矢量空间**(vector space),其中,L 中的元素称为**矢量**(vector)。

L 在矢量加法下构成加法群,其中 0 矢量就是 L 的单位元,任意矢量 $\vec{u}$ 的逆元就是和 $\vec{u}$ 相反的矢量;L 的封闭性质由上述定义可直接得出。

如果矢量集合 L_1 只包含矢量空间 L 的部分元素,且 L_1 本身也是域 F 上的矢量空间,则称 L_1 是 L 的一个**子空间**(subspace)。

取域 F 中 m 个数 $a_1,a_2,\cdots,a_m$(对于二元域 F_2,m 只能取两个数 0 或 1)和 L 中 m 个矢量 $\vec{v}_1,\vec{v}_2,\cdots,\vec{v}_m$,如果等式

$$a_1\vec{v}_1+a_2\vec{v}_2+\cdots+a_m\vec{v}_m=0 \tag{10.1.2}$$

当且仅当 $a_1=a_2=\cdots=a_m=0$ 才成立,则称矢量 $\vec{v}_1,\vec{v}_2,\cdots,\vec{v}_m$ **线性独立**(linear independent)。不线性独立的矢量组称为**线性相关**(linearly dependent)。

在一个线性矢量空间中,如果最多只能找到 n 个线性独立的矢量,就称该矢量空间是 ***n* 维**(***n*-dimension**)的。**空间的维数是必须且足够张成全空间的独立矢量的个数**。在 n 维矢量空间中,n 个线性独立的矢量称为这个矢量空间的一组**基矢量**(basis vector),简称为**基**。

设$\{\vec{e}_1,\vec{e}_2,\cdots,\vec{e}_n\}$是 n 维矢量空间的一组基,这个空间中的任意矢量 $\vec{v}$ 都可表示为这组基矢量的线性组合,即

$$\vec{v}=a_1\vec{e}_1+a_2\vec{e}_2+\cdots+a_n\vec{e}_n \tag{10.1.3}$$

组合系数 a_i 称为 $\vec{v}$ 在相应基矢 $\vec{e}_i$ 上的**分量**。

为了满足一些问题的需要,常推广 3 维坐标空间的**标量积** $\vec{a}\cdot\vec{b}=a_1b_1+a_2b_2+a_3b_3$ 到 n 维空间。定义线性空间 L 中一对矢量 $\vec{u},\vec{v}$ 的**内积**(inner product)为域 F 中的一个数$(\vec{u},\vec{v})$,且具有以下的性质:

$$\begin{aligned} &(\vec{u},\vec{v})=(\vec{v},\vec{u})^* \\ &(a\vec{u}+b\vec{v},\vec{w})=a(\vec{u},\vec{w})+b(\vec{v},\vec{w}) \\ &(\vec{v},\vec{v})\geqslant 0, \quad \text{当且仅当 } \vec{v}=0 \text{ 时等号成立} \end{aligned} \tag{10.1.4}$$

内积的矢量空间称为**内积空间**(inner product space)或**度量空间**(metric space)。实数域上有限维内积空间称为**欧氏空间**(Euclidean space),有限维复数域上的内积空间称为 **U 空间**(unitary space)。

内积空间中矢量 $\vec{v}$ 的**长度**(length)定义为 $\vec{v}$ 自身内积的平方根,即

$$|\vec{v}|=\sqrt{(\vec{v},\vec{v})} \tag{10.1.5}$$

长度等于 1 的矢量称为**归一化**(normalizing)。内积空间中的任意矢量都可以用下述方式归一化：

$$\vec{v} \to \vec{v}' = \vec{v} / \sqrt{(\vec{v},\vec{v})} \tag{10.1.6}$$

对于两个矢量 $\vec{u}$,$\vec{v}$,若其内积等于零

$$(\vec{u},\vec{v}) = 0 \tag{10.1.7}$$

则称这两个矢量**正交**(orthogonal)。

10.1.2　*n* 长二元串集合作为矢量空间

应用上述矢量空间的概念,对 n 长二元串,有

$$x = (x_1 x_2 \cdots x_n), \quad x_i \in (0,1)$$

定义两矢量相加为逐位模二加"⊕"

$$x \oplus y = (x_1 \oplus y_1 x_2 \oplus y_2 \cdots x_n \oplus y_n) \tag{10.1.8}$$

则所有 n 长二元串集合是二元数域 F_2 上一个矢量空间,记为 $V^{(n)}$。

可以证明,(见附录 A2.1.2)在逐位模二加"⊕"运算下,所有 n 长二元串集合构成可交换群,下面定义数乘为

$$ax = (ax_1 ax_2 \cdots ax_n), \quad a \in F_2 \tag{10.1.9}$$

即用 a 乘以 n 位串中的每一位。容易验证,集合 $V^{(n)}$ 在上述逐位模二加"⊕"、数乘定义下,满足矢量空间所有性质,所以,n 长二元串集合是二元数域 F_2 上的矢量空间。

显然,所有 n 长二元串张起的矢量空间维数是 n。事实上,矢量组

$$\begin{cases} e_0 = (1 \quad 0 \quad \cdots \quad 0 \quad 0) \\ e_1 = (0 \quad 1 \quad \cdots \quad 0 \quad 0) \\ \quad \cdots\cdots \\ e_{n-1} = (0 \quad 0 \quad \cdots \quad 0 \quad 1) \end{cases}$$

就是 $V^{(n)}$ 的一组**完备基**(complete basis)。任意矢量 $x \in V^{(n)}$,都可用这组基矢的线性组合表示为

$$x = a_0 e_0 + a_1 e_1 + \cdots + a_{n-1} e_{n-1} \tag{10.1.10}$$

其中,$a_i \in F_2$。定义这个矢量空间两矢量 u,v 的内积为域 F_2 中的一个数,这个数为 u,v 逐位乘积的模二加"⊕"之和,即

$$(u,v) = u_1 v_1 \oplus u_2 v_2 \oplus \cdots \oplus u_n v_n \tag{10.1.11}$$

特别地,若 $(u,v)=0$,则称矢量 u,v 正交。两个矢量 u,v 的内积,可类似 3 维矢量空间内积,简记为 $u \cdot v$。

经典纠错线性分组码的码空间,就是这个 n 长二元串矢量空间的一个子空间,

每个码字都是其中的矢量。

一般地,如果 V_1 是域 F 上的 n 维矢量空间 $V^{(n)}$ 的一个子空间,V_2 是和 V_1 中每个矢量都正交的所有 $V^{(n)}$ 中矢量的集合,则可以证明 V_2 也是 $V^{(n)}$ 的一个子空间。

首先,由于对任意矢量 $v\in V_1$ 和任意矢量 $u,w\in V_2$,有

$$v \cdot u = 0, v \cdot w = 0 \tag{10.1.12}$$

可以推出

$$v \cdot (u \oplus w) = 0$$

从而有

$$u \oplus w \in V_2 \tag{10.1.13}$$

因此集合 V_2 对矢量加是封闭的;其次,对任意 $c\in F,u\in V_2$,有

$$v \cdot (cu) = c(v \cdot u) = 0$$

表明

$$cu \in V_2$$

所以 V_2 对数乘也是封闭的,故 V_2 也是一个矢量空间。称满足上述条件的 V_2 是 V_1 的**零化空间**(annihilator space)或**正交补空间**(orthogonal complement space)。

值得注意的是,n 长二元串集合作为二元域 F_2 上的矢量空间具有十分特殊的性质:**所有包含有偶数个“1”的 n 长二元串作为矢量,自身和自身都是正交的**。因为按定义有

$$x \cdot x = x_1x_1 \oplus x_2x_2 \oplus \cdots \oplus x_nx_n \tag{10.1.14}$$

当 x 串中包含有偶数个“1”时等于零。

10.2 经典线性纠错码概念

假设用三个经典位构成的物理系统编码八个数据,一个自然的编码方法就是

$$0 \to (000),\quad 1 \to (001),\quad 2 \to (010),\quad 3 \to (110)$$
$$4 \to (100),\quad 5 \to (101),\quad 6 \to (110),\quad 7 \to (111)$$

这种编码方法明显的缺点是,当存储或传输发生错误时,一个码字将变成另一个码字,接收方不知道是否出错,更不知道发生了什么错误,因此不具有检错、纠错能力。为了使编码具有纠错能力,就需要引进冗余,即使用更多的经典位编码这八个数据。

10.2.1 经典线性纠错码

经典线性纠错码纠错的原理是冗余校验,即除了有效数据(信息)位外,还增加一些冗余位,这些增加的部分提供校验信息。一般为编码 k 位二进制数据(信息),

使用 $n>k$ 位编码。从所有 n 位二进制数串中选择 2^k 个数串作为**码字**(codeword)，选出的码字集合就构成码 C。所谓编码就是建立有效数据映射到码字上的规则(通常是指根据映射规则找出不同数据相应的码字)。码字的选择使任何出错都必定改变码字到集合 C 以外(不至于把出错码字混同于另一个正确的码字)，从而使码具有检错能力。如果码还能进一步确定发生了什么错误，那么就称码还具有纠错能力。将携带信息的码字发送出去或写入存储器，当接收到码字或从存储器中读出码字时，按约定的规则取出有效信息(数据)，同时利用码携带的校验信息判断接收到的码字是否有错、发生了什么错误。如果有错误发生，按译码规则就可以自动地予以纠正。

线性纠错码 C 是 n 长二元串矢量空间的一个子空间。将一个用 n 位编码 k($k<n$)位数据的线性纠错码记为 $C[n,k]$，$C[n,k]$码由从全体 n 长二元串(共 2^n 个)中挑选出的 2^k 个码字组成。其余的 2^n-2^k 个 n 长二元串称为**禁用码组**。编码方法是将表示数据或消息的 k 位二进制数(k 长二元串)，按适当的规则和码字(n 长二元串)建立一一对应关系。不同的 k 长二元串有 2^k 个，不失真编码需要有 2^k 个码字。这 2^k 个码字的集合 $C[n,k]$就是 n 长二元串矢量空间($V^{(n)}$)的一个子空间。构造这个码空间的方法将在下面给出。这个码子空间的维数 k 与 n 之比 k/n 称为**码率**(code-rate)。

10.2.2　有关线性纠错码的几个基本概念

为了定量描述一个码的检错、纠错能力，引进码距的概念。

1. 码字的重量

定义任意码字 $x\in C[n,k]$

$$x=(x_1x_2\cdots x_i\cdots x_n),\quad x_i\in\{0,1\}$$

的重量(weight)为

$$W(x)=\sum_{i=1}^{n}x_i \tag{10.2.1}$$

此处求和是普通加法。容易看出，**一个码字的重量就是这个码字中"1"的个数**。例如，码字 $x=(0010110)$的重量就是 3。

2. 两码字之间的 Hamming 距离

定义两个码字 $x,y\in C$ 之间的 **Hamming 距离**为

$$d(x,y)=W(x\oplus y) \tag{10.2.2}$$

即**这两个码字逐位模二加"⊕"得到的新码字的重量**。注意到若有

$$x_i=y_i$$

则有

$$x_i \oplus y_i = 0$$

所以**两个码字之间的距离实际上就是这两个码字中相异位的个数**。例如

$$x = (0100101), \quad y = (1001101)$$

之间的距离 $d(x,y)=3$,因为 $x\oplus y=(1101000)$,$W(x\oplus y)=3$。

3. 码的 Hamming 距离

定义码 C 的 Hamming 距离 $d(C)$,为对所有码字两两之间 Hamming 距离 $d(x,y)$,$x,y\in C$,中最小者,即

$$d(C) \leqslant d(x,y), \quad \forall x,y \in C \tag{10.2.3}$$

对所有 $x,y\in C$ 成立。对于确定码 C 的距离,目前还只能用检查码 C 中所有码字之间的距离,找出其中最小者,这种原始的办法。后面将证明,由于实际线性分组码的码 C 总是构成群,因此有一个简单的办法给出码的距离。距离为 d 的线性码 $C[n,k]$常记为 $C[n,k,d]$。

10.2.3 码的检错能力

在检查出错时,如果一个码不会把任何出错码字误认为是一个正确的码字,就认为这个码检错是成功的。关于线性码的检错能力,有下面的定理:

定理 10.2.1 码 $C[n,k,d]$具有查出每个码字中 t 个错误的充要条件是码的 Hamming 距离满足

$$d(C) \geqslant t+1 \tag{10.2.4}$$

证明 先证明充分性。如果正确码字为 x,出错称为 x'(x'仍然是 n 长二元串,但不是个正确的码字),若出错位数小于等于 t,则

$$d(x,x') = W(x \oplus x') \leqslant t$$

由于定理 10.2.1 中的条件式(10.2.4)为

$$d(C) \geqslant t+1 > t \tag{10.2.5}$$

因此,x'肯定不是一个码字,码检错成功。

反过来,如果 $d(C)<t+1$,由于

$$d(x,x') \leqslant t < t+1$$

因此不能判定 x'是一个出错的码字或者是另外一个正确的码字,从而检错失败。

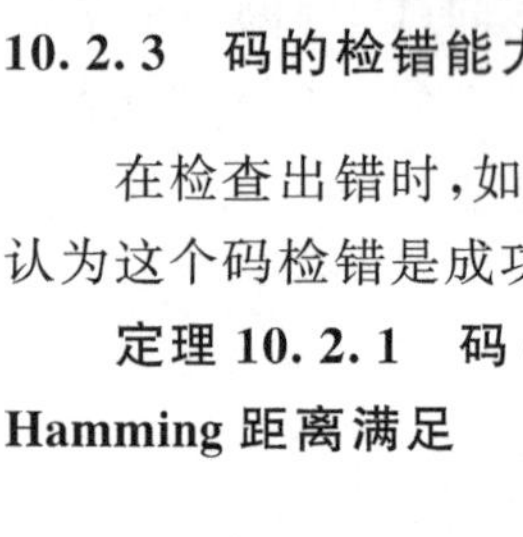

图 10.2.1

上述结果可以用出错球的概念给予直观的解释(图 10.2.1)。以正确的码字 $x\in C$ 为球心,以距离 t 为半径作一个球,称这个球为**出错球**(erratum)。由于 $d(C)\geqslant t+1$,因此除 x 外,所有正确码字都位于这个出错球外。

如果码字 x 最多只发生 t 位错，那么码字 x 的所有可能出错串 x' 都位于这个出错球内。由于 x 的出错码字和 x 外的其他正确码字分属于球内、球外两个不同区域，因此码不可能把出错串 x' 误认为是另一个码字。

10.2.4　码的纠错能力

要说明码的纠错能力，必须先明确译码规则。在经典纠错码中采用**最小距离译码规则**，即若收到 n 长二元串为 y'，而码 C 中与 y' 距离最近的码字是 y，即

$$d(y',y) = \min\{d(y',x), \forall\, x \in C\} \tag{10.2.6}$$

就把 y' 译成 y。按最小距离译码规则，可以证明关于码 C 的纠错能力满足下面的定理 10.2.2。

定理 10.2.2　按最小距离译码规则，码 $C[n,k,d]$ 可以将小于或等于 t 位错误纠正的充要条件是

$$d(C) \geqslant 2t+1 \tag{10.2.7}$$

证明　设正确码字为 y，而出错成为 y'，如果按最小距离译码规则，码仍然能把它译成 y，就认为码自动地纠正了 y' 中的错误。

先证明充分性。即若 $d(C)\geqslant 2t+1$，码 C 能自动纠正 t 位错。

设正确码字为 y，而出错成为 y'，由假设得

$$d(y,y') \leqslant t \tag{10.2.8}$$

如果能证明对任何其他码字 $x\in C$，均有

$$d(y',x) > t \tag{10.2.9}$$

按最小距离译码规则，y' 必译成 y，而不可能译成其他码字。现在证明式(10.2.9)的确成立。

由于距离满足三角形不等式，两个正确码字 x,y 之间的距离满足

$$d(y,x) \leqslant d(y,y') + d(y',x) \tag{10.2.10}$$

从而有

$$\begin{aligned} d(y',x) &\geqslant d(y,x) - d(y,y') \\ &\geqslant 2t+1-t \\ &= t+1 > t \end{aligned}$$

即式(10.2.9)成立。

关于必要性，下面证明如果定理 10.2.2 中的条件不成立，即 $d(C)<2t+1$，按最小距离译码规则，y' 可能译成的不是 y。

若 $d(C)<2t+1$ 成立，则必存在两个不同的码字 x 和 z，使

$$d(x,z) = d(C) \leqslant 2t \tag{10.2.11}$$

于是 $x=(x_1x_2\cdots x_n)$ 和 $z=(z_1z_2\cdots z_n)$ 最多可以有 $2t$ 位不同。设这些不同位的下

标是 $e_j(1\leqslant j\leqslant 2t)$,从而 $x_k=z_k(k\neq e_j,1\leqslant j\leqslant 2t)$。现在假设出错码字为 $y'=(y'_1y'_2y'_3\cdots y'_n)$,使

$$\begin{cases}y'_{e_j}\neq x_{e_j}, & 1\leqslant j\leqslant t\\ y'_{e_j}\neq z_{e_j}, & t+1\leqslant j\leqslant 2t\\ y'_k=x_k=z_k, & k\neq e_j,1\leqslant j\leqslant 2t\end{cases}$$

则有

$$d(y',x)\leqslant t$$

$$d(y',z)\leqslant t$$

从而按最小距离译码规则,y'既可译成 x 也可译成 z。y'不可能既是 x 又是 z,纠错失败。

由上面的两个定理可以看出,码距离标志码的检错和纠错能力。

如果所有码字构成群,这样的码称为**群码**(group code)。对于群码,码距的计算很简单。码距 $d(C)$就是 C 中非零码字的最小重量,即

$$d(C)=\min\{W(x),x\in C,W(x)\neq 0\} \tag{10.2.12}$$

因为由码距定义

$$d(C)=\min\{d(x,y),x,y\in C,x\neq y\}$$

对于群码,存在单位元

$$e=(00\cdots 0)\in C$$

设 x_0 是 C 中非零码字重量最小者,且 $W(x_0)=m$,则有

$$d(x_0,e)=W(x_0\oplus e)=W(x_0)=m$$

而对任意 $x,y\in C$,由群的性质有 $x\oplus y=z\in C$,所以

$$d(x,y)=W(x\oplus y)=W(z)$$

由于 x_0 是重量最小的码字,即

$$W(z)\geqslant W(x_0)$$

因此

$$d(x,y)\geqslant m$$

10.3 经典线性纠错码理论(Ⅰ)

10.3.1 群码

经典线性纠错码是群码。经典线性纠错码编码方法是将表示数据的每个 k 长二元串,按一定规则映射为一个 n 长二元串,这个 n 长二元串就是这个二进制数据的码字。

由于不同的 k 长二元串集合,在逐位模二加法"$\oplus$"下构成一个可交换加法群

(附录 A2.1.2),记这个群为 G_k,因此从矢量空间角度来看,所有形式为

$$[m]=(m_1 m_2 \cdots m_i \cdots m_k),\quad m_i \in \{0,1\}$$

的元素集合是二元数域 F_2 上的 k 维矢量空间。下面说明如何由这样的 k 维空间去构造码的群空间。为此需要证明下面的定理:

定理 10.3.1 取 k 个线性独立的 n 长二元串(矢量),用它们的行矢量构成矩阵

$$[G]=\begin{bmatrix} g_{11} & g_{12} & \cdots & g_{1n} \\ g_{21} & g_{22} & \cdots & g_{2n} \\ \vdots & \vdots & & \vdots \\ g_{k1} & g_{k2} & \cdots & g_{kn} \end{bmatrix} \tag{10.3.1}$$

设 $\boldsymbol{m}=(\boldsymbol{m}_1\boldsymbol{m}_2\cdots\boldsymbol{m}_i\cdots\boldsymbol{m}_k)$,$\boldsymbol{m}_i\in\{\boldsymbol{0},\boldsymbol{1}\}$是群 $\boldsymbol{G}_k$ 中的元素,当 $\boldsymbol{m}$ 取遍 $\boldsymbol{G}_k$ 时,则通过矩阵乘

$$(m_1 m_2 \cdots m_k)\begin{bmatrix} g_{11} & g_{12} & \cdots & g_{1n} \\ g_{21} & g_{22} & \cdots & g_{2n} \\ \vdots & \vdots & & \vdots \\ g_{k1} & g_{k2} & \cdots & g_{kn} \end{bmatrix}=(y_1 y_2 \cdots y_n)=[y] \tag{10.3.2}$$

得到所有 $\boldsymbol{y}=(\boldsymbol{y}_1\boldsymbol{y}_2\cdots\boldsymbol{y}_i\cdots\boldsymbol{y}_n)$的全体,构成 $\boldsymbol{G}_n$ 的一个子群 $\boldsymbol{C}$。

根据有限群子群存在的定理(附录 A2.3.2),要证明所有$\{y\}$构成 G_n 的一个子群 C,只需证明若 $y\in C$,$y'\in C$,则由式(10.3.2)确定的 $y\oplus y'$ 也属于 C。

证明 由于 $y\in C$,$y'\in C$,即

$$[y]=(m_1 m_2 \cdots m_k)\begin{bmatrix} g_{11} & g_{12} & \cdots & g_{1n} \\ g_{21} & g_{22} & \cdots & g_{2n} \\ \vdots & \vdots & & \vdots \\ g_{k1} & g_{k2} & \cdots & g_{kn} \end{bmatrix}$$

$$[y']=(m'_1 m'_2 \cdots m'_k)\begin{bmatrix} g_{11} & g_{12} & \cdots & g_{1n} \\ g_{21} & g_{22} & \cdots & g_{2n} \\ \vdots & \vdots & & \vdots \\ g_{k1} & g_{k2} & \cdots & g_{kn} \end{bmatrix}$$

从而

$$\begin{aligned}[y\oplus y'] =& [(m_1 g_{11}\oplus m_2 g_{21}\oplus\cdots\oplus m_k g_{k1})(m_1 g_{12}\oplus m_2 g_{22}\oplus\cdots\oplus m_k g_{k2}) \\ & \cdots(m_1 g_{1n}\oplus m_2 g_{2n}\oplus\cdots\oplus m_k g_{kn})] \\ & \oplus[(m'_1 g_{11}\oplus m'_2 g_{21}\oplus\cdots\oplus m'_k g_{k1})(m'_1 g_{12}\oplus m'_2 g_{22}\oplus\cdots\oplus m'_k g_{k2}) \\ & \cdots(m'_1 g_{1n}\oplus m'_2 g_{2n}\oplus\cdots\oplus m'_k g_{kn})] \\ =& \{[(m_1\oplus m'_1)g_{11}\oplus(m_2\oplus m'_2)g_{21}\oplus\cdots\oplus(m_k\oplus m'_k)g_{k1}]\end{aligned}$$

$$[(m_1 \oplus m'_1)g_{12} \oplus (m_2 \oplus m'_2)g_{22} \oplus \cdots \oplus (m_k \oplus m'_k)g_{k2}]$$
$$\cdots[(m_1 \oplus m'_1)g_{1n} \oplus (m_2 \oplus m'_2)g_{2n} \oplus \cdots \oplus (m_k \oplus m'_k)g_{kn}]\} \tag{10.3.3}$$

由于 $m, m' \in G_k$，则由群的封闭性质有

$$(m_1 \oplus m'_1)(m_2 \oplus m'_2)\cdots(m_k \oplus m'_k) = (z_1 z_2 \cdots z_k) = z \in G_k$$

式(10.3.2)可以写成

$$[y \oplus y'] = (z_1 z_2 \cdots z_k)\begin{bmatrix} g_{11} & g_{12} & \cdots & g_{1n} \\ g_{21} & g_{22} & \cdots & g_{2n} \\ \vdots & \vdots & & \vdots \\ g_{k1} & g_{k2} & \cdots & g_{kn} \end{bmatrix}$$

从而 $y \oplus y' \in C$，定理 10.3.1 得证。

定理 10.3.1 不仅证明了这样构造的码 C 是一个群，而且也给出了具体的编码方法。只要找出 G_n 中 k 个线性独立的元素，用它们的行矢量构成矩阵 G，通过式(10.3.2)映射每个 k 长二元串到一个 n 长二元串上，这个 n 长二元串就是这个 k 长二元串数据对应的码字。由于通过矩阵 G 可以生成表示 k 位二进制数据的所有码字，因此矩阵 G 称为码 C 的**生成矩阵**(generator matrix)。

从矢量空间角度来看，生成矩阵的行矢量构成 n 维矢量空间的 k 维子空间的一组基矢量，每个码字都是这组基矢量的线性组合，组合系数就是要编码的数据——不同 k 长二元串，这也是将这样编出的码称为线性码的原因。

10.3.2 生成矩阵和编码

记码 $C[n,k]$ 的码矢量空间为 $V_n^{(k)}$，由于生成矩阵的 k 个行矢量是线性独立的，因此它们构成 $V_n^{(k)}$ 的一组基。记其中第 i 个基矢量为

$$[g_i] = (g_{i1} g_{i2} \cdots g_{ij} \cdots g_{in}), \quad g_{ij} \in \{0,1\}, j = 1, n$$

生成矩阵可以写作

$$[G] = \begin{bmatrix} g_{11} & g_{12} & \cdots & g_{1n} \\ g_{21} & g_{22} & \cdots & g_{2n} \\ \vdots & \vdots & & \vdots \\ g_{k1} & g_{k2} & \cdots & g_{kn} \end{bmatrix}$$

其中，第 i 行就是第 i 个基矢量的行矢量。一个 k 位二进制数据(消息组)$[m] = (m_1\ m_2 \cdots m_k)$对应的码字为$[x]$，则按式(10.3.2)，$[x]$为

$$[x] = (m_1 m_2 \cdots m_k)\begin{bmatrix} g_{11} & g_{12} & \cdots & g_{1n} \\ g_{21} & g_{22} & \cdots & g_{2n} \\ \vdots & \vdots & & \vdots \\ g_{k1} & g_{k2} & \cdots & g_{kn} \end{bmatrix}$$

$$=[(m_1g_{11}\oplus m_2g_{21}\oplus\cdots\oplus m_kg_{k1})(m_1g_{12}\oplus m_2g_{22}\oplus\cdots\oplus m_kg_{k2})\cdots(m_1g_{1n}\oplus m_2g_{2n}\oplus\cdots\oplus m_kg_{kn})]$$
$$=(x_1x_2\cdots x_n) \tag{10.3.4}$$

码字(矢)的每一位都是要编码的二进制数字和 $V_n^{(k)}$ 的这 k 个基矢量相应位数字乘积的模二加"$\oplus$",或者说每个码矢都是生成矩阵 k 个行矢的线性组合,组合系数就是待编码二进制数据相应位数字。由于码空间基矢组的选择不是唯一的,因此一个线性分组码生成矩阵的选择也不是唯一的。生成矩阵的不同,仅表示要编码数据和码字之间不同的对应关系,但码空间以及码的检错、纠错能力不变。

10.3.3 系统码

设线性分组码的生成矩阵具有如下形式:

$$[G]=\begin{bmatrix}1 & 0 & 0 & \cdots & 0 & p_{11} & p_{12} & \cdots & p_{1(n-k)}\\ 0 & 1 & 0 & \cdots & 0 & p_{21} & p_{22} & \cdots & p_{2(n-k)}\\ \vdots & \vdots & \vdots & & \vdots & \vdots & \vdots & & \vdots\\ 0 & 0 & 0 & \cdots & 1 & p_{k1} & p_{k2} & \cdots & p_{k(n-k)}\end{bmatrix}=[I_kP] \tag{10.3.5}$$

其中,I_k 是 $k\times k$ 单位矩阵;P 是 $k\times(n-k)$矩阵。将式(10.3.5)代入式(10.2.1)中,可得二进制数据(有效消息组)$[m]=(m_1m_2\cdots m_k)$对应的码字如下:

$$x=(x_1x_2\cdots x_k\cdots x_n)$$

其中,码矢量的各位如下:

$$\begin{cases}x_i=m_i, & i=1,2,\cdots,k\\ x_{k+j}=\sum\limits_{l=1}^{k}\oplus m_lp_{lj}, & j=1,2,\cdots,n-k\end{cases} \tag{10.3.6}$$

其中,前 k 位就是待编码的数据;后 $n-k$ 位是校验位,提供校验信息。具有式(10.3.5)形式的生成矩阵的码称为**系统码**(system code)。

系统码由于前 k 位与待编码数据相同,其编码器仅需存储一个 $k\times(n-k)$矩阵,编码和译码都比较简单。稍后将证明它的检错和纠错能力与非系统码没有什么差别,所以系统码得到了广泛的应用。

10.3.4 校验矩阵

线性分组码 $C[n,k,d]$的码矢量(字)集合是 n 维矢量空间 $V^{(n)}$ 的一个 k 维子空间,前已证明,它有一个 $n-k$ 维的零化空间,记为 $V_n^{(n-k)}$。设矢量$\{h_1,h_2,\cdots,h_{n-k}\}$是 $V_n^{(n-k)}$ 的一组基矢量,用这 $n-k$ 个基矢量的行矢量做成的 $n-k$ 行 n 列矩阵记为 H

$$[H]=\begin{bmatrix} h_{11} & h_{12} & \cdots & h_{1n} \\ h_{21} & h_{22} & \cdots & h_{2n} \\ \vdots & \vdots & & \vdots \\ h_{(n-k)1} & h_{(n-k)2} & \cdots & h_{(n-k)n} \end{bmatrix} \tag{10.3.7}$$

则 H 的每个行矢量和码 $C[n,k,d]$ 的生成矩阵 G 的每个行矢量正交，即

$$[G][H]^{\mathrm{T}}=[0]_{k\times(n-k)} \tag{10.3.8}$$

或

$$[H][G]^{\mathrm{T}}=[0]_{(n-k)\times k} \tag{10.3.9}$$

式(10.3.8)等号右端的[0]是 k 行 $n-k$ 列零矩阵，式(10.3.9)的[0]是 $n-k$ 行 k 列零矩阵。式(10.3.8)表明，H 的行矢量空间(即以这些矢量为基矢张起的矢量空间)就是 G 的行矢量张起的矢量空间的零化空间。如果 G 是系统码的生成矩阵[见式(10.3.5)]，可以证明对系统码 H 有如下形式：

$$[H]=[P^{\mathrm{T}}I_{n-k}]$$

即

$$[H]=\begin{bmatrix} p_{11} & p_{21} & \cdots & p_{k1} & 1 & 0 & 0 & \cdots & 0 \\ p_{12} & p_{22} & \cdots & p_{k2} & 0 & 1 & 0 & \cdots & 0 \\ \vdots & \vdots & & \vdots & \vdots & \vdots & \vdots & & \vdots \\ p_{1(n-k)} & p_{2(n-k)} & \cdots & p_{k(n-k)} & 0 & 0 & 0 & \cdots & 1 \end{bmatrix} \tag{10.3.10}$$

事实上可以验证

$$[G][H]^{\mathrm{T}}=\begin{bmatrix} 1 & 0 & 0 & \cdots & 0 & p_{11} & p_{12} & \cdots & p_{1(n-k)} \\ 0 & 1 & 0 & \cdots & 0 & p_{21} & p_{22} & \cdots & p_{2(n-k)} \\ \vdots & \vdots & \vdots & & \vdots & \vdots & \vdots & & \vdots \\ 0 & 0 & 0 & \cdots & 1 & p_{k1} & p_{k2} & \cdots & p_{k(n-k)} \end{bmatrix}\begin{bmatrix} p_{11} & p_{12} & \cdots & p_{1(n-k)} \\ p_{21} & p_{22} & \cdots & p_{2(n-k)} \\ \vdots & \vdots & & \vdots \\ p_{k1} & p_{k2} & \cdots & p_{k(n-k)} \\ 1 & 0 & \cdots & 0 \\ 0 & 1 & \cdots & 0 \\ \vdots & \vdots & & \vdots \\ 0 & 0 & \cdots & 1 \end{bmatrix}$$

$$=\begin{bmatrix} p_{11}\oplus p_{11} & p_{12}\oplus p_{12} & \cdots & p_{1(n-k)}\oplus p_{1(n-k)} \\ p_{21}\oplus p_{21} & p_{22}\oplus p_{22} & \cdots & p_{2(n-k)}\oplus p_{2(n-k)} \\ \vdots & \vdots & & \vdots \\ p_{k1}\oplus p_{k1} & p_{k2}\oplus p_{k2} & \cdots & p_{k(n-k)}\oplus p_{k(n-k)} \end{bmatrix}=\begin{bmatrix} 0 & 0 & \cdots & 0 \\ 0 & 0 & \cdots & 0 \\ \vdots & \vdots & & \vdots \\ 0 & 0 & \cdots & 0 \end{bmatrix}$$

最后结果是个 k 行 $n-k$ 列的零矩阵。

利用生成矩阵 G 和 H 的上述性质，可以证明，若 x 是二进制数 m 通过 G 生成

的码字为

$$[x] = [m][G]$$

由式(10.3.8)有

$$[x][H]^{\mathrm{T}} = [m][G][H]^{\mathrm{T}} = [m][0] = [0]$$

或由式(10.3.9)有

$$[H][x]^{\mathrm{T}} = [H][G][m]^{\mathrm{T}} = [0][x]^{\mathrm{T}} = [0]$$

这是一个正确的码字必须满足的条件。这些结果表明矩阵 H 可以用来检查一个给定的 n 长二元串是不是一个正确的码字,由于这个原因,矩阵 H 称为 G 生成码的**校验矩阵**(check matrix)。

由于校验矩阵的行矢也是线性独立的,因此 H 也可以作为生成矩阵。由 H 生成的码 $C[n,n-k]$称为由 G 生成码 $C[n,k]$的**对偶码**(dual code);反过来,$C[n,k]$也是 $C[n,n-k]$的对偶码。$C[n,k]$和 $C[n,n-k]$码空间维数之和是 n。由于两个对偶码的码空间互相垂直(即分别取自两个空间中的任意一对矢量都正交),码 C 的对偶码记为 $C^{\perp}$。

10.3.5　关于码距离的定理

码距决定了码的检错和纠错能力,关于由生成矩阵 G 生成的线性码 C 的距离,有下面的定理 10.3.2。

定理 10.3.2　设 G 生成线性码 C,H 是它的校验矩阵,码 C 的最小距离等于 H 中线性相关列的最小数目。

证明　由于矢量 x 属于码空间 $V_n^{(k)}$ 的充要条件是

$$[H][x]^{\mathrm{T}} = [0]$$

设 H 的列矢量为 $h_1,h_2,\cdots,h_n$。其中,第 i 个列矢量的各分量是$[h_{1i},h_{2i},\cdots,h_{ki}]$,码字矢量 x 的各分量是$[x_1,x_2,\cdots,x_n]$,$[H][x]^{\mathrm{T}}=0$,即

$$\begin{gathered}
h_{11}x_1 \oplus h_{12}x_2 \oplus \cdots \oplus h_{1n}x_n = 0 \\
h_{21}x_1 \oplus h_{22}x_2 \oplus \cdots \oplus h_{2n}x_n = 0 \\
\cdots \\
h_{k1}x_1 \oplus h_{k2}x_2 \oplus \cdots \oplus h_{kn}x_n = 0
\end{gathered}$$

将以上各式相加(模二加"$\oplus$")得

$$h_1 \cdot x_1 \oplus h_2 \cdot x_2 \oplus \cdots \oplus h_n \cdot x_n = 0 \tag{10.3.11}$$

这是 H 的 n 个列矢量的线性组合。若码矢 x 的重量为 w[即$(x_1,x_2,\cdots,x_n)$中有 w 个 1,其余 $n-w$ 个元素都是 0],则 H 中有 w 个列线性相关。反之,若 H 中有 w 个列线性相关,码 C 中必有一个重量 w 的码矢。由于 C 是个群码,因此 C 的最小距离就是 H 中线性相关列矢量的最小数目。

10.4 经典线性纠错码理论(Ⅱ)

线性纠错码所有的码字矢量都是 n 维矢量空间 $V^{(n)}$ 的 k 维子空间 $V_n^{(k)}$ 中的矢量。但由于出错,一个正确的码矢 x 可能离开码空间,变成空间 $V^{(n)}$ 中的一般矢量。构造译码表就是将 $V^{(n)}$ 空间中的 2^n 个矢量,划分成 2^k 个不相交的子集 D_1, $D_2,\cdots,D_i,\cdots,D_{2^k}$,使每个子集中仅含一个码矢(如第 i 个子集 D_i 中仅含一个码矢 $x^{(i)}$),使落入子集 D_i 中的矢量 x 按最小距离译码规则都译成 $x^{(i)}$。这就是说

$$d(x,x^{(i)}) \leqslant d(x,x^{(j)}), \quad \forall x^{(j)} \notin D_i \tag{10.4.1}$$

由于 $C[n,k,d]$是群码,这样的译码表可以借助于子群和陪集(见附录 A2)的概念构造。

10.4.1 线性纠错码标准译码表

由于 $C[n,k,d]$的全体码子构成 G_n 群(全体 n 长二元串为元素,在逐位模二加“$\oplus$”运算下构成的群)的一个 2^k 阶子群 G_k,子群 G_k 在 G_n 中的指数为 $2^n/2^k=2^{n-k}$。相对于子群 G_k,作它在 G_n 群中的陪集,可以把 G_n 的元素划分为 2^{n-k} 个不相交的子集,每个子集由作为陪集首的一个元素标识。

G_n 标准译码表形式如表 10.4.1 所示。

表 10.4.1 $C[n,k,d]$译码表

子集陪集首	D_1	D_2	…	D_{2^k}
G_k	$x_1 \equiv e$	x_2	…	x_{2^k}
y_1	y_1	$y_1 \oplus x_2$	…	$y_1 \oplus x_{2^k}$
y_2	y_2	$y_2 \oplus x_2$	…	$y_2 \oplus x_{2^k}$
…	…	…	…	…
$y_{2^{(n-k)}}$	$y_{2^{(n-k)}}$	$y_{2^{(n-k)}} \oplus x_2$	…	$y_{2^{(n-k)}} \oplus x_{2^k}$

表 10.4.1 中第一行各个 D_i 代表下面同一列元素构成的子集,第二行是码 $C[n,k,d]$所有码字的一个排列,其中第一个元素是单位元 e(即全由 0 组成的串)。表中第二行以下每行都是子群 G_k 在 G_n 中的一个陪集,最左边的一列是陪集首,作为陪集首的元素应选在前面各行均未出现、但属于 G_n 的元素。由于接收到的矢量 w 如果落在子集 D_j 和陪集 y_i 中时,有

$$w = y_i \oplus x_j \tag{10.4.2}$$

而收到矢量应是发送码矢量 x 和出错图样 y 之和

$$w = y \oplus x \tag{10.4.3}$$

当 $x=x_j$ 时,要使接收码矢 w 能译成 x_j,必须有 $y=y_i$,所以实际出错图样必须位

于陪集首。特别是那些出错概率最大的错误图样，应优先选作陪集首。这样，若一个正确的码字 x_i 发生陪集首 y_j 标识的错误，变成 $w=y_j\oplus x_i$，则它必定落在 y_j 标识的陪集、D_i 标识的那个列中，把它译成 x_i 就自动纠正了错误。

10.4.2　Hamming 码

如果只着眼于纠正一位错误，那么一个 n 位码的码字可能的出错图样只有 n 个，而对于编码 k 位数据的码，其中码字个数为 2^k，群 G_k 在群 G_n 中陪集数目 2^{n-k} 可能远大于出错图样个数 n。如果陪集（表示出错图样）按首先一位错、其次二位错……顺序选择，那么译码表 10.4.1 中第 n 行以后就毫无用处。如果一线性纠错码 $C[n,k,d]$ 出错位数小于或等于 t 的所有错误图样个数正好等于子群 G_k 在 G_n 中陪集的数目，那么这种码称为**完备码**(complete codes)或**最佳码**(perfect codes)。完备码的校验位可以得到充分的利用。

能纠正一位错的完备码称为 **Hamming 码**[5]。

Hamming 码是码 $C[n,k,d]$ 中一个特殊的子类，它有良好的性能，编码和译码都很简单，因此得到了广泛应用。为了给出构造 Hamming 码的一般方法，下面首先证明定理 10.4.1。

定理 10.4.1　设 $\boldsymbol{H}$ 是 m 个线性独立的 n 长二元串行矢量构成的矩阵的转置矩阵，那么满足

$$(a_1\quad a_2\quad \cdots\quad a_n)\begin{bmatrix} h_{11} & h_{12} & \cdots & h_{1m}\\ h_{21} & h_{22} & \cdots & h_{2m}\\ \vdots & \vdots & & \vdots\\ h_{n1} & h_{n2} & \cdots & h_{nm}\end{bmatrix}=(\overbrace{0\quad 0\quad \cdots\quad 0}^{m}) \tag{10.4.4}$$

的所有 n 长二元串 $(a_1\quad a_2\quad \cdots\quad a_n)$ 构成群 G_n 的一个子群。

证明　因为 G_n 是有限群，根据有限群子群判定定理（见附录 A2.3.1），只需证明这样的 n 长二元串集合非空且满足封闭性。

首先，因为 $(\overbrace{0\quad 0\quad \cdots\quad 0}^{n})\in C$，所以 C 非空。又若 $(a_1\quad a_2\quad \cdots\quad a_n)\in C$，$(b_1\quad b_2\quad \cdots\quad b_n)\in C$，则有

$$\begin{aligned}&(a_1\quad a_2\quad \cdots\quad a_n)\begin{bmatrix} h_{11} & h_{12} & \cdots & h_{1m}\\ h_{21} & h_{22} & \cdots & h_{2m}\\ \vdots & \vdots & & \vdots\\ h_{n1} & h_{n2} & \cdots & h_{nm}\end{bmatrix}\\ &=[(a_1h_{11}\oplus a_2h_{21}\oplus\cdots\oplus a_nh_{n1})(a_1h_{12}\oplus a_2h_{22}\oplus\cdots\oplus a_nh_{n2})\\ &\quad\cdots(a_1h_{1m}\oplus a_2h_{2m}\oplus\cdots\oplus a_nh_{nm})]\\ &=(\overbrace{0\quad 0\quad \cdots\quad 0}^{m})\end{aligned} \tag{10.4.5}$$

及

$$(b_1 \quad b_2 \quad \cdots \quad b_n)\begin{bmatrix} h_{11} & h_{12} & \cdots & h_{1m} \\ h_{21} & h_{22} & \cdots & h_{2m} \\ \vdots & \vdots & & \vdots \\ h_{n1} & h_{n2} & \cdots & h_{nm} \end{bmatrix}$$

$$=[(b_1h_{11}\oplus b_2h_{21}\oplus\cdots\oplus b_nh_{n1})(b_1h_{12}\oplus b_2h_{22}\oplus\cdots\oplus b_nh_{n2})$$
$$\cdots(b_1h_{1m}\oplus b_2h_{2m}\oplus\cdots\oplus b_nh_{nm})]$$
$$=(\overbrace{0 \quad 0 \quad \cdots \quad 0}^{m}) \tag{10.4.6}$$

由于

$$((a_1+b_1) \quad (a_2+b_2) \quad \cdots \quad (a_n+b_n))\begin{bmatrix} h_{11} & h_{12} & \cdots & h_{1m} \\ h_{21} & h_{22} & \cdots & h_{2m} \\ \vdots & \vdots & & \vdots \\ h_{n1} & h_{n2} & \cdots & h_{nm} \end{bmatrix}$$

$$=[(a_1\oplus b_1)h_{11}\oplus(a_2\oplus b_2)h_{21}\oplus\cdots\oplus(a_n\oplus b_n)h_{n1}$$
$$(a_1\oplus b_1)h_{12}\oplus(a_2\oplus b_2)h_{22}\oplus\cdots\oplus(a_n\oplus b_n)h_{n2}$$
$$\cdots$$
$$(a_1\oplus b_1)h_{1m}\oplus(a_2\oplus b_2)h_{2m}\oplus\cdots\oplus(a_n\oplus b_n)h_{nm}]$$
$$=[(a_1h_{11}\oplus a_2h_{21}\oplus\cdots\oplus a_nh_{n1})(a_1h_{12}\oplus a_2h_{22}\oplus\cdots\oplus a_nh_{n2})$$
$$\cdots(a_1h_{1m}\oplus a_2h_{2m}\oplus\cdots\oplus a_nh_{nm})]$$
$$\oplus[(b_1h_{11}\oplus b_2h_{21}\oplus\cdots\oplus b_nh_{n1})(b_1h_{12}\oplus b_2h_{22}\oplus\cdots\oplus b_nh_{n2})$$
$$\cdots(b_1h_{1m}\oplus b_2h_{2m}\oplus\cdots\oplus b_nh_{nm})]$$
$$=(\overbrace{0 \quad 0 \quad \cdots \quad 0}^{m})\oplus(\overbrace{0 \quad 0 \quad \cdots \quad 0}^{m})$$
$$=(\overbrace{0 \quad 0 \quad \cdots \quad 0}^{m})$$

其中,已应用了式(10.4.5)和式(10.4.6),所以有

$$[(a_1+b_1)\circ(a_2+b_2)\circ\cdots\circ(a_n+b_n)]=[c_1\circ c_2\circ\cdots\circ c_n]\in C$$

这表明集合 C 是封闭的,由有限群子群判定定理(见附录 A2.3.1)可知,C 构成群 G_n 的一个子群。

令$[H']=[H]^{\mathrm{T}}$,注意到矩阵 H 实际上就是码 C 的校验矩阵,由于 H' 是由 m 个线性独立的行矢量构成,因此码 C 编码二进制数据位数 $k=n-m$,码字个数为 $2^k=2^{n-m}$。对于 Hamming 码,群码 C 在所有 n 长二元串构成的群 G_n 中的陪集数目为 $n+1$(n 表示一位错的 n 个出错图样,1 表示无错),所以有

$$2^{n-m}(n+1)=2^n$$

由此可以解出 $n=2^m-1, k=2^m-m-1$。

由定理 10.4.1 可以得出构造 Hamming 码的一般方法如下：

(1) 取 m 为大于 2 的整数，信息位数 $k=2^m-m-1$，码字长 $n=2^m-1$，对应几个较小的 m 值，Hamming 码信息位数以及码子长度列在表 10.4.2 中。

表 10.4.2

m	$k=2^m-m-1$	$n=2^m-1$	2^k
2	1	3	2
3	4	7	16
4	11	15	2^{11}
5	30	31	2^{30}

(2) 任取 m 个线性独立的 n 长二元串，用它们的行矢量构成矩阵 H'，令 $H=H'^{\mathrm{T}}$。

(3) 根据码矢 $x=(x_1 \quad x_2 \quad \cdots \quad x_n)$ 的各分量满足

$$(x_1 \quad x_2 \quad \cdots \quad x_n)\begin{bmatrix} h_{11} & h_{12} & \cdots & h_{1m} \\ h_{21} & h_{22} & \cdots & h_{2m} \\ \vdots & \vdots & & \vdots \\ h_{n1} & h_{n2} & \cdots & h_{nm} \end{bmatrix} = (\overbrace{0 \quad 0 \quad \cdots \quad 0}^{m}) \tag{10.4.7}$$

即

$$\begin{cases} x_1h_{11} \oplus x_2h_{21} \oplus \cdots \oplus x_nh_{n1} = 0 \\ x_1h_{12} \oplus x_2h_{22} \oplus \cdots \oplus x_nh_{n2} = 0 \\ \qquad\cdots \\ x_1h_{1m} \oplus x_2h_{2m} \oplus \cdots \oplus x_nh_{nm} = 0 \end{cases} \tag{10.4.8}$$

对任意给定的 k 位二进制数据（信息位），表示这个数据的码字的 k 位已知，这个码字的其余 m 位为校验位。由于每个码字都满足式(10.4.7)，因此校验位各位数字可由方程组式(10.4.8)解出，信息位和校验位一起构成编码这个 k 位二进制数据（消息组）的码字。

用上述方法得到的码字共 $2^k=2^{(2^m-m-1)}$ 个，构成群码 $C[n,k]$，而群 G_n 中元素数目共有 $2^n=2^{(2^m-1)}$ 个。这个群码在 G_n 中陪集的数目共有

$$2^{(2^m-1)}/2^{(2^m-m-1)} = 2^m$$

个，译码表中元素数目共有

$$2^k \cdot 2^m = 2^{(2^m-m-1)} \times 2^m = 2^{(2^m-1)} = 2^n$$

个，正好穷尽了群 G_n 中元素的个数，所有的一位错字全落在这个表中，因此一位错全能得到纠正。

10.4.3　指错子

对于 $C[n,k]$码,用标准译码表需要存储 2^n 个 n 长二元串,当 n 很大时显然很不方便。下面讨论如何用**指错子**(error syndrome)指示出错位置,并自动给以纠正。

接收到的一个一般的码字 w 可以表示为

$$w = y + x$$

其中,x 是正确的码矢;y 是出错图样。对于 Hamming 码,出错图样 y 就是所有的一位错。由于正确的码矢满足校验条件

$$[x][H]^{\mathrm{T}} = [0]$$

因此

$$[w][H]^{\mathrm{T}} = [y][H]^{\mathrm{T}} \tag{10.4.9}$$

能给出接收到的矢量出错信息,$[y][H]^{\mathrm{T}}$ 称为**指错子**(error syndrome)。以 s 表示指错子为

$$[s] = [y][H]^{\mathrm{T}} \tag{10.4.10}$$

如果

$$s = (\overbrace{0 \quad 0 \quad \cdots \quad 0}^{m})$$

表示未发生错误,收到的矢量就是一个正确的码字。如果 w 的第 i 位发生了错误(一位错),那么 y 具有如下形式:

$$y = (\underbrace{00\cdots\overset{i}{1}\cdots 0}_{n})$$

从而式(10.4.10)中的 s 就是$[H]^{\mathrm{T}}$ 的第 i 行,即原矩阵$[H]$的第 i 列。由于校验矩阵$[H]$的各列均不相同,因此可以反过来根据$[s]$的值确定收到的 w 哪一位出了错,从而把它纠正过来。在构造量子纠错码时,诊断编码态的错误并予以纠正,也是根据这一原理。

利用指错子可以构造出简化的译码表。为了说明构造方法,我们证明下面的定理。

定理 10.4.2　出错后落入同一陪集中的所有字都有相同的指错子,落入不同陪集的字有不同的指错子。

证明　在标准译码表中,属于 D_i 列、第 j 个陪集(陪集首为 y_j)的元素是 $y_j \oplus x_i$,它的指错子为

$$[s] = [y_j \oplus x_i][H]^{\mathrm{T}} = [y_j][H]^{\mathrm{T}}$$

所以$[s]$只决定于陪集 j,而与子集 D_i 无关。这就证明了指错子只决定于陪集,与

列无关。

为了证明属于不同陪集的元素指错子不同，这里用反证法。假设第 j 个陪集和第 k 个陪集的元素有相同的指错子，即

$$[y_j][H]^{\mathrm{T}} = [y_k][H]^{\mathrm{T}}$$

于是有

$$[y_j \oplus y_k][H]^{\mathrm{T}} = [y_k \oplus y_k][H]^{\mathrm{T}} = [0]$$

这意味着 $[y_j]\oplus[y_k]=[x]$ 是个正确的码矢。从而有

$$[y_j] = [y_k] \oplus [x]$$

这表明第 k 个陪集中有一个元素等于第 j 个陪集的陪集首，这当然不可能。所以，第 j 个陪集和第 k 个陪集当 $j\neq k$ 时不可能有相同的指错子。

根据定理 10.4.2，码群 $C[n,k]$ 在 G_n 中的陪集与指错子 $[s]$ 一一对应。于是可列出指错子与陪集首一一对应的表格，利用这个表格进行的译码步骤如下：

(1) 计算接收到的 w 的指错子

$$[s] = [w][H]^{\mathrm{T}} \tag{10.4.11}$$

(2) 根据 $[s]$ 找出对应的陪集首 y_j。

(3) 由于 $w=y_j\oplus x$，即

$$[w] \oplus [y_j] = [y_j] \oplus [y_j] \oplus [x] = [x]$$

所以就把 w 译成 x。

10.5 经典线性纠错码的例子——7-位码

10.5.1 7-位线性纠错码的生成矩阵和校验矩阵

用七位二进制数串编码三位二进制数据的码记为 $C[7,3]$，一个 $C[7,3]$ 码的生成矩阵由三个线性独立的矢量（七位二进制数串）的行矢量组成。可以取为

$$[G]_{7,3} = \begin{bmatrix} 1 & 0 & 0 & 1 & 1 & 1 & 0 \\ 0 & 1 & 0 & 0 & 1 & 1 & 1 \\ 0 & 0 & 1 & 1 & 1 & 0 & 1 \end{bmatrix} \tag{10.5.1}$$

这个生成矩阵可以看成是由二进制数据 (a_1, a_2, a_3) 按以下规则生成矩阵的一个初等变换：

$$\begin{matrix} & a_1 & a_2 & a_3 & a_1\oplus a_2 & a_1\oplus a_3 & a_2\oplus a_3 & a_1\oplus a_2\oplus a_3 \end{matrix}$$

$$[G']_{7,3} = \begin{bmatrix} 1 & 0 & 0 & 1 & 1 & 0 & 1 \\ 0 & 1 & 0 & 1 & 0 & 1 & 1 \\ 0 & 0 & 1 & 0 & 1 & 1 & 1 \end{bmatrix} \tag{10.5.2}$$

这就给出了由要编码二进制数据(有效消息组)构造生成矩阵的方法。显然这样得到的生成矩阵,其行矢是线性独立的。以它们为基张成 $C[7,3]$码空间。在码空间的正交补空间中找 7－3＝4 个线性独立的矢量,由它们的行矢构成相应的校验矩阵为

$$[H]_{7,3}=\begin{bmatrix}1&0&1&1&0&0&0\\1&1&1&0&1&0&0\\1&1&0&0&0&1&0\\0&1&1&0&0&0&1\end{bmatrix}=[G]_{7,4} \tag{10.5.3}$$

容易验证,它满足式(10.3.8)的条件,即

$$[G]_{7,3}[H]_{7,3}^{\mathrm{T}}=[0]_{3\times4} \tag{10.5.4}$$

$[H]_{7,3}$也是对偶码 $C[7,4]$的生成矩阵。$C[7,4]$码的校验矩阵就是 $C[7,3]$码的生成矩阵$[G]_{7,3}$

$$[H]_{7,4}=[G]_{7,3}=\begin{bmatrix}1&0&0&1&1&1&0\\0&1&0&0&1&1&1\\0&0&1&1&1&0&1\end{bmatrix} \tag{10.5.5}$$

而$[G]_{7,4}[G]_{7,3}^{\mathrm{T}}=[0]_{4\times3}$对于 $C[7,4]$码,其转置$[G]_{7,3}[G]_{7,4}^{\mathrm{T}}=[0]_{3\times4}^{\mathrm{T}}$对于 $C[7,3]$码正是式(10.3.9)中的条件。

10.5.2　$C[7,3]$,$C[7,4]$码

利用式(10.5.1)中的生成矩阵,根据式(10.3.4)有

$$[x]=[m][G] \tag{10.5.6}$$

编出的 $C[7,3]$码列于表 10.5.1 中。

表 10.5.1　$C[7,3]$码

消息组			码矢量						
0	0	0	0	0	0	0	0	0	0
0	0	1	0	0	1	1	1	0	1
0	1	0	0	1	0	0	1	1	1
0	1	1	0	1	1	1	0	1	0
1	0	0	1	0	0	1	1	1	0
1	0	1	1	0	1	0	0	1	1
1	1	0	1	1	0	1	0	0	1
1	1	1	1	1	1	0	1	0	0

观察这些码字可以看出,除单位元外,每个码字的重量 $W(x)=4$,所以这个码的码距 $d=4$,记这个码为 $C[7,3,4]$码。

把式(10.5.3)中的矩阵用作 $C[7,4]$ 生成矩阵，编出的 $C[7,4]$ 码列于表 10.5.2 中。

表 10.5.2　C[7,4]码

消息组 m				码矢量 x						
0	0	0	0	0	0	0	0	0	0	0
0	0	0	1	0	1	1	0	0	0	1
0	0	1	0	1	1	0	0	0	1	0
0	0	1	1	1	0	1	0	0	1	1
0	1	0	0	1	1	1	0	1	0	0
0	1	0	1	1	0	0	0	1	0	1
0	1	1	0	0	0	1	0	1	1	0
0	1	1	1	0	1	0	0	1	1	1
1	0	0	0	1	0	1	1	0	0	0
1	0	0	1	1	1	0	1	0	0	1
1	0	1	0	0	1	1	1	0	1	0
1	0	1	1	0	0	0	1	0	1	1
1	1	0	0	0	1	0	1	1	0	0
1	1	0	1	0	0	1	1	1	0	1
1	1	1	0	1	0	0	1	1	1	0
1	1	1	1	1	1	1	1	1	1	1

观察这些码字可以看出，除单位元外，各个码字的最小重量 $W(x)=3$，所以这个码的码距 $d=3$，记这个码为 $C[7,4,3]$ 码。

$C[7,4,3]$ 码和 $C[7,3,4]$ 码互为对偶码。

10.5.3　取核法编码方法

前面编码 $C[7,4,3]$ 的方法是通过生成矩阵 $[G]_{7,4}$，把二进制数据映射到大群 G_7 中去。

下面采用取核法构造 $C[7,4,3]$ 码。

注意到对任意码矢 x 有

$$[x][H]^{\mathrm{T}} = [0] \tag{10.5.7}$$

其中，$[H]$ 是这个码的校验矩阵。设 $C[7,4,3]$ 码的一个码字是

$$a = (a_1 \quad a_2 \quad a_3 \quad a_4 \quad a_5 \quad a_6 \quad a_7) \tag{10.5.8}$$

利用式(10.5.5)给出的 $C[7,4,3]$ 码的校验矩阵（为了得到和表 10.5.2 相同的码字，这里对校验矩阵作了初等变换，把前三列移到了最后）

$$[H]_{7,4} = \begin{bmatrix} 1 & 1 & 1 & 0 & 1 & 0 & 0 \\ 0 & 1 & 1 & 1 & 0 & 1 & 0 \\ 1 & 1 & 0 & 1 & 0 & 0 & 1 \end{bmatrix} \tag{10.5.9}$$

将式(10.5.8)、式(10.5.9)代入式(10.5.7)中,得 a 满足的方程式

$$(a_1 \quad a_2 \quad a_3 \quad a_4 \quad a_5 \quad a_6 \quad a_7)\begin{bmatrix} 1 & 0 & 1 \\ 1 & 1 & 1 \\ 1 & 1 & 0 \\ 0 & 1 & 1 \\ 1 & 0 & 0 \\ 0 & 1 & 0 \\ 0 & 0 & 1 \end{bmatrix} = (0 \quad 0 \quad 0) \tag{10.5.10}$$

即

$$\begin{cases} a_1 \oplus a_2 \oplus a_3 \oplus a_5 = 0 \\ a_2 \oplus a_3 \oplus a_4 \oplus a_6 = 0 \\ a_1 \oplus a_2 \oplus a_4 \oplus a_7 = 0 \end{cases} \tag{10.5.11}$$

这里有七个未知数,要求满足三个方程,自由变量有四个,正好可以取有效信息组为四位组。对每一个有效信息组,解方程组(10.5.11)就可得到有效信息组对应码字中的校验位,从而给出编码这个有效信息组的码字。

例如,取 $a_4a_5a_6a_7$ 为信息位,$a_1a_2a_3$ 为校验位,解方程组(10.5.11)得到校验位数字以及码字列于表 10.5.3 中。

这与表 10.5.2 由生成矩阵$[G]_{7,4}$得到的码字完全相同。

表 10.5.3　$C[7,4,3]$码的信息位和校验位

校验位			信息位			
a_1	a_2	a_3	a_4	a_5	a_6	a_7
0	0	0	0	0	0	0
0	1	1	0	0	0	1
1	1	0	0	0	1	0
1	0	1	0	0	1	1
1	1	1	0	1	0	0
1	0	0	0	1	0	1
0	0	1	0	1	1	0
0	1	0	0	1	1	1
1	0	1	1	0	0	0
1	1	0	1	0	0	1
0	1	1	1	0	1	0
0	0	0	1	0	1	1
0	1	0	1	1	0	0
0	0	1	1	1	0	1
1	0	0	1	1	1	0
1	1	1	1	1	1	1

10.5.4　$C[7,3,4]$码和$C[7,4,3]$码的译码表

相对于子群 $C[7,3,4]$，作它在 G_n 群中的陪集，陪集首首先取一位错图样（见表 10.5.4 中第二～第七行），然后取两位错图样（第八～第十五行），最后取三位错图样（第十六行）。表 10.5.4 就是按这种规则作出的 $C[7,3,4]$码的译码表。

表 10.5.4　$C[7,3,4]$码标准译码表

		D_1	D_2	D_3	D_4	D_5	D_6	D_7	D_8
1	$C(7,3)$	0000000	0011101	0100111	0111010	1001110	1010011	1101001	1110100
2	1000000⊕	1000000	1011101	1100111	1111010	0001110	0010011	0101001	0110100
3	0100000⊕	0100000	0111101	0000111	0011010	1101110	1110011	1001001	1010100
4	0010000⊕	0010000	0001101	0110111	0101010	1011110	1000011	1111001	1100100
5	0001000⊕	0001000	0010101	0101111	0110010	1000110	1011011	1100001	1111100
6	0000100⊕	0000100	0011001	0100011	0111110	1001010	1010111	1101101	1110000
7	0000010⊕	0000010	0011111	0100101	0111000	1001100	1010001	1101011	1110110
8	0000001⊕	0000001	0011100	0100110	0111011	1001111	1010010	1101000	1110101
9	1100000⊕	1100000	1111101	1000111	1011010	0101110	0110011	0001001	0010100
10	1010000⊕	1010000	1001101	1110111	1101010	0011110	0000011	0111001	0100100
11	1001000⊕	1001000	1010101	1101111	1110010	0000110	0011011	0100001	0111100
12	1000100⊕	1000100	1011001	1100011	1111110	0001010	0010111	0101101	0110000
13	1000010⊕	1000010	1011111	1100101	1111000	0001100	0010001	0101011	0110110
14	1000001⊕	1000001	1011100	1100110	1111011	0001111	0010010	0101000	0110101
15	0100010⊕	0100010	0111111	0000101	0011000	1101100	1110001	1001011	1010110
16	1100010⊕	1100010	1111111	1000101	1011000	0101100	0110001	0001011	0010110

由表 10.5.4 可以看出：

(1) 该表穷尽了群 G_7 的全体元素。

(2) 表中第一行是 $C[7,3,4]$码矢全体，若收到的矢量落在这一行，则没有错误发生。

(3) 若收到的字落在第二～第八行，则只出现一位错，可以译成与这个字同列的最上面的那个码字，这样就自动纠正了一位错。这是因为落在这一区域的每个字 w 都不是码字，设与 w 同列最上一行的码字为 x_i，则 $d(w,x_i)=1$，而与表中标志其他列的码字 x 的距离都大于 1。这个结论证明如下：因为 $C[7,3,4]$码的距离为 4，所以 $d(x,x_i)\geqslant 4$，利用距离不等式

$$d(x,x_i)\leqslant d(x,w)+d(w,x_i) \tag{10.5.12}$$

有

$$d(x,w)\geqslant d(x,x_i)-d(w,x_i)\geqslant 4-1=3$$

这就证明了收到的 w 与其他码字的距离都大于等于 3，而只与码字 x_i 的距离最

小。把 w 译成 x_i 是正确的。这样,所有的一位错将全部得到纠正。

(4) 表中第九～十五行包含了所有两位错的情况。$C[7,3,4]$码可以检查出两位错,但不能纠正它。因为落入码字 x_i 这一列(即 D_i 列)的字与 x_i 的距离是 2,即

$$d(x,w) \geqslant d(x,x_i) - d(w,x_i) \geqslant 4 - 2 = 2$$

但与其他列码字的距离也可能是 2,所以不能肯定与 w 对应的正确码字就是 x_i。

(5) 落在表中第十六行的字与前面十五行共同穷尽了群 G_7 的元素。出现在这一行中的字与同列最上正确码字比有三位出错,但三位错比两位错更多,不光出现在第十六行,还出现在前面除第一行之外的各行中,所以 $C[7,3,4]$码不能检查出所有三位错。

表 10.5.5 是按与表 10.5.4 相同规则作出的。表中第一行是 $C[7,4,3]$码的十六个元素,第二～七行是以所有一位错为陪集首作出的各个陪集。

表 10.5.5 $C[7,4,3]$标准译码表

	D_1	D_2	D_3	D_4	D_5	D_6	D_7	D_8
$C[7,4]$	0000000	0110001	1100010	1010011	1110100	1000101	0010110	0100111
1000000⊕	1000000	1110001	0100010	0010011	0110100	0000101	1010110	1100111
0100000⊕	0100000	0010001	1000010	1110011	1010100	1100101	1010110	0000111
0010000⊕	0010000	0100001	1110010	1000011	1100100	1010101	0000110	0110011
0001000⊕	0001000	0111001	1101010	1011011	1111100	1001101	0011110	0101111
0000100⊕	0000100	0110101	1100110	1010111	1110000	1000001	0010010	0100011
0000010⊕	0000010	0110011	1110000	1010001	1110110	1000111	0010100	0100101
0000001⊕	0000001	0110000	1100011	1010010	1110101	1000100	0010111	0100110

	D_9	D_{10}	D_{11}	D_{12}	D_{13}	D_{14}	D_{15}	D_{16}
$C[7,4]$	1011000	1101001	0111010	0001011	0101100	0011101	1001110	1111111
1000000⊕	0011000	0101001	1111010	1001011	1101100	1011101	0001110	0111111
0100000⊕	1111000	1001001	0011010	0101011	0001100	0111101	1101110	1011111
0010000⊕	1001000	1111001	0101010	0011011	0111100	0000110	1011110	1101111
0001000⊕	1010000	1100001	0110010	0000011	0100100	0010101	1000110	1110111
0000100⊕	1011100	1101101	0111110	0001111	0101000	0011001	1001010	1111011
0000010⊕	1011010	1101011	0111000	0001001	0101110	0011111	1001100	1111101
0000001⊕	1011001	1101000	0111011	0001010	0101101	0011100	1001111	1111110

$C[7,4,3]$码就是一个 Hamming 码,它的码群 $C[7,4,3]$在群 G_7 中的指数是 $2^{7-4}=2^3=8$,正好等于表示群元行加上七个一位错行。就是说十六个码字所有一位出错图样正好穷尽了群 G_7 的 128 个元素。

10.5.5 经典线性码码率的 Hamming 限

在构造纠错码时,希望得到的码率 k/n 最大,而码率是受信道噪声限制的。对

于能纠正 t 位错的线性码，其码率存在一个极限。编码 k 位数据需要 2^k 个码字。每个码字有一个半径为 t 的出错球。以码字 x_i 为中心的出错球内所有可能的错误都来自码字 x_i。对于 n 位码，这些可能的错误是 n 个一位错、C_n^2 个两位错……C_n^j 个 $j(j\leqslant t)$ 位错。出错总数是 $\sum_{j=0}^{t} C_n^j$（其中，$j=0$ 表示无错）。由于不同码字的出错球共有 2^k 个，不同码字的出错球又不可能互相交叠，而所有这些出错位置都必须在这个 n 维矢量空间内，而这个空间中共有 2^n 个元素，于是有

$$2^k \sum_{j=0}^{t} C_n^j \leqslant 2^n \tag{10.5.13}$$

这称为 $C[n,k,d=2t+1]$码的 Hamming 限[6,7]。随着 n,k,t 的变大，码率有渐近形式：

$$\frac{k}{n} \leqslant 1 - H\left(\frac{t}{n}\right) \tag{10.5.14}$$

其中，$H(x)$是 Hamming 熵，且有

$$H(x) = -x\log_2 x - (1-x)\log_2(1-x) \tag{10.5.15}$$

参考文献

[1] Shor P W. Scheme for reducing decoherence in quantum computer memory. Physical Review A,1995,52:R2493－R2496.

[2] Steane A M. Error correcting codes in quantum theory. Physical Review Letters,1996,77:793－797.

[3] Steane A M. Simple quantum error-correcting codes. Physical Review A,1996,54:4741－4751.

[4] Steane A M. Multiple particle interference and quantum error correction. Proceedings of the Royal Society A,1996,452:2551－2577.

[5] Roman S. Coding and Information Theory. 北京：世界图书出版公司，1998.

[6] Galderbank A R,Shor P W. Good quantum error-correcting codes exist. Physical Review A,1996,54:1098－1105.

[7] Gottesman D. Stabilizer codes and quantum error correction(Ph D Dissertation),California:California Institute of Technology,1997.

第 11 章　量子纠错和 CSS 量子纠错码

1995～1996 年，Galderbank、Shor 以及 Steane 等在经典纠错码理论的基础上，建立了量子纠错码理论[1~6]。量子纠错码（QECC）把经典纠错码的码字看成量子计算机 Hilbert 空间中的量子态，用这些量子态的适当叠加构造量子码码字，这些码字的结构适合于保持编码信息，当发生错误时，允许借助不破坏编码量子信息的测量，诊断出错信息并予以纠正。使用这类码保护量子信息的方法，称为**主动的纠错方法**。已经证明的量子计算**阈限定理**[6~8]表明，如果各个物理量子位出错是统计独立的，当计算机系统消相干速率低于某一阈限，使用这类码实现容错量子计算是可能的。

如果没有对引起编码态消相干机制的了解，要把编码态从任意出错中完全恢复的方法是不存在的。对一般编码量子系统的一个合理假设是**独立出错模型**——系统中各个物理量子位独立地和环境相互作用。在这种情况下，出错算子是各个量子位单独和环境相互作用算子的张量积。如果出错率 ε 很低，两个和更多个物理量子位同时出错的概率比单独一个量子位出错的概率小得多（$\geqslant\varepsilon^2$），这时就可以借助量子码纠错方法，重新恢复原来的码态。第 11、12 章在独立出错模型假设下，首先针对一位错建立量子纠错理论。

11.1　量子纠错概念

由于编码量子信息的物理系统和环境存在不可避免的相互作用，这种相互作用导致编码系统和环境的纠缠，使编码在系统中的信息散失到环境中去。原则上如果能有编码系统和环境构成的复合系统的知识，能搜集到散失到环境中的全部信息，就可以对系统和环境的复合系统施加一个逆变换，恢复原编码在系统中的信息。但环境通常是不能控制的，散布到环境中的信息通常是无法搜集的，这里纠缠起着破坏作用。编码量子系统可以和环境纠缠，也可以和我们能控制的、附加的量子位系统纠缠，这些附加量子位系统和环境不同，有可能把散布在其中的信息再提取出来，利用这些信息重新恢复原系统中的编码量子态。这类似于经典纠错引进冗余加强信息抗干扰方法，但不是通过拷贝编码态，而是利用量子纠缠。这就是人们常说的利用纠缠对付纠缠的方法。

11.1.1　量子纠错的特殊性

量子纠错能否借助于经典纠错方法进行呢？粗略考虑这个问题可以看到，不大可能直接照搬经典纠错方法解决量子纠错问题，其至少存在下面一些困难[9,10]。

(1) 经典信息中可能发生的唯一类型的错误是位反转错，即

$$0 \leftrightarrows 1$$

在量子信息中除去可能发生这类位反转错外，还可能发生相位错，如

$$\begin{cases} |0\rangle \to |0\rangle \\ |1\rangle \to -|1\rangle \end{cases} \tag{11.1.1}$$

当然也可能发生$|0\rangle \to -|0\rangle$，$|1\rangle \to |1\rangle$或者$|0\rangle \to -|0\rangle$，$|1\rangle \to -|1\rangle$，但对于量子位的一般态

$$|\psi\rangle = \alpha|0\rangle + \beta|1\rangle$$

由于总相位没有测量意义，前一种错误等价于式(11.1.1)中的错误，而后一种可以认为没有错误，所以对相位错可以只讨论式(11.1.1)类型的错误。这种错误将导致

$$|\psi\rangle = \alpha|0\rangle + \beta|1\rangle \to |\psi\rangle = \alpha|0\rangle - \beta|1\rangle \tag{11.1.2}$$

发生相对相位错。相对相位错是量子信息特有的一类错误，不能直接用经典方法进行纠正。

(2) 量子位的一般态如下：

$$|\psi\rangle = \alpha|0\rangle + \beta|1\rangle$$

其中，α，β都是可连续取值的复数(但满足$|\alpha|^2 + |\beta|^2 = 1$)，而出错可能仅使$\alpha$，$\beta$偏离正确值一个小量，即

$$|\psi\rangle = \alpha|0\rangle + \beta|1\rangle \to |\psi\rangle = (\alpha+\varepsilon)|0\rangle + (\beta+\varepsilon')|1\rangle$$

其中，$|\alpha+\varepsilon|^2 + |\beta+\varepsilon'|^2 = 1$，这些小错不及时纠正，可能累积成大错。而在经典信息中，一个位要么是 0，要么是 1，不存在这种类型的小错累积的问题。

(3) 经典信息的纠错方法依赖于对经典位的直接测量获得出错信息，然后根据出错信息使用不同的操作予以纠正。在量子信息中，这种对编码态(表示数据的态)的直接测量是禁止的，因为根据量子力学的基本原理，这样的测量将对数据态引起不可恢复的扰动，造成量子信息的丢失。

(4) 经典纠错的一般方法是引进冗余，把要保护的信息拷贝在多个位中，一旦个别位出错，仍能用“选主”方法，得到正确的信息。但在量子信息中，一个未知的量子态完全的拷贝是被不可克隆定理[10]禁止的。

尽管和经典信息相比，量子纠错存在以上困难，但量子信息仍然发展了一套系统的纠错理论和方法，锻造出战胜这些困难的新武器。量子态的脆弱性曾被认为是发展量子信息技术不可逾越的障碍，正是在量子纠错理论和方法上的突破，才坚

定了人们发展量子信息技术的信心。

11.1.2 错误离散化

虽然量子计算机可以用连续变化的量子态编码信息,但它发生的错误仍然可以离散化[6,9]。一个物理量子位和环境发生相互作用(泛指一切引起出错的相互作用),取决于实现量子位的物理系统性质和特定的环境有多种可能性。现在考虑环境引起出错的一般情况。以$|e\rangle$表示环境态,并用$|e_0^{(0)}\rangle$,$|e_0^{(1)}\rangle$和$|e_1^{(0)}\rangle$,$|e_1^{(1)}\rangle$分别表示和量子位演化后态$|0\rangle$,$|1\rangle$的对偶态,即

$$|0\rangle|e\rangle \to |0\rangle|e_0^{(0)}\rangle + |1\rangle|e_0^{(1)}\rangle \tag{11.1.3}$$

$$|1\rangle|e\rangle \to |0\rangle|e_1^{(0)}\rangle + |1\rangle|e_1^{(1)}\rangle \tag{11.1.4}$$

一个量子位和环境相互作用共同构成一个封闭量子系统,量子位一般态$|\varphi\rangle=\alpha|0\rangle+\beta|1\rangle$和环境联合幺正演化为

$$U[(\alpha|0\rangle+\beta|1\rangle)|e\rangle]=\alpha U(|0\rangle|e\rangle)+\beta U(|1\rangle|e\rangle)$$

利用式(11.1.3)和式(11.1.4)有

$$U[(\alpha|0\rangle+\beta|1\rangle)|e\rangle] \to \alpha(|0\rangle|e_0^{(0)}\rangle+|1\rangle|e_0^{(1)}\rangle)+\beta(|0\rangle|e_1^{(0)}\rangle+|1\rangle|e_1^{(1)}\rangle) \tag{11.1.5}$$

演化后的环境态并不是这里所关心的,不必对它的正交性和归一化作出特别的假设。引进

$$|e^{\pm}\rangle=\frac{1}{2}(|e_0^{(0)}\rangle \pm |e_1^{(1)}\rangle), \quad |e'_{\pm}\rangle=\frac{1}{2}(|e_0^{(1)}\rangle \pm |e_1^{(0)}\rangle)$$

表示演化后的环境态,式(11.1.5)可写作

$$U[(\alpha|0\rangle+\beta|1\rangle)|e\rangle] \to \alpha(|0\rangle|e_0^{(0)}\rangle+|1\rangle|e_0^{(1)}\rangle)+\beta(|0\rangle|e_1^{(0)}\rangle+|1\rangle|e_1^{(1)}\rangle) \tag{11.1.6}$$

这里引进四个算子I,X,Y,Z,它们分别定义为

$$I|\varphi\rangle=\alpha|0\rangle+\beta|1\rangle \tag{11.1.7}$$

$$X|\varphi\rangle=\alpha|1\rangle+\beta|0\rangle \tag{11.1.8}$$

$$Z|\varphi\rangle=\alpha|0\rangle-\beta|1\rangle \tag{11.1.9}$$

$$Y|\varphi\rangle=\alpha|1\rangle-\beta|0\rangle \tag{11.1.10}$$

容易看出,I是单位算子,其余三个和Pauli算子有关系,即$X=\hat{\sigma}_x$,$Z=\hat{\sigma}_z$,$Y=i\hat{\sigma}_y$。利用这些算子,式(11.1.6)可以写作

$$U[(\alpha|0\rangle+\beta|1\rangle)|e\rangle] \to [|e_+\rangle I+|e_-\rangle Z+|e'_+\rangle X+|e'_-\rangle Y](\alpha|0\rangle+\beta|1\rangle) \tag{11.1.11}$$

这表明和环境相互作用引起一个量子位变化最一般形式,可以表示为上述四个算

子对量子位态作用的组合。其中,X 表示**位反转错**$|0\rangle \leftrightarrows |1\rangle$(几率幅错);$Z$ 表示**相位错**$((|0\rangle+|1\rangle)\leftrightarrows(|0\rangle-|1\rangle))$;$Y=ZX$ 表示**位反转错＋相位错**;I 是单位算子,表示没有错。

由于一个物理量子位可能发生分别用 X,Y,Z 算子表示的三种形式出错(无错用单位算子 I 表示),在环境作用下,一个物理量子位态$|\varphi\rangle$可能发生的最一般连续出错就可以表示为

$$|\varphi\rangle \rightarrow E|\varphi\rangle = a_0|\varphi\rangle + a_1X|\varphi\rangle + a_2Y|\varphi\rangle + a_3Z|\varphi\rangle$$

即四个算子的线性组合算子 $E=a_0\hat{I}+a_1X+a_2Y+a_3Z$ 对这个位的作用。当通过适当的测量进行出错诊断时,出错态 $E|\varphi\rangle$将坍缩到其中一项上,执行适当的逆操作,就可将量子位恢复到原来的正确态$|\varphi\rangle$上。所以如果能纠正单个物理量子位的 X,Y,Z 错,就能纠正一个物理量子位可能发生的所有错误。量子位出错的这种离散化,对后面将要发展的各种量子纠错方法是至关重要的,而且有深远的重大意义。为了简单,后面称算子 I,X,Y,Z 为 Pauli 算子,尽管它和量子物理中的 Pauli 算子 $\hat{\sigma}_x,\hat{\sigma}_y,\hat{\sigma}_z$ 不完全相同。

11.1.3　Kraus 算子展开和独立出错模型

量子信息技术中的量子系统作为和环境耦合着的开放系统,它在时刻 t 的密度矩阵 $\rho(t)$和 $t=0$ 时刻的密度矩阵 $\rho(t_0)$由一个超算子联系着(见 4.6 节)

$$\rho(t) = \$[\rho(t_0)] = \sum_b \hat{M}_b(t)\rho(t_0)\hat{M}_b^\dagger(t) \tag{11.1.12}$$

其中,算子

$$\hat{M}_b(t) = \langle b^\nu | \hat{U}(t,t_0) | b^\mu \rangle, \quad b \equiv (b^\nu, b^\mu) \tag{11.1.13}$$

是作用到系统 S 的 Hilbert 空间上与时间有关的线性算子,由环境初始态、系统—环境复合系统时间演化算子 $\hat{U}$($\hat{U}$ 算子决定于计算机和环境的耦合 Hamilton 量,以及环境正交基集的选择)。集合$\{\hat{M}_b\}$中的算子称为 **Kraus 算子**。与环境每个自由度对应的 Kraus 算子集合,完全描写了环境对系统的作用,刻画了环境引起计算机系统消相干的不同方式。为了保持密度算子的幺迹性,要求 Kraus 算子满足以下条件:

$$\sum_b M_b^\dagger(t)M_b(t) = 1 \tag{11.1.14}$$

现在假设不同量子位和环境的相互作用是完全不相关的。这一假设称为系统—环境相互作用**独立相互作用模型**(independent interaction model)。从物理上看,独立相互作用假设在许多情况下是个合理的假设。例如,当把信息编码在原子或离子内部两个能量态上时,由于原子或离子系统自发辐射是独立的、不相干的,

在这种情况下就可认为各个原子、离子独立地和环境相互作用。在量子位和环境相互作用发生相位阻尼情况下,当环境作用的有效波长比量子位的物理系统之间间距小得多时,独立相互作用模型就是一个好的近似。

在独立相互作用假设下,任意系统—环境相互作用算子都可表示为组成系统的各个物理量子位单独和环境相互作用算子的张量积。设量子系统由 n 个物理量子位构成,环境作用到 n 个量子位 Hilbert 空间上的算子 E_a,就可表示为 n 个 Pauli 算子的直积

$$E_a = XZIY\cdots X(\text{共 } n \text{ 个}) \tag{11.1.15}$$

其中,按从左到右顺序,各相乘算子依次分别作用在第 1,第 2,…,第 n 个量子位上。n 个物理量子位系统中这样的算子共有 4^n 个,这些算子集合$\{E_a\}$刻画了在环境作用下,系统所有出错的不同形式(其中 n 个单位算子的直积表示无错),构成展开 Kraus 算子的一组完全算子基。

将 Kraus 算子用出错基$\{E_a\}$展开如下:

$$M_b(t) = \sum_a c_{ab}(t)E_a \tag{11.1.16}$$

定义算子 E_a 中分别作用到各个物理量子位上的非单位元算子数目为算子 E_a 的**重量**,记为 $W(E_a)$。在独立出错模型假设下,如果一个量子位出错的概率为 ε,那么两个量子位同时出错的概率将是 ε^2。从而当 ε 足够小时,在系统—环境相互作用一段时间(相对环境作用的某特征时间很短)内,$W(E_a)=1$ 的出错概率比 $W(E_a)\geqslant 2$ 的出错(两个和两个以上物理量子位同时出错)概率大得多,作为展开式(11.1.16)的初级近似,可以取其中 E_a 仅包含重量等于 1 的元素。本章以及第 12 章讨论的量子纠错码基本上都是针对这种情况。关于多量子位出错的情况将在第 13 章讨论。

11.1.4　量子纠错的基本思想

量子纠错的基本策略和经典纠错相同,就是引进冗余。假设需要保护 K 个逻辑量子位信息,必须把它编码在 $n>K$ 个物理量子位的系统中,即引进 $n-K$ 个物理量子位的冗余。仔细选择这 n 个物理量子位 Hilbert 空间的一个子空间 C——称为**码空间**,通过编码过程使码空间的基矢量(码字)和 K 个逻辑量子位的 2^K 个逻辑值(态)建立一一对应(幺正映射)关系。具体步骤如下:

(1) 取有 $n>K$ 个物理量子位的系统,即引进 $n-K$ 个物理量子位的冗余,制备新引进的冗余量子位都处在$|0\rangle$态(某个标准态)上。记扩大后的系统为 $Q^{(n)}$,仔细选择 $Q^{(n)}$ 系统 Hilbert 空间的一个小的子空间作为码空间,记为 C,恰当选择 C 的一组基矢量$\{|\bar{\phi}_i\rangle, i=1,2,\cdots,2^K\}$(其中每个$|\bar{\phi}_i\rangle$都是 2^n 维 Hilbert 空间基态的

叠加态)，使希望纠正的错误都改变码空间 C 中的态(码字)到与 C 空间正交的出错子空间中去(见图 11.1.1)。

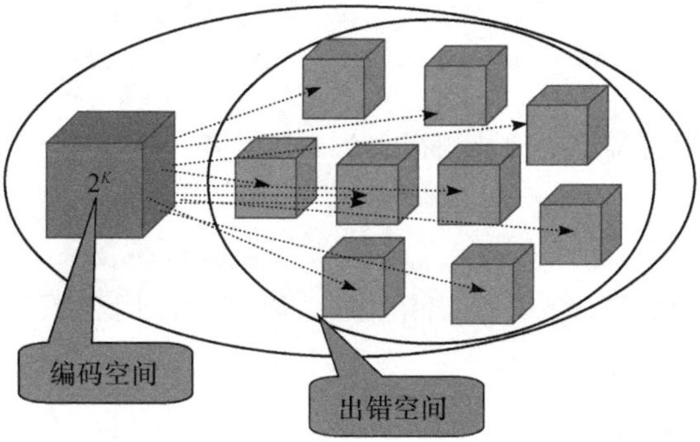

图 11.1.1

(2) 通过一个编码操作 $\hat{C}$，把表示信息的量子态$\{|\phi_i\rangle\}$编码在码空间态$\{|\bar{\phi}_i\rangle\}$上

$$\hat{C}(\{|\phi_i\rangle\}|0\rangle) = \{|\bar{\phi}_i\rangle\}, \quad i = 1,2,\cdots,2^k \tag{11.1.17}$$

由于 $Q^{(n)}$ 系统和环境耦合，因此编码态可能出错，其中编码态$|\bar{\phi}_i\rangle$将演化成和环境态的纠缠态

$$\sum_a |e_a\rangle E_a|\bar{\phi}_i\rangle, \quad i = 1,2,\cdots,2^k \tag{11.1.18}$$

其中，E_a 是出错算子；$|e_a\rangle$是和出错态 $E_a|\bar{\phi}_i\rangle$对偶的环境态。借助于不破坏编码态的测量诊断出错信息，根据出错信息施以适当的幺正操作予以纠正。这种思想可示意地用图 11.1.2 表示。

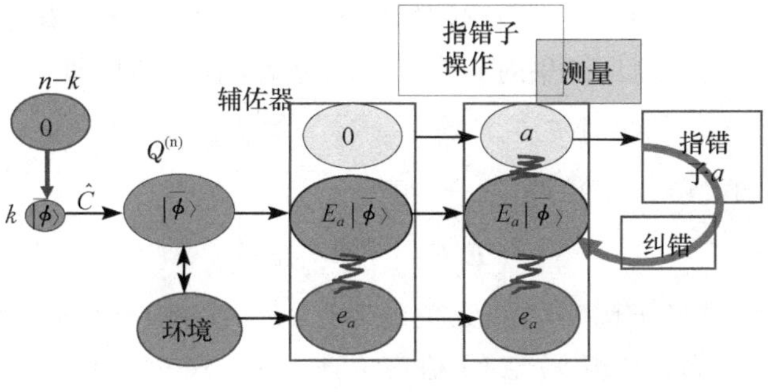

图 11.1.2

(3) 为了进行错误诊断，再引进若干量子位系统作为辅佐器，并制备辅佐器处在$|0\rangle_f$ 态。由于对任意量子纠错码，都必定设计好了指错子 $\hat{A}$ 操作，指错子 $\hat{A}$ 对 $Q^{(n)}$ 和辅佐器构成的复合系统的操作为

$$\hat{A}(E_a|\bar{\phi}_i\rangle|0\rangle_f) = E_a|\bar{\phi}_i\rangle|a\rangle_f, \quad i = 1,2,\cdots,2^k, \forall E_a \in \mathcal{E} \tag{11.1.19}$$

其中,$\mathscr{E}$是给定纠错码可以纠正的错误集合;辅佐器态$|a\rangle_f$指示已发生的错误是哪个E_a。当E_a全包含在码可纠正的错误集合$\mathscr{E}$中时,指错子操作为

$$\hat{A}(\sum_a |e_a\rangle E_a|\bar{\phi}_i\rangle|0\rangle_f) = \sum_a |e_a\rangle E_a|\bar{\phi}_i\rangle|a\rangle_f, \quad i=1,2,\cdots,2^K \tag{11.1.20}$$

(4) 现在测量辅佐器态,如果测得$|a\rangle_f$,则环境、系统、辅佐器态将坍缩到a标识的一个特殊的直积态

$$|e_a\rangle E_a|\bar{\phi}_i\rangle|a\rangle_f, \quad i=1,2,\cdots,2^K$$

上,现在$Q^{(n)}$系统处在$E_a|\bar{\phi}_i\rangle$一个出错态上,以E_a^-作用到系统上,就恢复了原来的编码态。

11.1.5 量子纠错码条件

n量子位纠错码的码空间C是n个物理量子位Hilbert空间的一个子空间,量子码字$\{|\bar{\phi}_i\rangle\}$可以取作码空间的一组基。为了能纠正两个不同的错误E_a和E_b,必须能够区分E_a作用到一个基$|\bar{\phi}_i\rangle$上产生的出错态$E_a|\bar{\phi}_i\rangle$和E_b作用到另一个基$|\bar{\phi}_j\rangle$上产生的出错态$E_b|\bar{\phi}_j\rangle$。而要保证做到这一点,就要求态$E_a|\bar{\phi}_i\rangle$和态$E_b|\bar{\phi}_j\rangle$正交,即

$$\langle\bar{\phi}_i|E_a^\dagger E_b|\bar{\phi}_j\rangle = 0 \tag{11.1.21}$$

但是这个条件对保证一个量子码可以作为量子纠错码不是充分的,因为当进行出错诊断测量时,必须保证不能得到关于实际码态的任何信息,因为任何这些信息的获取将意味着破坏作为基态叠加态的码态。只可以纠正叠加成码字的矢量空间的基态,而不是直接纠正任何一个有效的码字。因此,当测量所有可能的E_a和E_b错以获得出错信息时,测量结果对码字所有的基态应当相同,即

$$\langle\bar{\phi}_i|E_a^\dagger E_b|\bar{\phi}_i\rangle = \langle\bar{\phi}_j|E_a^\dagger E_b|\bar{\phi}_j\rangle \tag{11.1.22}$$

把式(11.1.21)和式(11.1.22)相结合,得到

$$\langle\bar{\phi}_i|E_a^\dagger E_b|\bar{\phi}_j\rangle = c_{ab}\delta_{ij} \tag{11.1.23}$$

其中,c_{ab}是和叠加成量子码字的基无关的常数;E_a、$E_b\in\{\varepsilon\}$是码能纠正的所有可能的错误;$|\bar{\phi}_i\rangle$,$|\bar{\phi}_j\rangle$取编码空间基态(码字)。式(11.1.18)这就是Knill、Laflamme和Bennet等[10~13]给出的量子纠错码条件。

11.2 量子纠错码例子——3-位重复码和Shor-9位码

为了说明量子计算机如何克服前面指出的量子纠错不同于经典纠错的特殊困难,11.1节考虑的是量子纠错的具体方法如何实现。本节首先介绍最简单的量子

三位重复码纠错码，然后描述由 Shor 于 1995 年构造的纠正 1-位任意错的 9-位量子纠错码[1]。

11.2.1　纠正 1-位反转错的 3-位重复码

这里考虑最简单的、能纠正 1-位位反转错的 3-位重复码[1]。设信息编码在一个物理量子位态

$$|\psi\rangle = \alpha|0\rangle + \beta|1\rangle \tag{11.2.1}$$

上，为了增强信息的抗干扰能力，提高信息存储的可靠性，满足一旦发生错误能够纠错的需要，再引进两个辅助物理量子位，并把这两个辅助量子位制备在某个标准态 $|0\rangle$ 上。取原信息位为控制位，新引进的两位作为靶位，执行控制非操作（见图 11.2.1），制备编码态如下：

$$\begin{aligned}|\varphi\rangle|0\rangle|0\rangle &= (\alpha|0\rangle+\beta|1\rangle)|00\rangle = \alpha|0\rangle|00\rangle+\beta|1\rangle|00\rangle \\ &\to \alpha|000\rangle+\beta|111\rangle\end{aligned} \tag{11.2.2}$$

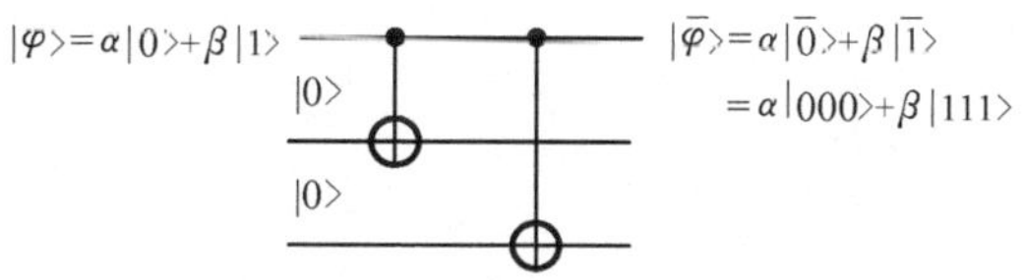

图 11.2.1

该操作的结果就是把原量子位 1 中的数据态 $|\varphi\rangle=\alpha|0\rangle+\beta|1\rangle$ 编码（存储）在三个物理量子位的纠缠态中。这里使用的编码方法并不是把原编码态拷贝到扩大后的系统中，而是使用了三个物理量子位 Hilbert 空间中的一个幺正变换——控制非操作。这样就绕过了 11.1 节提到的未知的量子态不能严格拷贝的困难。

假设经过一段时间演化，由于某种干扰这三个量子位中有一个发生了位反转错，即 $|0\rangle\to|1\rangle$ 或 $|1\rangle\to|0\rangle$，为了纠错，需要通过测量获得出错信息。显然不能对三个量子中的任何一个进行直接测量，如测量其中一个物理量子位，假设得到态 $|0\rangle$，就在这三个物理量子位系统中制备了态 $|000\rangle$，这样就完全破坏了数据（编码）态 $|\varphi\rangle$，丢失了原来态中由 α 和 β 具体取值所表示的信息。但可以通过适当安排的测量只获得出错信息，而不破坏式（11.2.1）中的编码态。为此再引进两个辅佐物理量子位，并把它们制备在态 $|00\rangle$ 中，然后通过两个控制非操作，把编码态式（11.2.2）的出错信息拷贝到新引进的辅佐量子位上（见图 11.2.2）。然后执行图 11.2.2 所示的集体测量，即测量

$$y \oplus z \text{ 和 } x \oplus z \tag{11.2.3}$$

其中，$|x\rangle$，$|y\rangle$，$|z\rangle$ 依次表示编码有信息的三物理量子位态。对于态 $|xyz\rangle=$

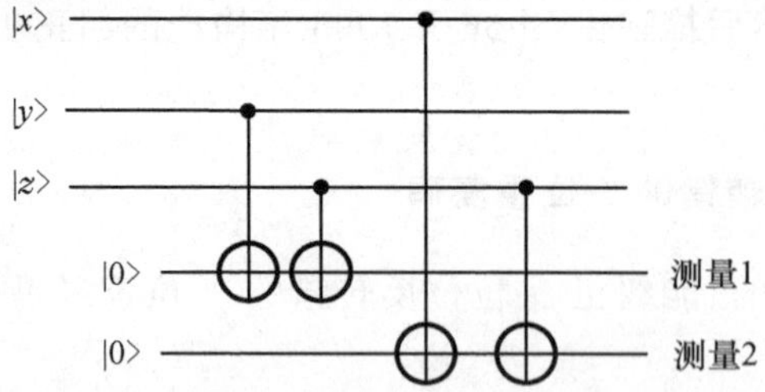

图 11.2.2

|000⟩或|111⟩，若测得结果是 0，则表示没有错；若某一位发生反转，则 $y\oplus z$ 和 $x\oplus z$ 中至少有一位是 1，并且把$(y\oplus z)(x\oplus z)$看成是一个二进制数的两个位，正好给出出错位在二进制记法的位置（见表 11.2.1）。由于测量$(y\oplus z)$和$(x\oplus z)$能得出有没有错误发生，如果有错误发生还能指示出错位置，因此称这样的操作为**指错子**操作。

表 11.2.1　三位重复码的指错子测量

$\|xyz\rangle$	$y\oplus z$	$x\oplus z$	出错位
0 0 0	0	0	0
1 0 0	0	1	1
0 1 0	1	0	2
0 0 1	1	1	3
1 1 1	0	0	0
0 1 1	0	1	1
1 0 1	1	0	2
1 1 0	1	1	3

例如，若第一位发生位反转出错，即

$$\alpha\,|\,000\rangle+\beta\,|\,111\rangle\rightarrow\alpha\,|\,100\rangle+\beta\,|\,011\rangle$$

那么测量$(y\oplus z)$，$(x\oplus z)$的结果分别是 0 和 1，合并起来就是二进制数 01，表示有位反转错，并且出错位就是第一个量子位。这样就克服了 11.1 节提到的第(3)个困难，即不通过直接测量编码态，而是通过编码系统和辅助系统的纠缠，测量辅助系统间接诊断出错误信息。

11.2.2　小错的纠正

当发生小错误，而不是整个位反转时，如

$$\begin{cases}|\,000\rangle\rightarrow\sqrt{1-\varepsilon}\,|\,000\rangle+\sqrt{\varepsilon}\,|\,100\rangle\\|\,111\rangle\rightarrow\sqrt{1-\varepsilon}\,|\,111\rangle+\sqrt{\varepsilon}\,|\,011\rangle\end{cases}\tag{11.2.4}$$

其中，ε 是个正的小数。在执行测量$(y\oplus z)$，$(x\oplus z)$时，将以 $1-\varepsilon$ 的概率投影到正确态上，即小错不会产生影响。当然也会以较小的概率 ε 得到出错态|100⟩或|011⟩，但这也不会产生问题，因为纠错操作将像上面纠正位反转错情况一样，指示

出错误并给出出错位，从而可按前面纠正位反转错方法予以纠正。这样又克服了 11.1 节指出的量子纠错的第(2)个困难。

11.2.3　相位错的纠正

最后考虑如何纠正 11.1 节提到的四个困难中的第(1)个，即如何纠正相位错。为了纠正相位错，可以对计算基$\{|0\rangle,|1\rangle\}$($\hat{\sigma}_z$ 算子的本征态)作一个转动变换，换到 $\hat{\sigma}_x$ 表象中去，记新基(转动基)为

$$|\tilde{0}\rangle=\frac{1}{\sqrt{2}}(|0\rangle+|1\rangle),\quad |\tilde{1}\rangle=\frac{1}{\sqrt{2}}(|0\rangle-|1\rangle) \tag{11.2.5}$$

这个转动可以通过 Hadamard 变换

$$\hat{H}=\frac{1}{\sqrt{2}}\begin{bmatrix}1 & 1\\ 1 & -1\end{bmatrix}$$

实现。注意到 Pauli 矩阵 $\hat{\sigma}_z$,$\hat{\sigma}_x$ 有如下关系

$$\hat{\sigma}_z=\hat{H}\hat{\sigma}_x\hat{H}^{\dagger} \tag{11.2.6}$$

即

$$\begin{bmatrix}1 & 1\\ 1 & -1\end{bmatrix}=\frac{1}{2}\begin{bmatrix}1 & 1\\ 1 & -1\end{bmatrix}\begin{bmatrix}1 & 0\\ 0 & 1\end{bmatrix}\begin{bmatrix}1 & 1\\ 1 & -1\end{bmatrix}$$

这表明相位错在转动基下表现为位反转错。例如，若态$|\varphi\rangle=\alpha|0\rangle+\beta|1\rangle$发生相位错

$$|\varphi\rangle=\alpha|0\rangle+\beta|1\rangle\to|\varphi\rangle=\alpha|0\rangle-\beta|1\rangle$$

在转动基下

$$|\varphi\rangle=\alpha|0\rangle+\beta|1\rangle=\frac{1}{\sqrt{2}}(\alpha+\beta)|\tilde{0}\rangle+\frac{1}{\sqrt{2}}(\alpha-\beta)|\tilde{1}\rangle$$
$$\to\frac{1}{\sqrt{2}}(\alpha+\beta)|\tilde{1}\rangle+\frac{1}{\sqrt{2}}(\alpha-\beta)|\tilde{0}\rangle$$

表现为位反转错。所以改造图 11.2.2 得到的线路图 11.2.3，可以作为测量相位错的指错子线路。

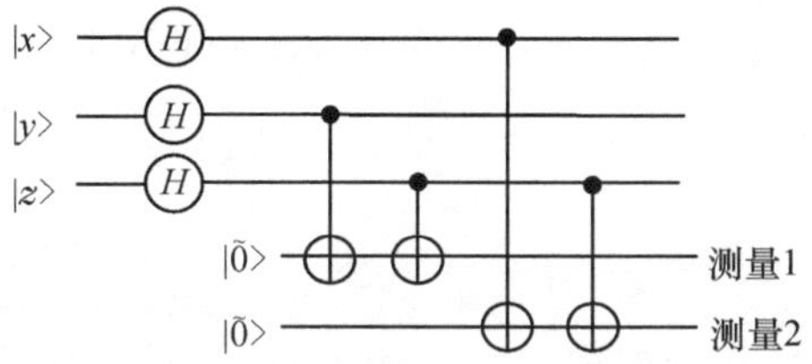

图 11.2.3

图 11.2.3 中三个物理量子位编码数据态为

$$|\bar{\varphi}\rangle = \alpha|000\rangle + \beta|111\rangle$$

用 Hadamard 变换完成基$\{|0\rangle, |1\rangle\} \rightarrow \{|\tilde{0}\rangle, |\tilde{1}\rangle\}$的转动,即

$$\alpha|000\rangle + \beta|111\rangle \rightarrow \alpha|\tilde{0}\tilde{0}\tilde{0}\rangle + \beta|\tilde{1}\tilde{1}\tilde{1}\rangle \tag{11.2.7}$$

如果一个物理位(具体哪个物理量子位无关紧要)发生相位出错,导致

$$\alpha|000\rangle + \beta|111\rangle \rightarrow \alpha|000\rangle - \beta|111\rangle \tag{11.2.8}$$

由于用转动基表示

$$(|000\rangle + |111\rangle)/\sqrt{2} = (|\tilde{0}\tilde{0}\tilde{0}\rangle + |\tilde{0}\tilde{1}\tilde{1}\rangle + |\tilde{1}\tilde{0}\tilde{1}\rangle + |\tilde{1}\tilde{1}\tilde{0}\rangle) \tag{11.2.9}$$

$$(|000\rangle - |111\rangle)/\sqrt{2} = (|\tilde{0}\tilde{0}\tilde{1}\rangle + |\tilde{0}\tilde{1}\tilde{0}\rangle + |\tilde{1}\tilde{0}\tilde{0}\rangle + |\tilde{1}\tilde{1}\tilde{1}\rangle) \tag{11.2.10}$$

式(11.2.8)的错误在转动基下表现为编码态宇称发生奇$\leftrightarrows$偶的改变,其中某一量子位发生转动基下的 $\tilde{0}\leftrightarrows\tilde{1}$ 位反转错。使用图 11.2.3 的操作和测量,可以得到和位反转错情况下相同的指错子(见表 11.2.1),不过现在指错子给出的是哪一位发生了转动基下位反转错(即原计算基下的相位错),相应的纠错操作是对出错位作用以“Z”门操作。

上面讨论的这个简单例子表明,可以绕过 11.1 节提到的关于量子纠错四个困难,实现量子纠错。至于如何构造既能纠正位反转错,又能纠正相位错的纠错码,下面给出另一个简单的例子。

11.2.4 Shor-9 位码

Shor-9 位码是 Shor 于 1995 年提出的第一个量子纠错码[1]。这个码用三个物理量子位块,每个块又由三个物理量子位组成(共九个物理量子位)的物理系统,编码一个逻辑量子位。编码方法是

$$\alpha|0\rangle + \beta|1\rangle \rightarrow \alpha|\bar{0}\rangle + \beta|\bar{1}\rangle$$

其中

$$\begin{cases} |0\rangle \rightarrow |\bar{0}\rangle = (|000\rangle + |111\rangle)^3/2\sqrt{2} \\ |1\rangle \rightarrow |\bar{1}\rangle = (|000\rangle - |111\rangle)^3/2\sqrt{2} \end{cases} \tag{11.2.11}$$

这个码可以检测出一位数据态可能发生的任意错误并予以纠正。

1. 纠位反转错

如果发生位反转错,注意到现在三个块中每一个块都是前面讨论过的三位重复码,每个块中任何一个物理量子位发生位反转错,都可借助于前面 3-位重复码纠正 1-位反转错的方法纠正。

2. 纠相位错

不失一般性，假设第一块某个量子位发生相位错，即 $1\to -1$，这一错误将导致编码态

$$\begin{cases}|\bar{0}\rangle=(|000\rangle+|111\rangle)^3/2\sqrt{2}\to(|000\rangle-|111\rangle)(|000\rangle+|111\rangle)^2/2\sqrt{2}\\|\bar{1}\rangle=(|000\rangle-|111\rangle)^3/2\sqrt{2}\to(|000\rangle+|111\rangle)(|000\rangle-|111\rangle^2/2\sqrt{2}\end{cases}\tag{11.2.12}$$

的第一块态将和其他块态有不同的宇称。通过比较第一块与第二块的宇称、第一块与第三块的宇称，就可以确定第一块发生了相位错。执行上述比较宇称方法的测量示于图 11.2.4 中。

现在把一个量子位块看做是一个量子位，并用 $|xyz\rangle$ 表示其中一个量子位在转动基下的态，图 11.2.4 中测量 1 和测量 2 就是执行指错子测量(分别测量 $y\oplus z$ 和 $x\oplus z$ 态的宇称)。测量结果若都为 $|\tilde{0}\rangle$，则表明第一块和第二块、第一块和第三块都有相同的宇称，这表示没有相位错发生。测得结果为其他态时的出错信息也可以用表 11.2.1 给出。一旦确定了某一块发生了相位错，纠错操作就是在转动基下反转这个块中任一物理量子位。

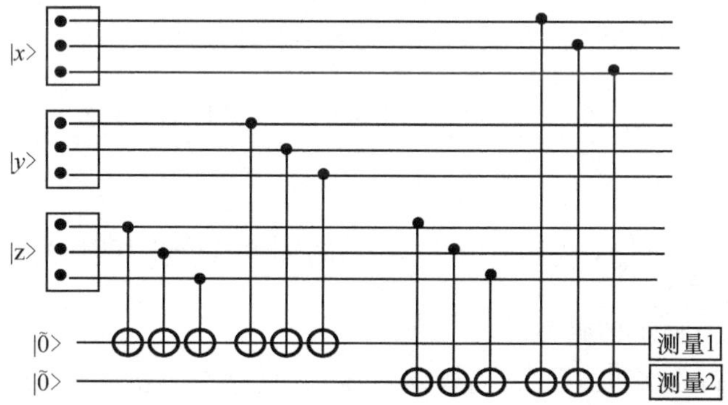

图 11.2.4

显然，在 Shor-9 位码中，即使某一物理量子位既发生位反转错，又发生相位错，也不会造成更多的麻烦。这时可以利用上述纠位反转错方法首先纠正位反转错，接着利用纠相位错方法再纠相位错。

Shor-9 位码的编码线路示于图 11.2.5 中，其中，输入态为九个物理量子位态 $(\alpha|0\rangle+\beta|1\rangle)\otimes|00000000\rangle$，编码线路图第一部分把这个输入态编码为

$$(\alpha|0\rangle+\beta|1\rangle)|00000000\rangle\to\alpha|000\rangle|000\rangle|000\rangle+\beta|100\rangle|100\rangle|100\rangle$$

第二部分三个 H 门操作变换这个态为

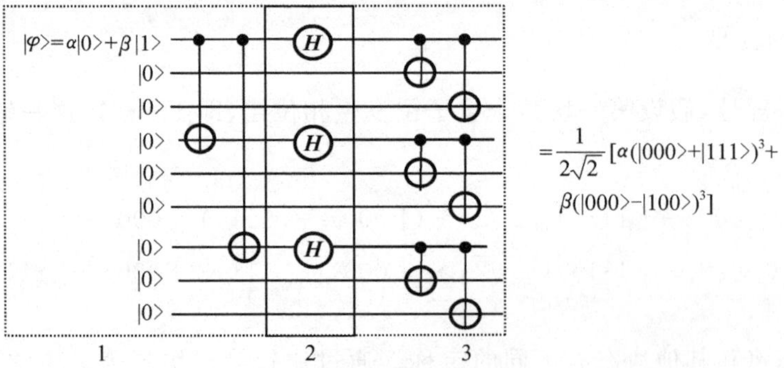

图 11.2.5

$$\rightarrow \frac{1}{2\sqrt{2}}\{\alpha[(|0\rangle+|1\rangle)|00\rangle(|0\rangle+|1\rangle)|00\rangle(|0\rangle+|1\rangle)|00\rangle]$$
$$+\beta[(|0-1\rangle)|00\rangle(|0-1\rangle)|00\rangle(|0-1\rangle)|00\rangle]\}$$
$$=\frac{1}{2\sqrt{2}}\{\alpha[(|000\rangle+|100\rangle)(|000\rangle+|100\rangle)(|000\rangle+|100\rangle)]$$
$$+\beta[(|000\rangle-|100\rangle)(|000\rangle-|100\rangle(|000\rangle-|100\rangle)]\} \quad (11.2.13)$$

图 11.2.5 最后一部分变换式(11.2.13)中的态为

$$\rightarrow \frac{1}{2\sqrt{2}}\{\alpha[(|000\rangle+|111\rangle)(|000\rangle+|111\rangle)(|000\rangle+|111\rangle)]$$
$$+\beta[(|000\rangle-|111\rangle)(|000\rangle-|111\rangle(|000\rangle-|111\rangle)]\}$$

即

$$\frac{1}{2\sqrt{2}}[\alpha(|000\rangle+|111\rangle)^3+\beta(|000\rangle-|100\rangle)^3]$$

这就是式(11.2.11)中编码态。

Shor-9 位码码率只有 1/9,码效率不高,而且这个码出错诊断复杂,在每一轮纠错中需要执行数十个控制非门操作。最后还要指出,这里还没有考虑测量的容错性质(见第 14 章)。

11.3 CSS 量子纠错码

记 n 长二元串的矢量空间为 $V^{(n)}$。从量子力学观点来看,一个 n 长二元串码字就是 n 个物理量子位 Hilbert 空间中的一个矢量。寻找一个码率为 K/n 的量子纠错码就是寻找一个影射,使 K 位二进制 2^K 个数据和 2^n 维 Hilbert 空间中 2^K 个矢量(码字)建立一一对应关系(为了和经典纠错中数据位 k 区分,以下在量子纠错码中，用 K 表示逻辑量子位数目)。这种映射应保证当少于一定数目(取决于采用纠错码码距 d)的物理量子位发生任意出错(位反转错、相位错、位反转错＋相位错)时，可以引进辅助量子位块及编码态的指错子测量，析出出错信息并通过适当的纠错操作恢复。

1995～1996 年，Shor、Steane 和 Calderbank 等[1~5]分别建立了以经典线性纠错码为基础的一类量子纠错码，方法是把经典纠错码字看成是 Hilbert 空间中的量子态，用经典码矢表示的量子态的适当叠加，构造编码量子数据(逻辑态)的量子码字，量子码字的纠错借助于经典纠错的指错子析出方法进行。利用经典纠错码的一个重要性质(见定理 11.3.1)可以实现在计算基 $\{|0\rangle, |1\rangle\}$ 和转动基 $\{|\tilde{0}\rangle, |\tilde{1}\rangle\}$(以下分别称为基 1 和基 2)两个基下纠错，既能纠正位反转错，也能纠正相位错。文献中称用他们的方法构造的一类量子纠错码为 **CSS 量子纠错码**。

CSS 量子纠错码在量子纠错码理论中有特殊意义。首先，它可以由经典线性纠错码构造，直接反映了量子纠错码和经典纠错码的联系，它作为稳定子量子纠错码的一个子类，为 12 章研究量子纠错的系统理论——稳定子码理论提供了一个具体的实例。其次，CSS 量子纠错码由于其稳定子生成元的特殊形式，两个编码块对应物理量子位间的控制非操作，即分别编码在两个量子位块上逻辑量子位间的控制非操作，根据容错计算理论，这样的操作是自动容错的，所以这类码特别适合于容错计算。

11.3.1　关于经典线性纠错码的定理 1

CSS 量子纠错码是以经典线性纠错码为基础的。由第 11 章的讨论可知，一个经典线性纠错码 $C[n,k,d]$ 有 2^k 个码字，每个码字都是一个 n 长二元串，码距为 d，可以纠正 $t=(d-1)/2$ 个任意位上的位反转错。其生成矩阵 G 是由 k 个线性独立的 n 长二元串行矢量构成的 k 行 n 列矩阵。编码方法是按下面方式影射 k 位二进制数据 $[m]$ 到对应码矢 $[x]$ 上：

$$[x] = [m][G] \tag{11.3.1}$$

当 m 取遍 2^k 个不同的二进制数时，x 全体就是码 C 中所有的码字。码矢量全体是二元数域上 n 维矢量空间的 $V^{(n)}$ 上的一个 k 维子空间。若码 C 的检验矩阵为 H，则矩阵 G 和 H 满足式(10.3.7)，即

$$[G][H]^{\mathrm{T}} = [0]_{k\times(n-k)} \tag{11.3.2}$$

$$[H][G]^{\mathrm{T}} = [0]_{(n-k)\times k} \tag{11.3.3}$$

H 同时也是对偶码 $C^{\perp}$ 的生成矩阵。$C^{\perp}$ 中码矢的个数为 2^{n-k} 个，其中每个码矢在逐位乘积的模二加“$\oplus$”定义的内积运算下和码 C 中的每个码矢正交。

如果把经典线性纠错码的码字看成 Hilbert 空间中的量子态矢量，则可以证明经典线性纠错码有一个重要的量子力学性质[4]：

定理 11.3.1　在计算基下经典纠错码 C 的所有码字的等权重叠加态，变换到转动基就是其对偶码 $C^{\perp}$ 所有码字的等权重叠加态。

定理 11.3.1 是构造 CSS 量子纠错码的基础。

首先注意到，由计算基到转动基的变换由 Hadamard 操作实现。作用到 n 位串 $|x\rangle=|x_1x_2\cdots x_n\rangle$ 的 Hadamard 变换为

$$H^{\otimes n}\mid x\rangle=\frac{1}{2^{n/2}}\sum_{y=0}^{2^n-1}(-1)^{x\cdot y}\mid y\rangle \tag{11.3.4}$$

利用这一结果容易证明：在计算基下由 n 个零构成的 n 位串，在转动基下是所有 2^n 个可能的 n 位串等权重的叠加，即

$$H^{\otimes n}\mid\underbrace{00\cdots0}_{n}\rangle=\frac{1}{2^{n/2}}\sum_{y=0}^{2^n-1}\mid y\rangle \tag{11.3.5}$$

事实上，取 $|x\rangle=|\underbrace{00\cdots0}_{n}\rangle$，注意到对任意 n 位串 $|y\rangle=|y_1y_2\cdots y_n\rangle$，在式(10.1.11)定义的内积运算下都有

$$x\cdot y=0$$

由式(11.3.4)，可得式(11.3.5)成立。

类似地还可以证明：在计算基下由 n 个 1 构成的 n 位串，在转动基下是所有 2^n 个可能的 n 位串等权重的叠加，但展开式中含有偶数个 1 的串前取正号，含有奇数个 1 的串前取负号。

事实上，依据二元数域上矢量空间内积定义式(10.1.11)，有

$$(\underbrace{11\cdots1}_{n})\cdot(y_1y_2\cdots y_n)=\begin{cases}0, & y\text{ 中含有偶数个 }1\\1, & y\text{ 中含有奇数个 }1\end{cases}$$

将其代入式(11.3.4)中，得

$$H^{\otimes n}\mid\underbrace{11\cdots1}_{n}\rangle=\frac{1}{2^{n/2}}\sum_{y=0}^{2^n-1}(-1)^{(11\cdots1)\cdot(y_1y_2\cdots y_n)}\mid y\rangle=\frac{1}{2^{n/2}}\sum_{y=0}^{2^n-1}\pm\mid y\rangle \tag{11.3.6}$$

当 y 中含有偶数个 1 时取“＋”号，当 y 中含有奇数个 1 时取“－”号。

现在已经对两个特殊的码矢在基变换下的情况有了具体认识，为了证明定理 11.3.1，还需要下面的引理 11.3.1。

引理 11.3.1　设 x,y 都是 k 长二元串，对任意给定的 y，必有

$$\sum_{x=0}^{2^k-1}(-1)^{x\cdot y}=\begin{cases}2^k, & y=\underbrace{(00\cdots0)}_{k}\\ 0, & y\neq\underbrace{(00\cdots0)}_{k}\end{cases}\tag{11.3.7}$$

证明　当 $y=\underbrace{(00\cdots0)}_{k}$ 时，由于 $(-1)^{x\cdot y}\equiv(-1)^0=1$，式(11.3.7)中的结果是明显的。

当 $y\neq\underbrace{(00\cdots0)}_{k}$ 时，设 y 中含有 $m(1\leqslant m\leqslant k)$ 个 1，这些 1 的位置依次记为 $(i_1,i_2,\cdots,i_j,\cdots,i_m)(1\leqslant i_j\leqslant k)$，则

$$x\cdot y=x_{i_1}\oplus x_{i_2}\oplus\cdots\oplus x_{i_j}\oplus\cdots\oplus x_{i_m}\tag{11.3.8}$$

注意，对于这样的组合，当 x 取遍 $0\sim2^k-1$ 所有二进制数时，式(11.3.8)等于 0 和等于 1 的次数相同，所以 $(-1)^{x\cdot y}$ 在 x 取遍 2^k 个二进制数时取 1 和取 -1 的次数相等，故当 $y\neq\underbrace{(00\cdots0)}_{k}$ 时，有

$$\sum_{x=0}^{2^k-1}(-1)^{x\cdot y}=0,\quad y\neq\underbrace{(00\cdots0)}_{k}$$

成立。式(11.3.7)证毕。

现在证明定理 11.3.1。

设 G 是线性码 $C[n,k]$ 的生成矩阵，任意一个 k 位二进制数据 $[m]$ 对应的码字 $[x]$ 为

$$[x]=[m][G]\tag{11.3.9}$$

由于 G 还是 $C[n,k]$ 的对偶码 $C^{\perp}[n,k]$ 的检验矩阵，因此对任意 $y\in C^{\perp}[n,k]$，有

$$[G][y]^{\mathrm{T}}=[0]\tag{11.3.10}$$

其中，$[0]$ 是 k 个 0 的列矢量。

在计算基下构造码 $C[n,k]$ 的所有码字的等权重叠加态

$$|C\rangle=\frac{1}{2^{k/2}}\sum_{x\in C}|x\rangle$$

在转动基下，这个态为

$$H^{\otimes n}|C\rangle=\frac{1}{2^{k/2}}\sum_{x\in C}H\otimes n|x\rangle$$

依据式(11.3.4)有

$$H^{\otimes n}|C\rangle=\frac{1}{2^{k/2}}\sum_{x\in C}\frac{1}{2^{n/2}}\sum_{w=0}^{2^n-1}(-1)^{x\cdot w}|w\rangle$$

依据式(11.3.9)有

$$H^{\otimes n} \mid C\rangle = \frac{1}{2^{k/2}} \sum_{w=0}^{2^n-1} \frac{1}{2^{n/2}} \left[\sum_{m=0}^{2^k-1} (-1)^{[m][G][w]^{\mathrm{T}}} \right] \mid w\rangle \tag{11.3.11}$$

注意,矩阵乘是满足结合律的,$([m][G])[w]^{\mathrm{T}} = [m]([G][w])^{\mathrm{T}}$。计算式(11.3.11)可以分为以下两种情况:

(1) 当 $w \notin C^{\perp}$ 时,$[y]=[G][w]^{\mathrm{T}}$ 是一个 k 分量的非 0 列矢量,由式(11.3.7),式(11.3.11)中方括号内的求和等于0,这表明不属于 $C^{\perp}$ 的 w 不会出现在 $H^{\otimes n}|C\rangle$的展开式中。

(2) 当 $w \in C^{\perp}$ 时,$[y]=[G][w]^{\mathrm{T}}=[0]$,由式(11.3.7),式(11.3.11)中方括号内的求和等于 2^k,于是

$$H^{\otimes n} \mid C\rangle = \frac{1}{2^{(n-k)/2}} \sum_{w \in C^{\perp}} \mid w\rangle \tag{11.3.12}$$

这表示 $H^{\otimes n}|C\rangle$是 $C^{\perp}$ 中 2^{n-k} 个码字的等权重叠加。定理 11.3.1 证毕。

11.3.2　关于经典线性纠错码的定理 2

为了利用经典纠错码构造量子纠错码,还需要知道在计算基下的陪集换到转动基如何表示,为此给出下面的定理 11.3.2。

定理 11.3.2　如果在计算基下,分属于两组的 n 长二元串逐对都是互补的,那么在转动基下,两组 n 长二元串中所有偶宇称串符号相同,但所有奇宇称串都相差一个负号。

为了证明定理 11.3.2,首先给出一个引理 11.3.2。

引理 11.3.2　如果在计算基下一对 n 长二元串仅一位互补(其他位都相同),那么在转动基下这两组串差一个符号 $(-1)^i$,i 为转动基下互补位上的数字。即这位值为 0,二者符号相同,为 1 则差一个负号。

证明　假设在计算基下一对 n 长二元串第 j 位互补。引理 11.3.2 表明,在转动基下,相差负号的仅是第 j 位为 1 的那些串。

假设在计算基下这对 n 长二元串分别为

$$(a_1 \cdots a_{j-1} 0 a_{j+1} \cdots a_n), \quad (a_1 \cdots a_{j-1} 1 a_{j+1} \cdots a_n)$$

第一个串第 j 位为 0,第二个串第 j 位为 1,通过 H 门变换到基 2 下为

$$H^{\otimes n}(a_1 \cdots a_{j-1} 0 a_{j+1} \cdots a_n), \quad H^{\otimes n}(a_1 \cdots a_{j-1} 1 a_{j+1} \cdots a_n)$$

除第 j 位外其他位的变换都相同,但第 j 位由于以下变换:

$$H \mid 0\rangle = \frac{1}{\sqrt{2}}(\mid 0\rangle + \mid 1\rangle), \quad H \mid 1\rangle = \frac{1}{\sqrt{2}}(\mid 0\rangle - \mid 1\rangle)$$

每个串将得到第 j 位分别为 0 和 1 的两个串,比较分别由第一串和第二串变换得

到的两组串，第 j 位为 1 的串将差一个负号；而第 j 位为 0 时没有符号差别。

类似地容易看出，若第一个串第 j 位为 1，第二个串第 j 位为 0，在基 2 下由这两个 n 长二元串变换得到的串仍有第 j 位为 0 的串符号相同，第 j 位为 1 的串将符号相异。这就证明了引理 11.3.2。

作为引理 11.3.2 的一个明显的推论是：**若两个 n 长二元串在计算基下互补，则在转动基下这两个 n 长二元串其中重量为奇数的串将相差一个负号。**

由引理 11.3.2，分属于两组的 n 长二元串在计算基下每一对互补，变换到转动基两组 n 长二元串中重量为奇数的串将相差一个负号。定理 11.3.2 得证。

11.3.3　CSS 量子纠错码的原理和构造

由于经典线性纠错码是群码，设线性码 C_2 是线性码 C_1 的子码，若子群 C_2 在群 C_1 中的指数为 2^K（这里的 K 与编码逻辑量子位数目有关，注意区分 K 与 k 意义上的差别），即 C_2 在 C_1 中不同陪集的数目有 2^K 个，则称 C_2 为 C_1 的 K 阶子码。若 C_1 为 $C_1[n,k,d]$码，则 C_2 为 $C_2[n,k-K,\geqslant d_1]$码。这里已注意到，一个码的子码的距离不小于这个码自身的距离。$C_2^{\perp}$ 码为 C_2 的补码（即 $C_2^{\perp}$ 码空间为 C_2 码空间的补空间），所以 $C_2^{\perp}$ 码为 $C_2^{\perp}[n,n-k+K,d_2]$，同理 $C_1^{\perp}$ 码为 $C_1^{\perp}[n,n-k,\geqslant d_2]$。这四个码的关系可以用图 11.3.1 表示。

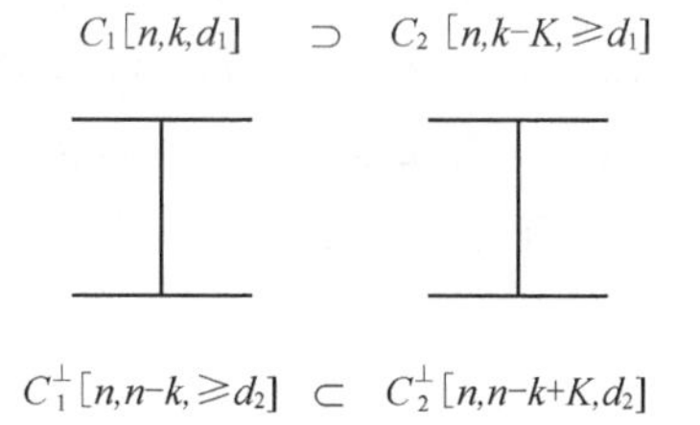

图 11.3.1

在定理 11.3.1 的基础上，CSS 给出量子纠错码的构造如下：

为了在基 1 下用距离 d_1、在基 2 下用距离 d_2 的码编码 K 个逻辑量子位的信息，可以找一个距离 d_1 的经典线性纠错码 C_1，要求它的 K 阶子码 C_2 的对偶码 $C_2^{\perp}$ 的距离为 d_2。编码的具体方法是影射 K 个逻辑量子位的 2^K 个计算基态$\{|i\rangle, i=0\sim 2^K\}$，即 2^K 个二进制数据，每一个都对应 $C_1^{\perp}$ 在 $C_2^{\perp}$ 中的一个陪集。设 $w\notin C_2^{\perp}$，取 w 是 $C_1^{\perp}$ 在 $C_2^{\perp}$ 中一个陪集的陪集首，以 w 为陪集首的这个陪集定义一个量子码字

$$|C_w\rangle = \frac{1}{2^{(n-k)/2}}\sum_{x\in C_1^{\perp}} |w\oplus x\rangle \tag{11.3.13}$$

以 w 为陪集首的陪集中的元素按上述定义了同一个量子码字。事实上,若 w_1,w_2 都是属于以 w 为陪集首的陪集中的元素,则

$$w_1 = w \oplus x', \quad w_2 = w \oplus x''$$

x'和 x''都是 $C_1^{\perp}$ 中的某个元素。对 w_1 定义的码矢,由式(11.3.13)有

$$|C_{w_1}\rangle = \frac{1}{2^{(n-k)/2}}\sum_{x\in C_1^{\perp}}|w_1 \oplus x\rangle = \frac{1}{2^{(n-k)/2}}\sum_{x\in C_1^{\perp}}|w \oplus x' \oplus x\rangle = |C_w\rangle$$

由 $C_1^{\perp}$ 的封闭性质可知 $x\oplus x' \in C_1^{\perp}$,当 x 取遍 $C_1^{\perp}$ 的所有元素时,$x\oplus x'$也取遍群 $C_1^{\perp}$。同样可以证明$|C_{w_2}\rangle = |C_w\rangle$。由于 $C_1^{\perp}$ 在 $C_2^{\perp}$ 中的陪集个数为 $2^{(n-k+K)}/2^{(n-k)}=2^K$,式(11.3.3)定义的量子码矢个数正好是 2^K 个。特别的当 $w\in C_1^{\perp}$ 时

$$|C_{w_0}\rangle = \frac{1}{2^{(n-k)/2}}\sum_{x\in C_1^{\perp}}|w \oplus x\rangle = \frac{1}{2^{(n-k)/2}}\sum_{x\in C_1^{\perp}}|x\rangle$$

就是 $C_1^{\perp}$ 中所有码字的等权重叠加,通常用它编码量子数据逻辑$|\bar{0}\rangle$。

由于每一个量子码字$|C_w\rangle$都是经典码 $C_1^{\perp}$ 中 $2^{(n-k)}$个码字的等权重叠加,当其中一个物理量子位发生位反转错时,根据经典纠错理论,只要出错位数 $t\leqslant(d_2-1)/2$,都可以通过对 $C_1^{\perp}$ 执行经典纠错予以纠正。

为了纠正相位错,需要变化到转动基下。根据定理 11.3.2,在转动基下 $C_1^{\perp}$ 中的码字等权重叠加变成经典 C_1 码字的等权重叠加,$C_2^{\perp}$ 码字的等权重叠加变成经典码字 C_2 的等权重叠加,原来用 $C_1^{\perp}$ 在 $C_2^{\perp}$ 中的陪集表示的量子码矢量,现在变成用 C_2 在 C_1 中的陪集表示(陪集数目仍然是 $2^k/2^{(k-K)}=2^K$ 个),从而相位错可以通过对 C_1 码和 C_2 码执行经典纠错纠正,能纠正的相位错位数不小于 $t=(d_1-1)/2$。

11.4　纠正 1-位错的 7-位量子 CSS 码

作为构造 CSS 量子纠错码的例子,这里考虑能纠正 1-位错的 7-位 CSS 量子纠错码[6]。

11.4.1　纠正 1-位错的 7-位量子 CSS 码构造

为了纠正 1-位位反转错以及 1-位相位错,需要一个在两种基下码距 d 都大于 3 的经典纠错码。$C[7,4,3]$是满足这一要求的 n 值最小的经典码。可以取 C_1 码为 $C[7,4,3]$码,C_2 码为 $C[7,3,4]$。$C_1^{\perp}$ 为 $C_1^{\perp}[7,3,4]$码,$C_2^{\perp}$ 为 $C_2^{\perp}[7,4,3]$码。这四个码的关系示于图 11.4.1 中。$C_1^{\perp}[7,3,4]$在 $C_2^{\perp}[7,4,3]$中的陪集数目为 $2^4/2^3=2$,正好可以编码为一个逻辑量子位的两个计算基$|\bar{0}\rangle$和$|\bar{1}\rangle$。其中,物理量子

位反转错可以用这两个经典码纠正。相位错可以用它们的对偶码 $C_1[7,4,3]$和 $C_2[7,3,4]$纠正。它们的码距都大于等于 3，都可纠正一位错。

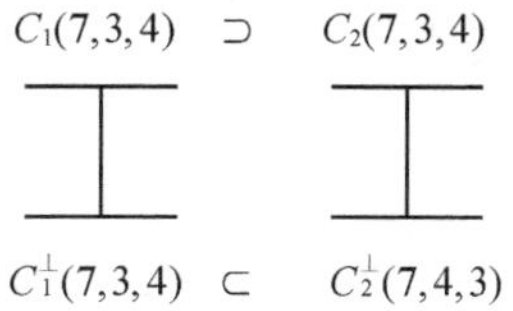

图 11.4.1

用表 10.5.1 中的 $C[7,3,4]$码为 $C_1^{\perp}$，用它的八个码字的等权重叠加表示量子码字$|\bar{0}\rangle$如下：

$$|\bar{0}\rangle=\frac{1}{2^{3/2}}(|0000000\rangle+|0011101\rangle+|0100111\rangle+|0111010\rangle+|1001110\rangle+|1010011\rangle+|1101001\rangle+|1110100\rangle) \quad (11.4.1)$$

用不在 $C_1^{\perp}$ 中但属于 $C_2^{\perp}$ 的一个元素(如 1111111)作为陪集首，构造 $C_1^{\perp}$ 在 $C_2^{\perp}$ 中的陪集，并用它的等权重叠加态表示量子码字$|\bar{1}\rangle$如下：

$$|\bar{1}\rangle=\frac{1}{2^{3/2}}(|1111111\rangle+|1100010\rangle+|1011000\rangle+|1000101\rangle)+|0110001\rangle+|0101100\rangle+|0010110\rangle+|0001011\rangle \quad (11.4.2)$$

在转动基下，由于逻辑态$|\bar{0}\rangle$是 $C_1^{\perp}[7,3,4]$的所有码字的等权重叠加，根据 11.3 节中的定理 11.3.1，转动后的逻辑态将是其对偶码 $C_1[7,4,3]$所有码字(见表 10.5.2)的等权重叠加

$$|\tilde{0}\rangle=\frac{1}{2^2}(|0000000\rangle+|0011101\rangle+|0100111\rangle+|0111010\rangle+|1001110\rangle+|1010011\rangle+|1101001\rangle+|1110100\rangle+|1111111\rangle+|1100010\rangle+|1011000\rangle+|1000101\rangle+|0110001\rangle+|0101100\rangle+|0010110\rangle+|0001011\rangle) \quad (11.4.3)$$

由于在基 1 下构成$|\bar{1}\rangle$中每个经典码字和构成$|\bar{0}\rangle$中的每个经典码字两两互补，由 11.3 节定理 11.3.2，经各位 H 门变换后，重量为奇数的字将改变符号，所以

$$|\tilde{1}\rangle=\frac{1}{2^2}(|0000000\rangle+|0011101\rangle+|0100111\rangle+|0111010\rangle+|1001110\rangle+|1010011\rangle+|1101001\rangle+|1110100\rangle-|1111111\rangle-|1100010\rangle-|1011000\rangle-|1000101\rangle-|0110001\rangle-|0101100\rangle-|0010110\rangle-|0001011\rangle) \quad (11.4.4)$$

容易看出，在基 1 和基 2 下的量子码字有如下关系：

$$|\bar{0}\rangle=\frac{1}{\sqrt{2}}(|\tilde{0}\rangle-|\tilde{1}\rangle),\quad |\bar{1}\rangle=\frac{1}{\sqrt{2}}(|\tilde{0}\rangle-|\tilde{1}\rangle) \tag{11.4.5}$$

11.4.2　7-位 CSS 码的编码线路

对于一个量子位任意态

$$|\psi\rangle=\alpha|0\rangle+\beta|1\rangle \tag{11.4.6}$$

实现式(11.4.1)和式(11.4.2)编码的线路示于图 11.4.2 中。

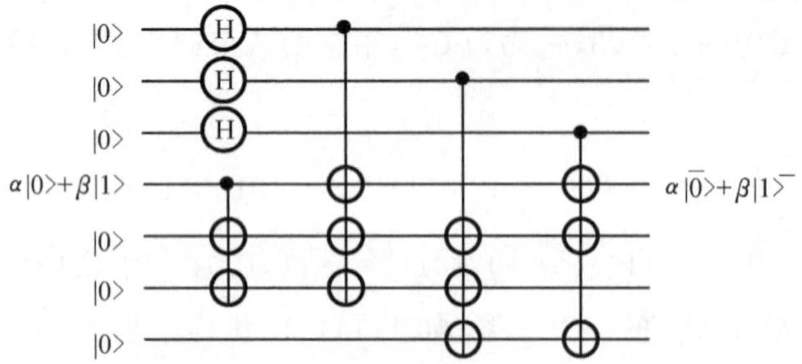

图 11.4.2

七个量子位的初始态为$|000(\alpha|0\rangle+\beta|1\rangle)000\rangle$，图 11.4.2 中第一列前三个 H 门操作执行基的转动变换，4、5 和 4、6 量子位间的控制非操作制备出 4、5、6 三量子位态 $\alpha|000\rangle+\beta|111\rangle$。编码线路第一列给出的各操作由初始态制备出态

$$|\Psi_1\rangle=2^{-3/2}|(0+1)(0+1)(0+1)[\alpha(000)+\beta(111)]0\rangle$$
$$=2^{-3/2}\alpha|(0+1)(0+1)(0+1)(000)0\rangle+2^{-3/2}\beta|(0+1)(0+1)(0+1)(111)0\rangle$$
$$\equiv|\Psi_{11}\rangle+|\Psi_{12}\rangle \tag{11.4.7}$$

后面的编码线路实际上是把$|\Psi_{11}\rangle$变成$\alpha|\bar{0}\rangle$，把$|\Psi_{12}\rangle$变成$\beta|\bar{1}\rangle$。作为例子，下面列出把$|\Psi_{11}\rangle$变成$\alpha|\bar{0}\rangle$各步的变换：

$$|\Psi_{11}\rangle=2^{-3/2}\alpha|(0+1)(0+1)(0+1)(000)0\rangle$$
$$=\alpha 2^{-3/2}|0000000+0010000+0100000+0110000+1000000+1010000+1100000+1110000\rangle$$
$$\Rightarrow\alpha 2^{-3/2}|0000000+0010000+0100000+0110000+1001110+1011110+1101110+1111110\rangle$$
$$\Rightarrow\alpha 2^{-3/2}|0000000+0010000+0100111+0110111+1001110+1011110+1101001+1111001\rangle$$
$$\Rightarrow\alpha 2^{-3/2}|0000000+0011101+0100111+0111010+1001110+1010011+1101001+1110100\rangle$$

与式(11.4.1)比较,最后末态就是 $\alpha|\bar{0}\rangle$。

注意到图 11.4.2 中的编码线路与式(10.5.1)中 $C[7,3,4]$码的生成矩阵

$$[G]_{7,3}=\begin{bmatrix}1&0&0&1&1&1&0\\0&1&0&0&1&1&1\\0&0&1&1&1&0&1\end{bmatrix}\tag{11.4.8}$$

之间的关系是有意义的,图 11.4.2 中 2,3,4 列的操作分别对应生成矩阵的三行,其中前三位信息位分别用作控制位,凡生成矩阵出现 1 的列上,相应的量子位都作为靶位。注意到这些规律有助于构造更复杂的编码线路图。

11.4.3 错误诊断和纠错

由 $C[7,4,3]$码构造的量子纠错码指错子线路示于图 11.4.3 中。同样,注意到指错子线路与式(10.5.1)中 $C[7,4,3]$码的校验矩阵(即 $C[7,3,4]$码的生成矩阵)

$$[H]_{7,4}=[G]_{7,3}=\begin{bmatrix}1&0&0&1&1&1&0\\0&1&0&0&1&1&1\\0&0&1&1&1&0&1\end{bmatrix}\tag{11.4.9}$$

之间的关系是有意义的。其中测量 1,2,3 分别对应校验矩阵的三个行。校验矩阵中出现 1 的量子位作为控制位,新引入的辅助位作为靶位。若测量结果为 0,则表示无错;若测量结果为 1,则表示有错误发生。综合以上三个测量结果,可诊断出出错位置。指错子测量结果和纠错需要的相应操作列于表 11.4.1 中。

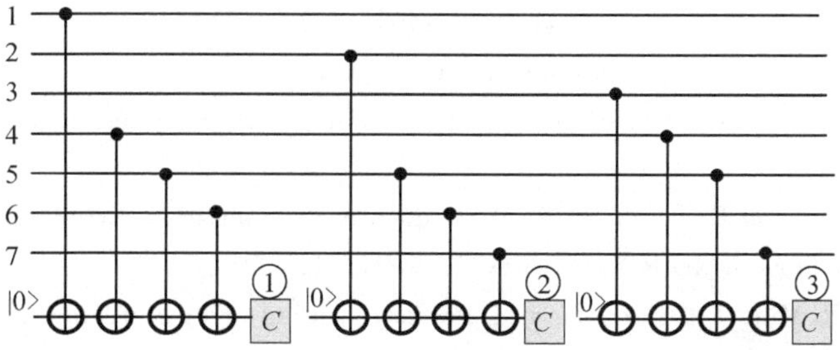

图 11.4.3

表 11.4.1

测量结果	指错子	纠错操作	测量结果	指错子	纠错操作
0 0 0	0 0 0	无错	1 0 1	1 0 0	X4
1 0 0	0 0 1	$X1$	1 1 1	1 0 1	$X5$
0 1 0	0 1 0	$X2$	1 1 0	1 1 0	$X6$
0 0 1	0 1 1	$X3$	0 1 1	1 1 1	$X7$

表 11.4.1 可解释如下:每个经典码子 $a=(a_1a_2a_3a_4a_5a_6a_7)$都应当满足校验矩阵,从而

$$\begin{cases} a_1 \oplus a_4 \oplus a_5 \oplus a_6 = 0 \\ a_2 \oplus a_5 \oplus a_6 \oplus a_7 = 0 \\ a_3 \oplus a_4 \oplus a_5 \oplus a_7 = 0 \end{cases}$$

三个测量分别对应着上面的三个求和。如果没有错误发生,则三个测量结果都是 0。由于只考虑一位错,如果 a_1 错,只有测量 1 给出结果 1,其余两个测量都给出 0。如果 a_2 错,只有测量 2 给出结果 1,其余两个测量都给出 0;其他情况类推。由此很容易给出表 11.4.2 中的指错子和相应的纠错操作。

参考文献

[1] Shor P W. Scheme for reducing decoherence in quantum computer memory. Physical Review A,1995,52:R2493－R2496.

[2] Steane A M. Error correcting codes in quantum theory. Physical Review Letters,1996,77:793－797.

[3] Steane A M. Simple quantum error-correcting codes. Physical Review A,1996,54:4741－4751.

[4] Steane, A M. Multiple particle interference and quantum error correction. Proceedings of the Royal Society A. 1996,452:2551－2577.

[5] Calderbank A R,Rains E M,Shor P W,et al. Quantum error correction and orthogonal geometry. Physical Review Letters,1997,78:405－408.

[6] Preskill J. Fault-tolerant quantum computation. Quantum Physics,1997,213－269.

[7] Zallka C. Threshold estimate for fault tolerant quantum computing. arXiv: quant-ph/9612028,1996.

[8] Knill E,Laflamme R,Zurek W. Resilient quantum computation:Error models and thresholds. Proceedings of the Royal Society A,1998,454:365－384.

[9] Laflamme R,Miquel C,Paz J P,et al. Perfect quantum error correction code. Physical Review Letters,1996,77:198－201.

[10] Knill E,Laflamme R. Theory of quantum error-correcting codes. Physical Review A,1997,55:900－911.

[11] Knill E,Laflamme R,Viola L. Theory of quantum error correction for general noise. Physical Review Letters,2000,84(11):2525－2528.

[12] Bennett C H,DiVincenzo D P,Smolin J A,et al. Mixed state entanglement and quantum error correction. Physical Review A,1996,54:3824－3851.

[13] Galderbank A R,Shor P W. Good quantum error-correcting codes exist. Physical Review A,1996,54:1098－1105.

第 12 章　稳定子量子纠错码

前面讨论的 CSS 量子纠错码是以经典线性分组码为基础构造的一类量子纠错码。为了构造更一般、更有效的量子纠错码，需要发展构造量子纠错码的系统理论方法。Gottesman 和 Calderbank 等[1~5]发现了量子纠错码的群结构，引进了码**稳定子**(stabilizer)的概念，不仅可以发现更多的量子纠错码，而且也使量子纠错码的理论更加系统和完善。本章将系统地介绍稳定子量子纠错码的理论和方法。

12.1　Pauli 算子群

12.1.1　Pauli 算子群概念

一个量子位和环境相互作用可能发生的最一般情况可以用$\{I,X,Y,Z\}$四个算子的作用表示。注意到

$$Y=ZX=\mathrm{i}\hat{\sigma}_y=\begin{bmatrix}0 & 1\\ -1 & 0\end{bmatrix}$$

满足$Y^2=-I$，容易验证八个算子

$$I=\begin{bmatrix}1 & 0\\ 0 & 1\end{bmatrix},\quad X=\begin{bmatrix}0 & 1\\ 1 & 0\end{bmatrix},\quad Y=\begin{bmatrix}0 & 1\\ -1 & 0\end{bmatrix},\quad Z=\begin{bmatrix}1 & 0\\ 0 & -1\end{bmatrix}$$

$$-I=\begin{bmatrix}-1 & 0\\ 0 & -1\end{bmatrix},\ -X=\begin{bmatrix}0 & -1\\ -1 & 0\end{bmatrix},\ -Y=\begin{bmatrix}0 & -1\\ 1 & 0\end{bmatrix},\ -Z=\begin{bmatrix}-1 & 0\\ 0 & 1\end{bmatrix}$$

构成八阶群。这个群的乘法表如表 12.1.1 所示。

表 12.1.1

$R\cdot S$ (R \ S)	e	$-Y$	$-I$	Y	X	$-X$	$-Z$	Z
e	e	$-Y$	$-I$	Y	X	$-X$	$-Z$	Z
$-Y$	$-Y$	$-I$	Y	e	$-Z$	Z	$-X$	X
$-I$	$-I$	Y	e	$-Y$	$-X$	X	Z	$-Z$
Y	Y	e	$-Y$	$-I$	Z	$-Z$	X	$-X$
X	X	Z	$-X$	$-Z$	e	$-I$	Y	$-Y$
$-X$	$-X$	$-Z$	X	Z	$-I$	e	$-Y$	Y
$-Z$	$-Z$	X	Z	$-X$	$-Y$	Y	e	$-I$
Z	Z	$-X$	$-Z$	X	Y	$-Y$	$-I$	e

在**独立相互作用模型**假设下,对于 n 个物理量子位的系统,记分别作用在各个物理量子位上的 n 个 Pauli 算子直积为

$$g = XZIY\cdots X$$

把 g 看做是作用到 n 个物理量子位系统 Hilbert 空间上的算子,其中按从左到右顺序,各因子算子依次作用到第一、第二、…、第 n 个量子位上。记所有 n 量子位 Pauli 算子直积 g 的集合为

$$G_n = \{g = XZIY\cdots X\}$$

G_n 中的元素是 8 个算子$\{I,X,Y,Z,-I,-X,-Y,-Z\}$有重复的排列,元素个数是 2×4^n。定义 G_n 中两元素 g_1,g_2 的乘积为 g_1g_2,g_1g_2 各位依次为 g_1,g_2 相应位 Pauli 算子的乘积。如算子 $g_1=ZXIY\cdots X$ 和 $g_2=XYII\cdots Z$ 的乘积为

$$g_1g_2 = (ZX)(XY)(II)(YI)\cdots(XZ)$$

利用乘法表作出其中各因子的乘积,得

$$g_1g_2 = (Y)(-Z)(I)(Y)\cdots(-Y) = YZIYY$$

在这样定义的二元运算下,集合 G_n 构成一个群,称为 **n 量子位 Pauli 算子群**。

12.1.2 Pauli 算子群元素的性质

容易证明,n 量子位 Pauli 算子群 G_n 中的元素具有以下重要性质:

(1) **G_n 中的元素都是幺正的**,即 $g^-=g^+$。这可由对任意位都有

$$XX^\dagger = YY^\dagger = ZZ^\dagger = I$$

得出。按厄米的定义

$$g^+ = (XZIY\cdots X)^\dagger = X^\dagger\cdots Y^\dagger I^\dagger Z^\dagger X^\dagger$$

由于作用到不同物理量子位上的算子可以交换,上式可改写为

$$g^+ = (XZIY\cdots X)^\dagger = X^\dagger Z^\dagger I^\dagger Y^\dagger\cdots X^\dagger$$

即算子 g 的 Hermitian 共轭就是保持乘积 g 中各因子算子的顺序(作用量子位)不变,仅取各因子算子的 Hermitian 共轭。

(2) **对于每一个 $g\in G_n$,若 Y 在 g 中出现偶数次,则 $g^2=I$;若 Y 在 g 中出现奇数次,则 $g^2=-I$**。这可由 $X^2=Z^2=I$,$Y^2=-I$ 得出。特别地,若 $g^2=I$,则 g 是 Hermitian 的,若 $g^2=-I$,则 g 是反 Hermitian 的。例如有

$$g^+ = (YYX)^\dagger = Y^\dagger Y^\dagger X^\dagger = (-Y)(-Y)X = g$$

即 g 中有偶数个 Y,$g^2=I$,则 g 是 Hermitian 的。

(3) **对于任意 $g_1,g_2\in G_n$,g_1,g_2 或对易或反对易,二者必居其一。**

注意到两个算子第 i 位上或其中之一为单位算子或为同一 Pauli 算子,这两个

算子第 i 位对易;若两个算子不对易位个数为偶数个,则这两算子对易。例如算子

$$g_1 = ZXI, \quad g_2 = XYI$$

不对易位数为 2,则这两个算子对易。事实上

$$\begin{cases} g_1 g_2 = (ZX)(XY)(II) = Y(XZX)I = -YZI \\ g_2 g_1 = (XZ)(YX)(II) = -YZI \end{cases}$$

所以

$$[g_1, g_2] = 0$$

(4) **G_n 中互相对易、且 $g^2 = I$ 的算子构成 G_n 的一个 Abel 子群。**

证明 记 G_n 中互相对易、且 $g^2 = I$ 的算子集合为 S,显然 $I = II\cdots I \in S$,表明 S 非空。若 $g_1^2 = I, g_2^2 = I$,且对任意 $g_i \in S$ 有$[g_1, g_2] = [g_1, g_i] = [g_2, g_i] = 0$,则有 $g_1, g_2 \in S$。

事实上,由于

$$(g_1 g_2)^2 = g_1 g_2 g_1 g_2 = g_1 g_1 g_2 g_2 = I$$

而且对任意 $g_i \in S$ 有

$$[g_1 g_2, g_i] = g_1 [g_2, g_i] = 0$$

因此

$$g_1 g_2 \in S$$

这表明有限群 G_n 的子集合 S 在乘法运算下封闭,由附录中定理 A2.3.1,S 是 G_n 的一个子群。G_n 群的这一性质在后面的稳定子量子纠错码理论中有重要应用。

12.2 稳定子量子纠错码概念

为了解释稳定子码的概念,首先回顾一下在 11.2 节介绍的 Shor-9 位码,从中抽象出稳定子码的概念。

12.2.1 Shor-9 位码的再分析

Shor-9 位码用三个量子位块、每块三个物理量子位编码一个逻辑数据量子位。两个码字是

$$\begin{cases} |0\rangle \rightarrow |\bar{0}\rangle = (|000\rangle + |111\rangle)^3 / 2\sqrt{2} \\ |1\rangle \rightarrow |\bar{1}\rangle = (|000\rangle + |111\rangle)^3 / 2\sqrt{2} \end{cases} \tag{12.2.1}$$

为了诊断并纠正位反转错,对于每个块中三个物理量子位态 $|xyz\rangle$,需要测量

$y\oplus z$ 和 $x\oplus z$。当测量结果都为 0 时表示没有错,而当测量结果有一个为 1 或都为 1 时表示发生了位反转错(见表 11.2.1)。测量第 i 块的 $y\oplus z$ 和 $x\oplus z$,等同于对第 i 块测量算子 $\hat{Z}_2\hat{Z}_3$ 和 $\hat{Z}_1\hat{Z}_3$,测得结果都为 +1 时表示无错误发生,表明无错误态是这些算子本征值 +1 的本征态,而当测得一个为 +1,另一个为 −1 或两个都为 −1 时表示有错误发生,表明出错态都不是测量算子本征值 +1 的本征态。注意到诊断三个块位反转错的六个测量算子可以写作

$$\begin{cases} M_1 = IZZIIIIII, & M_2 = ZIZIIIIII \\ M_3 = IIIIZZIII, & M_4 = IIIZIZIII \\ M_5 = IIIIIIIZZ, & M_6 = IIIIIIZIZ \end{cases} \tag{12.2.2}$$

而为了诊断相位错,对转动基下三个块态 $|xyz\rangle$ 测量 $y\oplus z$ 和 $x\oplus z$,等同于测量乘积算子 $X_4X_5X_6X_7X_8X_9$ 和 $X_1X_2X_3X_7X_8X_9$,即

$$M_7 = I_1I_2I_3X_4X_5X_6X_7X_8X_9, \quad M_8 = X_1X_2X_3I_4I_5I_6X_7X_8X_9 \tag{12.2.3}$$

Shor-9 位码的指错子构造表明,当这八个算子测量结果都为 +1 时代表没有错误发生,这表示每个码字必定为这八个算子本征值为 +1 的共同本征态;而当测量某一算子时得到 −1,就表示其中某一物理量子位发生了位反转错或相位错或二者兼有。

容易验证,式(12.2.2)和式(12.2.3)中的八个算子每个都是 Hermitian 算子(平方都等于单位算子),而且任意两个都对易,它们存在共同本征态。实际上,式(12.2.1)中的两个码字 $|\bar{0}\rangle$ 和 $|\bar{1}\rangle$ 都是它们的属于本征值 +1 的共同本征态。

由于这八个算子 $M_1\sim M_8$ 每个平方都等于单位元,且两两互相对易,由 12.1 节 Pauli 算子群性质(4),这八个算子都属于九个物理量子位 Pauli 算子群的 Abel 子群 S。实际上它们正是子群 S 的一组生成元。后面的 12.2.3 节将表明:若子群 S 的生成元有 $n-K$ 个,相应码空间维数是 2^K,则可以编码 K 个逻辑量子位的信息。Shor-9 位码稳定子生成元个数为八,这里 $K=1$,正好可以编码一个逻辑量子位,码空间维数为 2。

12.2.2 稳定子码概念

推广 Shor-9 位码的讨论,令 S 是 n 量子位 Pauli 算子群 G_n 的一个 Abel 子群,由于 S 中的元素都互相对易,它们在 n 量子位 Hilbert 空间中可以同时对角化。记 S 中所有元素本征值为 +1 的共同本征空间为 $\mathscr{H}^{(s)}$,即当且仅当对所有 $M\in S$,都有

$$M\mid\psi\rangle = \mid\psi\rangle \tag{12.2.4}$$

成立,才有 $|\psi\rangle\in\mathscr{H}^{(s)}$。如果一个量子码的码空间就是 $\mathscr{H}^{(s)}$,则称这个量子码是**稳定**

子码(stabilizer code)，并称子群 S 是这个码的**稳定子**。

设 $M\in S$，$\{|\psi_i\rangle\}\in\mathscr{H}^{(s)}$ 是码空间的一组基矢量(码字)，对于任意错误 E，只要它和 $M\in S$ 反对易，就有

$$EM\mid\psi_i\rangle = E\mid\psi_i\rangle = -ME\mid\psi_i\rangle$$

从而

$$\langle\psi_j\mid E\mid\psi_i\rangle = \langle\psi_j\mid ME\mid\psi_i\rangle = -\langle\psi_j\mid E\mid\psi_i\rangle$$

这表明无论 $E=E_a^\dagger E_b=\pm E_aE_b$，只要$[E,M]_+=0$，就有

$$\langle\psi_j\mid E_a^\dagger E_b\mid\psi_i\rangle = 0$$

满足量子纠错码条件式(11.1.21)。由于此式对$|\psi_i\rangle=|\psi_j\rangle$也成立，因此它还满足式(11.1.22)，只是这时$\langle\psi_i|E_a^\dagger E_b|\psi_i\rangle=\langle\psi_j|E_a^\dagger E_b|\psi_j\rangle=0$。如果一个错误集合$\mathscr{E}=\{E\}$，其中的元素 E 和 S 中的某个元素反对易，则由 S 生成的稳定子码 C，就能纠正这个错误集合$\mathscr{E}=\{E\}$中的所有错误。如果 $E\in S$(把 $E=I^\dagger I$ 也看成一个可能的错误)，且有

$$E\mid\psi_i\rangle = \mid\psi_i\rangle$$
$$\langle\psi_j\mid E\mid\psi_i\rangle = \langle\psi_j\mid\psi_i\rangle = \delta_{ij}$$

则式(11.1.23)也被满足。

12.2.3　稳定子的生成元和稳定子群阶

子群 S 可以用它的生成元表征。一个用 n 个物理量子位编码 K 个逻辑量子位信息的量子码，将有 $n-K$ 个生成元的稳定子。可以证明，若子群 S 的生成元有 $n-K$ 个(即有 $n-K$ 个线性独立、并足以生成 S 全体的一组元素)，则码空间维数将是 2^K，从而这个码可以编码 K 个逻辑量子位的信息。

首先，由于 $M^2=-I$ 的 M 不可能有本征值$+1$，所以对于每个 $M\in S$，必须有 $M^2=I$。而对于每个满足 $M^2=I$ 且$M\neq\pm I$ 的算子M，它的本征值$+1$ 和-1 有相等的简并度，所以属于本征值$+1$ 的本征空间维数将是$(2^n)/2=2^{n-1}$。记这样的 M 为 M_1，M_1 是稳定子的一个生成元。

然后，令 M_2 是群 G_n 的另一个元素，它和 M_1 对易，但 $M_2\neq\pm I$，$M_2\neq\pm M_1$，M_2，M_1 可以有共同本征值$+1$，但属于 M_2 本征值等于-1 的本征空间又从 M_1 的本征值$+1$ 的本征空间中切去一半，所以 M_1，M_2 都取本征值$+1$ 的本征空间维数只有$(2^{n-1})/2=2^{n-2}$。

继续上述论证，由于每加上一个 S 的生成元M_i，总是切去已有生成元本征值$+1$ 共同本征空间维数的一半，所以具有 $n-K$ 个生成元的稳定子码，码空间的维数将是$(1/2)^{n-K}\cdot 2^n=2^K$。

12.2.4 稳定子 S 在 G_n 中的中心子和正规子

一般说来,在 G_n 中还包含有和 S 中的元素都对易的其他算子。G_n 中和所有 S 的元素都对易的算子集合是 S 在 G_n 中的**中心子**(centralizer)$Z(S|G_n)$(见附录 A2)

$$Z(S \mid G_n) = \{g : gMg^{-1} = M, \forall M \in S, g \in G_n\}$$

S 在 G_n 中的**正规子**(normalizer)$N(S|G_n)$定义为 G_n 中在相似变换下保持集合 S 不变的元素集合

$$N(S \mid G_n) = \{g, gSg^{-1} = S, g \in G_n\}$$

注意,$N(S|G_n)$中的元素并不一定和 S 中的元素对易。事实上,对任意 $M \in S$,有 $gMg^{-1} = M'$,只要 $M' \in S$,g 就是 $N(S|G_n)$中的元素。一般情况下,正规子中包含有比中心子更多的群元素,一个子群在大群中的中心子和正规子并不重合。但是,这里由于对任意 $g \in G_n$,$M \in S$,$gMg^{-1} = \pm gg^{-1}M = \pm M$,而 $\pm M$ 中只有 $+M$ 属于 S,所以 S 在 G_n 中的正规子 $N(S|G_n)$和它在 G_n 中的中心子 $Z(S|G_n)$重合,即

$$N(S \mid G_n) = Z(S \mid G_n)$$

以后就称 G_n 中和 S 的元素都对易的算子集合为 S 在 G_n 中的**正规子**,并记为 $N(S|G_n)$。

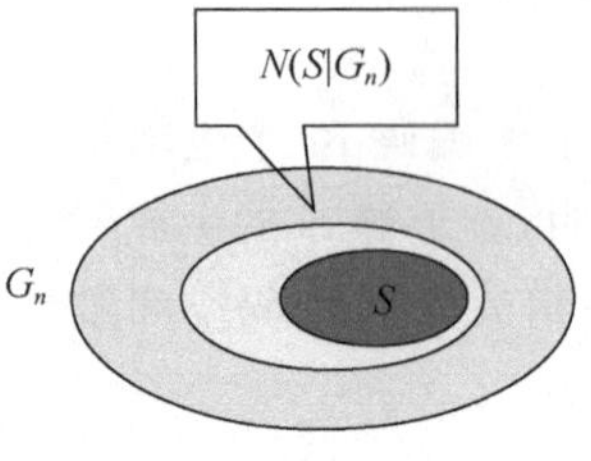

图 12.2.1

由于 S 是 G_n 的 Abel 子群,所以 S 本身也包含在 $Z(S|G_n)$中,并且是 $N(S|G_n)$的一个正规子群,S,$N(S|G_n)$和 G_n 之间的关系可示意地用图 12.2.1 表示。S 在 $N(S|G_n)$中的商群元素是由 $N(S|G_n)$相对 S 的陪集组成。设元素

$$N \in N(S \mid G_n)$$

但 $N \notin S$,集合 $N(S|G_n) - S$ 中的任意元素都具有 NM 形式,其中 $M \in S$。后面将证明 $N(S|G_n)$有 $n+K$ 个生成元,S 在 $N(S|G_n)$中的商群的阶为 2^K。

12.2.5 稳定子码空间上的逻辑操作

由于集合 $N(S|G_n) - S$ 中的元素 N 都具有 NM 形式,N 对码字的作用

$$NM \mid \psi\rangle = N \mid \psi\rangle = MN \mid \psi\rangle$$

结果仍在码空间中,但改变一个码字为另一个码字,因此这些算子可以用作对编码态的逻辑操作。

现在从 $N(S|G_n) - S$ 中另外选择 K 个独立的、互相对易的算子 $\bar{Z}_1, \bar{Z}_2, \cdots$,

$\bar{Z}_K$，加到稳定子的 $n-K$ 个生成元中，形成 n 个互相对易的最大算子集。挑选那些除去是稳定子生成元本征值为 $+1$ 的本征态，同时还是 $\bar{Z}_1,\bar{Z}_2,\cdots,\bar{Z}_K$ 本征态的量子态作为基本量子码字，编码对每个 $\bar{Z}_i$ 都有本征值 $+1$ 的态为 $|00\cdots0\rangle$（共 K 个 0）；而编码对 $\bar{Z}_1$ 有本征值 -1，而对其他 $\bar{Z}_i$ 都有本征值 $+1$ 的态为 $|00\cdots1\rangle$（共 K 位）；编码对 $\bar{Z}_1,\bar{Z}_2$ 都有本征值 -1，而其他 $\bar{Z}_i$ 都有本征值 $+1$ 的态为 $|0\cdots11\rangle$ 等。以此类推，以这种方式编码，$\bar{Z}_i$ 就是逻辑态

$$\{|\bar{0}\bar{0}\cdots\bar{0}\rangle,|\bar{0}\bar{0}\cdots\bar{1}\rangle,\cdots,|\bar{1}\bar{1}\cdots\bar{1}\rangle\}$$

中第 i 个量子位的逻辑 Z 算子。

$N(S|G_n)$ 的其余 K 个生成元可以选作互相对易，并且都和稳定子对易，但和 $\bar{Z}_i(i=1,2,\cdots,K)$ 反对易的 $\bar{X}_i(i=1,2,\cdots,K)$，使

$$\bar{X}_i\bar{Z}_j=(-1)^{\delta_{ij}}\bar{Z}_j\bar{X}_i$$

即 $\bar{X}_i,\bar{Z}_j$ 在 $i\neq j$ 时对易，在 $i=j$ 时反对易。于是，$\bar{X}_i$ 是量子码字的第 i 个逻辑量子位的逻辑非或位反转算子。对编码态的一般逻辑运算可以通过这样的 $\bar{X}_i,\bar{Z}_j$ 的乘积构造出来。后面的讨论主要针对编码一个逻辑量子位，算子 $\bar{Z}_i(i=1,2,\cdots,K)$ 和 $\bar{X}_i(i=1,2,\cdots,K)$ 可以简单地分别用 $\bar{Z}$ 和 $\bar{X}$ 代替。

定义 Pauli 算子群中一个元素 g 的**重量** $W(g)$ 为 g 中非单位元的 Pauli 算子的数目。对于一个稳定子码，如果集合 $N(S|G_n)-S$ 中元素最小重量是 d，就称这个量子码码距是 d。用 n 个物理量子位编码 K 个逻辑量子位，码距为 d 的量子码，记作[n,K,d]码，这里加双括号的目的是和经典码[n,K,d]加以区分，它可以纠正 $t\leqslant(d-1)/2$ 位错。

12.2.6　稳定子码的指错子

稳定子码的稳定子生成元可以用作稳定子码出错校验。由于稳定子 S 的生成元 $\{M_1,M_2,\cdots,M_{n-K}\}$ 互相对易，码空间是它们本征值 $+1$ 的共同本征空间，由此可以通过对这组算子的集体测量诊断出错误。如果编码态没有错误出现，那么对于每个生成元 M_i，测量结果均为本征值 $+1$。如果对于某个 M_i 测得结果为 -1，表明已有错误出现。由于任意错误都可以用 G_n 群元算子表示，因此一个特定的错误 E_a 和稳定子生成元 M_i 或对易或反对易。如果 E_a 和 M_i 对易，那么对码空间任意态 $|\psi\rangle\in\mathscr{H}^{(s)}$，有

$$M_iE_a|\psi\rangle=E_aM_i|\psi\rangle=E_a|\psi\rangle$$

表明出错态仍在码空间中；如果 E_a 和 M_i 反对易，则有

$$M_iE_a|\psi\rangle=-E_aM_i|\psi\rangle=-E_a|\psi\rangle$$

表明出错将把编码态变换到码空间以外。总结上面两种情况，可定义一个函数

$f_M: G_n \to \{0,1\}$,即

$$f_{M_i}(E_a) = \begin{cases} 0, & [M_i, E_a] = 0 \\ 1, & [M_i, E_a]_+ = 0 \end{cases} \tag{12.2.5}$$

于是

$$f(E_a) = \{f_{M_1}(E_a) f_{M_2}(E_a) \cdots f_{M_{(n-K)}}(E_a)\} \tag{12.2.6}$$

是 $n-K$ 位二进制数串。对于每个不同的错误 E_a,这个数串不同。只要测量得到该数串就可决定出错算子 E_a,使用逆操作 E_a^{-1} 就实现了纠错。

12.3 稳定子码空间作为二元域上的线性矢量空间

12.2 节使用群论语言描述了稳定子量子纠错码。为了定义稳定子码的标准形式,规范编码操作线路和纠错操作,更清楚地看出它和经典纠错码的区别和联系,现在仍采用矢量空间语言描述稳定子码。

12.3.1 G_n 群算子的双矢量表示

现在建立 G_n 群元和二元数域$\{0,1\}$上的 n 维矢量空间 $V^{(n)}$ 中矢量之间的一一对应关系。注意到 Y 可以分解为 Z 和 X 的乘积,G_n 中的任意元 g 都可以表示成 Z 串和 X 串的乘积

$$g = Z_g \otimes X_g \tag{12.3.1}$$

其中,Z_g 和 X_g 分别是取自$\{Z,I\}$和$\{X,I\}$中 n 个算子的直积。例如,G_5 群的两个元素

$$\begin{cases} g = XZYXI = (IZZII) \otimes (XIXXI) \equiv Z_g \otimes X_g \\ g' = ZIXYX = (ZIIZI) \otimes (IIXXX) \equiv Z_{g'} \otimes X_{g'} \end{cases} \tag{12.3.2}$$

Z_g 和 X_g 又可以通过下述方式分别对应着两个 n 长二元串 α 和 β,即

$$\begin{cases} Z_g = \bigotimes_{i=1}^{n} Z^{\alpha_i} \to \alpha(\alpha_1 \alpha_2 \cdots \alpha_n) \\ X_g = \bigotimes_{i=1}^{n} X^{\beta_i} \to \beta(\beta_1 \beta_2 \cdots \beta_n) \end{cases} \tag{12.3.3}$$

从而把 $g \in G_n$ 表示为

$$g = \bigotimes_{i=1}^{n} Z^{\alpha_i} \cdot \bigotimes_{i=1}^{n} X^{\beta_i} \equiv (\alpha \mid \beta) \tag{12.3.4}$$

其中,符号$(\alpha|\beta)$称为群元素 g 的**双矢量表示**(symplectic notation)。例如,式(12.3.2)的两个元素的双矢量表示分别为

$$\begin{cases} g = (\alpha \mid \beta) = (01100 \mid 10110) \\ g' = (\alpha' \mid \beta') = (10010 \mid 00111) \end{cases} \tag{12.3.5}$$

利用 G_n 群元的双矢量表示，就可把群 G_n 中的所有元素都表示为二元域上矢量空间 $V^{(n)}$ 中的双矢量。

12.3.2　双矢量表示中的二元乘积

采用元素的双矢量表示，可以把群 G_n 中两元素乘变换为矢量空间 $V^{(n)}$ 中的两元素加。例如，上述两群元乘为

$$gg' = (\alpha \mid \beta) \cdot (\alpha' \mid \beta') = (-1)^{\alpha' \cdot \beta}(\alpha \oplus \alpha' \mid \beta \oplus \beta') \tag{12.3.6}$$

其中，$\alpha' \cdot \beta$ 表示把乘积整理成式(12.3.2)的标准形式时，g 中的 X 和 g'中的 Z 在同一位出现数目的奇偶性。出错数目为奇数时取 1，为偶数时取 0，即

$$\alpha' \cdot \beta = \sum_{i=1}^{n} \oplus\, \alpha'_i \cdot \beta_i \tag{12.3.7}$$

例如，式(12.3.5)中两元 g 和 g'的乘积就是

$$(-1)^{(10010)\cdot(10110)}(01100 \oplus 10010 \mid 10110 \oplus 00111) = (-1)^0(11110 \mid 10001) \tag{12.3.8}$$

用算子表示这个乘积，即

$$(-1)^0(ZZZZI \mid XIIIX) = YZZZX$$

这与直接做两算子乘积

$$gg' = XZYXI \otimes ZIXYX = (-Y)ZZ(-Z)X = YZZZX$$

结果相同。

注意到群 G_n 中元素 $g = (\alpha|\beta)$的平方取决于 g 中 Y 算子数目的奇偶性，可以是 $\pm I$（I 表示分别作用到 n 个物理量子位上的单位算子的张量积）。由式(12.3.6)有

$$(\alpha \mid \beta)^2 = (-1)^{\alpha \cdot \beta}(00\cdots0 \mid 00\cdots0) \tag{12.3.9}$$

所以当且仅当

$$\alpha \cdot \beta = 0 \tag{12.3.10}$$

时 g^2 才等于单位算子。这与 12.2 节指出的 Pauli 算子群元性质(2)一致。

12.3.3　双矢量表示中群算子的对易关系

使用群元的双矢量表示，两群元 g'和 g 的乘积

$$g'g = (\alpha' \mid \beta')(\alpha \mid \beta) = (-1)^{\alpha \cdot \beta'}(\alpha' \oplus \alpha \mid \beta' \oplus \beta)$$

把这一结果和式(12.3.6)比较,注意到$(\alpha\oplus\alpha'|\beta\oplus\beta')=(\alpha'\oplus\alpha|\beta'\oplus\beta)$,得

$$gg' = (-1)^{\alpha'\cdot\beta\oplus\alpha\cdot\beta'}g'g \tag{12.3.11}$$

由此得出,当且仅当

$$\alpha'\cdot\beta\oplus\alpha\cdot\beta' = 0 \tag{12.3.12}$$

G_n 中两元素对易。

定义 $2n$ 维矢量空间两矢量$(\alpha|\beta)$,$(\alpha'|\beta')$的**辛内积**(symplectic inner product)为

$$\alpha'\cdot\beta\oplus\alpha\cdot\beta'$$

上述结果可表述为**G_n 中两个元素对易,当且仅当这两元素双矢量表示的辛内基等于零**。而当辛内积

$$\alpha'\cdot\beta\oplus\alpha\cdot\beta' = 1 \tag{12.3.13}$$

时,则表示这两个算子**反对易**。

12.3.4 双矢量表示中的稳定子和指错子

群 G_n 中平方等于单位算子的元素对应的双矢量,相对于上面定义的辛内积构成一个自正交的 $V^{(n)}$ 的子空间。由 12.2 节 G_n 群元性质(4),G_n 中互相对易且 $g^2=I$的算子构成 G_n 的一个 Abel 子群。

使用上面引进的双矢量表示,稳定子码的每个稳定子 M_i 都可以用$(\alpha_i|\beta_i)$表示。使用双矢量表示,可以把稳定子 S 的 $n-K$ 个生成元对应的双矢量看成是 $2n$ 维矢量空间 $V^{(n)}$ 的 $n-K$ 维子空间的一组基矢量,记这个子空间为 V_S。而与 V_S 中每个双矢量相对于辛内积都正交的矢量张起的矢量空间记为 V_N,由于 V_N 是 V_S 的正交补空间,因此 V_N 的维数为 $2n-(n-K)=n+K$。又因为 V_S 中的双矢量都互相正交,所以 V_S 本身也包含在 V_N 中。

使用双矢量表示,每个出错算子 E_a 也可以表示成双矢量形式$(\alpha_a|\beta_a)$,由于 E_a 的指错子可以用它与 S 生成元 M_i 的对易关系表示[见式(12.2.8)],根据两算子对易关系式可以用辛内积计算,式(12.2.8)可以写为

$$f_{M_i}(E_a) = \alpha_i\cdot\beta_a\oplus\beta_i\cdot\alpha_a \tag{12.3.14}$$

错误 E_a 的指错子就由式(12.2.6)定义的 $n-K$ 个分量的函数 $f(E_a)$给出。

12.4 稳定子码生成矩阵的标准形式和编码操作、逻辑操作

为了进一步规范稳定子码的逻辑算子的构造和编码线路,这里引进稳定子码生成矩阵的标准形式[1],给出构造逻辑算子和编码线路的系统方法。

12.4.1　稳定子码生成矩阵的标准形式

编码 K 个逻辑量子位到 $n(n>K)$ 个物理量子位 Hilbert 空间的稳定子码，其码稳定子有 $n-K$ 个生成元 $\{M_i, i=1,2,\cdots,n-K\}$，其中每个生成元都是 n 量子位 Pauli 算子群的一个元素，可以按式(12.3.4)的规则用双矢量表示为 $(\alpha|\beta)$ 形式。称由稳定子码所有生成元双矢量表示构成的矩阵为**生成矩阵**。稳定子码生成矩阵具有如下标准形式：

$$G = (G_z \mid G_x) \tag{12.4.1}$$

其中，G_z 和 G_x 分别为生成元 Z 算子部分和 X 算子部分对应的矩阵。由于生成元的选择不是唯一的，因此对于给定的一组稳定子生成元，可以利用 M_j 乘以 M_i 代替原来的 M_i。这在双矢量表示中，对应着分别同时把 G_z 和 G_x 矩阵的第 j 行加到第 i 行上；还可以同时交换两个矩阵的列，这意味着交换码中的两个物理量子位。通过这种方式可以把表示稳定子生成元的双矢量矩阵化成具有块结构

$$\begin{array}{c|cccccc} & r & n-K-r & K & r & n-K-r & K \\ \hline r & B & C_1 & C_2 & I & A_1 & A_2 \\ n-K-r & D & I & E & 0 & 0 & 0 \end{array} \tag{12.4.2}$$

的标准形式。这是个 $n-K$ 行、中间用一条竖直线段分成相等列两部分的 $2n$ 列矩阵。其中，K 是要编码的二进制数据位数，n 是编码使用的物理量子位数目，r 是稳定子生成矩阵 X 部分的秩(即线性独立矢量个数)。各个块的行、列数目在式(12.4.2)中均已标明，如 X 部分的 I 是 $r\times r$ 的单位阵，Z 部分的 I 是 $(n-K-r)\times(n-K-r)$ 的单位阵等。

首先，由于稳定子生成元的每个元素的平方都等于单位元，因此由式(12.3.10)有

$$\alpha\cdot\beta = 0$$

其次，稳定子生成元中任意两个元要互相对易，这就要求任意两个元的双矢量辛内积正交，即满足式(12.3.12)

$$\alpha'\cdot\beta \oplus \alpha\cdot\beta' = 0$$

将上面两个条件相结合，就可以得到式(12.4.2)中的标准矩阵满足

$$\begin{bmatrix} B & C_1 & C_2 \\ D & I & E \end{bmatrix}\begin{bmatrix} I & 0 \\ A_1^{\mathrm{T}} & 0 \\ A_2^{\mathrm{T}} & 0 \end{bmatrix} \oplus \begin{bmatrix} I & A_1 & A_2 \\ 0 & 0 & 0 \end{bmatrix}\begin{bmatrix} B^{\mathrm{T}} & D^{\mathrm{T}} \\ C_1^{\mathrm{T}} & I \\ C_2^{\mathrm{T}} & E^{\mathrm{T}} \end{bmatrix} = \begin{bmatrix} 0 & 0 \\ 0 & 0 \end{bmatrix} \tag{12.4.3}$$

其中,最后一步已经用到对角元满足 $\alpha\cdot\beta=0$ 的条件。式(12.4.3)的条件可以写作

$$\begin{cases}B\oplus C_1A_1^{\mathrm{T}}\oplus C_2A_2^{\mathrm{T}}=(B\oplus C_1A_1^{\mathrm{T}}\oplus C_2A_2^{\mathrm{T}})^{\mathrm{T}}\\ D\oplus A_1^{\mathrm{T}}\oplus EA_2^{\mathrm{T}}=(D\oplus A_1^{\mathrm{T}}\oplus EA_2^{\mathrm{T}})^{\mathrm{T}}\end{cases}\tag{12.4.4}$$

即 $B\oplus C_1A_1^{\mathrm{T}}\oplus C_2A_2^{\mathrm{T}}$ 和 $D\oplus A_1^{\mathrm{T}}\oplus EA_2^{\mathrm{T}}$ 都应为对称矩阵。

式(12.4.4)是稳定子码生成元满足的必要条件,但非充分条件。如果已经知道了一个稳定子码稳定子的全部元素,也可以从这些元素中挑选出 $n-K$ 个,使它们的双矢量表示做成的矩阵具有式(12.4.2)的形式,这 $n-K$ 个元素就可以用作稳定子生成元。

12.4.2　稳定子码的逻辑算子

稳定子码的逻辑算子的选择具有相当大的任意性,在相差稳定子中元素乘的范围内是不确定的。事实上,设编码一个逻辑量子位的两个码态分别为 $|\bar{0}\rangle$ 和 $|\bar{1}\rangle$,逻辑 $\bar{Z}$ 算子和逻辑 $\bar{X}$ 算子对这两个态的作用分别为

$$\bar{Z}\mid\bar{0}\rangle=\mid\bar{0}\rangle,\quad \bar{Z}\mid\bar{1}\rangle=-\mid\bar{1}\rangle$$

和

$$\bar{X}\mid\bar{0}\rangle=\mid\bar{1}\rangle,\quad \bar{X}\mid\bar{1}\rangle=\mid\bar{0}\rangle$$

$\bar{Z}$ 和 $\bar{X}$ 满足反对易关系 $[\bar{Z},\bar{X}]_+=0$。设 $M_i\in S$ 是稳定子中任一元素,用 $M_i\bar{Z}$ 取代 $\bar{Z}$,由于 $[\bar{Z},M_i]=[\bar{X},M_i]=0$,容易验证

$$\begin{cases}(M_i\bar{Z})\mid\bar{0}\rangle=\bar{Z}M_i\mid\bar{0}\rangle=\bar{Z}\mid\bar{0}\rangle,\quad (M_i\bar{Z})\mid\bar{1}\rangle=\bar{Z}M_i\mid\bar{1}\rangle=\bar{Z}\mid\bar{1}\rangle\\ (M_i\bar{X})\mid\bar{0}\rangle=\bar{X}M_i\mid\bar{0}\rangle=\bar{X}\mid\bar{0}\rangle,\quad (M_i\bar{X})\mid\bar{1}\rangle=\bar{X}M_i\mid\bar{1}\rangle=\bar{X}\mid\bar{1}\rangle\end{cases}$$

以及

$$[(M_i\bar{Z}),\bar{X}]_+=M_i\bar{Z}\bar{X}+\bar{X}M_i\bar{Z}=M_i\bar{Z}\bar{X}+M_i\bar{X}\bar{Z}=M_i[\bar{Z},\bar{X}]_+$$

对 $(M_i\bar{X})$ 有类似的结果。下面推导稳定子码逻辑算子的必要形式,目的就是利用矩阵 $\bar{Z}$ 和 $\bar{X}$ 的性质,建立这些矩阵和标准稳定子生成矩阵之间的关系,以便根据给出的稳定子生成矩阵的标准形式,直接写出这些算子。

(1) 关于逻辑 $\bar{X}$ 算子,假设选择第 i 个逻辑量子位的 $\bar{X}_i$ 算子在双矢量表示中有形式 $[u_1u_2u_3|\nu_1\nu_2\nu_3]$,其中,$u_1,\nu_1$ 是 r 维矢量,u_2,ν_2 是 $n-K-r$ 维矢量,而 u_3,ν_3 是 K 维矢量。K 个逻辑量子位的全部算子 $\bar{X}_1,\bar{X}_2,\cdots,\bar{X}_K$ 的双矢量构成 $K\times 2n$ 矩阵

$$\overline{X} = \left[\begin{array}{cccc|cccc} z_{11} & z_{12} & \cdots & z_{1n} & x_{11} & x_{12} & \cdots & x_{1n} \\ z_{21} & z_{22} & \cdots & z_{2n} & x_{21} & x_{22} & \cdots & x_{2n} \\ \vdots & \vdots & & \vdots & \vdots & \vdots & & \vdots \\ z_{K1} & z_{K2} & \cdots & z_{Kn} & x_{K1} & x_{K2} & \cdots & x_{Kn} \end{array}\right]$$

可以对这个矩阵实行消元，使其具有以下形式：

$$\overline{X} = [U_1 0_2 U_3 \mid 0_1 V_2 V_3] \tag{12.4.5}$$

其中，U_1 和 0_1 是 $K\times r$ 矩阵；0_2 和 V_2 是 $K\times(n-K-r)$ 矩阵；U_3 和 V_3 是 $K\times K$ 矩阵。

首先，由于 $\overline{X}_1, \overline{X}_2, \cdots, \overline{X}_K$ 均在 $N(S|G_n)$ 中，它们都和 S 中元素满足对易关系，因此利用式(12.4.5)和生成元的标准矩阵形式，有

$$\begin{bmatrix} B & C_1 & C_2 & I & A_1 & A_2 \\ D & I & E & 0 & 0 & 0 \end{bmatrix} \begin{bmatrix} 0_1 \\ V_2^{\mathrm{T}} \\ V_3^{\mathrm{T}} \\ U_1^{\mathrm{T}} \\ 0_2 \\ U_3^{\mathrm{T}} \end{bmatrix} = \begin{bmatrix} C_1 V_2^{\mathrm{T}} \oplus C_2 V_3^{\mathrm{T}} \oplus U_1^{\mathrm{T}} \oplus A_2 U_3^{\mathrm{T}} \\ V_2^{\mathrm{T}} \oplus E V_3^{\mathrm{T}} \end{bmatrix} = \begin{bmatrix} 0 \\ 0 \end{bmatrix}$$

由此得

$$\begin{cases} C_1 V_2^{\mathrm{T}} \oplus C_2 V_3^{\mathrm{T}} \oplus U_1^{\mathrm{T}} \oplus A_2 U_3^{\mathrm{T}} = [0] \\ V_2^{\mathrm{T}} \oplus E V_3^{\mathrm{T}} = [0] \end{cases} \tag{12.4.6}$$

其次，这 K 个算子 $\overline{X}_1, \overline{X}_2, \cdots, \overline{X}_k$ 每个的平方都是单位算子，而且任意两个都互相对易(作用到不同逻辑量子位上的 X 应互相对易)，由式(12.3.10)和式(12.3.12)，这要求

$$[U_1 0_2 U_3] \begin{bmatrix} 0_1 \\ V_2^{\mathrm{T}} \\ V_3^{\mathrm{T}} \end{bmatrix} \oplus [0_1 V_2 V_3] \begin{bmatrix} U_1^{\mathrm{T}} \\ 0_2 \\ U_3^{\mathrm{T}} \end{bmatrix} = [0]_{K\times K}$$

即

$$U_3 V_3^{\mathrm{T}} \oplus V_3 U_3^{\mathrm{T}} = [0]_{K\times K} \tag{12.4.7}$$

取 $V_3 = I, U_3 = 0$，可以使式(12.4.7)得到满足(V_3 和 U_3 有一定的任意性，在乘以稳定子中元素范围内不确定，这里的选择只要求满足必要条件)。于是，式(12.4.5)中的逻辑算子双矩阵 $\overline{X}$ 有以下形式：

$$\overline{X} = [U_1 0_2 0_3 \mid 0_1 V_2 I] \tag{12.4.8}$$

结合式(12.4.6)，可以求得

$$V_2 = E^{\mathrm{T}}, \quad U_1 = E^{\mathrm{T}} C_1^{\mathrm{T}} \oplus C_2^{\mathrm{T}} \tag{12.4.9}$$

利用式(12.4.9),根据生成元双矢量表示的标准矩阵,就可以写出各个逻辑量子位的逻辑 $\overline{X}_i$ 算子。

(2) 关于逻辑 $\overline{Z}_i$ 算子,设它的矩阵具有和 $\overline{X}$ 矩阵相同的形式

$$[U'_1 0_2 U'_3 \mid 0_1 V'_2 V'_3] \tag{12.4.10}$$

首先,注意到它也和 S 中的元素对易,类似于对逻辑 $\overline{X}$ 式(12.4.6)的推导,可得

$$\begin{cases} C_1 V_2'^{\mathrm{T}} \oplus C_2 V_3'^{\mathrm{T}} \oplus U_1'^{\mathrm{T}} \oplus A_2 U_3'^{\mathrm{T}} = [0] \\ V_2'^{\mathrm{T}} \oplus E V_3'^{\mathrm{T}} = [0] \end{cases} \tag{12.4.11}$$

其次,由于这 K 个算子 $\overline{Z}_1, \overline{Z}_2, \cdots, \overline{Z}_K$ 每个的平方都是单位算子,任意作用到不同逻辑量子位上的 $\overline{Z}_i$ 应互相对易,由式(12.3.10)和式(12.3.12),类似于对 $\overline{X}$ 导得式(12.4.7)的推导,可得

$$U'_3 V_3'^{\mathrm{T}} \oplus V'_3 U_3'^{\mathrm{T}} = [0]_{K\times K} \tag{12.4.12}$$

最后,注意到 $\overline{Z}_i$ 和 $\overline{X}_j$ 满足对易关系

$$[\overline{Z}_i, \overline{X}_j] = 0 (i \neq j), \quad [\overline{Z}_i, \overline{X}_j]_+ = 0 (i = j)$$

作用到不同位上的 $\overline{Z}_i, \overline{X}_j$ 对易,而作用在同一位上时 $\overline{Z}_i, \overline{X}_i$ 反对易,利用式(12.4.8)、式(12.4.10),这些关系可用矩阵表示为

$$[U_1 0_2 0_3 \mid 0_1 V_2 I] \begin{bmatrix} 0_1^{\mathrm{T}} \\ V_2'^{\mathrm{T}} \\ V_3'^{\mathrm{T}} \\ U_1'^{\mathrm{T}} \\ 0_2^{\mathrm{T}} \\ U_3'^{\mathrm{T}} \end{bmatrix} = U_3'^{\mathrm{T}} = [I] \tag{12.4.13}$$

利用此结果,考虑到式(12.4.12),可以取 $V'_3 = 0$。将 $V'_3 = 0$ 和式(12.4.13)代入式(12.4.11)中,有

$$V_2'^{\mathrm{T}} = 0, \quad U'_1 = U'_3, \quad A_2^{\mathrm{T}} = A_2^{\mathrm{T}} \tag{12.4.14}$$

于是式(12.4.10)中的 $\overline{Z}$ 双矩阵的最终形式为

$$\overline{Z} = [A_2^{\mathrm{T}} 0 I \mid 000] \tag{12.4.15}$$

其中,A_2 是稳定子生成元标准形式中的矩阵块,可直接根据生成元矩阵的标准形式写出。

12.4.3　稳定子码的编码操作

可以构造出稳定子码空间一组正交基(为了简单这里略去归一化因子)表示(编码)数据。编码一个逻辑量子位,需要 2 维 Hilbert 空间,可定义 $\bar{Z}=1$ 的逻辑态为

$$|\bar{0}\rangle=\sum_{M\in S}M\,|00\cdots 0\rangle \tag{12.4.16}$$

其中,0 的个数等于编码态中物理量子位数目 n。$\bar{Z}=-1$ 的逻辑态可由 $\bar{X}$ 作用到 $|\bar{0}\rangle$ 上得到

$$|\bar{1}\rangle=\bar{X}\,|\bar{0}\rangle=\bar{X}\Big(\sum_{M\in S}M\,|00\cdots 0\rangle\Big) \tag{12.4.17}$$

一个逻辑量子位任意数据态 $|\alpha\rangle=a|0\rangle+b|1\rangle(|a|^2+|b|^2=1)$,就可以编码为

$$|\bar{\alpha}\rangle=a\,|\bar{0}\rangle+b\,|\bar{1}\rangle=(a+b\bar{X})\Big(\sum_{M\in S}M\,|00\cdots 0\rangle\Big) \tag{12.4.18}$$

由于稳定子群的全部元素可以由稳定子的 $n-K$ 个生成元所有可能乘积穷尽,所以式(12.4.18)中对所有稳定子元素求和可以表示为

$$\sum_{M\in S}M=(I+M_{n-K})(I+M_{n-K-1})\cdots(I+M_1)$$

其中,$M_1,M_2,\cdots,M_{n-K}$ 是 S 的 $n-K$ 个生成元(这一表达式表明稳定子群元总数是 2^{n-K} 个)。注意到 $\bar{X}$ 和所有 $M_i\in S$ 对易,式(12.4.8)可以写作

$$|\bar{\alpha}\rangle=(I+M_{n-K})(I+M_{n-K-1})\cdots(I+M_1)(a+b\bar{X})\,|00\cdots 0\rangle \tag{12.4.19}$$

利用式(12.4.19)可以方便地构造编码线路。12.5 节将以实例的形式给出利用七个物理量子位编码一个逻辑量子位的稳定子 CSS 码的编码线路。

上面关于一个逻辑量子位的讨论可以直接推广到多个逻辑量子位的情况。由于编码数据系数不变,因此只需关心各个基态的编码。定义 K 个逻辑量子位基态 $|\bar{0}\bar{0}\cdots\bar{0}\rangle$(共 K 个零)为

$$|\bar{0}\bar{0}\cdots\bar{0}\rangle=\sum_{M\in S}M\,|00\cdots 0\rangle \tag{12.4.20}$$

这里省略了归一化系数,其中,$|00\cdots 0\rangle$ 是 n 个物理量子位基态。设 $\bar{X}_K,\bar{X}_{K-1},\cdots,\bar{X}_1$ 分别为 K 个逻辑量子位的逻辑非算子,数据基态 $|c_Kc_{K-1}\cdots c_1\rangle(c_i\in\{0,1\})$ 到编码基态 $|\bar{c}_K\bar{c}_{K-1}\cdots\bar{c}_K\rangle(\bar{c}_i\in\{\bar{0},\bar{1}\})$ 的变换为

$$\begin{aligned}|\bar{c}_K\bar{c}_{K-1}\cdots\bar{c}_1\rangle&=\bar{X}_K^{\bar{c}_K}\bar{X}_{K-1}^{\bar{c}_{K-1}}\cdots\bar{X}_1^{\bar{c}_1}\,|\overline{00}\cdots\bar{0}\rangle\\&=\bar{X}_K^{\bar{c}_K}\bar{X}_{K-1}^{\bar{c}_{K-1}}\cdots\bar{X}_1^{\bar{c}_1}\Big(\sum_{M\in S}M\,|00\cdots 0\rangle\Big)\end{aligned}$$

其中,$\bar{X}_i$ 算子的上标表示乘幂,如果 $\bar{c}_i=\bar{0}$,则 $\bar{X}_i^{\bar{c}_i}=\bar{X}^0=I$。注意到 $\bar{X}_i$ 和所有 $M\in S$ 对易,因此上式可以写成

$$|\bar{c}_K\bar{c}_{K-1}\cdots\bar{c}_1\rangle=\Big(\sum_{M\in S}M\Big)\overline{X}_K^{\bar{c}_K}\overline{X}_{K-1}^{\bar{c}_{K-1}}\cdots\overline{X}_1^{\bar{c}_1}\ |00\cdots0\rangle$$

对 $M\in S$ 的所有元素求和仍然用生成元所有可能乘积表示,所以

$$|\bar{c}_K\bar{c}_{K-1}\cdots\bar{c}_1\rangle=[(1+M_{n-K})(1+M_{n-K-1})\cdots(1+M_1)]\overline{X}_K^{\bar{c}_K}\overline{X}_{K-1}^{\bar{c}_{K-1}}\cdots\overline{X}_1^{\bar{c}_1}\ |00\cdots0\rangle \tag{12.4.21}$$

就是数据基态 $|c_Kc_{K-1}\cdots c_1\rangle$ 的编码基态。

设要编码的数据态为

$$\begin{aligned}|\psi\rangle&=\alpha_1\ |00\cdots0\rangle+\alpha_2\ |00\cdots1\rangle+\cdots+\alpha_{2^K}\ |11\cdots1\rangle\\&=\sum_{c_1c_2\cdots c_K(c_i\in\{0,1\})}\alpha_{c_Kc_{K-1}\cdots c_1}\ |c_Kc_{K-1}\cdots c_1\rangle\end{aligned}\tag{12.4.22}$$

若已知各个逻辑基态的编码态,则完整的数据编码态完全类似于单个逻辑量子位情况下的式(12.4.19)

$$|\bar{\psi}\rangle=\sum_{\bar{c}_1\bar{c}_2\cdots\bar{c}_K(\bar{c}_i\in\{\bar{0},\bar{1}\})}\alpha_{\bar{c}_K\bar{c}_{K-1}\cdots\bar{c}_1}\ |\bar{c}_K\bar{c}_{K-1}\cdots\bar{c}_1\rangle$$

将式(12.4.21)代入上式,注意到其中 $(1+M_{n-K})(1+M_{n-K-1})\cdots(1+M_1)$ 对所有的基都是相同的,可以提到求和号前面,则式(12.4.22)数据态的编码态为

$$\begin{aligned}|\bar{\psi}\rangle&=[(1+M_{n-K})(1+M_{n-K-1})\cdots(1+M_1)]\\&=\sum_{\bar{c}_1\bar{c}_2\cdots\bar{c}_K(\bar{c}_i\in\{\bar{0},\bar{1}\})}\alpha_{\bar{c}_K\bar{c}_{K-1}\cdots\bar{c}_1}\overline{X}_K^{\bar{c}_K}\overline{X}_{K-1}^{\bar{c}_{K-1}}\cdots\overline{X}_1^{\bar{c}_1}\ |00\cdots0\rangle\end{aligned}\tag{12.4.23}$$

就是各编码基态乘以相应数据态的叠加系数。

12.5　作为稳定子码子类的 CSS 码

CSS 量子纠错码是一般稳定子码的一个特例。下面以 7-位 CSS 码为例,说明它是稳定子码的一个子类。

12.5.1　7-位 CSS 码的稳定子

CSS 量子码的校验矩阵用于检查是否发生错误,发生的是什么错误,并根据发生错误类型予以纠正,其作用相当于稳定子码中的稳定子作用。稳定子码的稳定子生成元和 CSS 码的校验矩阵有着密切的关系,实际上它可以直接从 CSS 码的校验矩阵得到。

根据 CSS 码[7,4,3]的校验矩阵(11.4.9)得

$$[H]_{7,4}=[G]_{7,3}=\begin{bmatrix}1&0&0&1&1&1&0\\0&1&0&0&1&1&1\\0&0&1&1&1&0&1\end{bmatrix}\tag{12.5.1}$$

在其中 1 的位置上代以算子 X，而把所有的 0 换成单位元 I，可以写出三个稳定子生成元

$$\begin{cases}M_1=XIIXXXI\\M_2=IXIIXXX\\M_3=IIXXXIX\end{cases}\tag{12.5.2}$$

同样，用 Z 代替其中的 1，用单位元 I 代替其中的 0，可以得到另外三个生成元

$$\begin{cases}M_1'=ZIIZZZI\\M_2'=IZIIZZZ\\M_3'=IIZZZIZ\end{cases}\tag{12.5.3}$$

由于每个生成元 M_i 和 M_i' 中都不包含 Y 算子，因此 $M_i^2=M_i'^2=I$。任意两个生成元在同一位上出现 X 或 Z 位的数目都只有偶数个，因此任意两个生成元都对易。

使用双矢量表示，7-位 CSS 量子纠错码的稳定子可以写为以下矩阵形式：

$$\left[\begin{array}{c:c}0&H_x\\\hdashline H_z&0\end{array}\right]\left[\begin{array}{ccccccc:ccccccc}&&&&&&&1&0&0&1&1&1&0\\&&&0&&&&0&1&0&0&1&1&1\\&&&&&&&0&0&1&1&1&0&1\\\hdashline1&0&0&1&1&1&0&&&&&&&\\0&1&0&0&1&1&1&&&&0&&&\\0&0&1&1&1&0&1&&&&&&&\end{array}\right]\tag{12.5.4}$$

其中，H_x 的每一行都有形式 $(0|\beta)$；H_z 中每一行都有形式 $(\alpha|0)$。7-位 CSS 码是一般稳定子码的一个特例，可以**定义稳定子生成元矩阵具有式(12.5.4)形式的量子纠错码为 CSS 码**。

针对 7-位 CSS 码的生成元矩阵(12.5.4)，首先交换第五、六两个量子位的顺序，然后对 H_z 部分进行初等变换也可将其化成以下标准形式：

$$\left[\begin{array}{ccc:ccc:c:ccccccc}&&&&&&&1&0&0&1&1&1&0\\&&&0&&&&0&1&0&0&1&1&1\\&&&&&&&0&0&1&1&0&1&1\\\hdashline1&1&0&1&0&0&1&&&&&&&\\1&0&1&0&1&0&1&&&&0&&&\\1&1&1&0&0&1&0&&&&&&&\end{array}\right]\tag{12.5.5}$$

与稳定子生成元矩阵标准形式(12.4.2)比较可以看出

$$r=3,\quad K=1,\quad n-K-r=3,\quad E=[110]^{\mathrm{T}}$$
$$C_1=[0]_{3\times 3},\quad C_2=[000]^{\mathrm{T}},\quad A_2=[011]^{\mathrm{T}}$$

利用这里的结果,由式(12.4.9)可得

$$V_2=E^{\mathrm{T}}=(110),U_1=E^{\mathrm{T}}C_1^{\mathrm{T}}+C_2^{\mathrm{T}}=[000]$$

根据式(12.4.8)可得逻辑 $\overline{X}$ 算子为

$$\overline{X}=(U_1 00 \mid 0V_2 I)=(0000000 \mid 0001101)$$

即

$$\overline{X}=(IIIXXIX) \tag{12.5.6}$$

由式(12.4.15)求得逻辑 $\overline{Z}$ 算子为

$$\overline{Z}=(A_2^{\mathrm{T}}0I \mid 000)=(0110001 \mid 0000000)$$

即

$$\overline{Z}=(IZZIIIZ) \tag{12.5.7}$$

容易验证$[\overline{X},\overline{Z}]_+=0$,即这两个算子满足辛内积

$$\alpha'\cdot\beta\oplus\alpha\cdot\beta'=1$$

条件。

12.5.2　7-位 CSS 码空间

容易验证$[H]_{7,4}$[式(11.4.9)]中的三个行矢量作为量子态

$$\begin{cases}|\psi_1\rangle=|1001110\rangle\\|\psi_2\rangle=|0100111\rangle\\|\psi_3\rangle=|0011101\rangle\end{cases}$$

都是 M_1',M_2'和 M_3'本征值+1 的共同本征态

$$M_j'|\psi_i\rangle=|\psi_i\rangle \tag{12.5.8}$$

以这三个行矢量为基矢量张起的矢量空间是 M_1',M_2'和 M_3'本征值+1 的共同本征空间。注意到 $HZH=X$,所以

$$M_i=HM_i'H,\quad i=1,2,3 \tag{12.5.9}$$

因此,由$|\psi_i'\rangle=H|\psi_i\rangle(i=1,2,3)$得

$$H^{(\otimes 7)}M_i'H^{(\otimes 7)}H^{(\otimes 7)}|\psi_i\rangle=H^{(\otimes 7)}|\psi_i\rangle$$

利用式(12.5.9)可得

$$M_iH^{(\otimes 7)}|\psi_i\rangle=H^{(\otimes 7)}|\psi_i\rangle \tag{12.5.10}$$

这表明$|\psi_i'\rangle=H|\psi_i\rangle(i=1,2,3)$作为基矢张成空间同时还是$M_1$,$M_2$和$M_3$的本征值+1的共同本征空间。

12.5.3　7-位 CSS 码的逻辑操作

式(12.5.6)和式(12.5.7)给出的逻辑操作算子可以写为(交换第五、六两个量子位)

$$\begin{cases}\bar{X}=IIXXIX\\ \bar{Z}=IZZIIIZ\end{cases}\tag{12.5.11}$$

容易验证$\bar{Z}$和$M_1=XIIXXXI$,$M_2=IXIIXXX$,$M_3=IIXXXIX$都对易,$\{M_i',i=1,2,3\}$都是Z和单位算子的直积,自然也和$\bar{Z}$对易。由式(11.4.1)和式(11.4.2)(注意那里是没有交换第五、六两个量子位)可得

$$|\bar{0}\rangle=\frac{1}{2^{3/2}}(|0000000\rangle+|0011011\rangle+|0100111\rangle+|0111100\rangle+|1001110\rangle+|1010101\rangle+|1101001\rangle+|1110010\rangle)\tag{12.5.12}$$

$$|\bar{1}\rangle=\frac{1}{2^{3/2}}(|1111111\rangle+|1100100\rangle+|1011000\rangle+|1000011\rangle+|0110001\rangle+|0101010\rangle+|0010110\rangle+|0001101\rangle)\tag{12.5.13}$$

容易验证

$$\begin{cases}\bar{Z}|\bar{0}\rangle=|\bar{0}\rangle\\ \bar{Z}|\bar{1}\rangle=-|\bar{1}\rangle\end{cases}\tag{12.5.14}$$

$\bar{Z}$就是作用到逻辑态上的Z算子。由于$\bar{X}$对编码态的作用为

$$\begin{cases}\bar{X}|\bar{0}\rangle=|\bar{1}\rangle\\ \bar{X}|\bar{1}\rangle=|\bar{0}\rangle\end{cases}\tag{12.5.15}$$

所以$\bar{X}$就是作用到编码态的逻辑非算子。

12.5.4　7-位 CSS 码的编码线路

7-位 CSS 码使用七个物理量子位,编码一个逻辑量子位。作为稳定子码,稳定子生成元可由生成元标准矩阵式(12.5.5)给出

$$\begin{cases}M_1=XIIXXXI, & M_1'=ZZIZIIZ\\ M_2=IXIIXXX, & M_2'=ZIZIZIZ\\ M_3=IIXXIXX, & M_3'=ZZZIIZI\end{cases}\tag{12.5.16}$$

注意$M_i'(i=1,2,3)$与式(12.5.3)稍有不同。其中一个逻辑位的逻辑算子是式(12.5.11)中的$\bar{X}=IIXXIX$,$\bar{Z}=IZZIIIZ$。编码线路需要执行的编码操作就是式(12.4.19)

$$|\bar{\alpha}\rangle=(I+M_{n-K})(I+M_{n-K-1})\mathrm{L}\,(I+M_1)(a+b\bar{X})|00\mathrm{L}\,0\rangle\tag{12.5.17}$$

为了执行式(15.5.17)中的编码操作，将稳定子生成元式(12.5.16)代入得

$$|\bar{\alpha}\rangle=(I+M_3')(I+M_2')(I+M_1')(I+M_3)(I+M_2)(I+M_1)(a+b\overline{X})|00\cdots0\rangle \tag{12.5.18}$$

由于各个 M_i，$M_i'(i=1,2,3)$ 互相对易，并且都和 $\overline{X}$ 对易，所以上式各算子因子次序无关紧要。注意到各个 $M_i'(i=1,2,3)$ 仅由 I 和 Z 算子组成，它们对 $|0\rangle$ 态的作用是平凡的，因子 $(I+M_3')(I+M_2')(I+M_1')$ 子可以略去。考虑 $(I+M_3)(I+M_2)(I+M_1)$ 的作用，由于各 M_i 都是分别作用到各个量子位上的单位算子和 X 算子的张量积，且

$$\begin{cases}(I_i+X_i)|0\rangle_i\sim(|0\rangle_i+|1\rangle_i)\sim H|0\rangle_i\\(I_i+X_i)|1\rangle_i\sim(|0\rangle_i+|1\rangle_i)\sim H|0\rangle_i\end{cases}$$

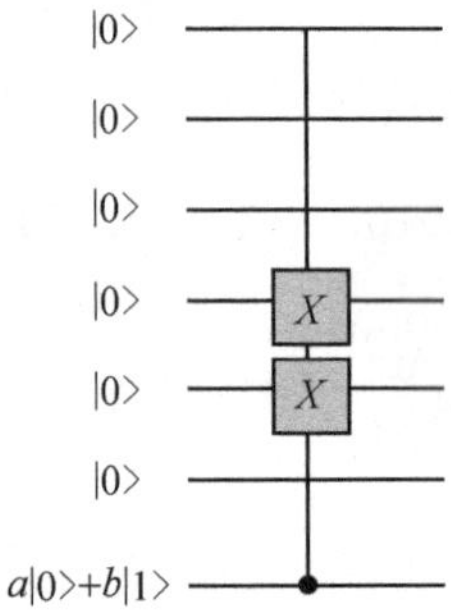

图 12.5.1

所以 $(I+M_3)(I+M_2)(I+M_1)$ 的作用可以在每个 M_i 中出现 X 的位上用 H 作用实现。

最后考虑 $(a+b\overline{X})|0000000\rangle$ 的作用。注意到

$$\begin{aligned}(a+b)\overline{X})|0000000\rangle&=(a+bIIIXXIX)|0000000\rangle\\&=a|0000000\rangle+b|0001101\rangle\end{aligned} \tag{12.5.19}$$

这可以通过图 12.5.1 所示的线路完成。图中初始态

$$|0000000\rangle\otimes(a|0\rangle+b|1\rangle)=a|0000000\rangle+b|0000001\rangle$$

经图中所示的门操作作用后有

$$\begin{aligned}&a|0000000\rangle+b|0000001\rangle\\\rightarrow&a|0000000\rangle+b|0001101\rangle\end{aligned}$$

正好实现式(12.5.19)中的操作。

最后，7-位 CSS 稳定子量子纠错码，编码单个逻辑量子位态 $|\alpha\rangle=a|0\rangle+b|1\rangle$ 为 $|\bar{\alpha}\rangle=a|\bar{0}\rangle+b|\bar{1}\rangle$ 的编码线路，可以由图 12.5.2 给出。

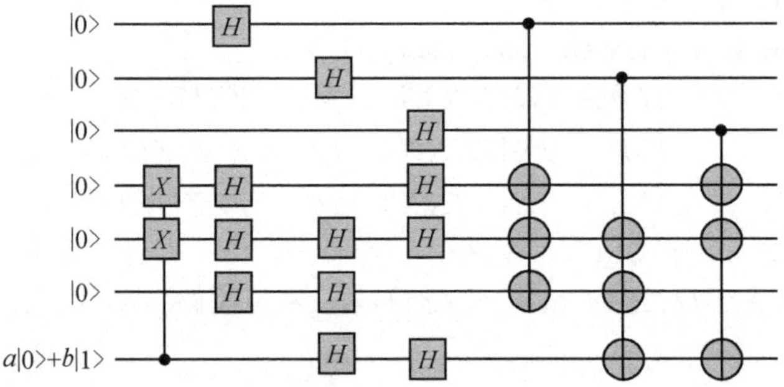

图 12.5.2

其中一个量子位连续施加的两个 H 门操作可以去掉。最后的三列控制非操作是根据稳定子生成元中这些位的相关性，产生纠码字需要的纠缠态。

12.6　5-位稳定子码

量子纠错码为了诊断出不同的错误并予以纠正，要求不同的出错态应落入不同的出错子空间中，不同的出错子空间要互相正交。由于每个物理量子位可以发生三种类型的错误，对于每个编码基态，除去 1 维空间容纳这个编码态外，还需要 $3n$ 维空间区分不同的出错态，即共需要 $3n+1$ 维空间。若要编码 K 个逻辑量子位信息，则需要 2^K 个互相独立的码字。这样要把 K 个逻辑量子位的信息编码在 n 个物理量子位系统中，这时所需要的 Hilbert 空间维数必须满足以下不等式：

$$2^K(3n+1) \leqslant 2^n \tag{12.6.1}$$

使式(12.6.1)取等号的量子码称为**完备码**，7-位 CSS 码使用七个物理量子位编码一个逻辑量子位的信息，显然满足式(12.6.1)。容易看出，当 $K=1$ 时，$n=5$ 是满足这个不等式的最小值，并且使等号成立，所以用五个物理量子位编码一个逻辑量子位的稳定子码是最小的完备码(可以验证 $K=15$，$n=21$ 也是完备码)。

12.6.1　5-位码的稳定子

编码一个逻辑量子位($K=1$)的 5-位稳定子码的稳定子[5~7] S 有 $n-K=$ 四个生成元，这些生成元可以选择为

$$\begin{cases} M_1 = XZZXI \\ M_2 = IXZZX \\ M_3 = XIXZZ \\ M_4 = ZXIXZ \end{cases} \tag{12.6.2}$$

其中，M_2，M_3 和 M_4 是由 M_1 通过量子位循环置换得到的(通过循环置换还可得到算子 $M_5=ZZXIX$，但是它和前面四个算子不独立，容易验证 $M_5=M_1M_2M_3M_4$)。由于稳定子生成元的循环置换是另一个生成元，因此这个码是个**循环码**(cyclic codes)——一个码字的各个量子位的循环置换仍然是个码字。

采用双矢量记法，式(12.6.2)中的稳定子生成元可表示为

$$\widetilde{H} = \left[\begin{array}{ccccc|ccccc} 0 & 1 & 1 & 0 & 0 & 1 & 0 & 0 & 1 & 0 \\ 0 & 0 & 1 & 1 & 0 & 0 & 1 & 0 & 0 & 1 \\ 0 & 0 & 0 & 1 & 1 & 1 & 0 & 1 & 0 & 0 \\ 1 & 0 & 0 & 0 & 1 & 0 & 1 & 0 & 1 & 0 \end{array}\right] \tag{12.6.3}$$

由于其中每个 M_i 都不含 Y 算子，在双矢量表示中，X，Z 都不会在同一位上出现，

因此 M_i 对应的双矢量

$$\alpha \cdot \beta = 0$$

由式(12.3.10)知 $M_i^2 = I$。另外,对于每一对生成元$(\alpha|\beta)$和$(\alpha'|\beta')$,容易验证

$$\alpha' \cdot \beta \oplus \alpha \cdot \beta' = 0$$

由式(12.3.12)可知任意两个生成元都互相对易。

容易求出这个码稳定子的全部元素。除去恒等元以及式(12.6.2)中的四个元素,任取$\{M_1, M_2, M_3, M_4\}$中两个乘积可得到六个新元素

$$\begin{matrix} -XYIYX & -IZYYZ & -YYZIZ \\ -XXYIY & -ZIZYY & -YXXYI \end{matrix} \tag{12.6.4}$$

任取$\{M_1, M_2, M_3, M_4\}$中三个乘积又可得到四个元素

$$-IYXXY \quad -YZIZY \quad -YIYXX \quad -ZYYZI \tag{12.6.5}$$

最后取$\{M_1, M_2, M_3, M_4\}$中全部四个元素的乘积可得到

$$ZZIXX \tag{12.6.6}$$

这样就得到了编码 $K=1$ 个逻辑量子位的五位稳定子码稳定子的全部 $2^{(n-K)} = 2^4$ 个元素。

由该稳定子码的循环性质可以看出,其稳定子除单位元之外,所有元素重量都是 4。

12.6.2 5-位稳定子码的生成元矩阵的标准形式

由于稳定子码生成元的选择具有一定的任意性,因此可以从稳定子集合中另取四个元素作为生成元,使生成矩阵具有标准形式。例如,取

$$\begin{cases} M_1' = -YZIZY, & M_2' = IXZZX \\ M_3' = ZZXIX, & M_4' = -ZIZYY \end{cases} \tag{12.6.7}$$

作为生成元组,容易验证由它们生成的集合 S' 等同于由式(12.6.2)中的生成元生成的集合 S。这些新生成元的双矢量表示矩阵具有如下标准形式

$$\left[\begin{array}{ccccc|ccccc} 1 & 1 & 0 & 1 & 1 & 1 & 0 & 0 & 0 & 1 \\ 0 & 0 & 1 & 1 & 0 & 0 & 1 & 0 & 0 & 1 \\ 1 & 1 & 0 & 0 & 0 & 0 & 0 & 1 & 0 & 1 \\ 1 & 0 & 1 & 1 & 1 & 0 & 0 & 0 & 1 & 1 \end{array}\right] \tag{12.6.8}$$

一般稳定子码生成元矩阵的标准形式式(12.4.2)为

$$\begin{array}{c|cccccc} & r & n-K-r & K & r & n-K-r & K \\ \hline r & B & C_1 & C_2 & I & A_1 & A_2 \\ n-K-r & D & I & E & 0 & 0 & 0 \end{array}$$

对于 5-位稳定子码，$r=4$，$K=1$，$n-K-r=0$，整个第二行以及第一行中的 C_1、A_1 均不存在。其生成矩阵的标准形式化为

$$\begin{array}{c|cccc} & r & K & r & K \\ \hline r & (B & C_2 & I & A_2) \end{array}$$

将其和式(12.6.8)比较，可以得到 $C_2=(1001)^{\mathrm{T}}$，$A_2=(1111)^{\mathrm{T}}$。由式(12.4.8)、式(12.4.9)和式(12.4.15)，可得这个稳定子码的逻辑算子为

$$\begin{cases}\overline{X}=(U_1 0 \mid 0000I)=(C_2^{\mathrm{T}} 0 \mid 00001)=(10010 \mid 00001) \\ \overline{Z}=(A_2^{\mathrm{T}} I \mid 00000)=(11111 \mid 00000)\end{cases} \tag{12.6.9}$$

其中，$\overline{X}=ZIIZX$（$\overline{X}$ 可以乘以 $YXXYI\in S$ 化成 XXXXX）。因此，编码态（逻辑态）的 Z 算子和逻辑非算子分别为

$$\begin{aligned}\overline{Z}&=ZZZZZ \\ \overline{X}&=ZIIZX\end{aligned} \tag{12.6.10}$$

这两个算子平方都是单位算子，并且都和稳定子 S 中的元素对易，但 $\overline{Z}$ 和 $\overline{X}$ 反对易。$\overline{Z}$ 和 $\overline{X}$ 本身并不在 S 中，实际上 $\overline{Z}$ 和 $\overline{X}$ 以及 $\{M_1',M_2',M_3',M_4'\}$ 共同构成 S 在 G_5 群中的正规子 $N(S|G_n)$ 的一组生成元。

12.6.3　5-位稳定子码的码字和编码线路

利用 5-位稳定子码编码一个逻辑量子位时，$K=1$，码空间是 2 维的，两个逻辑态可以用下述方式构造。记 $\overline{Z}$ 本征值为 $+1$ 的逻辑态为 $|\overline{0}\rangle$，根据式(12.4.16)，态 $|\overline{0}\rangle$ 可以用式(12.6.2)、式(12.6.4)、式(12.6.5)和式(12.6.6)中稳定子所有元素之和作用到态 $|00000\rangle$ 得到

$$\begin{aligned}|\overline{0}\rangle&=\sum_{M\in S}M\,|00000\rangle \\ &=|00000\rangle+|10010\rangle+|01001\rangle+|10100\rangle \\ &\quad+|01010\rangle-|11011\rangle-|00110\rangle-|11000\rangle \\ &\quad-|11101\rangle-|00011\rangle-|11110\rangle-|01111\rangle \\ &\quad-|10001\rangle-|10111\rangle-|01100\rangle+|00101\rangle\end{aligned} \tag{12.6.11}$$

$\overline{Z}$ 本征值为 -1 的逻辑态 $|\overline{1}\rangle$ 可以用 $\overline{X}=ZIIZX$ 作用到 $|\overline{0}\rangle$ 上得出

$$\begin{aligned}|\overline{1}\rangle&=\overline{X}\,|\overline{0}\rangle=ZIIZX\,|\overline{0}\rangle \\ &=|00001\rangle+|10011\rangle+|01000\rangle-|10101\rangle \\ &\quad-|01011\rangle-|11010\rangle+|00111\rangle+|11001\rangle \\ &\quad+|11100\rangle+|00010\rangle-|11111\rangle+|01110\rangle \\ &\quad+|10000\rangle-|10110\rangle-|01101\rangle+|00100\rangle\end{aligned} \tag{12.6.12}$$

一个逻辑量子位的任意态$|\psi\rangle=\alpha|0\rangle+\beta|1\rangle$,用5-位稳定子码可将其编码为

$$|\bar{\psi}\rangle=\alpha|\bar{0}\rangle+\beta|\bar{1}\rangle=(\alpha+\beta\bar{X})(\sum_{M\in S}M|00\cdots0\rangle)$$
$$=(\alpha+\beta\bar{X})(1+M'_4)(1+M'_3)(1+M'_2)(1+M'_1)|00\cdots0\rangle \tag{12.6.13}$$

注意到$\bar{X}$和所有的$M'_i\in S$对易,式(12.6.13)可以写成式(12.4.19)的形式,即

$$|\bar{\psi}\rangle=(1+M'_4)(1+M'_3)(1+M'_2)(1+M'_1)(\alpha+\beta ZIIZX)|00\cdots0\rangle \tag{12.6.14}$$

实现上述编码操作的线路已绘于图12.6.1中。其中,步骤(1)是制备五个物理量子位的初态$|0000\rangle(\alpha|0\rangle+\beta|1\rangle)$,步骤(2)是执行以下操作

$$(\alpha+\beta ZIIZX)|00\cdots0\rangle=\alpha|00\cdots0\rangle+\beta|00\cdots1\rangle$$

可把第五位作为控制位,第一、四两位作为靶位,执行控制Z门操作完成。其中,Z对$|0\rangle$的作用是平凡的,实际上这一步可以略去。后面各步是执行各个$(1+M'_i)$操作。注意到,前$r(=4)$个生成元X部分的标准形式为$r\times r$单位矩阵,特别的第一个生成元第一位,第四个生成元的第四位都是$-Y$,注意到

$$\frac{1}{\sqrt{2}}(I-Y)=\frac{1}{\sqrt{2}}\begin{bmatrix}1 & -1\\1 & 1\end{bmatrix}=\frac{1}{\sqrt{2}}\begin{bmatrix}1 & 1\\1 & -1\end{bmatrix}\begin{bmatrix}1 & 0\\0 & -1\end{bmatrix}=HZ \tag{12.6.15}$$

而第二个生成元的第二位、第三个生成元的第三位均为X算子,注意到

$$\frac{1}{\sqrt{2}}(1+X)|0\rangle=\frac{1}{\sqrt{2}}(|0\rangle+|1\rangle)=H|0\rangle \tag{12.6.16}$$

在相差因子$1/\sqrt{2}$范围内,$(I+M'_i)$各自对第i位的作用均可用H门操作代替,这就是图12.6.1中的步骤(4)。步骤(3)是考虑到第一、四位在H门之前所以要加上Z操作(由于这里都作用在态$|0\rangle$上,这一步实际上可以略去)。

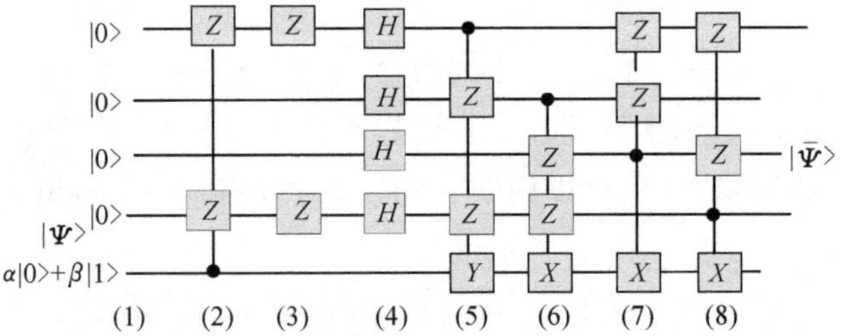

图 12.6.1

步骤(5)~(8)分别是执行各个M'_i对除第i位之外其他物理量子位的作用。

由于必须保持第 i 位不变，所以这些步骤可以利用将第 i 位作为控制位，其他作为靶位的两位控制门实现。特别值得关注的是第五个物理量子位，生成元的这一位出现的有 X 算子，也有 Y 算子，在执行 M_i'时，需要对这一位执行第 i 位为控制位的控制 X 或控制 Y 操作。图 12.6.1 是严格按照上面分析画出的，很明显，同一量子位上连续两个 Z 作用可以略去($Z^2=I$)。

执行编码线路图 12.6.1，最后得到的编码态为

$$\begin{aligned}|\bar{\psi}\rangle=\alpha[(&|00000\rangle+|00011\rangle+|00101\rangle+|00110\rangle\\&+|01001\rangle+|01010\rangle+|01100\rangle+|01111\rangle\\&+|10001\rangle-|10010\rangle-|10100\rangle+|10111\rangle\\&-|11000\rangle+|11011\rangle+|11101\rangle-|11110\rangle)]\\&+\beta[(|00001\rangle-|00010\rangle+|00100\rangle-|00111\rangle\\&+|01000\rangle-|01011\rangle+|01101\rangle-|01110\rangle\\&-|10000\rangle-|10011\rangle+|10101\rangle+|10110\rangle\\&+|11001\rangle+|11010\rangle-|11100\rangle-|11111\rangle)]\end{aligned} \tag{12.6.17}$$

与式(12.6.11)和式(12.6.12)中给出的编码态比较可以看出，尽管这里使用了不同的稳定子生成元，但得到的编码态不变。

12.6.4　5-位稳定子码的指错子

5-位稳定子码指错子可由式(12.3.14)给出

$$f_{M_i}(E_a)=\alpha_i\cdot\beta_a\oplus\beta_i\cdot\alpha_a \tag{12.6.18}$$

下面以 5-位稳定子码为例，详细解释它的含义。使用 5-位稳定子码稳定子双矢量表示式(12.6.3)，如果码字第 j 个物理量子位发生位反转错，那么 X 将出现在出错算子 E_a 的第 j 位上。如果稳定子生成元 M_i 第 j 位上是 I 或 X，那么 M_i 和 E_a 对易，而和第 j 位上是 Z 的生成元反对易。于是出错算子 E_a 的发生将改变第 j 位上有 Z 算子的生成元 M_i 的本征值。由于稳定子生成元双矢量表示式(12.6.3)左半部给出了各个 M_i 中 Z 算子出现的位编号 j，因此测量各个 M_i 的本征值，并将测量结果和式(12.6.3)左半部对照就可得出哪一位出错。例如，测量 M_1，M_2，M_3，M_4，若结果为 $M_1=M_2=M_3=1$，而 $M_4=-1$，就可断定第一个物理量子位发生了位反转错；若测得 $M_1=M_2=-1$，而 $M_3=M_4=1$，则可断定第三位发生位反转错等。

通过类似的分析可以看出，式(12.6.3)右半部给出了相位错的指错子。由于 Z 和作用在同一位上的 X 反对易，若某一位发生相位错，将改变作用到这一位上 X 算子的本征值，而式(12.6.3)右半部给出了各个 M_i 中 X 算子作用的物理量子位序号。例如，若测得 $M_1=M_2=M_4=1$，而 $M_3=-1$，则可断定第三个物理量子

位发生相位错。

若某一位发生 Y 错,由于 Y,X 和 Z 都反对易,发生 Y 错将同时改变 X、Z 算子本征值,通过求和式(12.6.8)左右两部分的第 i 列,可得到 Y_i 的指错子(见表 12.6.1)。

表 12.6.1

	Y_1	Y_2	Y_3	Y_4	Y_5
M_1'	0	1	0	1	0
M_2'	0	1	1	1	1
M_3'	1	1	1	0	1
M_4'	1	0	1	0	0

观察表 12.6.2 和式(12.6.8)可以看出,分别表示 Y 错、Z 错和 X 错指错子的十五个列全都不相同,表明对应每一个一位错的出错态,存在唯一的一个指错子。这表明上面讨论的五位稳定子码是纠单错的非简并码。

参考文献

[1] Gottesman D. Stabilizer codes and quantum error correction(Ph D Dissertation). California: California Institute of Technology,1997.

[2] Preskill J. Fault-tolerant quantum computation. arXiv:quant-ph/971208,1997.

[3] Gottesman D. Class of quantum error-correcting codes saturating the quantum Hamming bound. Physical Review A,1996,54:1862—1868.

[4] Calderbank A R,Rains E M,Shor P W,et al. Quantum error correction and orthogonal geometry. Physical Review Letters,1997,78:405—408.

[5] Laflamme R,Miquel C,Paz J P,et al. Perfect quantum error correction code. Physical Review Letters,1996,77:198—201.

[6] Gottesman D. Pasting quantum codes. arXiv:quant-ph/9607027,1996.

[7] Calderbank A R,Rains E M,Shor P W,et al. Quantum error correction via codes over GF(4). arXiv:quant-ph/9608006,1996.

[8] Cleve R,Gottesman D. Efficient computations of encodings for quantum error correction. Physical Review A,1997,56:76—82.

第 13 章　无消相干子空间和无消相干子系统

任何量子系统和环境都存在不可避免的相互作用，这种相互作用将导致编码在系统量子态上的信息流失到不能控制的环境中，造成编码系统的消相干，从而导致计算出错，量子纠错技术是实际应用量子计算机最基本的技术。前面关于量子纠错码的讨论就是建立在这样的基本假设上，即每个量子位**独立地**和它自己的环境相互作用。在这种情况下，量子纠错码定义为量子位系统态空间的一个子空间，当编码在这个子空间中的数据态（编码态）少数物理量子位出错时，可以借助于频繁地检错、纠错操作高忠实度地恢复。这种处理方法存在一个明显的不足，即如果环境不可能对计算机中的各个量子位做出区分，而是以集体的方式和各个量子位作用，就会产生**集体消相干**（collective decoherence）情况。应当如何保护编码态不消相干是需要考虑的问题。

考虑到集体消相干情况，可以产生**无消相干子空间**（decoherence free subspace，DFS）[1~4] 和**无消相干子系统**（noiseless subsystem，NS）[5~9] 的概念（有时不加区分把这两者都称为 NS）。它针对系统-环境相互耦合的特殊对称性，在系统的 Hilbert 空间中找出一个“寂静的角落”——从而使编码在系统这个子空间（子系统）上的信息，相对这种特定形式的系统-环境相互作用是无消相干的。如果在量子计算机的某一个物理实现中，起主要作用的消相干机制就是这种形式的相互作用，那么 NS 就是一种非常有效的保护编码信息不受消相干影响的方法。

为了在量子计算机的一个具体物理实现中找到 NS，必须对这一实现中可能导致出错的量子计算机系统-环境相互作用做对称性分析。前面在系统-环境独立相互作用假设基础上，发展了以群论为基础的稳定子码理论，通过主动地检错和纠错克服消相干，文献中称为**主动量子纠错**（active quantum error correction，AQEC）。在研究集体出错时，发展的另一种克服消相干的方法是使用无消相干子空间或无消相干子系统编码的**被动量子纠错**（passive quantum error correction，PQEC）。2005 年，Kribs 等[10,11] 在分析相互作用算子的代数结构的基础上，给出这两种纠错编码方法统一的解释，发展了统一的所谓**算子量子纠错**（operator quantum error correction）方法，把研究量子纠错从关注 Hilbert 空间中的子空间、子系统转移到关注作用在系统 Hilbert 空间的算子上，期望建立起能够战胜起源于不同物理根源的更强大的纠错技术。本章将介绍这些理论研究。

13.1 无消相干子空间概念、存在无消相干子空间的 Hamilton 算子条件

根据量子力学基本原理,孤立系统(和外界不存在相互作用的系统)的时间演化是幺正的,系统中的编码态不存在消相干。系统和环境的相互作用是引起编码在系统中的态蜕化的根本原因。所以要战胜消相干,必须研究具体的量子系统和环境的相互作用。

假设这里关心的量子系统为 S,它是有限 n 维 Hilbert 空间,和系统相互作用的环境记为 E。对系统和环境的相互作用可以采取 Hamilton 算子描述、半群主方程描述和相互作用算子代数描述等几种不同方法。不同的描述方法给出的系统存在无消相干子空间条件形式不同。下面几节首先讨论无消相干子空间的概念,然后对系统-环境采用不同的描述方法,导出系统存在无消相干子空间的具体条件。

13.1.1 无消相干子空间概念

设系统 S 和环境 E 构成的复合系统的 Hamilton 量可以写成[1~3]

$$\hat{H} = \hat{H}_S \otimes I_E + I_S \otimes \hat{H}_E + \hat{H}_I \tag{13.1.1}$$

其中,$\hat{H}_S$,$\hat{H}_E$ 分别是系统、环境的 Hamilton 量;I_S,I_E 分别是作用在系统和环境 Hilbert 空间上的单位算子;$\hat{H}_I$ 是系统-环境相互作用的 Hamilton 量。系统和环境相互作用通常可以写成分别作用在系统和环境上算子乘积的和[见式(4.6.32)]

$$\hat{H}_I = \sum_\alpha \hat{F}_\alpha \otimes \hat{B}_\alpha \tag{13.1.2}$$

其中,$\hat{F}_\alpha$,$\hat{B}_\alpha$ 分别是作用在系统和环境 Hilbert 空间上的线性、有界算子(附录 A1)。当 $\hat{H}_I=0$ 时,系统和环境不存在耦合,系统和环境各自作为一个孤立系统幺正演化,编码在系统态上的信息不会消相干。但当 $\hat{H}_I\neq 0$ 时,编码在系统态上的信息将通过系统-环境的耦合,随着系统态在时间中的演化而散布到环境中,这就是所说的**消相干**(coherence)过程。其中,环境通过$\{\hat{F}_\alpha\}$作用在系统上,是引起系统中编码态消相干的动力学原因,所以有时称$\{\hat{F}_\alpha\}$为**出错算子**(error operator)。

设初始时刻 $t=0$,系统初始态 $\rho_S(0)$和环境初始态 $\rho_E(0)$无耦合,此时系统-环境初始态 $\rho(0)$就是二者的直积

$$\rho(0) = \rho_S(0) \otimes \rho_E(0)$$

由于系统-环境总是构成一个封闭系统,因此封闭系统的时间演化是幺正的,t 时刻这个闭合系统态为

$$\rho(t) = U\rho(0)U^\dagger = U\rho_S(0) \otimes \rho_E(0)U^\dagger \tag{13.1.3}$$

其中,时间演化算子 $U(t)$ 为

$$U(t) = e^{-i\hat{H}t/\hbar} \tag{13.1.4}$$

这里的 $\hat{H}$ 就是式(13.1.1)中的 Hamilton 算子,其中包括系统-环境的相互作用 $\hat{H}_I$。一般情况下,对于系统初态 $\rho_S(0)\in\mathscr{H}_S$,时间演化态为

$$\rho_S(t) = \mathrm{Tr}^{(E)}[U\rho_S(0)\otimes\rho_E(0)U^\dagger] \tag{13.1.5}$$

将不会幺正演化,某些信息将会散布到子环境中去,造成态 $\rho_S(0)$ 消相干。

但是,若 $\mathscr{H}'_S$ 是系统 Hilbert 空间 $\mathscr{H}_S$ 的一个子空间,即 $\mathscr{H}'_S\subset\mathscr{H}_S$,则编码态 $\rho'_S(0)\in\mathscr{H}'_S$ 在 $t=0$ 时刻和环境以及 $\mathscr{H}_S$ 子空间 $\mathscr{H}_S-\mathscr{H}'_S$ 中的态都无耦合,在系统 Hamilton 量以及系统-环境相互作用 Hamilton 量满足一定条件下,态 $\rho'_S(0)\in\mathscr{H}'_S$ 仍可以保持幺正演化,编码(存储)在子空间 $\mathscr{H}'_S$ 上的信息不会丢失。在这种情况下,称 $\mathscr{H}'_S$ 中的态是**无消相干的**(decoherence-free),并称 $\mathscr{H}'_S$ 为 $\mathscr{H}_S$ 在给定的系统-环境相互作用下的**无消相干子空间**。

现在的问题是在什么样的系统 Hamilton 量和什么样的系统-环境作用情况下,系统才存在无消相干子空间,下面的定理就来回答这些问题。

13.1.2 存在无消相干子空间条件的 Hamilton 算子描述

设子空间 $\mathscr{H}'_S\subset\mathscr{H}_S$ 的基矢为 $\{|\tilde{i}\rangle\}$,$\mathscr{H}'_S$ 为无消相干子空间的条件是[8,12]:

(1) 对系统-环境相互作用中的任意算子 $\hat{F}_\alpha$ 和态 $|\tilde{i}\rangle\in\mathscr{H}'_S$,都有

$$\hat{F}_\alpha \mid \tilde{i}\rangle = c_\alpha \mid \tilde{i}\rangle, \quad \forall\alpha \tag{13.1.6}$$

其中,c_α 是常数,即 $\mathscr{H}'_S$ 是所有 $\hat{F}_\alpha$ 的共同本征空间。

(2) 系统 Hamilton 量 $\hat{H}_S$ 不会把子空间 $\mathscr{H}'_S$ 内的态和子空间外的态耦合起来,即对任意 $|\tilde{i}\rangle\in\mathscr{H}'_S$ 和 $|j\rangle\in(\mathscr{H}_S-\mathscr{H}'_S)$,都有

$$\langle j \mid \hat{H}_S \mid \tilde{i}\rangle = 0 \tag{13.1.7}$$

这时 $\mathscr{H}'_S\subset\mathscr{H}_S$ 是给定相互作用下的无消相干子空间。即对初始非耦合态 $\rho'_S(0)\in\mathscr{H}'_S$,有

$$\rho'_S(t) = \mathrm{Tr}^{(B)}[\rho_{SB}(t)] = U_S\rho'_S(0)U_S^\dagger \tag{13.1.8}$$

其中,B 表示环境。

下面证明式(13.1.6)、式(13.1.7)和初始非耦合条件的确保证了 $\mathscr{H}'_S$ 中的态幺正演化。

证明 注意到利用条件(1)中式(13.1.6),对于 $|\tilde{i}\rangle\in\mathscr{H}'_S$,有

$$\hat{H}_I \mid \tilde{i}\rangle = \sum_\alpha \hat{F}_\alpha\otimes\hat{B}_\alpha \mid \tilde{i}\rangle = \sum_\alpha c_\alpha\hat{B}_\alpha \mid \tilde{i}\rangle, \quad \forall\alpha$$

所以系统 Hamilton 量中,算子 $I_S\otimes\hat{H}_E+\hat{H}_I$ 对子空间 $\mathscr{H}'_S$ 的作用可以写作

$$\hat{I}_S \otimes \hat{H}_E + \sum_\alpha \hat{F}_\alpha \otimes \hat{B}_\alpha \equiv \hat{I}_S \otimes \hat{H}_C \tag{13.1.9}$$

其中,$\hat{H}_C = \hat{H}_E + \sum_\alpha c_\alpha \hat{B}_\alpha$ 是单独作用到环境 B 上的算子,$\hat{H}_C$ 显然和 $\hat{H}_S$ 对易。于是复合系统 Hamilton 算子 $\hat{H}$ 对 $\mathscr{H}_S'$子空间的作用等价于

$$\hat{H} = \hat{H}_S \otimes I_E + I_S \otimes \hat{H}_C$$

相对子空间 $\mathscr{H}_S'$,复合系统演化算子式(13.1.4)可以写作

$$U = \mathrm{e}^{-\frac{\mathrm{i}}{\hbar}\hat{H}t} = \mathrm{e}^{-\frac{\mathrm{i}}{\hbar}\hat{H}_s t} \cdot \mathrm{e}^{-\frac{\mathrm{i}}{\hbar}\hat{H}_C t} \equiv U_S \cdot U_E \tag{13.1.10}$$

其中,$U_S = \mathrm{e}^{-\frac{\mathrm{i}}{\hbar}\hat{H}_S t}$,$U_E = \mathrm{e}^{-\frac{\mathrm{i}}{\hbar}\hat{H}_C t}$分别是空间 $\mathscr{H}_S$ 及环境态时间演化算子。

如果初始态取为子系统 $\mathscr{H}_S'$和环境及子系统($\mathscr{H}_S - \mathscr{H}_S'$)非耦合形式

$$\rho_S'(0) = \sum_{i,j} \rho_{ij}^S \mid \tilde{i}\rangle\langle\tilde{j}\mid, \quad \rho_E'(0) = \sum_{\mu,\nu} \rho_{\mu\nu}^E \mid \mu\rangle\langle\nu\mid$$

则系统-环境闭合系统的时间演化可由式(13.1.10)得到,即

$$\begin{aligned}\rho_{SE}(t) &= U[\rho_S(0) \otimes \rho_E(0)]U^\dagger \\ &= \sum_{i,j} \rho_{ij}^S U_S(\mid \tilde{i}\rangle\langle\tilde{j}\mid)U_S^\dagger \otimes \sum_{\mu,\nu} \rho_{\mu\nu}^E U_E \mid \mu\rangle\langle\nu\mid U_E^\dagger\end{aligned}$$

对环境求迹得 $\rho_S'(0)$的时间演化态为

$$\rho_S'(t) = \mathrm{Tr}^{(E)}[\rho_{SE}(t)] = U_S \rho_S'(0) U_S^\dagger \tag{13.1.11}$$

这表明在系统-环境相互作用 Hamilton 量 $\hat{H}_I$ 以及系统 Hamilton 量 $\hat{H}_S$ 分别满足式(13.1.6)和式(13.1.7)条件下,$\mathscr{H}_S'$是个无消相干子空间。

13.1.3 独立相互作用和集体相互作用[5]

首先考虑由 n 个全同物理量子位构成的系统 S。每个物理量子位都是一个两能级系统,完全忽略量子位之间的相互作用,设系统的 Hamilton 量可以写作

$$\hat{H}_S = \varepsilon \sum_{i=1}^n \hat{\sigma}_i^z \tag{13.1.12}$$

其中,$\hat{\sigma}_i^z$ 是作用到第 i 个量子位上的 Pauli 算子 z 分量[见式(4.1.8)]。现在研究的系统是由一组相互独立的物理量子位组成,设环境 E 由无相互作用的线性谐振子描述,环境 Hamilton 量可以表示为

$$\hat{H}_E = \sum_k \omega_k \hat{b}_k^+ \hat{b}_k \tag{13.1.13}$$

其中,b_k^+,b_k 分别是振子 k 模的产生和消灭算子。假设系统-环境相互作用 Hamilton 量可以写作

$$\hat{H}_I = \sum_{i=1}^{n} \sum_{k} (g_{ik}\hat{\sigma}_i^+ \otimes \hat{b}_k + f_{ik}\hat{\sigma}_i^- \otimes \hat{b}_k^+ + h_{ik}\hat{\sigma}_i^z \otimes \hat{b}_k + H.C) \quad (13.1.14)$$

其中，$\hat{\sigma}^+$，$\hat{\sigma}^-$ 分别为

$$\hat{\sigma}^+ = \frac{1}{2}(\hat{\sigma}^x + i\hat{\sigma}^y), \quad \hat{\sigma}^- = \frac{1}{2}(\hat{\sigma}^x - i\hat{\sigma}^y)$$

利用 Pauli 算子满足的对易关系，可以验证它们满足对易关系

$$[\hat{\sigma}_i^+, \hat{\sigma}_j^-] = 2\delta_{ij}\hat{\sigma}_i^z, \quad [\hat{\sigma}_i^z, \hat{\sigma}_j^\pm] = \delta_{ij}\hat{\sigma}_i^\pm$$

这些对易关系解释了相互作用式(13.1.14)中 Hamilton 量 $\hat{H}_I$ 描述的物理过程：第一项表示量子位 i 吸收振子发射模从低能态到高能态的跃迁过程，第二项表示量子位 i 从高能态到低能态跃迁发射振子模的过程；这两项及共轭部分描述系统-环境之间能量交换，可能引起系统-环境之间不可逆能量耗散；第三项表示能量守恒的耦合，代表 $\hat{\sigma}_i^z$ 不同本证态之间的纯相移，可以引起相位消相干。系数 g_{ki}，f_{ki}，h_{ki} 表示发生相应过程的概率幅。

如果系统的各个物理量子位和环境耦合系数 g_{ki}，f_{ki}，h_{ki} 均不相同，即各个量子位以不同的方式或强度和各自的环境相互作用，这就是各量子位和环境**独立地相互作用**(independent interaction)情况。在独立相互作用情况下，环境作用到 n 个物理量子位系统的算子构成 n 量子位 Pauli 算子群，由于不能保证所有群元都互相对易，因此在这种情况下系统不存在任何无消相干子空间。

如果物理量子位集中在空间相对较小的区域中，相互之间的距离和环境作用特征长度(如用谐振子模型描述环境时振子的相干长度)相比很小，那么一个合理的假设就是，各量子位以相同的方式、强度和环境相互作用，这称为**集体相互作用**[2](collective interaction)。集体相互作用表现在环境和系统的耦合常数与各个量子位无关，或环境与系统的耦合对各个量子位是交换不变的。这时耦合常数$\{g_{ki}, f_{ki}, h_{ki}\}$将和量子位编号无关，下标 i 可脱落。在集体相互作用假设下，定义

$$\hat{F}_\alpha = \sum_{i=1}^{n} \hat{\sigma}_i^\alpha, \quad \alpha = \pm, z \quad (13.1.15)$$

系统-环境相互作用 Hamilton 量式(13.1.14)就可写成

$$\hat{H}_I = \sum_{k} (g_k\hat{F}_+ \otimes b_k + f_k\hat{F}_- \otimes b_k^+ + h_k\hat{F}_z \otimes b_k + H.C) \quad (13.1.16)$$

这时可以找到满足条件式(13.1.6)和式(13.1.7)的无消相干子空间。

13.1.4　只存在相位阻尼情况下的无消相干子空间

作为无消相干子空间的一个特例，这里限制消相干过程仅为相位阻尼，不发生

系统、环境能量交换。引起相位阻尼的相互作用可以用 $\hat{\sigma}_z$ 描写,仍定义

$$\hat{F}_z = \sum_{i=1}^{n} \hat{\sigma}_i^z \tag{13.1.17}$$

系统环境相互作用可以写作

$$\hat{H}_I = \sum_k h_k \hat{F}_z \otimes \hat{b}_k + H.C = \hat{F}_z \otimes \hat{B}_z + H.C \tag{13.1.18}$$

其中,$\hat{B}_z = \sum_k h_k \hat{b}_k$。由于 n 个物理量子位 Hilbert 空间基态 $|\tilde{i}\rangle$(计算基)都是 $\hat{F}_z$ 的本征态,设对应的本征值为 $f(\tilde{i})$,即

$$\hat{F}_z \mid \tilde{i}\rangle = f(\tilde{i}) \mid \tilde{i}\rangle \tag{13.1.19}$$

则 $f(\tilde{i})$就是$|\tilde{i}\rangle$态中 0 的个数减去 1 的个数。例如,在两个量子位的情况下

$$\hat{F}_z \mid 00\rangle = 2 \mid 00\rangle, \quad \hat{F}_z \mid 11\rangle = -2 \mid 11\rangle, \quad \hat{F}_z \mid 10\rangle = \hat{F}_z \mid 01\rangle = 0$$

假设量子位系统的 Hamilton 量仍取式(13.1.12),系统-环境构成的复合系统的 Hamilton 量为

$$\hat{H} = \hat{H}_S \otimes I_B + I_S \otimes \hat{H}_B + \hat{F}_z \otimes \hat{B}_z$$

这个 Hamilton 量对系统-环境非耦合初始态$|\tilde{i}\rangle|\mu\rangle$的作用就可以写为

$$\begin{aligned}\hat{H} \mid \tilde{i}\rangle \mid \mu\rangle &= (\hat{H}_S + \hat{H}_B + \hat{F}_z \otimes B_z) \mid \tilde{i}\rangle \mid \mu\rangle \\ &= \mid \tilde{i}\rangle \otimes (\varepsilon f(i) + \hat{H}_B + f(i)\hat{B}_z) \mid \mu\rangle = \mid \tilde{i}\rangle \otimes \Omega_i \mid \mu\rangle\end{aligned}$$

其中,$\Omega_i \equiv \varepsilon f(i) + \hat{H}_B + f(i)\hat{B}_z$,因此复合系统态的时间演化可以写作

$$\mathrm{e}^{-\mathrm{i}\hat{H}t/\hbar} \mid \tilde{i}\rangle \mid \mu\rangle = \mid \tilde{i}\rangle \otimes \mathrm{e}^{-\mathrm{i}\Omega_i(t)/\hbar} \mid \mu\rangle \tag{13.1.20}$$

其中,系统态$|\tilde{i}\rangle$在上述系统-环境相互作用下就是无相位阻尼的。

容易验证,对于两个量子位系统,存在 $\hat{F}_z$ 本征值分别为 2 和 −2 的两个 1 维无相位阻尼的子空间和一个本征值为 0 的 2 维无相位阻尼子空间;对于三个物理量子位系统,存在本征值分别为 ±3 的两个 1 维无相位消相干子空间和本征值分别为 ±1 的两个 3 维无相位消相干子空间,对更多量子位情况,可以以此类推。

13.2 多量子位系统的无消相干子空间

仍考虑彼此无相互作用的 n 个物理量子位构成的系统,系统 Hamilton 量可以写作

$$\hat{H}_S = \varepsilon \sum_{i=1}^{n} \hat{\sigma}_i^z \tag{13.2.1}$$

由 13.1 节的讨论可知,系统和环境的集体相互作用可以写作[见式(13.1.16)]

$$\hat{H}_I = \sum_k (g_k \hat{F}_+ \otimes \hat{b}_k + f_k \hat{F}_- \otimes \hat{b}_k^+ + h_k \hat{F}_z \otimes \hat{b}_k + H.C) \tag{13.2.2}$$

其中，$\hat{F}_\alpha$ 由式(13.1.5)给出

$$\hat{F}_\alpha = \sum_{i=1}^{n} \hat{\sigma}_i^\alpha = \hat{\sigma}_1^\alpha + \hat{\sigma}_2^\alpha + \cdots + \hat{\sigma}_n^\alpha, \quad \alpha = \pm, z \tag{13.2.3}$$

下面首先研究在这样的系统-环境相互作用下，两个量子位系统的无消相干子空间，然后再推广到多个物理量子位的情况。

13.2.1　两量子位系统的无消相干态

对于两量子位系统，式(13.2.3)可以写作

$$\hat{F}_+ = \hat{\sigma}_1^+ + \hat{\sigma}_2^+, \quad \hat{F}_- = \hat{\sigma}_1^- + \hat{\sigma}_2^-, \quad \hat{F}_z = \hat{\sigma}_1^z + \hat{\sigma}_2^z \tag{13.2.4}$$

根据无消相干子空间存在定理，系统和环境相互作用，其 Hilbert 空间 $\mathscr{H}$存在无消相干子空间 $\mathscr{H}_S' \subset \mathscr{H}_S$ 的条件(1)是对系统-环境相互作用任意算子 $\hat{F}_\alpha$ 和$|\tilde{i}\rangle \in \mathscr{H}_S'$，都有

$$\hat{F}_\alpha \mid \tilde{i}\rangle = c_\alpha \mid \tilde{i}\rangle, \quad \forall \alpha$$

成立。注意到 $\hat{\sigma}_x|0\rangle = |1\rangle$，$\hat{\sigma}_x|1\rangle = |0\rangle$ 及 $\hat{\sigma}_y|0\rangle = i|1\rangle$，$\hat{\sigma}_y|1\rangle = -i|0\rangle$，因此有

$$\hat{\sigma}^+ \mid 0\rangle = \frac{1}{2}(\hat{\sigma}^x + i\hat{\sigma}^y) \mid 0\rangle = 0, \quad \hat{\sigma}^+ \mid 1\rangle = \frac{1}{2}(\hat{\sigma}^x + i\hat{\sigma}^y) \mid 1\rangle = \mid 0\rangle$$

$$\hat{\sigma}^- \mid 0\rangle = \frac{1}{2}(\hat{\sigma}^x - i\hat{\sigma}^y) \mid 0\rangle = \mid 1\rangle, \quad \hat{\sigma}^- \mid 1\rangle = \frac{1}{2}(\hat{\sigma}^x - i\hat{\sigma}^y) \mid 1\rangle = \mid 0\rangle$$

有

$$\begin{cases} \hat{F}_+ (\mid 01\rangle - \mid 10\rangle) = 0 \\ \hat{F}_- (\mid 01\rangle - \mid 10\rangle) = 0 \end{cases}$$

以及

$$\hat{F}_z(\mid 01\rangle - \mid 10\rangle) = 0$$

所以两量子位单态

$$\mid \Psi_S\rangle = \frac{1}{\sqrt{2}}(\mid 01\rangle - \mid 10\rangle)$$

就是 $n=2$ 的情况下式(13.2.3)中算子 $\hat{F}_\alpha(\alpha=\pm, z)$的共同本征态，它满足

$$\hat{F}_\alpha \mid \Psi_S\rangle = \hat{F}_\alpha \frac{1}{\sqrt{2}}(\mid 01\rangle - \mid 10\rangle) = 0, \quad \alpha = \pm, z \tag{13.2.5}$$

另外，两量子位系统的 Hamilton 量[见式(13.2.1)]$\hat{H}_S = \varepsilon(\hat{\sigma}_1^z + \hat{\sigma}_2^z)$对这个态的作用为

$$\hat{H}_S \mid \Psi_S\rangle = \varepsilon(\hat{\sigma}_1^z + \hat{\sigma}_2^z) \frac{1}{\sqrt{2}}(\mid 01\rangle - \mid 10\rangle) = 0 \tag{13.2.6}$$

满足无消相干态条件(2)的式(13.1.7)，所以在式(13.2.1)和式(13.2.2)描述的系

统和系统-环境相互作用下，这个态不会消相干，或者说这个态张起两量子位系统的 1 维无消相干子空间。

13.2.2　多量子位系统的无消相干子空间[2]

对于多量子位系统一般情况下相互作用 Hamilton 量，方程(13.1.6)的严格本征解是系统和环境的复杂纠缠态，直接求解得到无消相干子空间是困难的。对于集体相互作用的情况，上面关于两个物理量子位的结果可以推广到多量子位系统。对偶数个 n 量子位构成的系统，式(13.2.2)中系统-环境相互作用算子 $\hat{H}_I$ 仅包含 $\hat{F}_{\pm}$，$\hat{F}_z$ 算子，它们构成一个代数，这个代数同构于 SL(2)李代数(见附录 A4)。一个物理量子位 Hilbert 空间生成 SL(2)李代数的 $J=1/2$ 的不可约表示 $D^{(1/2)}$，在各量子位间不存在相互作用的特殊情况下，两个量子位基$\{|00\rangle,|01\rangle,|10\rangle,|11\rangle\}$生成 SL(2)李代数的直积表示 $D^{(1/2)}\otimes D^{(1/2)}$，$n$ 个物理量子位 Hilbert 空间生成 $D^{(1/2)}$ 表示的 n 重直积$[D^{(1/2)}]^{\otimes n}$，可以由简单的张量积构造出系统-环境相互作用 Hamilton 算子的一类本征态。

首先研究两量子位系统态$|\Psi_S\rangle$的性质。两量子位生成的 SL(2)李代数的直积表示 $D^{(1/2)}\otimes D^{(1/2)}$，可以约化为一个 $J=0$ 的 1 维表示 $D^{(0)}$ 和一个 $J=1$ 的 3 维表示 $D^{(1)}$

$$D^{(1/2)} \otimes D^{(1/2)} = D^{(0)} \oplus D^{(1)} \tag{13.2.7}$$

不可约表示基函数分别为

$$\begin{cases} |J=0,m=0\rangle = \dfrac{1}{\sqrt{2}}(|01\rangle - |10\rangle) \\ |J=1,m=1|\rangle = |00\rangle \\ |J=1,m=0\rangle = \dfrac{1}{\sqrt{2}}(|01\rangle + |10\rangle) \\ |J=1,m=-1\rangle = |11\rangle \end{cases}$$

可以看出，两量子位单态$|\Psi_S\rangle$就是 1 维不可约表示 $D^{(0)}$ 的基函数。

上述结果可直接推广到 n 个量子位的情况。n(n 是大于等于 2 的偶数)个量子位的 Hilbert 空间可生成 SL(2)李代数的 n 重直积表示 $D^{(1/2)}\otimes D^{(1/2)}\otimes\cdots\otimes D^{(1/2)}\equiv[D^{1/2}]^{\otimes n}$，它可约化为

$$[D^{(1/2)}]^{\otimes n} = \sum_J \oplus\, n_J D^{(J)} \tag{13.2.8}$$

其中，n_J 是不可约表示 J 的重复度。例如，对 $n=4,6$ 的情况，有

$$\begin{cases} [D^{(1/2)}]^{\otimes 4} = D^{(2)} \oplus 3D^{(1)} \oplus 2D^{(0)} \\ [D^{(1/2)}]^{\otimes 6} = D^{(3)} \oplus 5D^{(2)} \oplus 9D^{(1)} + 5D^{(0)} \end{cases}$$

令 $n_0(n)$ 是不可约表示 $D^{(0)}$ 出现的多重数，当 $n=2$ 时，$n_0(2)=1$，这正是前面分析过的情况。当 $n=4$ 时，$n_0(4)=2$，可以得到 2 维无消相干子空间，已经可以编码一个逻辑量子位。当 $n=6$ 时，$n_0(6)=5$，将得到一个 5 维无消相干子空间。推广上面的情况，可以证明定理 13.2.1。

13.2.3　多量子位系统存在无消相干子空间的定理[2]

为了证明后面的多量子位-环境集体相互作用无消相干子空间存在定理，首先证明一个引理。

引理 13.2.1　对于 n 个(n 为偶数)物理量子位系统，若系统、系统-环境相互作用 Hamilton 量仍由式(13.2.1)和式(13.2.2)给出，则存在 $n_0(n)$ 个线性独立的态，其中每一个都满足

$$\left(\hat{H}_S+\sum_{\alpha}\mid \hat{F}_\alpha\right)\mid \Psi_S^i\rangle\otimes\mid \Psi_E\rangle=0 \tag{13.2.9}$$

其中，$|\Psi_B\rangle$ 是任意环境态。

证明　对于 $n=2$ 的情况，上例中已经给出了证明。当 $n=4$ 时注意到

$$\hat{H}_S=\varepsilon(\hat{\sigma}_1^z+\hat{\sigma}_2^z+\hat{\sigma}_3^z+\hat{\sigma}_4^z)$$
$$\hat{F}_\alpha=\hat{F}_\alpha^{(1,2)}+\hat{F}_\alpha^{(3,4)}=\hat{F}_\alpha^{(1,3)}+\hat{F}_\alpha^{(2,4)},\quad \alpha=\pm,z$$

通过对两量子位的讨论，可以构造出两个线性独立函数为

$$\begin{cases}\mid \Psi_S^1\rangle=\dfrac{1}{2}(\mid 0_1 1_2\rangle-\mid 1_1 0_2\rangle)(\mid 0_3 1_4\rangle-\mid 1_3 0_4\rangle)=\mid \Psi_S^{(12)}\rangle\mid \Psi_S^{(34)}\rangle\\ \mid \Psi_S^2\rangle=\dfrac{1}{2}(\mid 0_1 1_3\rangle-\mid 1_1 0_3\rangle)(\mid 1_2 0_4\rangle-\mid 0_2 1_4\rangle)=\mid \Psi_S^{(13)}\rangle\mid \Psi_S^{(24)}\rangle\end{cases} \tag{13.2.10}$$

都满足

$$\begin{cases}\hat{F}_\alpha\mid \Psi_S^1\rangle=(\hat{F}_\alpha^{(1,2)}+\hat{F}_\alpha^{(3,4)})\mid \Psi_S^{(12)}\rangle\mid \Psi_S^{(34)}\rangle=0,\quad \alpha=\pm,z\\ \hat{F}_\alpha\mid \Psi_S^2\rangle=(\hat{F}_\alpha^{(1,3)}+\hat{F}_\alpha^{(2,4)})\mid \Psi_S^{(13)}\rangle\mid \Psi_S^{(24)}\rangle=0,\quad \alpha=\pm,z\end{cases} \tag{13.2.11}$$

以及

$$\hat{H}_S\mid \Psi_S^1\rangle=0,\quad \hat{H}_S\mid \Psi_S^2\rangle=0 \tag{13.2.12}$$

从而都满足式(13.2.9)。

当 $n=6$ 时，存在 15 个不同对，可以类似式(13.2.10)构造出五个线性独立函数，正交化后生成六个物理量子位重复度为 5 的 1 维不可约表示。显然，类似的方式可以推广到 $n=8,10,\cdots$ 的情况，即都可以找到一组基函数满足式(13.2.9)。

线性独立函数正交化后可以生成两个 1 维不可约表示。

令 C 是生成重复度为 $n_0(n)$(n 为偶数)的 1 维不可约表示 $D^{(0)}$ 基函数张起的

$n_0(n)$维矢量空间，记任意态$|\psi_S\rangle \in C$，由于对任意环境态$|\psi_E\rangle \in \mathscr{H}_E$，系统以及系统-环境相互作用满足

$$(\hat{H}_S + \hat{H}_I)(|\psi_S\rangle \otimes |\psi_E\rangle) = (\hat{H}_S + \sum_\alpha \hat{F}_\alpha \otimes \hat{B}_\alpha)(|\psi_S\rangle \otimes |\psi_E\rangle) = 0 \tag{13.2.13}$$

其中已利用了式(13.2.9)。式(13.2.13)表明，系统和环境的相互作用不会把系统态$|\psi_S\rangle \in C$和环境态耦合起来，因而C是$n_0(n)$维无消相干子空间。这一结论可归结为下面的定理13.2.1。

定理 13.2.1　设 C 是生成不可约表示 $D^{(0)}$ 的基张起的 $n_0(n)$ 维空间，初态

$$\rho_S(0) = \sum_{i,j} \rho_{ij}^S |\psi_S^i\rangle\langle\psi_S^j| \in C$$

是 C 中的任意态，那么对任何环境初态 $\rho_E(0)$ 都有演化后的系统态

$$\rho_S(t) = \mathrm{Tr}^{(B)}[U(t)(\rho_S(0) \otimes \rho_E(0))U^\dagger(t)] \in C \tag{13.2.14}$$

证明　令环境态为

$$\rho_E = \sum_{b,b'} R_{b'b} |\psi_{b'}\rangle\langle\psi_b|$$

复合系统的时间演化态

$$\begin{aligned}\rho_{SE}(t) &= U(t)[\rho_S \otimes \rho_E]U^\dagger(t) \\ &= \sum_{i,j,b,b'} \rho_{ij}^S R_{b'b} U(t) |\psi_S^i\rangle \otimes |\psi_{b'}\rangle\langle\psi_S^j| \otimes \langle\psi_b| U^\dagger(t)\end{aligned}$$

其中

$$U = \mathrm{e}^{-\mathrm{i}(\hat{H}_S + \hat{H}_B + \hat{H}_I)/\hbar}$$

利用式(13.2.14)以及环境态满足本征值方程$\hat{H}_B|\psi_b\rangle = E_b|\psi_b\rangle$的条件，得

$$\rho_{SE}(t) = \sum_{i,j,b,b'} \rho_{ij}^S R_{b'b} |\psi_S^i\rangle \otimes |\psi_{b'}\rangle\langle\psi_S^j| \otimes \langle\psi_b| \mathrm{e}^{-\mathrm{i}t(E_{b'}-E_b)/\hbar}$$

对环境求迹得演化后的系统态

$$\begin{aligned}\rho_S(t) &= \mathrm{Tr}^{(BE)}\Big(\sum_{i,j,b,b'} \rho_{ij}^S R_{b'b} |\psi_S^i\rangle \otimes |\psi_{b'}\rangle\langle\psi_S^j| \otimes \langle\psi_b| \mathrm{e}^{-\mathrm{i}t(E_{b'}-E_b)/\hbar}\Big) \\ &= \sum_{i,j} \rho_{ij}^S |\psi_S^i\rangle\langle\psi_S^j| \sum_{b,b'} R_{b'b} \mathrm{e}^{-\mathrm{i}t(E_{b'}-E_b)/\hbar} \mathrm{Tr}^{(B)} |\psi_{b'}\rangle\langle\psi_b| \\ &= \sum_{i,j} \rho_{ij}^S |\psi_S^i\rangle\langle\psi_S^j| \sum_b R_{bb} = \rho_S(0)\end{aligned}$$

其中

$$\mathrm{Tr}^{(E)} |\psi_{b'}\rangle\langle\psi_b| = \delta_{b'b}, \quad \sum_b R_{bb} = \mathrm{Tr}^B \rho_B = 1$$

上述结果表明，在这样的系统-环境耦合下，系统存在一个动力学固有幺正演

化子空间。这个子空间是无消相干的。这一结论只取决于系统、系统-环境相互作用算子的代数性质，与具体的作用强度无关。

13.3　无消相干子空间条件的算子和表示、系统-环境非对称耦合情况下的无消相干子空间

13.2 节研究了系统-环境对称耦合（相互作用 Hamilton 量具有置换对称性）情况下，所有量子位都受到相同环境影响的集体消相干，系统存在无消相干子空间的条件。2001 年，Lidar[9] 等研究了在系统-环境耦合不具有完全空间对称性的情况下，仍可能存在无消相干子空间，本节将介绍他们的理论方法和研究结果。

13.3.1　系统-环境相互作用的算子和描述、存在无消相干子空间条件[7,8]

令系统的 Hilbert 空间分成互补的两部分 $\mathscr{H}_S=\mathscr{H}'_S+\mathscr{H}'^{\perp}_S$，如果在一定的系统-环境相互作用下，量子系统 S 存在无消相干子空间 $\mathscr{H}'_S$，即对于任意初始态 $\rho'_S(0)\in\mathscr{H}'_S$，有

$$\rho'_S(t) = \mathrm{Tr}^{(BE)}[\rho_{SE}(t)] = U_S\rho'_S(0)U^{\dagger}_S \tag{13.3.1}$$

其中，U_S 是局限在系统 S 中的时间演化算子。另一方面，在系统-环境相互作用的算子和描写中，系统在时刻 t 的密度矩阵 $\rho_S(t)$ 通过 Kraus 算子和 $t=0$ 时刻的密度矩阵 $\rho_S(t_0)$ 建立联系[见式(4.6.11)]

$$\rho_S(t) = \sum_{n=0}^{K}\hat{M}_n(t)\rho_S(t_0)\hat{M}^{\dagger}_n(t) \tag{13.3.2}$$

其中，Kraus 算子[见式(4.6.10)]

$$\hat{M}_n(t) = \langle b^n \mid \hat{U}(t,t_0) \mid o_B\rangle \tag{13.3.3}$$

是作用到系统 S 的 Hilbert 空间上的与时间有关的线性算子，它取决于系统和环境相互作用的性质，完全刻画了环境对系统的作用，描述了环境引起系统消相干的各种可能方式。

使用系统-环境相互作用的 Kraus 算子和表示，系统的一个子空间成为无消相干子空间的条件，可以用下面的定理表述。

定理 13.3.1　系统 Hilbert 空间 $\mathscr{H}_S$ 的一个子空间 $\mathscr{H}'_S$ 是无消相干子空间的充要条件是，该子空间中的所有基态 $|\tilde{i}\rangle$ 都是 Kraus 算子的共同本征态，即

$$\hat{M}_n(t) \mid \tilde{i}\rangle = m_n(t) \mid \tilde{i}\rangle \tag{13.3.4}$$

其中，$m_n(t)$ 是可能和时间 t 有关的数。

证明　首先，利用 Kraus 算子满足的归一化条件（它保证密度矩阵演化迹守

恒),有

$$\sum_n M_n^\dagger(t)M_n(t) = 1 \tag{13.3.5}$$

其次,由式(13.3.4)有

$$\langle\tilde{i} \mid \hat{M}_n^\dagger(t) = m_n^*(t)\langle\tilde{i} \mid$$

结合式(13.3.4),并对所有 Kraus 算子求和,得

$$\langle\tilde{i} \mid \sum_n \hat{M}_n^\dagger(t)\hat{M}_n(t) \mid \tilde{i}\rangle = \sum_n m_n^*(t)m_n(t)\langle\tilde{i} \mid \tilde{i}\rangle$$

即

$$\sum_n m_n^*(t)m_n(t) = \sum_n \mid m_n(t) \mid^2 = 1 \tag{13.3.6}$$

取子空间 $\mathscr{H}_S'$ 中任意密度矩阵为初始态

$$\tilde{\rho}_S(0) = \sum_i \tilde{\rho}_i \mid \tilde{i}\rangle\langle\tilde{i} \mid$$

该密度矩阵的时间演化为

$$\tilde{\rho}_S(t) = \sum_n \hat{M}_n(t)\tilde{\rho}_S(0)\hat{M}_n^\dagger(t) = \sum_n \hat{M}_n(t)\sum_i \tilde{\rho}_i \mid \tilde{i}\rangle\langle\tilde{i} \mid \hat{M}_n^\dagger(t)$$

利用式(13.3.4)和式(13.3.6)得

$$\tilde{\rho}_S(t) = \sum_n m_n(t)m_n^*(t)\sum_i \tilde{\rho}_i \mid \tilde{i}\rangle\langle\tilde{i} \mid = \tilde{\rho}(0) \tag{13.3.7}$$

定理 13.3.1 证毕。

描述一个具体的物理系统和环境作用的算子和,其中 Kraus 算子的清晰形式取决于系统和环境相互作用的 Hamilton 量,由式(13.3.3)计算。虽然在原则上可以通过建立系统-环境相互作用的正确模型从理论上推导 Kraus 算子,或通过实验得出 Kraus 算子的具体表达式,但一般情况下,很难得到封闭形式的算子和形式;另外,即使求得了封闭形式的 Kraus 算子,通过解本征值方程得到共同本征态,找到无消相干子空间也是十分困难的。无消相干子空间的这种表达方式并不是很有用。相对而言,已知系统-环境的相互作用,使用 Hamilton 算子描述系统-环境相互作用,导出无噪声子空间存在条件显得更为直接。但这一方法为研究系统-环境相互作用不具有完全对称情况下无消相干子空间的讨论提供了一种途径。

13.3.2 系统-环境相互作用不具有完全对称性情况下存在无消相干子空间条件

前面关于无消相干子空间的讨论基于假设“系统-环境耦合具有相对量子位置换对称性,或系统各个量子位以完全相同的方式和环境耦合”,即所谓的集体消相干。2001 年,Lidar 等[9]证明,如果多量子位系统-环境相互作用不具有完全的置换对称性,作用在系统上的所有 Kraus 算子利用 Pauli 算子群展开时,其中仅包含

完全 Pauli 算子群的一个子群情况下，仍可以找到这种相互作用情况下的无消相干子空间。

当把 Kraus 算子看做是 Pauli 群代数中的算子时，由于 n 个物理量子位系统 Pauli 算子群元 $g_i \in G_n$ 形成作用到 $2^n \times 2^n$ 维 Hilbert 空间上的算子的一组基，因此任意一个 Kraus 算子都可以用这组基展开

$$\hat{M}_n(t) = \sum_i a_{ni}(t)\hat{g}_i \tag{13.3.8}$$

现在假设在每个 Kraus 算子展开式(13.3.8)中出现的 g_i 全都属于群 G_n 的某个子群 G，则称系统和环境耦合的 Kraus 算子属于子群 G。可以证明下面的定理。

定理 13.3.2　假设系统和环境耦合的 Kraus 算子属于 $\boldsymbol{n}$ 量子位 Pauli 算子群 $\boldsymbol{G_n}$ 的某个子群 $\boldsymbol{G}$，其元素记为 g_i，即每个 Kraus 算子都可以用子群 G 的元展开为

$$\hat{\boldsymbol{M}}_n(\boldsymbol{t}) = \sum_i \boldsymbol{a}_{ni}(\boldsymbol{t})\hat{\boldsymbol{g}}_i \tag{13.3.9}$$

如果态集合 $\{|\boldsymbol{\psi}^{(k)}\rangle\}$ 属于子群 $\boldsymbol{G}$ 的 1 维不可约表示 $\boldsymbol{D}^{(k)}$，那么满足

$$\hat{\boldsymbol{g}}_i \mid \boldsymbol{\psi}^{(k)}\rangle = \boldsymbol{c}_i \mid \psi^{(k)}\rangle \tag{13.3.10}$$

态集合是 $\{\hat{\boldsymbol{M}}_n(\boldsymbol{t})\}$ 作用下的一个无消相干子空间；反过来，无消相干子空间条件式(13.3.10)蕴含着态 $|\boldsymbol{\psi}^{(k)}\rangle$ 属于群 $\boldsymbol{G}$ 的一个 1 维不可约表示。

证明　根据群表示理论，按不可约表示 $D^{(k)}$ 变换的基集合 $\{|\psi_\mu^{(k)}\rangle, \mu=1,2,\cdots, d_k\}$ 张起群作用下的不变子空间，按不可约表示 $D^{(k)}$ 变换(见附录 A3)

$$\hat{g}_i \mid \psi_\mu^{(k)}\rangle = \sum_{\nu=1}^{d_k} \Gamma_{\nu\mu}^{(k)}(g_i) \mid \psi_\nu^{(k)}\rangle \tag{13.3.11}$$

其中，d_k 是不可约表示 $D^{(k)}$ 的维数。一个任意态 $|\phi\rangle$ 可以用属于群不同不可约表示基的线性组合表示

$$\mid \phi\rangle = \sum_k \sum_{\mu=1}^{d_k} c_\mu^k \mid \psi_\mu^{(k)}\rangle \tag{13.3.12}$$

考虑式(13.3.9)中的 Kraus 算子对这个态的作用，并利用式(13.3.11)

$$\hat{M}_n \mid \phi\rangle = \sum_k \sum_{\mu=1}^{d_k} c_\mu^k \sum_i a_{ni}\hat{g}_i \mid \psi_\mu^{(k)}\rangle = \sum_i a_{ni} \sum_k \sum_{\mu=1}^{d_k} c_\mu^k \sum_{\nu=1}^{d_k} D_{\nu\mu}^k(g_i) \mid \psi_\nu^{(k)}\rangle$$

当 $D^{(k)}$ 是以多重度 m_k 出现的 1 维不可约表示时，$\mu=\nu=1$，可以省略其中对指标 μ,ν 求和，表示矩阵蜕化为一个数 $D_{\mu\nu}^{(k)}(g_i)=\gamma_i^k$，上式可以改写为

$$\hat{M}_n \mid \phi\rangle = \sum_i a_{ni} \sum_k c^k \gamma_i^k \mid \psi^{(k)}\rangle \tag{13.3.13}$$

为了使态 $|\phi\rangle$ 是无消相干的，$\hat{M}_n|\phi\rangle$ 应当和 $|\phi\rangle$ 只差一个常数因子，而

$$|\phi\rangle = \sum_k \sum_{\mu=1}^{d_k} c_\mu^k \mid \psi_\mu^{(k)}\rangle = \sum_k c^k \mid \psi^{(k)}\rangle \tag{13.3.14}$$

但是,在式(13.3.13)中还包含对不同不可约表示矩阵元求和,这不可能做到。于是,这要求式(13.3.14)中的态不能是属于不同不可约表示基的组合,只能限制为1维不可约表示基之一,即$|\phi\rangle = |\psi^{(k)}\rangle$。从而式(13.3.13)应为

$$\hat{M}_n \mid \phi\rangle = \sum_i a_{ni}\hat{g}_i \mid \psi^{(k)}\rangle = \sum_i a_{ni}\gamma_i^k \mid \psi^{(k)}\rangle \tag{13.3.15}$$

令

$$c_n^k = \sum_i a_{ni}\gamma_i^k \tag{13.3.16}$$

式(13.3.15)可以写作

$$\hat{M}_n \mid \psi^{(k)}\rangle = c_n^k \mid \psi^{(k)}\rangle \tag{13.3.17}$$

设不可约表示 k 的重复度为 m_k,引进参数 $z=1,2,\cdots,m_k$ 表示属于1维不可约表示 k 的各个重复度态$|\psi_z^k\rangle$,式(13.3.17)对任意重复出现的1维不可约表示都是正确的,即

$$\hat{M}_n \mid \psi_z^k\rangle = c_n^k \mid \psi_z^k\rangle, \quad z = 1,2,\cdots,m_k$$

这正是存在无消相干子空间的充分条件式(13.3.4)。

下面证明必要条件,即如果基集$\{|\tilde{i}\rangle\}$满足无消相干子空间条件

$$\hat{M}_n \mid \tilde{i}\rangle = c_n \mid \tilde{i}\rangle$$

那么$|\tilde{i}\rangle$必属于对称性群 G 的1维不可约表示 $D^{(k)}$ 基张起的不变子空间。

设$|\tilde{i}\rangle$是满足无消相干子空间条件的态,用分属于群不同不可约表示基函数展开

$$|\tilde{i}\rangle = \sum_k \sum_{\mu=1}^{d_k} c_\mu^{\tilde{i}k} \mid \psi_\mu^{(k)}\rangle \tag{13.3.18}$$

Kraus 算子对这个态的作用仅能改变一个任意常数因子

$$\hat{M}_n \mid \tilde{i}\rangle = c_n \sum_k \sum_{\mu=1}^{d_k} c_\mu^{\tilde{i}k} \mid \psi_\mu^{(k)}\rangle$$

利用$\langle\psi_\sigma^{(l)}|$左乘上式两边,并利用属于群不同不可约表示基的正交性关系式(见附录A3)可得

$$\langle\psi_\sigma^{(l)} \mid \hat{M}_n \mid \tilde{i}\rangle = c_n \sum_k \sum_{\mu=1}^{d_k} c_\mu^{\tilde{i}k}\langle\psi_\sigma^{(l)} \mid \psi_\mu^{(k)}\rangle = c_n \sum_k \sum_{\mu=1}^{d_k} c_\mu^{\tilde{i}k}\delta_{lk}\delta_{\sigma\mu} = c_n c_\sigma^{\tilde{i}l} \tag{13.3.19}$$

另一方面,由式(13.3.8)得

$$\hat{M}_n \mid \tilde{i}\rangle = \sum_i a_{ni} g_i \sum_k \sum_{\mu=1}^{d_k} c_\mu^{\tilde{i}k} \mid \psi_\mu^{(k)}\rangle = \sum_i a_{ni} \sum_k \sum_{\mu=1}^{d_k} c_\mu^{\tilde{i}k} \sum_{\lambda=1}^{d_k} D_{\lambda\mu}^k(g_i) \mid \psi_\lambda^{(k)}\rangle$$

同样利用$\langle \psi_\sigma^{(l)} |$左乘上式两边，再次利用属于群不同不可约表示基的正交性关系可得

$$\begin{aligned}\langle \psi_\sigma^{(l)} \mid \hat{M}_n \mid \tilde{i}\rangle &= \sum_i a_{ni} \sum_k \sum_{\mu=1}^{d_k} c_\mu^{\tilde{i}k} \sum_{\lambda=1}^{d_k} D_{\lambda\mu}^k(g_i) \langle \psi_\sigma^{(l)} \mid \psi_\lambda^{(k)}\rangle \\ &= \sum_i a_{ni} \sum_k \sum_{\mu=1}^{d_k} c_\mu^{\tilde{i}k} \sum_{\lambda=1}^{d_k} D_{\lambda\mu}^k(g_i) \delta_{lk}\delta_{\sigma\lambda} \\ &= \sum_i a_{ni} \sum_{\mu=1}^{d_l} c_\mu^{\tilde{i}l} D_{\sigma\mu}^l(g_i) \end{aligned} \qquad (13.3.20)$$

将此结果和式(13.3.19)比较，得到

$$\sum_{\mu=1}^{d_l} c_\sigma^{\tilde{i}l} \sum_i a_{ni} D_{\sigma\mu}^l(g_i) = c_n c_\sigma^{\tilde{i}l} \qquad (13.3.21)$$

希望由此证明出现在这里的 $D^{(l)}$ 必须是一维不可约表示。引入

$$\hat{M}_n^l = \sum_i a_{ni} D^l(g_i) \qquad (13.3.22)$$

$$\vec{c}^{\tilde{i}l} = (c_1^{\tilde{i}l}, c_2^{\tilde{i}l}, \cdots, c_{d_l}^{\tilde{i}l}) \qquad (13.3.23)$$

可将式(13.3.21)写成本征值方程形式

$$\hat{M}_n^l \vec{c}^{\tilde{i}l} = c_n \vec{c}^{\tilde{i}l} \qquad (13.3.24)$$

注意到式(13.3.8)中 a_{ni} 是 Kraus 算子按 Pauli 算子群元展开的系数，如果不想对可能出现的错误作任何假设，则 $\hat{M}_n^l$ 就是属于子群 G 群代数的任意算子。要使其满足本征值方程，必须调整 $\vec{c}^{\tilde{i}l}$，使其为算子 $\hat{M}_n^l$ 的本征矢。而 $\vec{c}^{\tilde{i}l}$ 是无消相干态展开系数式(13.3.18)的行矢量，为了避免精细调节环境参数(调整出错算子 $\hat{M}_n^l$)或选择特定的无消相干态(选择 $\vec{c}^{\tilde{i}l}$)，$\hat{M}_n^l$ 必须正比于单位矩阵。但由于 D^l 是不可约表示，要使 $\hat{M}_n^l = \sum_i a_{ni} D^l(g_i)$ 为单位矩阵的常数倍，唯一可能就是 D^l 是 1 维的，即

$$D_{\mu\nu}^l(g_i) = \gamma_i^l, \quad \mu, \nu = 1$$

在 1 维情况下式(13.3.16)可以写为

$$c_n = \sum_i a_{ni} \gamma_i^l$$

可以看出，如果无消相干子空间态$|\tilde{i}\rangle$仅由同一个不可约表示 D^l 的多重基张起，那么 c_n 才是和 l 无关的。这样就对一般情况证明了定理。非一般情况的例子详见参考文献[9]。

13.3.3 相互作用是 Pauli 算子群 Abel 子群的无消相干子空间的例子[9]

考虑四个物理量子位 Pauli 算子群的子群

$$Q_x = \{I^4, X^2 I^2, I^2 X^2, X^4\}$$

它描述了环境诱导前两个物理量子位、后两个物理量子位或四个物理量子位同时发生位反转错。

这个群是四个物理量子位 Pauli 算子群 G_4 的一个 Abel 子群。它的不可约表示都是 1 维的。四个量子位 Hilbert 空间生成群 Q_x 的 16 维可约表示，在这个表示中，特征标为 $\chi=\{16,0,0,0\}$，除单位元 I^4 外，其他元素表示矩阵都是无迹的。由于 I^4 表示矩阵迹为 16，由式(附录 A3)

$$\frac{1}{n}\sum_{r\in G}\chi(r)\chi^*(r) = \frac{1}{4}(16)^2 > 1$$

表明该表示是可约的。Q_x 群不可约表示的特征表见表 13.3.1。利用不可约表示的特征表，根据式[见附录式(A3.3.6)]

$$m_k = \frac{1}{n}\sum_{g\in G}\chi(g)\chi^{(k)*}(g) \tag{13.3.25}$$

可以计算出每个不可约表示在 16 维表示中出现的重复度，即

$$m_k = \frac{1}{4}(16\times 1) = 4$$

对 $k=1,2,3,4$ 均成立。这表示四个不可约表示每个重复度都是 4。

表 13.3.1

	I^4	X^2I^2	I^2X^2	X^4
$D^{(1)}$	1	1	1	1
$D^{(2)}$	1	1	−1	−1
$D^{(3)}$	1	−1	1	−1
$D^{(4)}$	1	−1	−1	1

生成每个不可约表示的基函数，根据群表示理论，可以用投影算子[见附录式(A3.3.19)]

$$\hat{P}^k_{\mu\nu} = \frac{d_k}{n}\sum_{i=1}^{n}[D^k_{\mu\nu}(g_i)]^*\hat{g}_i \tag{13.3.26}$$

从某个方便的四量子位态投影得到。根据式(13.3.26)和表 13.3.1，对应四个不可约表示的投影算子分别为

$$\begin{cases} \hat{P}^1 = \dfrac{1}{4}(I^4 + X^2 I^2 + I^2 X^2 + X^4) \\ \hat{P}^2 = \dfrac{1}{4}(I^4 + X^2 I^2 - I^2 X^2 - X^4) \\ \hat{P}^3 = \dfrac{1}{4}(I^4 - X^2 I^2 + I^2 X^2 - X^4) \\ \hat{P}^4 = \dfrac{1}{4}(I^4 - X^2 I^2 - I^2 X^2 + X^4) \end{cases} \tag{13.3.27}$$

例如,取$|0000\rangle$,由这四个投影算子得到分属于四个不可约表示的归一化基函数分别为

$$\begin{cases} \hat{P}^1 \mid 0000\rangle = \dfrac{1}{2}(|0000\rangle + |1100\rangle + |0011\rangle + |1111\rangle) \equiv |\psi_1^1\rangle \\ P^2 \mid 0000\rangle = \dfrac{1}{2}(|0000\rangle + |1100\rangle - |0011\rangle - |1111\rangle) \equiv |\psi_1^2\rangle \\ P^3 \mid 0000\rangle = \dfrac{1}{2}(|0000\rangle - |1100\rangle + |0011\rangle - |1111\rangle) \equiv |\psi_1^3\rangle \\ P^4 \mid 0000\rangle = \dfrac{1}{2}(|0000\rangle - |1100\rangle - |0011\rangle + |1111\rangle) \equiv |\psi_1^4\rangle \end{cases}$$

可以验证它们都是式(13.3.9)中 Kraus 算子的本征态,即

$$\begin{aligned} \hat{M}_n(t) \mid \psi_1^1\rangle &= (\sum_i a_{ni}(t)\hat{g}_i = a_{n1} I^4 + a_{n2} X^2 I^2 + a_{n3} I^2 X^2 + a_{n4} X^4) \mid \psi_1^1\rangle \\ &= a_{n1}\,\frac{1}{2}(|0000\rangle + |1100\rangle + |0011\rangle + |1111\rangle) \\ &\quad + a_{n2}\,\frac{1}{2}(|1100\rangle + |0000\rangle + |1111\rangle + |0011\rangle) \\ &\quad + a_{n3}\,\frac{1}{2}(|0011\rangle + |1111\rangle + |0000\rangle + |1100\rangle) \\ &\quad + a_{n4}\,\frac{1}{2}(|1111\rangle + |0011\rangle + |1100\rangle + |0000\rangle) \\ &= (a_{n1} + a_{n2} + a_{n3} + a_{n4}) \mid \psi_1^1\rangle \end{aligned} \tag{13.3.28}$$

本征值与 Kraus 算子用 G_x 群元展开系数有关。类似地可以得到

$$\begin{cases} \hat{M}_n \mid \psi_1^2\rangle = (a_{n1} + a_{n2} - a_{n3} - a_{n4}) \mid \psi_1^2\rangle \\ \hat{M}_n \mid \psi_1^3\rangle = (a_{n1} - a_{n2} + a_{n3} - a_{n4}) \mid \psi_1^3\rangle \\ \hat{M}_n \mid \psi_1^4\rangle = (a_{n1} - a_{n2} - a_{n3} + a_{n4}) \mid \psi_1^4\rangle \end{cases}$$

另取三个线性独立的态,如$|0001\rangle$,$|0100\rangle$,$|1001\rangle$,利用投影算子 P^1 可得到如下三个态:

$$P^1 \mid 0001\rangle = \frac{1}{2}(\mid 0001\rangle + \mid 1101\rangle + \mid 0010\rangle + \mid 1110\rangle) \equiv \mid \psi_2^1\rangle$$

$$P^1 \mid 0100\rangle = \frac{1}{2}(\mid 0100\rangle + \mid 1000\rangle + \mid 0111\rangle + \mid 1011\rangle) \equiv \mid \psi_3^1\rangle$$

$$P^1 \mid 1001\rangle = \frac{1}{2}(\mid 1001\rangle + \mid 0101\rangle + \mid 1010\rangle + \mid 0110\rangle) \equiv \mid \psi_1^4\rangle$$

四个态$\{|\psi_1^1\rangle, |\psi_2^1\rangle, |\psi_3^1\rangle, |\psi_4^1\rangle\}$,每一个都是$\hat{M}_n$算子本征态,共同张起$Q_x$作用下的无消相干子空间。类似地,还可得到其他三个无消相干子空间。但必须注意,属于不同不可约表示的基函数虽然在Q_x群作用下每个都是无消相干的,但不能张成无消相干子空间。

13.3.4 相互作用是 Pauli 算子群非 Abel 子群的无消相干子空间

由前面的讨论可以看到,系统-环境相互作用算子属于n量子位 Pauli 算子群的 Abel 子群,系统存在 1 维不可约表示对应的无消相干子空间。如果是非 Abel 子群情况将会发生变化。可以证明在非 Abel 子群情况下,系统不存在由 1 维不可约表示基张起的无消相干子空间[9]。

考虑 Pauli 算子群子群Q的两个元素$g_1 \in Q, g_2 \in Q$,若这两个元素不对易,则必定反对易(见 12.1 节),即

$$g_1 g_2 = - g_2 g_1 \tag{13.3.29}$$

假设态$|\tilde{i}\rangle$属于子群Q的 1 维不可约表示$D^{(k)}$,有

$$D^k(g_1) \mid \tilde{i}\rangle = c_1 \mid \tilde{i}\rangle, \quad D^k(g_2) \mid \tilde{i}\rangle = c_2 \mid \tilde{i}\rangle$$

由表示的同态性质可知

$$D^k(g_1 g_2) \mid \tilde{i}\rangle = D^k(g_1) D^k(g_2) \mid \tilde{i}\rangle = c_1 c_2 \mid \tilde{i}\rangle$$

另一方面

$$D^k(g_1 g_2) \mid \tilde{i}\rangle = D^k(- g_2 g_1) \mid \tilde{i}\rangle = - c_1 c_2 \mid \tilde{i}\rangle$$

比较上面两式可得

$$c_1 c_2 = - c_1 c_2$$

这表示c_1, c_2两者中至少有一个等于零。而这与表示的幺正性相矛盾。

在特殊情况下,非 Abel 子群的 2 维不可约表示基可能张成 2 维不可约表示子空间。文献[9]对此给出了实例。考虑八个元素构成的子群

$$Q_8 = \{\pm I^3, \pm X^2 I, \pm IZ^2, \pm XYZ\}$$

三个物理量子位 Hilbert 空间生成这个群的 8 维表示,特征表为$\chi = \{\pm 8, 0, 0, 0, 0, 0, 0\}$。容易验证

$$D(\pm III)=\pm\begin{bmatrix}1 & 0\\0 & 1\end{bmatrix}\qquad D(\pm X^2I)=\pm\begin{bmatrix}0 & 1\\1 & 0\end{bmatrix}$$
$$D(\pm IZ^2)=\pm\begin{bmatrix}1 & 0\\0 & -1\end{bmatrix}\quad D(\pm XYZ)=\pm\begin{bmatrix}0 & -1\\1 & 0\end{bmatrix}$$

是这个群的 2 维不可约表示,表示的特征表为 $\chi^k=\{\pm 2,0,0,0,0,0,0\}$。由式(A3.3.6)可得

$$m_k=\frac{1}{n}\sum_{g\in G}\chi(g)\chi^{(k)*}(g)$$

可以证明这个不可约表示的重复度为

$$m_k=\frac{1}{8}[8\times 2+(-8)\times(-2)]=4$$

8 维 Hilbert 空间分裂为 2 维不可约表示重复出现的四个不可约子空间。这些子空间可以首先选择四个线性独立态(如$|000\rangle,|111\rangle,|100\rangle,|011\rangle$),用投影算子得到

$$\begin{cases}V^1=(|\psi_0^1\rangle,|\psi_1^1\rangle)=(|000\rangle,|110\rangle)\\V^2=(|\psi_0^2\rangle,|\psi_1^2\rangle)=(|111\rangle,|001\rangle)\\V^3=(|\psi_0^3\rangle,|\psi_1^3\rangle)=(|100\rangle,|010\rangle)\\V^4=(|\psi_0^4\rangle,|\psi_1^4\rangle)=(|011\rangle,|101\rangle)\end{cases}$$

可以选取每个子空间第一个基矢作为码字,即

$$C=\{|000\rangle,|111\rangle,|100\rangle,|011\rangle\}$$

张起在 Q_8 子群作用下的无消相干子空间。

13.3.5　无消相干子空间和量子纠错码

无消相干子空间 $\mathcal{H}_S'$ 可以看做是一个码空间 $C=\mathcal{H}_S'$,其中基矢$\{|\tilde{i}\rangle\}$可解释为码字,它可以纠正由 Kraus 算子$\boldsymbol{\mathscr{E}}=\{\hat{M}_b\}$引起的错误。记这个码恢复算子 R_r 的集合为 $\mathscr{R}$,该量子纠错码就可用三元组$(\mathscr{R},\boldsymbol{\mathscr{E}},C)$描述。式(11.1.23)给出的量子纠错码条件在这里可以写为

$$\langle\bar{\phi}_i|M_b^{\dagger}M_{b'}|\bar{\phi}_j\rangle=c_{bb'}\delta_{ij}\tag{13.3.30}$$

当系统存在无消相干子空间时,在适当的基下,描写系统和环境相互作用的 Kraus 算子全具有

$$M_b=\begin{bmatrix}g_bU_S' & 0\\0 & \overline{M}_b\end{bmatrix}\tag{13.3.31}$$

块对角形式[8],U_S'是 U_S 限制到无消相干子空间部分,$\overline{M}_b$ 是作用到与无消相干子

空间垂直的子空间上的任意矩阵。

由式(13.3.31)可得

$$M_b^{\dagger}M_{b'}=\begin{bmatrix} g_b^* U_S'^{-1} & 0 \\ 0 & \overline{M}_b^{\dagger}\end{bmatrix}\begin{bmatrix} g_{b'}U_S' & 0 \\ 0 & \overline{M}_{b'}\end{bmatrix}=\begin{bmatrix}\gamma_{bb'}I & 0 \\ 0 & \overline{M}_b^{\dagger}\overline{M}_{b'}\end{bmatrix}$$

其中，$\gamma_{bb'}=g_b^* g_{b'}$。上式局限在子空间 C 中时有

$$\langle\bar{\phi}_i \mid M_b^{\dagger}M_{b'} \mid \bar{\phi}_j\rangle=\gamma_{bb'}\delta_{ij} \tag{13.3.32}$$

和式(13.3.30)形式相同，这表明 C 空间可以解释为量子纠错码空间，C 可以解释为量子纠错码。但是和一般量子纠错码矩阵 $c_{bb'}$ 是满秩矩阵不同，在无消相干子空间情况下，$M_b^{\dagger}M_{b'}$ 矩阵的第 b 行和第一行各元素之比都是常数 g_b^*/g_1^*，矩阵的秩为1，这表明无消相干子空间作为量子纠错码是高度简并的。

反过来，在一定条件下，一个量子纠错码可以是无消相干子空间。令 C 是针对出错算子集合 $\mathscr{E}=\{\hat{M}_b\}$ 的量子纠错码，具有恢复算子 $\mathscr{R}=\{R_r\}$，由式(13.3.31)可得

$$R_rM_b=R_r\begin{bmatrix} g_bU_S' & 0 \\ 0 & \overline{M}_b\end{bmatrix} \tag{13.3.3}$$

R_r 作为某一个恢复算子，对任意 M_b 引入的错误必然能够恢复。可以证明(13.3.33)局限在码空间上，有 $\hat{M}_b\propto\widetilde{U}^{-1}$，对所有 b 成立，而这正是式(13.3.31)中系统存在无消相干子空间的条件，这表明量子纠错码的确可以看做是出错算子 $\mathscr{E}=\{\hat{M}_b\}$ 作用下的无消相干子空间。

13.4 用半群主方程描写系统-环境相互作用系统存在无消相干子空间条件

前面关于无消相干子空间的 Hamilton 算子描述以及 Kraus 算子和描述，要求系统和系统—环境相互作用算子构成在 Hermitian 共轭下的封闭代数，其中包含系统散布到环境中的信息还可能重新返回到系统中的情况。然而，对于一些实际问题这一条件要求过于严格。例如，激发原子向冷环境辐射出一个光子，被原子辐射出的光子反过来重新激发原子回到它原来的激发态可能性极小。在这种情况下，描述系统演化更适宜的方法是用量子动力学**半群主方程**(semigroup main equation，SME)。另外，前面曾提到，使用系统演化的 Hamilton 算子以及 Kraus 算子和描述时，由于不能区分每个 Kraus 算子引起系统演化的幺正成分和非幺正成分，因此当试图把系统的幺正演化从系统—环境相互作用引起的非幺正演化中区分开时，遇到困难。我们知道，大部分物理过程都是 **Markov 过程**(Markov process)，即系统对过去是无记忆的。我们研究的编码有量子信息的物理系统，是

和巨大的环境耦合的，流入环境的信息会很快在庞大的环境中消失，不大可能再流回来影响现在的系统。因此可以认为我们研究的编码有量子信息的系统，发生的物理过程是马尔可夫过程，在这种近似下，就可使用**半群主方程**方法描写量子系统的消相干过程，这种描写方法可以克服上面两种方法带来的局限性。

13.4.1　半群主方程描写中无消相干子空间条件

假设量子系统 S 和环境 E 构成的复合系统 Hamilton 量为

$$\hat{H} = \hat{H}_S + \hat{H}_E + \hat{H}_I \tag{13.4.1}$$

其中，$\hat{H}_S$ 和 $\hat{H}_E$ 分别为系统和环境 Hamilton 量；$\hat{H}_I$ 描写系统—环境耦合相互作用。在系统—环境相互作用的半群主方程描写中，系统密度矩阵演化由主方程[见式(4.8.10)]

$$\frac{\mathrm{d}\hat{\rho}_S(t)}{\mathrm{d}t} = -\frac{\mathrm{i}}{\hbar}[\hat{H}_S, \hat{\rho}_S(t)] + L_D[\hat{\rho}_S(t)] \tag{13.4.2}$$

决定，其中

$$L_D[\hat{\rho}_S(t)] = \frac{1}{2}\sum_{\alpha,\beta=1}^{M} a_{\alpha\beta}\{[\hat{F}_\alpha, \hat{\rho}_S(t)\hat{F}_\beta^\dagger] + [\hat{F}_\alpha\hat{\rho}_S(t), \hat{F}_\beta^\dagger]\} \tag{13.4.3}$$

式(13.4.2)中第一项描述系统的幺正演化，所有的非幺正演化消相干动力学都包括在第二项 $L_D[\rho_S(t)]$ 中。第二项中的算子 $\{\hat{F}_\alpha, \alpha=0,1,2,\cdots,M, \hat{F}_0 \equiv I\}$（对于 N 维系统，一般 $M \leqslant N^2-1$）构成作用到系统 Hilbert 空间上的有限算子矢量空间的一组基，描述了式(13.4.1)系统和环境相互作用 Hamilton 量 $\hat{H}_I$ 中蕴含的各种可能的消相干过程，又称为**出错算子**。与时间无关的 Hermitian 系数矩阵 $a_{\alpha\beta}$ 包含了系统各种消相干过程的具体参数（如作用强度、态寿命等）的信息。

在系统-环境相互作用的半群主方程描述中，存在无消相干子空间的条件可用下述定理表示[3]。

定理 13.4.1　在系统—环境相互作用的半群主方程描写中，系统 Hilbert 空间的一个子空间 $\mathscr{H}'_S$ 成为无消相干子空间的充要条件是这个子空间的基态 $\{|\tilde{i}\rangle, \tilde{i}=1,2,\cdots,n_0\}$ 都是算子 $\{\hat{F}_\alpha\}$ 的共同本征态，即

$$\hat{F}_\alpha \mid \tilde{i}\rangle = c_\alpha \mid \tilde{i}\rangle, \quad \forall \alpha, \tilde{i} \tag{13.4.4}$$

证明　不失一般性，取这个子空间 $\mathscr{H}'_S$ 的任意态

$$\tilde{\rho}_S = \sum_{i,j}^{n_0} \tilde{\rho}_{ij} \mid \tilde{i}\rangle\langle\tilde{j} \mid$$

由主方程(13.4.2)可知，$\mathscr{H}'_S$ 为无消相干子空间的充要条件是

$$L_D[\tilde{\rho}_S] = 0$$

这蕴含着

$$L_D[\tilde{\rho}_S]=\frac{1}{2}\sum_{\alpha,\beta}^{n_0}a_{\alpha\beta}\{[\hat{F}_\alpha,\tilde{\rho}_S\hat{F}_\beta^\dagger]+[\hat{F}_\alpha\tilde{\rho}_S,\hat{F}_\beta^\dagger]\} \qquad (13.4.5)$$

其中，花括号中每一项都和具体的消相干参数无关地等于零。算子 $\hat{F}_\alpha$ 对基态 $|\tilde{i}\rangle$ 的作用可以一般地写作

$$\hat{F}_\alpha\mid\tilde{i}\rangle=\sum_{j=1}^{n_0}c_{ij}^\alpha\mid\tilde{j}\rangle \qquad (13.4.6)$$

从而

$$\begin{aligned}&[\hat{F}_\alpha,\tilde{\rho}_S\hat{F}_\beta^\dagger]+[\hat{F}_\alpha\tilde{\rho}_S,\hat{F}_\beta^\dagger]\\&=\sum_{ij}^{n_0}\tilde{\rho}_{ij}\Big(\sum_{nm}^{n_0}2c_{in}^\alpha c_{jm}^{\beta*}\mid\tilde{n}\rangle\langle\tilde{m}\mid-c_{jn}^{\beta*}c_{nm}^\alpha\mid\tilde{i}\rangle\langle\tilde{m}\mid-c_{mn}^{\beta*}c_{im}^\alpha\mid\tilde{n}\rangle\langle\tilde{j}\mid\Big) \qquad (13.4.7)\end{aligned}$$

该式等于零的条件是每一项仅存在一个投影算子，这要求

$$c_{in}^\alpha=c_i^\alpha\delta_{in},\quad c_{jm}^\beta=c_j^\beta\delta_{jm}$$

在这一条件下，式(13.4.6)化为

$$\hat{F}_\alpha\mid\tilde{i}\rangle=\sum_{j=1}^{n_0}c_i^\alpha\delta_{ij}\mid\tilde{j}\rangle=c_i^\alpha\mid\tilde{i}\rangle,\quad\forall\alpha \qquad (13.4.8)$$

即在定理所述条件下式(13.4.8)成立。应用式(13.4.8)有

$$[\hat{F}_\alpha,\tilde{\rho}_S\hat{F}_\beta^\dagger]+[\hat{F}_\alpha\tilde{\rho}_S,\hat{F}_\beta^\dagger]=\sum_{ij}^{n_0}\tilde{\rho}_{ij}\mid\tilde{i}\rangle\langle\tilde{j}\mid(2c_i^\alpha c_j^{\beta*}-c_j^{\beta*}c_j^\alpha-c_i^{\beta*}c_i^\alpha)$$

上式对任意 i,j 等于零蕴含着

$$2c_i^\alpha c_j^{\beta*}=c_j^{\beta*}c_j^\alpha+c_i^{\beta*}c_i^\alpha$$

假设 $c_i^\alpha\neq0$，由此可得 $2=\frac{c_j^\alpha}{c_i^\alpha}+\frac{c_i^{\beta*}}{c_j^{\beta*}}$，该式在 $\alpha=\beta$ 情况下成立。令 $z=\frac{c_j^\alpha}{c_i^\alpha}$，则方程

$$z+\frac{1}{Z^*}=2$$

有唯一解的条件是 $z=1$，这蕴含着 c_i^α 必须和下标 i 无关。于是，式(13.4.8)必须写成

$$\hat{F}_\alpha\mid\tilde{i}\rangle=c^\alpha\mid\tilde{i}\rangle,\quad\forall\alpha,i$$

至此便证明了式(13.4.4)成立。

13.4.2 Hamilton 算子描述和半群主方程描述中无消相干子空间条件的差别

半群主方程描述中，无消相干子空间条件式(13.4.4)形式上类似于无消相干子空间的 Hamilton 算子描述中的式(13.1.6)，但是二者有重要差别。在式(13.1.6)中算子 $\{\hat{F}_\alpha\}$ 是 Hermitian 的，但在半群主方程描述中 $\{\hat{F}_\alpha\}$ 仅是作用到系统

Hilbert 空间上的有限算子，其中每个算子不必是 Hermitian 的。通常，式(13.4.4)允许的子空间比式(13.1.6)允许的子空间更大。例如，一个两能级原子和冷环境相互作用，主方程中可以只有两个非零项，即

$$\hat{F}_- = |0\rangle\langle 1|, \quad \hat{F}_z = |0\rangle\langle 0| - |1\rangle\langle 1|$$

其中，$\hat{F}_-$ 描述原子从高能态向低能态的发射；$\hat{F}_z$ 描述原子两能态相对相位改变。这种情况下存在态$|0\rangle$的无消相干子空间；而在 Hamilton 算子形式中存在 $\hat{F}_-$，必定还要包含 $\hat{F}_+ = |1\rangle\langle 0|$，因此就不存在满足式(13.4.4)的无消相干子空间，此时态$|0\rangle$就不是无消相干态。

一般情况下，非 Markov 动力学的无消干子空间条件比半群主方程给出的无消相干子空间条件更一般。Bacon 等在文献[12]中应用固定算子基展开算子和表示中的 Kraus 算子，证明半群主方程表示中的出错算子 F_α 可以用短时间平均近似从 Kraus 算子展开中导出，在短时间极限下，两个无消相干子空间条件完全等价。但是在某些特殊情况下，对系统-环境做出清晰的区分，这时半群主方程给出的无消相干子空间条件可能更为一般。

13.5　系统-环境相互作用算子代数、无消相干子系统

编码信息到无消相干子空间的方法并不是无消相干编码信息的最一般方法。2000 年，Knill 等[4,5]基于系统-环境相互作用算子代数的不可约分解，提出**无消相干子系统**的概念，给出了编码信息到无消相干子系统克服消相干的方法。

13.5.1　无消相干子空间和无消相干子系统

为了阐明子空间和子系统的区别和联系，考虑系统由两个物理量子位组成复合系统的简单情况。记系统每个量子位的 Hilbert 空间分别为 $\mathscr{H}_1$ 和 $\mathscr{H}_2$，当这两个物理量子位不存在相互作用时，复合系统的 Hilbert 空间可以写作两个量子位 Hilbert 空间的直积，即 $\mathscr{H} = \mathscr{H}_1 \otimes \mathscr{H}_2$，这种情况下量子位 1 和量子位 2 都可看做是复合系统的一个子系统。如果其中作为直积因子的某个量子位是无消相干的，那么这个量子位自然就是复合系统的一个无消相干子系统。记两个量子位 Hilbert 空间的正交归一化基分别为$\{|0\rangle_1, |1\rangle_1\}$和$\{|0\rangle_2, |1\rangle_2\}$，四个正交态$|0\rangle_1|0\rangle_2$，$|0\rangle_1|1\rangle_2$，$|1\rangle_1|0\rangle_2$，$|1\rangle_1|1\rangle_2$ 组成这个复合系统的一组正交归一化基。任取基中一个、两个或三个张起的空间记为 $\mathscr{H}_1'$，其补空间(由其余基态张起的空间)记为$\mathscr{H}_2'$，由于 $\mathscr{H} = \mathscr{H}_1' \oplus \mathscr{H}_2'$，因此 $\mathscr{H}_1'$，$\mathscr{H}_2'$都是复合系统 Hilbert 空间的子空间。当然，取决于系统-环境相互作用的性质，这些子空间都可能成为无消相干的，成为复合系统的无消相干子空间。

人们常遇到的情况是,量子系统 S 完整的 Hilbert 空间 $\mathscr{H}_S$ 可以分解为互相垂直的两个子空间,即

$$\mathscr{H}_S = (\mathscr{H}_D \otimes \mathscr{H}_C) \oplus \mathscr{H}_B \tag{13.5.1}$$

但其中一个子空间具有张量积结构 $\mathscr{H}_C \otimes \mathscr{H}_D$,当系统-环境相互作用 Hamilton 算子 $\hat{H}_I$ 具有这样的对称性,它相对系统 Hilbert 空间上述分解可以因子化为

$$\hat{H}_I = \sum_\alpha [(\hat{D}_\alpha \otimes I_C) \oplus \hat{B}_\alpha] \otimes \hat{E}_\alpha \tag{13.5.2}$$

其中,I_C 是作用到 $\mathscr{H}_C$ 上的单位算子;$\hat{D}_\alpha$ 是作用在 $\mathscr{H}_D$ 空间上的算子;$\hat{B}_\alpha$ 是作用在正交子空间 $\mathscr{H}_B$ 上的算子;$\hat{E}_\alpha$ 是作用在系统环境空间上的算子。当系统-环境相互作用具有式(13.5.2)的对称结构时,编码在子系统 $\mathscr{H}_C$ 上的量子信息将不会受到式(13.5.2)中相互作用影响而消相干。$\mathscr{H}_C$ 就是在式(13.5.2)描述的系统-环境相互作用下的一个**无消相干子系统**。可以看出,当 $\mathscr{H}_D$ 是 1 维时,式(13.5.1)可化为

$$\mathscr{H}_S \sim \mathscr{H}_C \oplus \mathscr{H}_E$$

此时,$\mathscr{H}_C$ 就是系统的一个无消相干子空间,所以无消相干子空间只是无消相干子系统的特殊情况。

13.5.2 相互作用算子代数

由于维数相同的 Hilbert 空间有相同的数学结构,因此真正表征一个量子力学系统动力学行为的不是它的 Hilbert 空间,而是作用到它的 Hilbert 上的算子。研究量子系统的消相干问题,应当更多地关注作用在系统上算子和算子集合的性质。

仍然假设开放量子系统 S 的 Hamilton 量为 $\hat{H}_S$,系统和环境通过相互作用 Hamilton 算子 $\hat{H}_I = \sum_\alpha \hat{F}_\alpha \otimes \hat{E}_\alpha$ 互相耦合。其中,$\{\hat{F}_\alpha\}$ 和 $\{\hat{E}_\alpha\}$ 分别是作用在系统 S 和环境 E 上的算子。设 $\mathscr{A}$ 是由系统 Hamilton 算子 $\hat{H}_S$、相互作用 Hamilton 算子中作用到系统上的成分 $\{\hat{F}_\alpha\}$ 以及这些算子乘积的线性组合构成的集合,并把单位算子 $\hat{F}_0 = \hat{I}_S$ 也包括在内,为了保证其中 Hamilton 算子的 Hermitian 性,把这些算子的 Hermitian 共轭算子也包括在内。这样的算子集合 $\mathscr{A}$ 在 Hermitian 共轭运算下封闭,形成一个 †一封闭算子代数,称为**相互作用算子代数**(interaction operator algebra)。

相互作用算子代数对系统的作用可以用具有出错算子 $\{E_\alpha\}$ 的**量子超算子**(super operator)$\mathscr{E}$ 表示。记 $B(\mathscr{H}_S)$ 是作用在系统 Hilbert 空间 $\mathscr{H}_S$ 上的算子集合,量子超算子 $\mathscr{E}$ 对系统态(用密度算子描写)的作用可以表示为

$$\mathscr{E}: B(\mathscr{H}_S) \to B(\mathscr{H}_S)$$

其中,$\mathscr{E}$ 是正定、保迹、线性变换的算子,所以称它为**超算子**。超算子 $\mathscr{E}$ 对系统态 σ

的作用可以由出错算子$\{E_a\}$表示为

$$\mathscr{E}(\sigma) = \sum_a \hat{E}_a \sigma \hat{E}_a^\dagger$$

下面记由$\{E_a, E_a^\dagger\}$(包括单位元)生成的代数为 $\mathscr{A}$,在环境作用下量子系统的动力学性质就可由这样一个赋范的、复结合代数 $\mathscr{A}$ 表征(见附 A1.7)。它描述了系统在环境影响下可能发生的各种消相干过程,在量子纠错理论中$\mathscr{E}$集合称为**出错算子**。

13.5.3　完全算子代数的约化——无消相干子系统

一般情况下,作用到系统 S 的 Hilbert 空间 $\mathscr{H}_S$ 上完全算子代数 $\mathscr{A}$ 是一个有限维 C^*-代数(见附录 A1.7),具有子系统结构。根据这种算子代数的表示定理(见附录 A1.7),在它的一个表示中每个元素 $E_a \in \mathscr{A}$ 的表示矩阵都可写成 J 个不同不可约表示复矩阵的直和[5~7],即

$$E_a = \begin{bmatrix} M_1^a & & & \\ & M_2^a & & \\ & & \ddots & \\ & & & M_J^a \end{bmatrix} = \sum_{j=1}^{J} \oplus M_j^a \tag{13.5.3}$$

其中,J 是 $\mathscr{H}_s$ 生成的代数 $\mathscr{A}$ 的不同不可约表示总数;M_j^a 是元素 $E_a \in \mathscr{A}$ 与第 j 个不可约表示有关的矩阵。设第 j 个不可约表示是维数为 m_j 的复矩阵 $M_j^a(m_j, C)$,第 j 个不可约表示重复度为 n_j,式(13.5.1)的子块 M_j^a 可进一步表示为

$$M_j^a = M_j^a(m_j, C) \otimes I(n_j) \tag{13.5.4}$$

其中,$I(n_j)$是维数等于第 j 个不可约表示重复度 n_j 的单位矩阵。将式(13.5.2)代入式(13.5.1),式(13.5.1)可以写成

$$E_a = \bigoplus_{j=1}^{J} M_j^a(m_j, C) \otimes I(n_j), \quad E_a \in \mathscr{A} \tag{13.5.5}$$

以 $\lambda(1 \leqslant \lambda \leqslant n_j)$表示同一个不可约表示 j、第 λ 次出现的简并子块,以$|\mu\rangle(0 \leqslant \mu \leqslant m_j - 1)$表示生成第 λ 个子块的各基态。相互作用算子代数 $\mathscr{A}$ 在系统 Hilbert 空间 $\mathscr{H}_s$ 上表示的这一约化,表明 $\mathscr{H}_s$ 的基态可以按相互作用算子代数的不可约表示分类。记第 λ 次出现的不可约表示 j 的第 μ 个基态为

$$|\lambda, \mu\rangle_j \equiv |\lambda\rangle_j \otimes |\mu\rangle_j, \quad 1 \leqslant \lambda \leqslant n_j, 0 \leqslant \mu \leqslant m_j - 1 \tag{13.5.6}$$

和代数 $\mathscr{A}$ 表示约化相关,系统的 Hilbert 空间可以分解为

$$\mathscr{H}_s = \sum_{j=1}^{J} \oplus \mathscr{H}_j^A \otimes \mathscr{H}_j^B \tag{13.5.7}$$

其中,$\mathscr{H}_j^A$ 的维数为 m_j;$\mathscr{H}_j^B$ 的维数为 n_j。$\mathscr{H}_j^B$ 作为系统 Hilbert 空间分解的一个张量

积因子,可以看做是系统 S 的子系统。由于这里把系统 Hilbert 空间分解为张量乘积的直和,因此与一般复合系统态表示为局域子系统态张量积不同,这里子系统不像两个物理量子位直积空间的子系统——它们在空间上是局域的,而这里不必是空间局域的。

由式(13.5.7)的分解和式(13.5.5)的比较可以看出,相互作用超算子$\mathscr{E}$对子系统 $\mathscr{H}_j^B$的作用相当于一个单位算子,于是编码在子系统 $\mathscr{H}_j^B$中的信息在所有 $E_a \in \mathscr{A}$的出错算子作用下将不会消相干。**子系统$\mathscr{H}_j^B$就称为相互作用超算子代数$\mathscr{A}$作用下的无噪声子系统**(noiseless subsystem)。

定义和 $\mathscr{A}$ 中所有算子 E_a 都交换的算子集合为 $\mathscr{A}'$

$$\mathscr{A}' := \{X, \mid [X, E_a] = 0, \forall E_a \in \mathscr{A}\} \tag{13.5.8}$$

$\mathscr{A}'$称为 $\mathscr{A}$ 的**换位子群**(commutator subgroup)。存在无噪声子系统的条件是:对于任意$E_a \in \mathscr{A}$ 的表示矩阵存在式(13.5.5)的分解,蕴含着在相同基下任意 $X \in \mathscr{A}'$ 的表示矩阵具有以下形式:

$$X \cong \bigoplus_{j=1}^{J} [I(m_j) \otimes M_j^x(n_j, C)], \quad \forall X \in \mathscr{A}' \tag{13.5.9}$$

事实上,设对 j 标志的不可约表示,任意算子 $X \in \mathscr{A}'$的表示矩阵设为

$$X = N_j^x(m_j, C) \otimes M_j^x(n_j, C) \equiv N_j^x \otimes M_j^x$$

由于任意 $E_a \in \mathscr{A}$ 和 $X \in \mathscr{A}'$对易,即$[E_a, X]=0$,因此

$$[M_j^a \otimes I(n_j)] \cdot [N_j^x \otimes M_j^x] = [N_j^x \otimes M_j^x] \cdot [M_j^a \otimes I(n_j)]$$

假设矩阵的阶使矩阵乘积 $M_j^a \cdot N_j^x, N_j^x \cdot M_j^a$ 有定义(总可以补充除对角元为 1 外,其他元素全为“0”的适当数量行或列使矩阵乘有定义),则上式可表示为

$$[M_j^a \cdot N_j^x] \otimes M_j^x = [N_j^x \cdot M_j^a] \otimes M_j^x$$

或

$$M_j^a \cdot N_j^x = N_j^x \cdot M_j^a, \quad \forall E_a \in \mathscr{A}$$

由于 M_j^a 是 $\mathscr{A}$ 的不可约表示,矩阵 N_j^x 和它交换时,根据 Schur 引理 1(见附录 A3),N_j^x 必为单位矩阵的常数倍,所以 $\mathscr{A}'$中每个元素 X 的表示矩阵必然具有式(13.5.7)的形式。

对于量子信息中的无噪声子系统,要求维数 $n_J \geqslant 2$,这意味着 $\mathscr{A}'$中的算子是非对易的,因为一个交换代数只有 1 维不可约表示。

应当指出,属于不同不可约表示的子系统不能同时用来编码信息,因为属于不同 j 值的不可约表示态之间可能发生相位消相干。后面说到无消相干子系统,就是指给定 j 值的不可约子系统。

13.5.4　无消相干子系统作为无消相干子空间

可以看出，无消相干子空间可以作为无消相干子系统的特殊情况。由于存在式(13.5.3)分解的条件蕴含着对任意作用到系统上的算子 $E_a \in \mathscr{A}$，对给定 j 值的第 λ 次出现的不可约 j 子空间内基态$\{|\lambda,\mu\rangle\}$的作用都有

$$E_a \mid \lambda,\mu\rangle = \sum_{\mu'=1}^{n_j} M^a_{\mu\mu'} \mid \lambda,\mu'\rangle \tag{13.5.10}$$

即给定 j 值的第 λ 次出现的不可约子空间，(以$\{|\lambda,\mu\rangle$：固定 μ 值，$1\leqslant\lambda\leqslant n_j\}$为基张起的子空间)是所有 $E_a\in\mathscr{A}$ 作用下的不变子空间。注意到变换矩阵元 $M^a_{\mu\mu'}$ 和 λ 无关，表示由一个固定的 μ，取遍所有 λ 的$\{|\lambda,\mu\rangle\}$张起的子空间被消相干过程以相同的方式变换。鉴于系统 Hilbert 空间式(13.5.5)的分解，现在可以把无噪声子空间的概念和无噪声子系统联系起来，对 1 维不可约表示情况，式(13.5.5)就退化成无噪声子空间条件式(13.1.6)，其中的无噪声子空间 $\mathscr{H}'_S$ 就由分属于不同重复出现的 1 维不可约表示的基态张成。所以无噪声子空间是无噪声子系统的特殊情况。**无噪声子空间是具有 1 维不可约表示的子系统**(其中 $m_j=1$)，**这个 1 维不可约表示的重复度就是无噪声子空间的维数**。

13.6　算子量子纠错、量子纠错标准模型

2005 年，Kribs 等引进了**算子量子纠错**的概念[13,14]，这个概念推广了量子纠错理论，把主动纠错和无消相干子空间、无噪声子系统(有时把二者统一缩记为 NS)和被动纠错方法结合到一个统一的理论框架中，建立了算子量子纠错统一的、一般的量子纠错方法标准模型。无消相干子空间和无消相干子系统只是这个算子量子纠错标准模型的特殊情况。本节将按照 Kribs 等的文章介绍这一理论。

13.6.1　量子纠错的标准模型

为了定义量子纠错的标准模型，需要利用 13.5 节引进的量子(超)算子的概念。令 $\mathscr{H}$ 是有限维量子系统的 Hilbert 空间，$B(\mathscr{H})$是作用在 $\mathscr{H}$ 上的有限算子集合。一个正定、保迹、线性映射$\boldsymbol{\mathscr{E}}$：$B(\mathscr{H})\rightarrow B(\mathscr{H})$就是一个**量子(超)算子**。

令 $C\in\mathscr{H}_S$ 是量子纠错码码空间，$B(C)$是作用到码空间 C 上的算子集合，用量子(超)算子$\boldsymbol{\mathscr{E}}$表示环境对码空间的作用。假设在初始系统—环境无耦合情况下，$\boldsymbol{\mathscr{E}}$对码空间中任意态 $\hat{\sigma}$ 的作用可以用 Kraus 算子和表示为

$$\boldsymbol{\mathscr{E}}(\hat{\sigma}) = \sum_a E_a\hat{\sigma}E_a^{\dagger}, \quad \forall\hat{\sigma}\in B(C) \tag{13.6.1}$$

其中，$\{E_a\}\in B(\mathscr{H})$是描述系统—环境相互作用的 Kraus 算子，是引起系统消相干

的动力学原因,所以$\{E_a\}$又称为**出错算子**。当$\{E_a\}$以式(13.6.1)的方式决定$\mathscr{E}$时,将其记为$\mathscr{E}=\{E_a\}$,并称$\mathscr{E}$为量子超算子,它描述系统消相干的可能方式。需要注意的是,给出一个量子超算子$\mathscr{E}$的Kraus算子$\{E_a\}$的选择不是唯一的,$\{E_a\}$作为算子基,不同基可以通过一个幺正变换互相联系。

定义量子超算子$\mathscr{E}$**是幺正的(unital)**,如果$\mathscr{E}$满足

$$\varepsilon(I)=\sum_a E_a I E_a^\dagger=1 \tag{13.6.2}$$

其中,I是单位算子。由于系统最大混合态的密度矩阵是单位算子,因此幺正的量子超算子物理上具有这样的意义:相应Hilbert空间中的最大混合态不会受幺正量子算子的影响。

令$\mathscr{R}(R_r)$是作用到系统上的另一个量子超算子,如果它对被环境污染后的出错态的作用能纠正其中的错误,即恢复原来的态

$$(\mathscr{R}\cdot\mathscr{E})(\hat{\sigma})=\hat{\sigma},\quad \forall\hat{\sigma}\in B(C) \tag{13.6.3}$$

则称其为**恢复量子超算子(recovery quantum super operator)**。**如果对给定的码C和出错量子超算子$\mathscr{E}$,存在恢复超算子$\mathscr{R}(R_r)$,则称码C对错误$\mathscr{E}=\{E_a\}$是可纠错的,称码C是对出错超算子$\mathscr{E}$的可纠错码**。于是,一个量子纠错码可用三元组($\mathscr{R}$,$\mathscr{E}$,$\mathscr{C}$)表示,其中C是编码系统Hilbert空间的一个子空间;$\mathscr{R}$,$\mathscr{E}$分别是恢复量子超算子和出错量子超算子,在式(13.6.3)的意义上,$\mathscr{R}$取消$\mathscr{E}$对C的作用。用**三元组**($\mathscr{R}$,$\mathscr{E}$,$\mathscr{C}$)表示量子纠错码,称为**量子纠错的标准模型(standard model for quantum error correction)**。

使用量子纠错的标准模型,编码态用码空间中密度算子描述,环境对编码态的作用就可用出错量子超算子表示,这样就可以把研究量子纠错从原来的关注码子空间,转移到关注作用到码子空间的算子上,以统一的方式研究量子纠错码。

13.6.2　无消相干子系统

令$\mathscr{E}=\{E_a\}$是作用到系统Hilbert空间$\mathscr{H}_S$上的幺正量子超算子,令$\mathscr{A}$是由$\{E_a,E_a^\dagger\}$生成的相互作用算子代数,由13.5节的讨论可知,它具有式(13.5.3)的可约形式

$$\mathscr{A}=\bigoplus_{j=1}^{J}M(m_j,C)\otimes I(n_j) \tag{13.6.4}$$

其中,$M(m_j,C)$是$m_j\times m_j$复矩阵;$I(n_j)$是维数等于重复度n_j的单位矩阵。这表示在系统Hilbert空间$\mathscr{H}_S$中存在一组正交归一化基,相对这组基,系统的Hilbert空间可以分解为

$$\mathscr{H}_S=\bigoplus_J \mathscr{H}_J^A\otimes\mathscr{H}_J^B \tag{13.6.5}$$

其中,$\mathscr{H}_J^A$受出错算子$\mathscr{E}=\{E_a\}$的影响;$\mathscr{H}_J^B$是维数n_j的无噪声子系统。

对于幺正量子超算子$\mathscr{E}=\{E_a\}$，被动的量子纠错方法——无消相干子空间和无消相干子系统——可以用与$\mathscr{E}$有关的**噪声换位子群**(noise commutant)的代数结构解释。定义与噪声$\mathscr{E}=\{E_a\}$有关的噪声换位子群为

$$\mathscr{A}':=\{\hat{\sigma}\in B(\mathscr{H}_S):[E_a,\hat{\sigma}]=0,\forall E_a\in\mathscr{A}\} \tag{13.6.6}$$

当$\mathscr{E}$为幺正量子超算子时，即式(13.6.2)成立，$\mathscr{E}$映射态$\sigma\in B(\mathscr{H}_S)$为

$$\mathscr{E}(\hat{\sigma})=\sum_a E_a\hat{\sigma}E_a^\dagger=\hat{\sigma}\sum_a E_a I E_a^\dagger=\hat{\sigma}$$

上式利用了$[E_a,\hat{\sigma}]=0$，因此编码在$\mathscr{A}'$中的态(密度算子)对$\mathscr{E}=\{E_a\}$是无消相干的。编码在噪声换位子群中的量子信息是无消相干的，**无消相干子系统方法的基本思想就是编码信息到给定噪声超算子$\mathscr{E}=\{\hat{E}_a\}$的换位子群中，这在效果上就是被动的纠错方法**。

由 13.5 节对代数$\mathscr{A}$结构的讨论可知，噪声换位子代数在相同基下的表示矩阵为

$$\mathscr{A}'=\bigoplus_{j=1}^{J} I(m_j)\otimes M(n_j,C) \tag{13.6.7}$$

根据噪声换位子群表示的这一分解，如果利用了求和中$I(m_j)=1$的子系统$M(n_j,C)$编码量子信息(这实际上是一个子空间)，那么这样的信息是无消相干的。因此，无消相干子空间方法可以作为无消相干子系统对应$I(m_j)=1$的特殊情况，其中 1 维不可约表示的多重数就是无消相干子空间的维数。

可以证明，对于幺正的$\mathscr{E}$，噪声换位子群和被$\mathscr{E}$变换固定的算子集合重合[15,16]，即

$$\mathscr{A}'=\mathrm{Fix}(\mathscr{E})=\{\hat{\sigma}\in B(\mathscr{H}_S),\quad \mathscr{E}(\hat{\sigma})=\sum_a E_a\hat{\sigma}E_a^\dagger=\hat{\sigma}\} \tag{13.6.8}$$

这是噪声换位子群对幺正的$\mathscr{E}$能够产生无消相干子系统的根本原因。

尽管许多物理系统受到的环境作用都可以用幺正的噪声量子超算子描述，但是更一般的情况描述环境作用的噪声模型可能是非幺正的。为了得到更普遍的非幺正量子算子作用下系统无消相干子空间、无消相干子系统的一般概念，下面把注意点从噪声换位子转移到被非幺正量子算子固定的算子集合上，推广上述幺正量子超算子噪声标准模型，导出适用于包括非幺正出错量子超算子在内的一般的无消相干子系统概念。

13.6.3　非幺正噪声超算子作用下的无消相干子系统

注意到式(13.6.4)给出的$\mathscr{A}$的代数结构，产生了系统 Hilbert 空间的一个自然分解式(13.6.5)

$$\mathscr{H}_S=\bigoplus_J \mathscr{H}_J^A\otimes\mathscr{H}_J^B \tag{13.6.9}$$

其中,无消相干子系统 $\mathscr{H}_j^B$ 的维数为 n_j。假设信息编码在某一确定 j 值的 $\mathscr{H}_j^B$ 上,于是系统的 Hilbert 空间可以划分为

$$\mathscr{H}_S = (\mathscr{H}^A \otimes \mathscr{H}^B) \oplus \mathscr{H}^K \tag{13.6.10}$$

其中,$\mathscr{H}^A$,$\mathscr{H}^B$ 的维数分别为 m_j,n_j;而 $\mathscr{H}^K$ 的维数为 $n - m_j n_j$,n 是系统 Hilbert 空间 $\mathscr{H}_S$ 的维数。在这种情况下,子空间 $\mathscr{H}^K$ 是 $\mathscr{H}^A \otimes \mathscr{H}^B$ 在 $\mathscr{H}_S$ 中的补空间,它包含了式(13.6.9)分解中除 j 之外的其他所有子空间。

令算子 $\hat{\sigma}^A \in \mathscr{H}^A$,$\hat{\sigma}^B \in \mathscr{H}^B$,对某些 $\hat{\sigma}^A$ 和 $\hat{\sigma}^B$ 定义算子集合

$$\mathscr{A} = \{\hat{\sigma} \in B(\mathscr{H}_S); \hat{\sigma} = \hat{\sigma}^A \otimes \hat{\sigma}^B\} \tag{13.6.11}$$

在算子乘二元运算下,$\mathscr{A}$ 是个半群(见附录 A2)。把出错量子超算子 $\mathscr{E} = \{E_a\}$ 的噪声对易子 $\mathscr{A}'$ 限制到子空间 $\mathscr{H}^A \otimes \mathscr{H}^B$ 上,它仅由形式为 $I^A \otimes \hat{\sigma}^B$ 的算子组成,其中 I^A 是 $B(\mathscr{H}^A)$ 中的单位元。如果限制到子空间 $\mathscr{H}^A \otimes \mathscr{H}^B$,$\mathscr{E} = \{E_a\}$ 仍是幺正的,态 $I^A \otimes \hat{\sigma}^B \in \mathscr{A}'$,那么它相对 ε 作用是无消相干的。

为了给出无噪声子系统的一般定义,假设已取 $\{|\alpha_i\rangle, i = 1, m_j\}$,$\{|\beta_k\rangle, k = 1, n_j\}$ 分别为 $\mathscr{H}^A$ 和 $\mathscr{H}^B$ 的正交归一化基,噪声换位子群代数 $\mathscr{A}' \cong I^A \otimes B(\mathscr{H}^B)$ 在这组基下的表示为 $I(m_j) \otimes M(C, n_j)$。记与这一分解有关的**矩阵单位簇(family of matrix units)**为

$$P_{kl} = |\alpha_k\rangle\langle\alpha_l| \otimes I^B, \quad \forall 1 \leqslant k, l \leqslant m \tag{13.6.12}$$

容易看出

$$P_{kl}^\dagger = P_{lk} = |\alpha_l\rangle\langle\alpha_k| \otimes I^B \tag{13.6.13}$$

注意到,$P_{kk} = |\alpha_k\rangle\langle\alpha_k| \otimes I^B$,$P_{ll} = |\alpha_l\rangle\langle\alpha_l| \otimes I^B$,可以证明

$$P_{kk} P_{kl} P_{ll} = (|\alpha_k\rangle\langle\alpha_k| \otimes I^B)(|\alpha_k\rangle\langle\alpha_l| \otimes I^B)(|\alpha_l\rangle\langle\alpha_l| \otimes I^B) = |\alpha_k\rangle\langle\alpha_l| \otimes I^B$$

即

$$P_{kl} = P_{kk} P_{kl} P_{ll}, \quad \forall 0 \leqslant k, l \leqslant m \tag{13.6.14}$$

和

$$P_{kl} P_{l'k'} = \begin{cases} P_{kk'}, & l = l' \\ 0, & l \neq l' \end{cases} \tag{13.6.15}$$

利用上面的记号,定义投影算子

$$P_{\mathscr{A}} = \sum_{i=1}^{m_j} P_{ii} = \sum_{i=1}^{m_j} (|\alpha_i\rangle\langle\alpha_i| \otimes I^B) \tag{13.6.16}$$

它对 Hilbert 空间 $\mathscr{H}_S$ 的作用为

$$P_{\mathscr{A}} \mathscr{H}_S = \mathscr{H}^A \otimes \mathscr{H}^B \tag{13.6.17}$$

令 $P_{\mathscr{A}}^{\perp}$ 是到 $P_{\mathscr{A}} \mathscr{H}_S$ 补空间上的投影算子,利用式(13.6.10)的分解,有

$$P_{\mathscr{A}}^{\perp} \mathscr{H}_S = \mathscr{H}^K \tag{13.6.18}$$

利用 $P_{\mathscr{A}}$ 定义一个超算子

$$P_{\mathscr{A}}(*) = P_{\mathscr{A}}(*)P_{\mathscr{A}} \tag{13.6.19}$$

可以证明存在以下的引理。

引理 13.6.1 **由 $\boldsymbol{\Gamma}=\{\boldsymbol{P}_{kl}\}$ 给出的映射 $\boldsymbol{\Gamma}:\boldsymbol{B}(\mathscr{H}_S)\to\boldsymbol{B}(\mathscr{H}_S)$，对于所有的 $\hat{\boldsymbol{\sigma}}\in\boldsymbol{B}(\mathscr{H}_S)$ 都满足**

$$\boldsymbol{\Gamma}(\boldsymbol{\sigma}) = \sum_{k,l=1}^{m}\boldsymbol{P}_{kl}\hat{\boldsymbol{\sigma}}\boldsymbol{P}_{kl}^{\dagger} = \boldsymbol{I}^A\otimes(\mathbf{Tr}_A\circ\boldsymbol{P}_{\mathscr{A}})(\hat{\boldsymbol{\sigma}}) \in \boldsymbol{I}^A\otimes\boldsymbol{B}(\mathscr{H}^B) \tag{13.6.20}$$

证明 对于 $\mathscr{H}_S$ 的固定分解式(13.6.10)，在幺正变换下任意态 $\hat{\sigma}\in B(\mathscr{H}_S)$ 都等价于

$$\hat{\sigma} = \hat{\sigma}^A\otimes\hat{\sigma}^B\oplus\hat{\sigma}^K$$

其中，$\hat{\sigma}^K$ 是 $\hat{\sigma}$ 属于子空间 $\mathscr{H}^K$ 的部分。由式(13.6.12)P_{kl} 的定义及式(13.6.13)有

$$\begin{aligned}
\Gamma(\hat{\sigma}) &= \sum_{k,l=1}^{m_j}P_{kl}\hat{\sigma}P_{kl}^{\dagger} = \sum_{k,l=1}^{m_j}(|\alpha_k\rangle\langle\alpha_l|\otimes I^B)(\hat{\sigma}^A\otimes\hat{\sigma}^B)(|\alpha_l\rangle\langle\alpha_k|\otimes I^B)\\
&= \sum_{k,l=1}^{m_j}(|\alpha_k\rangle\hat{\sigma}_l^A\langle\alpha_k|)\otimes\hat{\sigma}^B\\
&= I^A\otimes\hat{\sigma}^B \in I^A\otimes B(\mathscr{H}^B)
\end{aligned}$$

由式(13.6.17)可知 $P_{\mathscr{A}}\hat{\sigma}=P_{\mathscr{A}}(\hat{\sigma}^A\otimes\hat{\sigma}^B\oplus\hat{\sigma}^K)=\hat{\sigma}^A\otimes\hat{\sigma}^B$，从而

$$(\mathrm{Tr}_A\circ P_{\mathscr{A}})(\hat{\sigma}) = \mathrm{Tr}_A(\hat{\sigma}^A\otimes\hat{\sigma}^B) = I\otimes\hat{\sigma}^B$$

这就证明了式(13.6.20)。

给定系统 Hilbert 空间一个固定分解 $\mathscr{H}_S=(\mathscr{H}^A\otimes\mathscr{H}^B)\oplus\mathscr{H}^K$ 和作用到 $B(\mathscr{H}_S)$ 上的量子超算子 $\mathscr{E}:B(\mathscr{H}_S)\to B(\mathscr{H}_S)$，如果对于任意 $\hat{\sigma}^A\in\mathscr{H}^A$，$\hat{\sigma}^B\in\mathscr{H}^B$ 都存在一个 $\tau^A\in\mathscr{H}^A$，使

$$\mathscr{E}(\hat{\sigma}^A\otimes\hat{\sigma}^B) = \tau^A\otimes\hat{\sigma}^B \tag{13.6.21}$$

则称子系统 B 对量子超算子 $\mathscr{E}$ 是无消相干的。

利用无消相干子系统可以证明下面的定理。

定理 13.6.1 **给定系统 Hilbert 空间一个固定分解 $\mathscr{H}_S=(\mathscr{H}^A\otimes\mathscr{H}^B)\oplus\mathscr{H}^K$ 和作用到 $\boldsymbol{B}(\mathscr{H}_S)$ 上的量子超算子 $\mathscr{E}=\{\boldsymbol{E}_a\}$，$\mathscr{A}$ 是定义为[见式(13.6.11)] $\mathscr{A}=\{\hat{\boldsymbol{\sigma}}\in\boldsymbol{B}(\mathscr{A}_S);\hat{\boldsymbol{\sigma}}=\hat{\boldsymbol{\sigma}}^A\otimes\hat{\boldsymbol{\sigma}}^B\}$ 的半群，子系统 $\boldsymbol{B}$ 是无消相干的充分必要条件是下面两式成立：**

$$P_{kk}E_aP_{ll} = \lambda_{akl}P_{kl},\quad \forall a,k,l(1\leqslant k,l\leqslant m_j) \tag{13.6.22}$$

其中，$\boldsymbol{\lambda}_{akl}$ 是与 $\boldsymbol{E}_a,\boldsymbol{k},\boldsymbol{l}$ 有关的常数。

$$P_{\mathscr{A}}^{\perp}E_aP_{\mathscr{A}} = 0,\quad \forall a \tag{13.6.23}$$

其中,$P_{\mathscr{A}}$ 是式(13.6.16)中定义的投影算子。

证明 先证明必要性。由以上证明的引理式(13.6.20)可知

$$\Gamma(\hat{\sigma}^A \otimes \hat{\sigma}^B) = I^A \otimes \hat{\sigma}^B \in I^A \otimes B(\mathscr{H}^B)$$

依据子系统 B 是无噪声的定义可得

$$\forall \hat{\sigma}^B, \exists \tau^A : \mathscr{E}(I^A \otimes \hat{\sigma}^B) = \tau^A \otimes \hat{\sigma}^B \tag{13.6.24}$$

进而得出

$$(\Gamma \circ \mathscr{E} \circ \Gamma)(\hat{\sigma}) = (\Gamma \circ \mathscr{E})(I^A \otimes \hat{\sigma}^B) = \Gamma(\tau^A \otimes \hat{\sigma}^B) \propto \Gamma(\hat{\sigma}), \quad \forall \hat{\sigma} \in B(\mathscr{H}_S)$$

由映射的线性性质可知,比例因子不可能依赖 $\hat{\sigma}$,从而算子集合$\{P_{ki}E_aP_{jl}\}$,$\{\lambda_{akl}P_{k'l'}\}$对某些 λ 定义相同的映射,于是可以找到一个标量集合使

$$P_{ki}E_aP_{jl} = \sum_{k'l'} \mu_{kiajl,k'l'} P_{k'l'}$$

等式两边同时左乘 P_{ll} 和右乘 P_{kk},注意到当 $k \neq k'$,$l \neq l'$ 时 $\mu_{kiajl,k'l'} = 0$,这给出式(13.6.22)中 $\lambda_{akl} = \mu_{kkall,kl}$。

对于式(13.6.23),注意到 $P_{\mathscr{A}}\mathscr{H}_S = \mathscr{H}^A \otimes \mathscr{H}^B$,$P_{\mathscr{A}}^{\perp}\mathscr{H}_S = \mathscr{H}^K$,对于 $\hat{\sigma}^A \otimes \hat{\sigma}^B \in \mathscr{A}$,$P_{\mathscr{A}}^{\perp}\hat{\sigma}P_{\mathscr{A}}^{\perp} = 0$,由式(13.6.24)可知

$$\mathscr{E}(P_{\mathscr{A}}(\hat{\sigma})) = \mathscr{E}(\hat{\sigma}^A \otimes \hat{\sigma}^B) \cong \tau^A \otimes \hat{\sigma}^B \in \mathscr{A}, \quad \forall \hat{\sigma} \in B(\mathscr{H}_S)$$

所以

$$P_{\mathscr{A}}^{\perp} \varepsilon(P_{\mathscr{A}}(\hat{\sigma}))P_{\mathscr{A}} = 0, \quad \forall \hat{\sigma} \in B(\mathscr{H}_S) \tag{13.6.25}$$

考虑到 $\mathscr{E}$ 的算子和表示为 $\mathscr{E}(\hat{\sigma}) = \sum_a E_a\hat{\sigma}E_a^{\dagger}$,式(13.6.23)就可由式(13.6.25)得出。

下面证明充分性:利用恒等式

$$P_{\mathscr{A}} = \sum_{i=1}^{m} P_{ii} = \sum_{i=1}^{m} (|\alpha_i\rangle\langle\alpha_i| \otimes I^B)$$

对所有 $\hat{\sigma} = P_{\mathscr{A}}\sigma \in \mathscr{A}$,有

$$\mathscr{E}(\hat{\sigma}) = (P_{\mathscr{A}} + P_{\mathscr{A}}^{\perp}) \sum_a E_a\hat{\sigma}E_a^{\dagger}(P_{\mathscr{A}} + P_{\mathscr{A}}^{\perp}) = \sum_a P_{\mathscr{A}}E_a\hat{\sigma}E_a^{\dagger}P_{\mathscr{A}}$$

$$= \sum_{akk'} P_{kk}E_a\hat{\sigma}E_a^{\dagger}P_{k'k'}$$

把它和恒等式 $\hat{\sigma}^A \otimes \hat{\sigma}^B = P_{\mathscr{A}}(\hat{\sigma}^A \otimes \hat{\sigma}^B)P_{\mathscr{A}} = \sum_{ll'} P_{ll}(\hat{\sigma}^A \otimes \hat{\sigma}^B)P_{l'l'}$ 相结合,这蕴含着对所有 $\hat{\sigma} = \hat{\sigma}^A \otimes \hat{\sigma}^B \in \mathscr{A}$ 都有

$$\mathscr{E}(\hat{\sigma}^A \otimes \hat{\sigma}^B) = \sum_{akk'll'} P_{kk}E_aP_{ll}(\hat{\sigma}^A \otimes \hat{\sigma}^B)P_{l'l'}E_a^{\dagger}P_{kk'}$$

应用式(13.6.22)，上式可以写为

$$\mathscr{E}(\hat{\sigma}^A \otimes \hat{\sigma}^B) = \sum_{akk'll'} \lambda_{akl} \bar{\lambda}_{ak'l'} P_{kl} (\hat{\sigma}^A \otimes \hat{\sigma}^B) P_{l'k'}$$

由式(13.6.12)可知，P_{kl} 对 $B(\mathscr{H}^B)$ 的作用相当于单位算子，这就证明了子系统 B 相对量子超算子 $\mathscr{E}$ 是无噪声的。

注意到上面证明的定理 13.6.1，系统相对量子超算子 $\mathscr{E}$ 存在无消相干子系统的充分必要条件式(13.6.22)和式(13.6.23)，并不蕴含着无噪声算子 $\hat{\sigma}$ 一定出现在系统-环境相互作用代数 $\mathscr{A}=\{E_i\}$ 的换位子群中。这表明有可能存在不被噪声换位子群支持的无消相干子系统。

13.6.4　非幺正量子超算子作用下存在无消相干子系统的例子

作为非幺正出错量子超算子作用下，系统存在无消相干子系统的一个例子，考虑由两个物理量子位构成的复合系统[10,11]。复合系统的 Hilbert 空间为 $\mathscr{H}_S = \mathscr{H}^A \otimes \mathscr{H}^B$，$\mathscr{H}^A$，$\mathscr{H}^B$ 分别是量子位 1、量子位 2 的 Hilbert 空间。

例 13.6.1　考虑出错量子超算子 $\mathscr{E}=\{E_1, E_2\}$，其中 $E_1 = F_1 \otimes I^B$，$E_2 = F_2 \otimes I^B$，F_1，F_2 是作用在 $\mathscr{H}^A$ 上的算子，已给定的 $0 \leqslant \gamma \leqslant 1$，$F_1$，$F_2$ 在计算基 $\{|0\rangle, |1\rangle\}$ 下由矩阵

$$F_1 = \begin{bmatrix} \sqrt{\gamma} & 0 \\ 0 & \sqrt{1-\gamma} \end{bmatrix}, \quad F_2 = \begin{bmatrix} 0 & \sqrt{\gamma} \\ \sqrt{1-\gamma} & 0 \end{bmatrix}$$

给出。I^B 是作用在 $\mathscr{H}^B$ 上的单位算子。容易验证，$\{E_1, E_2\}$ 满足 Kraus 算子归一化条件，即

$$\begin{aligned}
\sum_{i=1}^{2} E_i^\dagger E_i &= (F_1 \otimes I^B)^\dagger (F_1 \otimes I^B) + (F_2 \otimes I^B)^\dagger (F_2 \otimes I^B) \\
&= (F_1^\dagger F_1 \otimes I^B) + (F_2^\dagger F_2 \otimes I^B) \\
&= \left(\begin{bmatrix} \sqrt{\gamma} & 0 \\ 0 & \sqrt{1-\gamma} \end{bmatrix} \begin{bmatrix} \sqrt{\gamma} & 0 \\ 0 & \sqrt{1-\gamma} \end{bmatrix} \right) \otimes I^B \\
&\quad + \left(\begin{bmatrix} 0 & \sqrt{1-\gamma} \\ \sqrt{\gamma} & 0 \end{bmatrix} \begin{bmatrix} 0 & \sqrt{\gamma} \\ \sqrt{1-\gamma} & 0 \end{bmatrix} \right) \otimes I^B \\
&= \begin{bmatrix} \gamma & 0 \\ 0 & 1-\gamma \end{bmatrix} \otimes I^B + \begin{bmatrix} 1-\gamma & 0 \\ 0 & \gamma \end{bmatrix} \otimes I^B = I^A \otimes I^B = I^{AB}
\end{aligned}$$

但 $\mathscr{E}=\{E_1, E_2\}$ 却不是幺正的。事实上

$$\mathscr{E}(I^{AB}) = \sum_{i=1}^{2} E_i I^{AB} E_i^\dagger = (F_1 \otimes I^B)(I^A \otimes I^B)(F_1 \otimes I^B)^\dagger$$

$$+(F_2 \otimes I^B)(I^A \otimes I^B)(F_2 \otimes I^B)^\dagger$$
$$=(F_1 I^A F_1^\dagger \otimes I^B)+(F_2 I^A F_2^\dagger \otimes I^B)=(F_1 I^A F_1^\dagger + F_2 I^A F_2^\dagger)\otimes I^B$$

由于

$$F_1 I^A F_1^\dagger + F_2 I^A F_2^\dagger$$
$$=\begin{bmatrix}\gamma & 0\\ 0 & \gamma\end{bmatrix}+\begin{bmatrix}0 & \sqrt{\gamma}\\ \sqrt{1-\gamma} & 0\end{bmatrix}\begin{bmatrix}0 & \sqrt{1-\gamma}\\ \sqrt{\gamma} & 0\end{bmatrix}=\begin{bmatrix}\gamma & 0\\ 0 & \gamma\end{bmatrix}+\begin{bmatrix}\gamma & 0\\ 0 & 1-\gamma\end{bmatrix}\neq I^A$$

因此

$$\mathscr{E}(I^{AB})\neq I^A\otimes I^B=I^{AB}$$

但对于所有 $\hat{\sigma}=\hat{\sigma}^A\otimes\hat{\sigma}^B$,可以证明

$$\mathscr{E}(\hat{\sigma})=\sum_{i=1}^{2}E_i\hat{\sigma}E_i^\dagger=(F_1\otimes I^B)(\hat{\sigma}^A\otimes\hat{\sigma}^B)(F_1\otimes I^B)^\dagger$$
$$+(F_2\otimes I^B)(\hat{\sigma}^A\otimes\hat{\sigma}^B)(F_2\otimes I^B)^\dagger$$
$$=(F_1\hat{\sigma}^A F_1^\dagger\otimes\hat{\sigma}^B)+(F_2\hat{\sigma}^A F_2^\dagger\otimes\hat{\sigma}^B)=\tau^A\otimes\hat{\sigma}^B$$

其中,$\tau^A=\sum_i(F_i\hat{\sigma}^A F_i^\dagger)$。这表明在此种情况下,子系统 B 是无消相干子系统。

例 13.6.2　仍考虑例 13.6.1 中的两量子位系统。令 $\mathscr{E}=\{E_1,E_2\}$ 是作用在 Hilbert 空间 $\mathscr{H}_S=\mathscr{H}^A\otimes\mathscr{H}^B$ 上的量子超算子,但现在与例 13.6.1 情况不同,对给定 $\alpha=\sqrt{1-2q}$,$\beta=\sqrt{q}$,$0<q<1$,E_1,E_2 分别由

$$E_1=\alpha(|00\rangle\langle 00|+|11\rangle\langle 11|)+|01\rangle\langle 01|+|10\rangle\langle 10|$$

和

$$E_2=\beta(|00\rangle\langle 00|+|10\rangle\langle 00|)+|01\rangle\langle 11|+|11\rangle\langle 11|$$

给出。容易验证它们满足 Kraus 算子归一化条件

$$\sum_i E_i^\dagger E_i=I^{AB}$$

但却不满足幺正超算子条件

$$\mathscr{E}(I)=\sum_i E_i^\dagger I E_i\neq I$$

通过直接计算可以验证,对于

$$\mathscr{H}^{A_1}=C,\mathscr{H}^{B_1}=\mathrm{Span}\{|01\rangle,|10\rangle\}$$

和

$$\hat{\sigma}=a|01\rangle\langle 01|+b|01\rangle\langle 10|+c|10\rangle\langle 01|+d|10\rangle\langle 10|\in\mathscr{H}^{B_1}$$

都有

$$\mathscr{E}(\hat{\sigma})=\sum_i E_i\hat{\sigma}E_i^\dagger=\hat{\sigma},\quad \hat{\sigma}\in\mathscr{H}^{B_1}$$

这表明，$\mathscr{H}^{B_1}=\mathrm{Span}\{|01\rangle,|10\rangle\}$是个相对 $\varepsilon=\{E_1,E_2\}$的无消相干子系统（由于 $H^{A_1}=C$，因此是个无消相干子空间）。

容易验证，$E_i\hat{\sigma}\neq\hat{\sigma}E_i(i=1,2)$，表示 $\hat{\sigma}$ 不在噪声换位子中。

13.6.5　量子纠错的统一理论——算子量子纠错

现在可以进一步推广利用三元组$(\mathscr{R},\boldsymbol{\mathscr{E}},C)$表示的量子纠错的标准模型：量子纠错的统一方法由三元组$(\mathscr{R},\boldsymbol{\mathscr{E}},\mathscr{A})$给出，其中 $\mathscr{R},\boldsymbol{\mathscr{E}}$ 是作用在 $B(\mathscr{H}_S)$上的量子超算子，而 $\mathscr{A}$ 是相对系统 Hilbert 空间的固定分解 $\mathscr{H}_S=(\mathscr{H}^A\otimes\mathscr{H}^B)\oplus\mathscr{H}^K$ 由式(13.6.11)定义的半群

$$\mathscr{A}=\{\hat{\sigma}\in B(\mathscr{H}_S);\hat{\sigma}=\hat{\sigma}^A\otimes\hat{\sigma}^B\}$$

其中，$\hat{\sigma}^A\in\mathscr{H}^A$；$\hat{\sigma}^B\in\mathscr{H}^B$。如果三元组$(\mathscr{R},\boldsymbol{\mathscr{E}},\mathscr{A})$满足条件

$$(\mathrm{Tr}_A\circ P_{\mathscr{A}}\circ\mathscr{R}\circ\boldsymbol{\mathscr{E}})(\hat{\sigma})=\mathrm{Tr}_A(\hat{\sigma}),\quad\forall\hat{\sigma}\in\mathscr{A}\qquad(13.6.26)$$

则称 $\mathscr{A}$ 对$\boldsymbol{\mathscr{E}}$是可纠错的。由于现在可纠错码由算子半群和代数组成，称这个方法为**算子量子纠错**(operator quantum error correction)。

量子纠错的标准模型式(13.6.3)

$$(\mathscr{R}\cdot\boldsymbol{\mathscr{E}})(\hat{\sigma})=\hat{\sigma},\quad\forall\hat{\sigma}\in B(C)$$

是式(13.6.26)$\mathscr{A}=B(C)$的特殊情况，这相当于把系统的 Hilbert 空间分解为两部分，$\mathscr{H}_S=C\oplus C^{\perp}$，其中 C 是码空间。在这种情况下，$\hat{\sigma}\in B(C)$和 $\mathrm{Tr}_A\circ P_{\mathscr{A}}$ 都相当于作用在码空间上的单位算子，可以略去，推广的式(13.6.26)就化成标准模型式(13.6.3)。前面已经提到，当无消相干子空间和无消相干子系统相当于恢复算子 $\mathscr{R}$ 是单位算子的情况，当 $\dim(\mathscr{H}^A)>1$ 时，$\mathscr{H}^B$就是无消相干子系统；当$\dim(\mathscr{H}^A)=1$ 时，$\mathscr{H}^B$就是一个无消相干子空间。

13.7　寻找无消相干子系统的方法

前面已经证明，如果$\boldsymbol{\mathscr{E}}=\{E_a\}$是幺正量子超算子，那么噪声换位子群和在$\boldsymbol{\mathscr{E}}$作用下保持固定不变的算子集合是重合的，在这种情况下无噪声子系统态的密度算子都在噪声换位子群中。当噪声量子超算子非幺正时，情况则相对复杂，下面通过例子来说明其中的问题。在下面的例子中[14]，将看到噪声量子超算子在非幺正情况下，两个物理量子位的系统存在两个单量子位无噪声子系统，其中一个被噪声换位子群支持，另一个则不在噪声换位子群内。

13.7.1　非幺正量子超算子作用下存在无消相干子系统的一个例子

令$\boldsymbol{\mathscr{E}}=\{E_1,E_2,E_3\}$是作用在两个物理量子位 Hilbert 空间上的量子超算子，

具有相对计算基定义

$$E_1 = \alpha(|00\rangle\langle 00| + |11\rangle\langle 11|) + |01\rangle\langle 01| + |10\rangle\langle 10|$$
$$E_2 = \beta(|00\rangle\langle 00| + |10\rangle\langle 00| + |01\rangle\langle 11| + |11\rangle\langle 11|)$$
$$E_3 = \beta(|00\rangle\langle 00| - |10\rangle\langle 00| - |01\rangle\langle 11| + |11\rangle\langle 11|) \quad (13.7.1)$$

已经给定其中 $\alpha=\sqrt{1-2q}$,$\beta=\sqrt{q/2}(0<q<1)$。在计算基下,这三个算子用矩阵可表示为

$$E_1 = \begin{bmatrix} \alpha & 0 & 0 & 0 \\ 0 & 1 & 0 & 0 \\ 0 & 0 & 1 & 0 \\ 0 & 0 & 0 & \alpha \end{bmatrix}, \quad E_2 = \begin{bmatrix} \beta & 0 & 0 & 0 \\ 0 & 0 & 0 & \beta \\ \beta & 0 & 0 & 0 \\ 0 & 0 & 0 & \beta \end{bmatrix}, \quad E_3 = \begin{bmatrix} \beta & 0 & 0 & 0 \\ 0 & 0 & 0 & -\beta \\ -\beta & 0 & 0 & 0 \\ 0 & 0 & 0 & \beta \end{bmatrix} \quad (13.7.2)$$

不难验证它们满足 Kraus 完备性条件

$$\sum_{i=1}^{3} E_i^\dagger E_i = I$$

但是由于

$$\mathscr{E}(I) = \sum_{i=1}^{3} E_i I E_i^\dagger \neq I \quad (13.7.3)$$

因此,$\mathscr{E}$不是幺正算子。

可以证明,$H^{B_1}=\mathrm{Span}\{|01\rangle,|10\rangle\}$是这两个量子位系统的一个无消相干子系统。令

$$\hat{\sigma} = a\,|01\rangle\langle 01| + b\,|01\rangle\langle 10| + c\,|10\rangle\langle 01| + d\,|10\rangle\langle 10| \in \mathscr{H}^{B_1} \quad (13.7.4)$$

不难验证,它满足

$$\mathscr{E}(\sigma) = \sum_i E_i \hat{\sigma} E_i^\dagger = \hat{\sigma}, \quad \hat{\sigma} \in \mathscr{H}^{B_1} \quad (13.7.5)$$

事实上,式(13.7.4)中的态可用密度矩阵表示为

$$\hat{\sigma} = \begin{bmatrix} 0 & 0 & 0 & 0 \\ 0 & a & b & 0 \\ 0 & c & d & 0 \\ 0 & 0 & 0 & 0 \end{bmatrix} \quad (13.7.6)$$

从而

$$E_1 \hat{\sigma} E_1^\dagger = \begin{bmatrix} \alpha & 0 & 0 & 0 \\ 0 & 1 & 0 & 0 \\ 0 & 0 & 1 & 0 \\ 0 & 0 & 0 & \alpha \end{bmatrix} \begin{bmatrix} 0 & 0 & 0 & 0 \\ 0 & a & b & 0 \\ 0 & c & d & 0 \\ 0 & 0 & 0 & 0 \end{bmatrix} \begin{bmatrix} \alpha^* & 0 & 0 & 0 \\ 0 & 1 & 0 & 0 \\ 0 & 0 & 1 & 0 \\ 0 & 0 & 0 & \alpha^* \end{bmatrix} = \hat{\sigma}$$

而

$$E_2\hat{\sigma}E_2^\dagger = E_3\hat{\sigma}E_3^\dagger = 0$$

因此式(13.7.5)成立，即 $\mathscr{H}^{B_1} = \mathrm{Span}\{|01\rangle, |10\rangle\}$中态是无消相干的。

可以证明，这个无消相干子系统在$\mathscr{E} = \{E_1, E_2, E_3\}$的换位子群

$$\mathscr{A}' := \{\hat{\sigma} \in B(\mathscr{H}_S) : [E_a, \hat{\sigma}] = 0, \forall E_a \in \mathscr{A}\}$$

中。直接计算可以证明 $E_i\hat{\sigma} = \hat{\sigma}E_i (i = 1, 2, 3)$，因此这个无消相干子系统是被噪声换位子群支持的。

另一方面，定义一个态

$$I \otimes \hat{\sigma} = \begin{bmatrix} a & b & 0 & 0 \\ c & d & 0 & 0 \\ 0 & 0 & a & b \\ 0 & 0 & c & d \end{bmatrix} \tag{13.7.7}$$

直接计算可得

$$E_1\hat{\sigma}E_1^\dagger = \begin{bmatrix} \alpha & 0 & 0 & 0 \\ 0 & 1 & 0 & 0 \\ 0 & 0 & 1 & 0 \\ 0 & 0 & 0 & \alpha \end{bmatrix} \begin{bmatrix} a & b & 0 & 0 \\ c & d & 0 & 0 \\ 0 & 0 & a & b \\ 0 & 0 & c & d \end{bmatrix} \begin{bmatrix} \alpha^* & 0 & 0 & 0 \\ 0 & 1 & 0 & 0 \\ 0 & 0 & 1 & 0 \\ 0 & 0 & 0 & \alpha^* \end{bmatrix} = \begin{bmatrix} a|\alpha|^2 & b\alpha & 0 & 0 \\ c\alpha^* & d & 0 & 0 \\ 0 & 0 & a & b\alpha^* \\ 0 & 0 & c\alpha & d|\alpha|^2 \end{bmatrix}$$

$$E_2\hat{\sigma}E_2^\dagger = \begin{bmatrix} \beta & 0 & 0 & 0 \\ 0 & 0 & 0 & \beta \\ \beta & 0 & 0 & 0 \\ 0 & 0 & 0 & \beta \end{bmatrix} \begin{bmatrix} a & b & 0 & 0 \\ c & d & 0 & 0 \\ 0 & 0 & a & b \\ 0 & 0 & c & d \end{bmatrix} \begin{bmatrix} \beta^* & 0 & \beta^* & 0 \\ 0 & 0 & 0 & 0 \\ 0 & 0 & 0 & 0 \\ 0 & \beta^* & 0 & \beta^* \end{bmatrix}$$

$$= \begin{bmatrix} a|\beta|^2 & 0 & -a|\beta|^2 & 0 \\ 0 & d|\beta|^2 & 0 & -d|\beta|^2 \\ -a|\beta|^2 & 0 & a|\beta|^2 & 0 \\ 0 & -d|\beta|^2 & 0 & d|\beta|^2 \end{bmatrix}$$

$$E_3\hat{\sigma}E_3^\dagger = \begin{bmatrix} \beta & 0 & 0 & 0 \\ 0 & 0 & 0 & -\beta \\ -\beta & 0 & 0 & 0 \\ 0 & 0 & 0 & \beta \end{bmatrix} \begin{bmatrix} a & b & 0 & 0 \\ c & d & 0 & 0 \\ 0 & 0 & a & b \\ 0 & 0 & c & d \end{bmatrix} \begin{bmatrix} \beta^* & 0 & -\beta^* & 0 \\ 0 & 0 & 0 & 0 \\ 0 & 0 & 0 & 0 \\ 0 & -\beta^* & 0 & \beta^* \end{bmatrix}$$

$$= \begin{bmatrix} a|\beta|^2 & 0 & -a|\beta|^2 & 0 \\ 0 & d|\beta|^2 & 0 & -d|\beta|^2 \\ -a|\beta|^2 & 0 & a|\beta|^2 & 0 \\ 0 & -d|\beta|^2 & 0 & d|\beta|^2 \end{bmatrix}$$

因此

$$
\begin{aligned}
\mathscr{E}(\hat{\sigma}) &= \sum_i E_i \hat{\sigma} E_i^{\dagger} \\
&= \begin{bmatrix} a\,|\,\alpha\,|^2 & b\alpha & 0 & 0 \\ c\alpha^* & d & 0 & 0 \\ 0 & 0 & a & b\alpha^* \\ 0 & 0 & c\alpha & d\,|\,\alpha\,|^2 \end{bmatrix} + \begin{bmatrix} a\,|\,\beta\,|^2 & 0 & a\,|\,\beta\,|^2 & 0 \\ 0 & d\,|\,\beta\,|^2 & 0 & d\,|\,\beta\,|^2 \\ a\,|\,\beta\,|^2 & 0 & a\,|\,\beta\,|^2 & 0 \\ 0 & d\,|\,\beta\,|^2 & 0 & d\,|\,\beta\,|^2 \end{bmatrix} \\
&\quad + \begin{bmatrix} a\,|\,\beta\,|^2 & 0 & -a\,|\,\beta\,|^2 & 0 \\ 0 & d\,|\,\beta\,|^2 & 0 & -d\,|\,\beta\,|^2 \\ -a\,|\,\beta\,|^2 & 0 & a\,|\,\beta\,|^2 & 0 \\ 0 & -c\,|\,\beta\,|^2 & 0 & d\,|\,\beta\,|^2 \end{bmatrix} \\
&= \begin{bmatrix} a\,|\,\alpha\,|^2 + 2a\,|\,\beta\,|^2 & b\alpha & 0 & 0 \\ c\alpha^* & d + 2d\,|\,\beta\,|^2 & 0 & 0 \\ 0 & 0 & a + 2a\,|\,\beta\,|^2 & b\alpha^* \\ 0 & 0 & c\alpha & d\,|\,\alpha\,|^2 + 2d\,|\,\beta\,|^2 \end{bmatrix}
\end{aligned}
$$

将 $\alpha = \sqrt{1-2q}, \beta = \sqrt{q/2}\,(0 < q < 1)$ 代入上式，可求得

$$
\mathscr{E}(\hat{\sigma}) = \begin{bmatrix} a(1-q) & b\alpha & 0 & 0 \\ c\alpha^* & d(1+q) & 0 & 0 \\ 0 & 0 & a(1+q) & b\alpha^* \\ 0 & 0 & c\alpha & d(1-q) \end{bmatrix} \tag{13.7.8}
$$

它在一个幺正变换下等价于

$$
\begin{bmatrix} 1-q & 0 \\ 0 & 1+q \end{bmatrix} \otimes \begin{bmatrix} a & b \\ c & d \end{bmatrix} \tag{13.7.9}
$$

这表示量子位 2 是 $\mathscr{E}$ 作用下的无消相干子系统。

可以验证 $\hat{\sigma} E_i \neq E_i \hat{\sigma}\,(i=1,2,3)$，表示这个无消相干子系统不被噪声换位子群支持。这个例子说明，在噪声换位子外仍可能存在无消相干子系统。这些情况表明，必须进一步研究一个噪声量子超算子存在无消相干子系统的本质特征。对于存在无消相干子系统的噪声量子超算子，如何找出无消相干子系统。下面就来讨论这些问题。

13.7.2 无噪声子系统结构和寻找无噪声子系统的方法[17]

对于非幺正量子超算子 $\mathscr{E}(I) \neq I$，如果态 $\hat{\sigma}$ 属于噪声对易子群，那么必有

$$
\hat{\sigma} \sum_a E_a I E_a^{\dagger} = \hat{\sigma} \sum_a E_a E_a^{\dagger} = \sum_a E_a E_a^{\dagger} \hat{\sigma} = \sum_a E_a I E_a^{\dagger} \hat{\sigma}
$$

即

$$\hat{\sigma}\mathscr{E}(I) = \mathscr{E}(I)\hat{\sigma} \tag{13.7.10}$$

对于幺正量子超算子$\mathscr{E}(I)=I$，在噪声作用下的无消相干态完全位于噪声换位子群中，同时噪声换位子群中的态也就是被超算子$\mathscr{E}$固定的态。令$\mathscr{E}=\{E_a\}$是作用在$B(\mathscr{H}_S)$上的超算子，假设

$$\mathscr{H}_S = (\mathscr{H}^A \otimes \mathscr{H}^B) \oplus \mathscr{H}^K \equiv \mathscr{H}_P \oplus \mathscr{H}^K$$

其中，$\mathscr{H}_P=\mathscr{H}^A\otimes\mathscr{H}^B$。$P$ 是 $\mathscr{H}_S$ 到子空间 $\mathscr{H}_P$ 上的投影算子，显然存在算子恒等式

$$PB(\mathscr{H}_S)P = B(P\mathscr{H}_S) = B(\mathscr{H}^A \otimes \mathscr{H}^B) \tag{13.7.11}$$

由 $P^2=P$，相差一个幺正变换，P 可以表示为 $\mathscr{H}_P=\mathscr{H}^A\otimes\mathscr{H}^B$上的单位算子

$$P = I_P \tag{13.7.12}$$

定义$\mathscr{E}_P=\{E_{a,P}=PE_aP\}$，可以证明在子空间 $\mathscr{H}_P=\mathscr{H}^A\otimes\mathscr{H}^B$上$\mathscr{E}_P$仍满足完备性条件

$$\sum_a E_{a,P}^{\dagger}E_{a,P} = \sum_a PE_a^{\dagger}PPE_aP = P(\sum_a E_a^{\dagger}E_a)P = I_P$$

其中，I_P 是子空间 $\mathscr{H}_P$ 上的单位算子。这表明$\{E_{a,P}\}$是作用在 $\mathscr{H}_P=\mathscr{H}^A\otimes\mathscr{H}^B$ 上的 Kraus 算子。如果超算子$\mathscr{E}_P$满足

$$\mathscr{E}_P(I_P) = \sum_a E_{a,P}I_PE_{a,P}^{\dagger} = I_P \tag{13.7.13}$$

那么$\mathscr{E}_P$就是作用在 $\mathscr{H}_P$ 上的幺正量子超算子。定义 $\mathscr{A}_P=\{E_{aP},E_{aP}^{\dagger}\}$的换位子群为

$$\mathscr{A}'_P = \{\hat{\sigma} \in B(P\mathscr{H}_S):[\hat{\sigma},PE_aP] = 0 = [PE_a^{\dagger}P,\hat{\sigma}]\} \tag{13.7.14}$$

在$\mathscr{E}_P$作用下保持不变的态为

$$\mathrm{Fix}_P(\mathscr{E}_P):=\{\hat{\sigma} \in B(PH_S):\mathscr{E}_P(\hat{\sigma}) = \sum_a E_{a,P}\hat{\sigma}E_{a,P}^{\dagger} = \hat{\sigma}\} \tag{13.7.15}$$

相对子空间 $\mathscr{H}_P=\mathscr{H}^A\otimes\mathscr{H}^B$，噪声换位子群和被超算子$\mathscr{E}_P$固定的态重合，即

$$\mathscr{A}'_P = \mathrm{Fix}_P(\mathscr{E}_P) \tag{13.7.16}$$

现在的问题是式(13.7.13)能否满足，或者何种类型的投影算子才能保证这一条件被满足。

应用式(13.7.12)，式(13.7.13)可改写为

$$\mathscr{E}_P(P) = \sum_a E_{a,P}PE_{a,P}^{\dagger} = P \tag{13.7.17}$$

即

$$\mathscr{E}_P(P) = \sum_a PEPPPE^{\dagger}P = P(\sum_a EPE^{\dagger})P = P\varepsilon(P)P = P$$

由此得出

$$\mathscr{E}(P) = P\mathscr{E}(P)P \tag{13.7.18}$$

此处已利用式(13.7.17),并且去掉了$\mathscr{E}_P$的下标P。

利用式(13.7.18)有

$$P^{\perp}\ \mathscr{E}(P)P^{\perp}=P^{\perp}\ P\varepsilon(P)P^{\perp}=0$$

注意到

$$0\leqslant P^{\perp}\ E_a P E_a^{\dagger} P^{\perp}\leqslant P^{\perp}\ \mathscr{E}(P)P^{\perp}=0$$

可以得到

$$P^{\perp}\ E_a P=(1-P)E_a P=0$$

或

$$E_a P=PE_a P$$

这表明

$$[P,PE_a P]=[P,E_{a,P}]=0,\quad \forall a \tag{13.7.19}$$

令P是满足式(13.7.18)的投影算子,$\mathscr{A}_P=\{E_{a,P},E_{a,P}^{\dagger}\}$的代数结构理论给出,存在$\mathscr{H}_P$上的一个幺正变换$U$,使得

$$U\mathscr{A}_P U^{\dagger}=\bigoplus_k (M_{m_k}\otimes I_{n_k}) \tag{13.7.20}$$

其中,M_{m_k}是作用在$\mathscr{H}^A$上算子的表示矩阵,$m_k=\dim(\mathscr{H}^A)$;I_{n_k}是作用在$\mathscr{H}^B$上的单位矩阵,$n_k=\dim(\mathscr{H}^B)$。相同基下相应的换位子群$\mathscr{A}_P$有如下结构:

$$\mathscr{A}'_P=\bigoplus_k (I_{m_k}\otimes \hat{\sigma}_{n_k})$$

现在令$\hat{\sigma}=I^{A_k}\otimes\hat{\sigma}^{B_k}\in\mathscr{A}'_P$,于是有$\mathscr{E}(\hat{\sigma})=\mathscr{E}(I^{A_k}\otimes\hat{\sigma}^{B_k})=\hat{\sigma}$,即$\mathscr{H}^B$是无消相干子系统。

总结上一段的论证,对于给定的量子超算子$\mathscr{E}$,可以把寻找无噪声子系统的方法归结如下:

(1) 计算满足式(13.7.18)的投影算子P。

(2) 计算式(13.7.14)定义的噪声换位子群;当$\mathscr{H}^B$的维数大于1时,$\mathscr{H}^B$就是对$\mathscr{E}$的一个无噪声子系统。

13.7.3 寻找非幺正量子超算子作用下存在无消相干子系统的例子

仍考虑作用在两个量子位Hilbert空间上的量子超算子$\mathscr{E}=\{E_1,E_2,E_3\}$,其中,$E_1,E_2,E_3$仍由式(13.7.1)定义。前面已经证明它不是幺正的,但是引进投影算子

$$P=|01\rangle\langle 01|+|10\rangle\langle 10|$$

用矩阵表示为

$$P=\begin{bmatrix}0&0&0&0\\0&1&0&0\\0&0&1&0\\0&0&0&0\end{bmatrix}$$

从而

$$E_{1,P}=PE_1P=\begin{bmatrix}0&0&0&0\\0&1&0&0\\0&0&1&0\\0&0&0&0\end{bmatrix}\begin{bmatrix}\alpha&0&0&0\\0&1&0&0\\0&0&1&0\\0&0&0&\alpha\end{bmatrix}\begin{bmatrix}0&0&0&0\\0&1&0&0\\0&0&1&0\\0&0&0&0\end{bmatrix}=\begin{bmatrix}0&0&0&0\\0&1&0&0\\0&0&1&0\\0&0&0&0\end{bmatrix}$$

类似地有

$$E_{2,P}=PE_2P=0,\quad E_{3,P}=PE_3P=0$$

因此

$$\sum_{a=1}^{3}E_{a,P}E_{a,P}^{\dagger}=\begin{bmatrix}0&0&0&0\\0&1&0&0\\0&0&1&0\\0&0&0&0\end{bmatrix}=PIP=I_P$$

即$\mathscr{E}_P=\{E_{i,P}\}$是作用在算子 P 投影空间中的量子超算子。还可以验证

$$\mathscr{E}_P(I_P)=\sum_{a=1}^{3}E_{a,P}I_PE_{a,P}^{\dagger}=I_P$$

所以$\mathscr{E}_P=\{E_{a,P}\}$相对投影空间是幺正量子超算子。对于任意 $\hat{\sigma}\in P\mathscr{H}_S$ 有

$$\mathscr{E}(P\hat{\sigma}P)=\sum_{a=1}^{3}E_a\hat{\sigma}E_a^{\dagger}=\begin{bmatrix}\alpha&0&0&0\\0&1&0&0\\0&0&1&0\\0&0&0&\alpha\end{bmatrix}\begin{bmatrix}0&0&0&0\\0&a&b&0\\0&c&d&0\\0&0&0&0\end{bmatrix}\begin{bmatrix}\alpha^*&0&0&0\\0&1&0&0\\0&0&1&0\\0&0&0&\alpha^*\end{bmatrix}=P\hat{\sigma}P$$

即 P 算子投影空间是无消相干子空间。还可以验证这个空间中任意态都属于$\mathscr{A}=\{E_{a,P}\}$的换位子群。

参 考 文 献

[1] Duan L M, Guo G C. Preserving coherence in quantum computation by pairing quantum bits. Physical Review Letters, 1997, 79: 1953—1956.

[2] Zanardi P, Rasetti M. Noiseless quantum codes. Physical Review Letters, 1997, 79: 3306—3309.

[3] Lidar D A, Chuang I L, Whaley K B. Decoherence-Free subspaces for quantum computation. Physical Review Letters, 1998, 81: 2594—2597.

[4] Knill E, Laflamme R, Viola L. Theory of error correction for general noise. Physical Review Letters, 2000, 84: 2525—2528.

[5] Bacon D. Operator quantum error-correcting subsystems for self-correcting quantum memories. Physical Review A, 2006, 73: 012340-1—012341-3.

[6] Zanardi P. Stabilizing quantum information. Physical Review A,2000,63:012301－012304.

[7] Kempe J,Bacon D,Lidar D A,et al. Thery of decoherence-free fault-tolerant universal quantum computation. Physcal Review A,2001,63:042307－042336.

[8] Lidar D A,Bacon D,Whaley K B. Concatenating decohhence-free subspace with quantum error correcting codes. Physical Review Letters,1999,82:4556－4559.

[9] Lidar D A,Bacon D,Kemp J,et al. Decoherence-free subspace for multiple-qubit error. I. Characterrization. Physical Review A,2001,63:022306-1－022306-13.

[10] Kribs D,Laflamme R,Poulin D. Unified and ceneralized approach to quantum error correction. Physical Review Letters,2005,94(18):1805010-1－1805010-4.

[11] Kribs D,Laflamme W R,Poulin D,et al. Operation quantum error correction. Quantum Information & Computation,2006,6:382－398.

[12] Bacon D,Lidar D A,Whaley K B. Robustness of deconherence-free subspaces for quantum computation. Physical Review A,1999,60:1944－1955.

[13] Kribs D,Laflamme R,Poulin D. Unified and generalized approach to quantum erroe correction. Physical Review Letters,2005,94:180501-1－180501-4.

[14] Johansen R. Operrator quantum error correction(Master Degree Dissertation). Copenhagen:University of Copenhagen,2006.

[15] Kribs D W. Quantum channels,wavelets,dilations,and representations of O_n. Proceedings of the Edinburgh Mathematical,Society,2003,46:421－433.

[16] Busch P,Singh J. Lüders theorem for unsharp quantum measurements. Physical Review A,1998,249:10－12.

[17] Choi M D,Kribs D W. Method to find quantum noiseless subsyystems. Physical Review Letters,2006,96(5):0501－0504.

[18] Poulin D. Stabilizer formalism for operator quantum error correction. Physical Review Letters,2005,95(23):230504-1－230504-4.

第 14 章 容错量子计算

前面几章说明了如何采用适当的量子纠错码，保证信息通过有噪声的空间道可靠地传输或噪声时间道有效地存储。在这些讨论中，假设编码过程和恢复操作能够完全正确地执行，不发生任何其他错误，这一假设当然是不现实的。实际上，编码和恢复操作本身也是复杂的量子计算，也可能发生错误。这就需要找出一种健全的出错诊断和恢复方法，即使在测量和恢复过程中发生某些错误，也能保证错误不至扩散、增殖到不可控制的程度，在一定的出错概率下，仍能高精度地恢复正确的量子信息。这就是**容错恢复**(fault-tolerant recover)问题[1,2]。

在量子计算中，还需对编码数据进行逻辑运算。对这些编码态进行逻辑操作，原则上可以有两种方法：一种方法是首先对编码信息进行解码操作，然后直接对“裸”数据态进行运算，但这样做会使“裸”数据态暂时失去保护，在暂时失去保护期间易受环境噪声的破坏；另一种方法是直接对编码的逻辑态进行运算，而这种操作常需要在编码有量子信息的两个或多个物理量子位块之间进行，使不同的编码块发生相互作用。以这种方式执行逻辑操作是否对所有编码块都是可行的，并不是显而易见的。事实上，除了对于 CSS 类量子码大部分通用量子门可以用这种方式执行外，对于一般的稳定子量子纠错码，通用量子门基本上都不能以这种方式执行。在对编码块执行逻辑操作时还存在另外的问题，即如果在某个编码块上一个物理量子位发生错误，通过逻辑门操作，这个错误可能传播到同一个块更多的物理位上或其他块上。这种错误的传播、增殖可能迅速超出码的纠错能力，导致计算失败。解决这个问题的方法就是**容错计算**(fault-tolerant computing)方法。所谓容错计算方法，是指即使在某些操作或计算步发生错误的情况下，整个计算过程仍能正确地进行下去的方法[1~8]。当然这种容错不是无限度的，量子阈限定理明确回答，当量子噪声低于某一有限阈值时，任意长的量子计算都可以可靠地进行。

本章就来讨论解决容错恢复和容错计算的方法以及量子阈限定理。

14.1 容错测量和容错恢复

对于任何计算，把数据用量子态表示的编码操作总是第一步，编码操作中的错误将是致命的。但在执行编码操作时，纠错码尚未安装就绪，还不能发挥纠错作用，因此必须仔细校验，确保编码操作被正确执行，从而保证得到的编码态是正确的。在没有确信编码态是正确的之前，绝不做任何进一步操作，这是在文献[2]中给出的执行正确量子计算的第一条基本原则。然而要校验编码态,就要对编码态进行非破坏测量。在计算过程中要不断地进行纠错,而任何量子纠错码执行量子纠错的第一步就是通过适当的测量诊断出出错信息,然后根据诊断结果进行纠错操作。本节首先研究如何对量子态进行非破坏的容错测量和容错恢复。

14.1.1 错误传播规律和容错操作

量子信息处理中的一个严重问题是错误传播。如果在一个物理位上出现错误,在量子信息处理过程中,需要使两个或多个物理位发生相互作用实现多量子位的门操作,通过这样的操作,一个错误可能被传播到两个或多个位上。这种错误在计算过程中的传播和增殖可能很快超出纠错码所能纠正的错误范围,使前面设计的纠错方法失效,导致整个计算失败。因此,需要仔细地设计需要的操作,尽可能地避免这种错误传播的机会,保证在一个编码块中错误数目始终维持在纠错码能够控制的范围内,这是计算成功进行的关键。

研究容错操作的目的就是防止通过门作用引起错误增殖和传播,为此必须首先研究错误传播的规律。在经典信息处理中,一个操作步出错将导致以此步结果为基础的后续操作步出错,这种错误传播方式是明显的。在量子信息处理过程中,还存在更复杂的错误传播情况。假如在两个量子位间使用控制非门操作,在控制位上出现的位反转错,将通过控制非门的作用从控制位传播到靶位上,这种由控制位到靶位的错误传播称为**前向传播**(forward propagate)。在量子信息中除去这种错误前向传播外,还存在着**后向传播**(backward propagate)问题。为了解释这种后向传播是如何发生的,这里引用图 14.1.1 中的图形恒等式(见 2.3 节)。这个恒等式表明通过 H 门的转动,执行了从 $\hat{\sigma}_z$ 基到 $\hat{\sigma}_x$ 基的变换,同时也交换了控制非门的控制位和靶位。由于基的变换,改变位反转错为相位错,所以在靶位上出现的相位错,通过控制非门的作用将后向传播到控制位上。在量子计算中,通过控制非门,位反转错将前向传播,而相位错将后向传播。

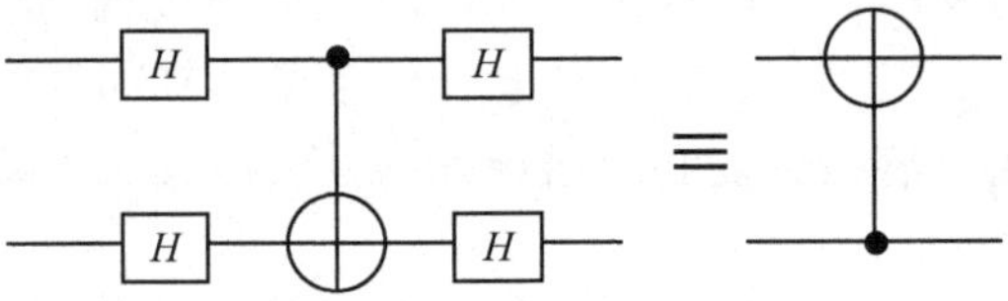

图 14.1.1

上面的分析表明,为了避免错误在同一个编码块中的增殖、传播,必须保证在执行逻辑运算操作中,不能在同一个编码块中执行两个物理量子位间的控制非操作。即使引进辅佐块量子位作为靶位,也必须保证不执行一个块中多个量子位到同一个辅佐块靶位的控制非操作。为了避免错误增殖传播,只能在两个块(两个编码块或编码块和初始化的辅佐块)对应物理量子位间执行控制非操作。这可看做是量子容错计算的又一条基本原则。

如果在一个编码块内仅一个物理量子位出错,且在块内不同物理量子位上的错误相互无关地独立出现的假设下,一个门的错误仅影响它作用的那些物理量子位,这样的操作称为**容错操作**(fault-tolerant operation)。所谓容错是指这样的错误传播是非增殖的、因此是可以容忍的,因为它在纠错码可控制的范围内,可以通过纠错码纠错予以纠正。

14.1.2　7-位 CSS 码的指错子测量

测量不仅在初始化量子计算、肯定编码态的正确性、计算过程中诊断出出错信息等方面发挥作用,而且它本身和引进的辅佐块相结合,可以成为执行逻辑操作的手段(如第 9 章中簇态和簇态上的量子计算)。下面首先以 7-位 CSS 码为例,阐明容错测量的概念,然后推广到一般稳定子码的情况。

遵循 Preskill 的表述[2],图 14.1.2(a)中给出了 7-位 CSS 码指错子测量线路,显然它不是容错的,因为此处一个辅佐位被用作四个控制非门的靶位。如果编码块中某一个被用作控制位的物理量子位出错,那么通过控制非操作这个错误被传播到靶位上,然后再通过其他的控制非门操作,这个错误可能后向传播到编码块上,引起同一编码块中两个或更多物理量子位出错。为了避免这种情况,一个容易想到的方法是用四个物理量子位构成的辅佐块取代原来的一个物理量子位,使辅佐块中四个物理量子位分别用作四个控制非门的靶位[见图 14.1.2(b)]。

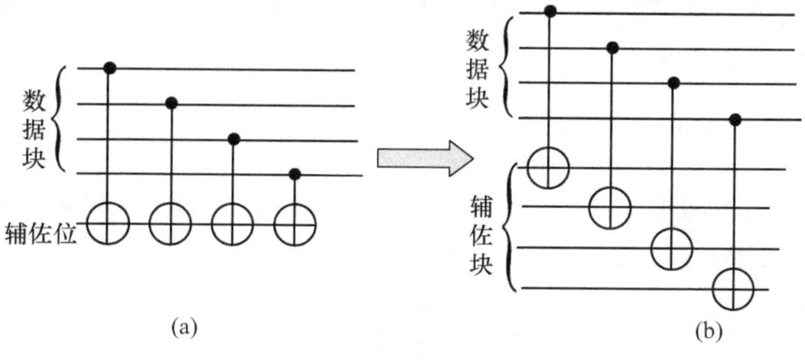

图 14.1.2

但是图 14.1.2(b)的线路用作指错子测量仍然不合适。因为四个控制非操作把辅佐器和编码数据块纠缠起来,对于辅佐器各个物理量子位的测量,将把与辅佐器通过控制非联系起来的各数据位投影到确定的态上,从而破坏了数据块中的编码态。这意味着上述安排拷贝了太多的编码态信息,实际上需要拷贝的只是编码态的出错信息,而不是编码态本身的信息。为了消除这一缺陷,可以在进行指错子测量之前,把辅佐器制备在特定的态上,这个态使得执行四个控制非门操作后,接着对辅佐器进行测量,只能揭示数据态的出错信息,而不能得到关于编码数据态的任何信息。

关于辅佐器态的选取,Shor,Steane 和 Knill 分别提出了不同的方案。

1. Shor 态[1,3,8]

Shor 态是四个物理量子位系统所有偶重量串的等权重叠加态

$$|\,Shor\rangle=\frac{1}{\sqrt{8}}\sum_{u}|\,u\rangle \tag{14.1.1}$$

当进行指错子测量时,依次用每个生成元(校验矩阵每一行)非零位[见式(11.4.9)]作为控制位,取处在 Shor 态的辅佐器四个量子位为靶位,执行控制非操作,然后测量辅佐器各个量子位态。指错子从辅佐器四个量子位的奇偶性中导出。如果编码态没有错误发生,那么执行上述四个控制非操作仅改变 Shor 态中八个元素的次序,整个 Shor 态没有影响。这时,辅佐器各个量子位的奇偶性不变,测量结果都是$|0\rangle$。如果编码态有一位发生错误,执行四个控制非操作后将改变 Shor 态为四位奇重量串的等权重叠加,测量每一位将只能得到态$|1\rangle$。因此,只需测得每个生成元的奇偶性就可根据测量结果决定指错子的值。由于根据测量结果得到的特殊串是随机的,不包含数据态的本身信息,因此对数据态没有影响。

测量相位错指错子的方法仍然是使用 Hadamard 转动。首先转动基,然后按上述得到位反转指错子相同的步骤进行操作。但使用图 14.1.1 中的图形恒等式需要用辅佐块中的量子位作为控制位,用数据块中的相应物理量子位为靶位,执行和原来逆向的控制非操作。

2. Steane 态[3,6,8]

Steane 方案中的辅佐器由七个物理量子位构成,Steane 选择辅佐器态是 7-位 $C_1[7,4,3]$码的所有码字的等权重叠加[即式(11.4.3)中$|\tilde{0}\rangle$态]

$$|\,Steane\rangle=\frac{1}{4}\sum_{u\in C_1}|\,u\rangle=|\,\tilde{0}\rangle \tag{14.1.2}$$

这个态可以用 $C[7,3,4]$码字$|0\rangle$[见式(11.4.1)]的逐位 H 门操作制备。得到位反转错指错子的方法是从数据块的每个物理量子位到辅佐块的对应位执行控制非操作,然后测量辅佐器态。对测得的经典结果利用 Hamming 检验矩阵析出指错子。显然,在转动基下执行同样的过程,可以得到相位错的指错子。

比较 Steane 方案和 Shor 方案可以看出,为了确定指错子的六个位(三个位用于诊断位反转错,三个位用于诊断相位错),在 Shor 方案中确定每个位需要一个制备在 Shor 态上的四个物理量子位辅佐块，因此共需要二十四个物理量子位，制备六个 Shor 态，执行二十四个控制非操作。而在 Steane 方案中，由于一次辅佐器测量可以诊断出指错子的三个位，为了诊断出位反转错和相位错，共需要两个辅佐块，每个含七个物理位，制备两个 Steane 态，执行十四个控制非门操作。但制备 Steane 态比制备 Shor 态要复杂一些。

在辅佐器 Shor 态或 Steane 态的制备中的错误会导致指错子测量的错误，通过后续的纠错操作，这种错误会传播到数据中。因此，在使用前，必须对辅佐器态进行仔细的检测，以确保其正确性。制备和检测 Shor 态的一个线路示于图 14.1.3 中。其中第一个 H 门和紧接着的三个控制非门执行变换

$$|0000\rangle \rightarrow \frac{1}{\sqrt{2}}(|0\rangle+|1\rangle)|000\rangle \rightarrow \frac{1}{\sqrt{2}}(|0000\rangle+|1111\rangle)$$

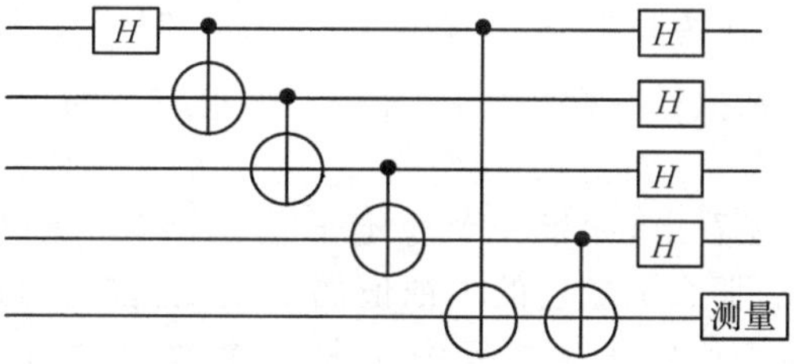

图 14.1.3

制备出四个物理量子位"猫"态。图 14.1.3 中，最后四个 H 门操作转动猫态为 Shor 态，这里用到 11.3 节的两个结论：在基 1 下由 n 个零构成的 n 位串，在基 2 下是所有 2^n 个可能的 n 位串等权重的叠加，而在基 1 下由 n 个 1 构成的 n 位串，在基 2 下是所有 2^n 个可能的 n 位串等权重的叠加，但展开式中含有偶数个 1 的串前取正号，含有奇数个 1 的串前取负号。猫态中两项经 H 门转动后，奇重量串正、负相消，只留下偶重量串叠加，即 Shor 态。注意到第二～四个控制非门出错都将导致猫态的第一、四位有不同的值，线路中第一、四到辅佐位的控制非门以及紧接着的测量操作用于确认猫态制备的正确性。

关于 Steane 态的制备，注意到如果已有态 $|\bar{0}\rangle$，再经逐位 H 门转动就可得到态 $|\tilde{0}\rangle$，所以现在关注的仅是态 $|\bar{0}\rangle$ 的制备。而制备态 $|\bar{0}\rangle$ 的线路可通过改造图 11.4.1 得到。首先把输入态 $\alpha|0\rangle+\beta|1\rangle$ 改变为态 $|0\rangle$，这时第一列的两个控制非门失效可以除去，剩下的线路就可制备出 $|\tilde{0}\rangle$ 态。

最后，由于辅佐器态制备中的错误会导致指错子测量的错误，为诊断错误进行的测量如果出错也会导致错误的指错子，而指错子的错误会导致错误的纠错操作，因此无论是辅佐器态制备还是指错子测量都需要采取验证或重复操作，以提高可靠程度。

14.1.3　对一般稳定子码的指错子测量

上面对 CSS 码描述的指错子测量方法可以推广到一般的稳定子码。根据稳定子码理论,码空间是所有稳定子生成元本征值+1 的共同本征空间,测量稳定子所有生成元的本征值,就可得到完全的指错子(见 12.2.6 节)。为了弄清楚对于一般的稳定子生成元,如何测量它的本征值,首先考虑如何测量两个物理量子位算子张量积的本征值。

如果两个物理量子位都处在$|0\rangle$态或都处在$|1\rangle$态,那么 ZZ 本征值为+1;如果两态相异,那么 ZZ 本征值为−1。执行这一测量的自然方法是引进制备在$|0\rangle$态的一个辅佐物理量子位作为靶位,首先执行这两个物理量子位到辅佐位的控制非操作,然后测量辅佐位,这样就可得到两位算子 ZZ 的本征值。不过要使上述测量操作是容错的,根据上一段的分析,应当代替这个辅佐位,引进由两个物理量子位构成的辅佐块,并把辅佐块制备在特定态上[在本例情况下可制备辅佐器态为$(|00\rangle+|11\rangle)/\sqrt{2}$]分别执行数据块各位到辅佐块相应位的控制非操作,然后分别测量辅佐块态的奇偶性。

推广上述做法已经看出,如果一个稳定子生成元 M_i 是仅由作用到不同位上的 Z 和 I 张量积构成,那么测量它的本征值的方法是:首先引进一个辅佐块,使块中物理量子位数目等于稳定子生成元中 Z 算子个数,并把它制备在适当的态上(如 Shor 态或 Steane 态等);然后取数据块中被该生成元中 Z 作用的物理位为控制位,辅佐块中相应位为靶位,执行控制非操作;最后测量辅佐块态的奇偶性。

如果要测量的生成元 M_i 中还包含 X 算子,那么利用算子恒等式

$$HXH^{\dagger} = Z \tag{14.1.3}$$

对被 X 作用的物理位首先施用 H 门操作,作基的变换,相当于把 M_i 化成 Z 和 I 的张量积,然后再用上段描述的方式处理。测量完成后,用 H 门操作换回到原来的基。

在一般的稳定子码情况下,M_i 中可能还包含 Y 算子。测量 M_i 的方法是利用恒等式

$$PYP^{\dagger} = -\mathrm{i}X \tag{14.1.4}$$

使用 $\pi/2$ 相位门 P 作用到相应位,化成$-\mathrm{i}X$ 操作,再用 H 转动化成 Z 操作,使 M_i 化成 Z 和 I 的张量积用上述方法完成测量,最后再施加 H 门操作、P 操作变换回原来的态。

以这种方式就可以测量 G_n 群的任何元素的本征值,当然可以测量任何稳定子码任意生成元的本征值。但是要使这些测量是容错的,需要把辅佐块制备在特定的态上,使测量过程只揭示数据态出错信息,而不破坏数据态本身。

14.1.4　Knill 指错子容错测量方案[3]

2004 年,Knill 提出了另外一个适合于一般稳定子码的测量指错子的容错方

法。他的方法基于量子态隐形传送方法，其中使用了制备在 Bell 态$|\Phi_0\rangle=(|\overline{00}\rangle+|\overline{11}\rangle)/\sqrt{2}$的两个辅佐块。作为指错子测量的第一步，首先用横向控制非操作从数据块到辅佐块拷贝出错信息，然后对数据块和辅佐块之一执行 Bell 基测量，最后根据测量结果得到的信息，对另一个辅佐块施加 Pauli 算子完成态的隐形传送。

为了提高指错子测量可信度，指错子测量也要重复进行。

14.2　容错操作和稳定子码的幺正操作

为了进行量子计算，不仅需要用纠错码保护信息，还必须对编码的数据态进行逻辑运算。一个可以想象的方法是通过解码—逻辑操作—再编码方式执行对逻辑态的运算操作。但前面已指出，把数据态从它嵌埋的编码块的 Hilbert 空间中裸露出来是危险的，因为不受保护的量子态易受环境噪声的破坏。要使量子计算机可靠地工作，必须设法直接对编码数据态施加逻辑门操作。

14.2.1　横向操作

对数据块直接施加逻辑门操作必须满足容错计算条件：一个物理位出错通过逻辑门操作只可能影响这个逻辑门作用的物理量子位，而不会把错误传播到别的物理位上。如果一个一位逻辑门操作，可以通过对编码块中各个物理量子位**逐位操作**(bitwise operation)实现，或者一个两位门操作，能通过对两个编码块相应物理位逐位进行两位门操作来实现，那么这样的一位、两位操作就称为相应编码下的**横向操作**(transversal operation)。由于横向操作一次仅涉及块中一个物理位(一位门操作)，或分别涉及两个块中的一对物理量子位(两位门操作)，因此是容错操作。对于 7-位 CSS 码，容许的横向操作有一位 H 门、相位门 P，两量子位控制相位门和控制非门操作等，所以 7-位 CSS 码特别适合容错计算。后面将看到，对于一般的稳定子码，执行容错操作并不像对 7-位 CSS 码那样直接和简单，需要构造一些间接、相对复杂的实现办法。

为了寻找一般稳定子码的容错操作，这里分两步进行：首先是寻找稳定子码可实现的幺正操作[有些文献中称为**合法操作**(legitimate operation)][7]，然后进行考察，对于特定的稳定子码，那些合法操作可以横向地执行。

14.2.2　稳定子码的幺正操作

由于量子计算中的任何逻辑操作都必定执行逻辑态的幺正变换，因此下面考虑对一般稳定子码可以容错地执行哪些幺正变换[4,7]。

由于稳定子码的码字是稳定子码所有元素 $M\in S$ 的本征值$+1$ 的共同本征态

$$M|\psi\rangle=|\psi\rangle,\quad \forall M\in S \tag{14.2.1}$$

令U是n个物理量子位 Hilbert 空间幺正变换群$U(n)$中的元素，由于

$$U \mid \psi\rangle = UM \mid \psi\rangle = UMU^{-1}U \mid \psi\rangle \tag{14.2.2}$$

如果U是一个幺正操作，那么$U|\psi\rangle$必定仍然位于码空间，即仍然是所有$M\in S$本征值+1的本征态。式(14.2.2)表明，UMU^{-1}对$\forall M\in S$仍然是码稳定子中的元素。因此，对于稳定子码可以取

$$UMU^{-1} \in S, \quad \forall M \in S \tag{14.2.3}$$

式(14.2.3)表明，这样的U操作必位于S在$U(n)$群的正规子$N(S|U(n))$中[9]（严格说应是中心子，见 12.2.4 节），称满足条件式(14.2.3)的操作U为**合法操作**。为了寻找这样的合法操作，考虑U的一个可能的子集，这个子集中的U满足

$$UAU^{-1} \in G_n, \quad \forall A \in G_n \tag{14.2.4}$$

这表示满足式(14.7.4)的所有U构成的集合是G_n在$U(n)$中的正规子$N(G_n|U(n))$。当然，一般$N(G_n|U(n))$不等于$N(S|U(n))$，但是由于S是G_n的子集，G_n在$U(n)$中的正规子$N(G_n|U(n))$必包含在S在$U(n)$的正规子$N(S|U(m))$中。

可以证明，在相差一个相位因子的范围内，一位门H、相位门P和两位$CNOT$门就足以生成$N(G_n|U(n))$。不考虑相位因子，G_n中的元素是取自集合$D=\{I, X,Y,Z\}$的n个算子的直积，$D\to D$的自同构映射必保持集合G_n不变，从而这种映射位于$N(G_n|U(n))$中。由于自同构映射是保持群结构的映射，因此这种映射必映射单位元为像集合的单位元（见附录 A2.5）。除单位元之外，其余三个元素X，Y，Z的置换有六种方式，这对应$D\to D$的自同构映射有六种可能的方式，即

$$X \to Y \to Z \to X \tag{14.2.5a}$$

$$X \to Z \to Y \to X \tag{14.2.5b}$$

$$X \rightleftarrows Y, Z \to Z \tag{14.2.5c}$$

$$X \rightleftarrows Z, Y \to Y \tag{14.2.5d}$$

$$Y \rightleftarrows Z, X \to X \tag{14.2.5e}$$

$$X \to X, Y \to Y, Z \to Z \tag{14.2.5f}$$

其中，式(14.2.5a)和式(14.2.5b)是三个元素的两种轮换；式(14.2.5c)～式(14.2.5e)是两个元素的对换和另一个恒等变换，式(14.2.5f)是恒等变换。

给出D的一种自同构映射，总可以找出一个一位门操作产生这个自同构（在相差一个相位因子范围内）。上述六种自同构映射，除去第六种通过恒等操作实现外，其余五种可依次用以下五个一位门操作实现

$$T = \frac{1}{\sqrt{2}}\begin{bmatrix} 1 & -\mathrm{i} \\ 1 & \mathrm{i} \end{bmatrix} \tag{14.2.6}$$

$$T^2 = \frac{1}{2}\begin{bmatrix} 1-\mathrm{i} & 1-\mathrm{i} \\ 1+\mathrm{i} & -(1+\mathrm{i}) \end{bmatrix} \tag{14.2.7}$$

$$P = \begin{bmatrix} 1 & 0 \\ 0 & \mathrm{i} \end{bmatrix} \tag{14.2.8}$$

$$H = \frac{1}{\sqrt{2}}\begin{bmatrix} 1 & 1 \\ 1 & -1 \end{bmatrix} \tag{14.2.9}$$

$$Q = \frac{1}{\sqrt{2}}\begin{bmatrix} 1 & \mathrm{i} \\ \mathrm{i} & 1 \end{bmatrix} \tag{14.2.10}$$

验证上述五个算子依次实现式(14.2.5)中的各变换是直接的，如

$$TXT^{-1} = \frac{1}{2}\begin{bmatrix} 1 & -\mathrm{i} \\ 1 & \mathrm{i} \end{bmatrix}\begin{bmatrix} 0 & 1 \\ 1 & 0 \end{bmatrix}\begin{bmatrix} 1 & 1 \\ \mathrm{i} & -\mathrm{i} \end{bmatrix} = \mathrm{i}Y$$

类似地，可以证明 $TYT^{-1} = \mathrm{i}Z$，$TZT^{-1} = X$ 成立，于是得到式(14.2.5a)的映射关系

$$\begin{cases} TXT^{-1} = -\mathrm{i}Y \\ TYT^{-1} = \mathrm{i}Z \\ TZT^{-1} = X \end{cases} \tag{14.2.11}$$

同样，对于 H 门有

$$\begin{cases} HXH^{-1} = Z \\ HYH^{-1} = -Y \\ HZH^{-1} = X \end{cases} \tag{14.2.12}$$

例如

$$HXH^{-1} = \frac{1}{2}\begin{bmatrix} 1 & 1 \\ 1 & -1 \end{bmatrix}\begin{bmatrix} 0 & 1 \\ 1 & 0 \end{bmatrix}\begin{bmatrix} 1 & 1 \\ 1 & -1 \end{bmatrix} = \begin{bmatrix} 1 & 0 \\ 0 & -1 \end{bmatrix} = Z$$

对于相位门 P 有

$$\begin{cases} PXP^{-1} = -\mathrm{i}Y \\ PYP^{-1} = -\mathrm{i}X \\ PZP^{-1} = Z \end{cases} \tag{14.2.13}$$

对于 Q 有

$$\begin{cases} QXQ^{-1} = X \\ QYQ^{-1} = -\mathrm{i}Z \\ QZQ^{-1} = -\mathrm{i}Y \end{cases} \tag{14.2.14}$$

等。容易证明

$$PHP=\begin{bmatrix}1 & 0\\ 0 & \mathrm{i}\end{bmatrix}\frac{1}{\sqrt{2}}\begin{bmatrix}1 & 1\\ 1 & -1\end{bmatrix}\begin{bmatrix}1 & 0\\ 0 & \mathrm{i}\end{bmatrix}=Q \qquad (14.2.15)$$

$$PQ^{-1}=\begin{bmatrix}1 & 0\\ 0 & \mathrm{i}\end{bmatrix}\frac{1}{\sqrt{2}}\begin{bmatrix}1 & -\mathrm{i}\\ -\mathrm{i} & 1\end{bmatrix}=\frac{1}{\sqrt{2}}\begin{bmatrix}1 & -\mathrm{i}\\ 1 & \mathrm{i}\end{bmatrix}=T \qquad (14.2.16)$$

因此,H,P 两个操作就足以生成 $N(G_n|U(n))$ 中的所有一位操作。

由于 $N(G_n|U(n))$ 中的所有两位门操作都对应着 $D\otimes D$ 的自同构,因此注意到控制非操作作为映射的同态性质以及 $Y=ZX$ 的事实,只需研究

$$X\otimes I,\quad Z\otimes I,\quad I\otimes X,\quad I\otimes Z \qquad (14.2.17)$$

在控制非操作下如何变换即可。

注意到两位控制非操作表示矩阵式(2.3.20)

$$CNOT=\frac{1}{2}[(I^{(1)}+\hat{\sigma}_z^{(1)})\otimes I^{(2)}+(I-\hat{\sigma}_z^{(1)})\otimes\hat{\sigma}_x^{(2)}]$$

其中,每个算子的上标指示该算子作用的量子位,上式写成矩阵形式有

$$CNOT\sim\begin{bmatrix}1&0&0&0\\0&1&0&0\\0&0&0&1\\0&0&1&0\end{bmatrix}$$

以及

$$X\otimes I=\begin{bmatrix}0&1\\1&0\end{bmatrix}\otimes\begin{bmatrix}1&0\\0&1\end{bmatrix}=\begin{bmatrix}0&0&1&0\\0&0&0&1\\1&0&0&0\\0&1&0&0\end{bmatrix}$$

因此

$$CNOT(X\otimes I)CNOT^{-1}=\begin{bmatrix}1&0&0&0\\0&1&0&0\\0&0&0&1\\0&0&1&0\end{bmatrix}\begin{bmatrix}0&0&1&0\\0&0&0&1\\1&0&0&0\\0&1&0&0\end{bmatrix}\begin{bmatrix}1&0&0&0\\0&1&0&0\\0&0&0&1\\0&0&1&0\end{bmatrix}$$

$$=\begin{bmatrix}0&0&0&1\\0&0&1&0\\0&1&0&0\\1&0&0&0\end{bmatrix}=X\otimes X$$

类似地,可以推导出式(14.2.16)中其他三个算子的变换,得

$$\begin{cases} X \otimes I \to X \otimes X \\ Z \otimes I \to Z \otimes I \\ I \otimes X \to I \otimes X \\ I \otimes Z \to Z \otimes Z \end{cases} \tag{14.2.18}$$

前面已经把稳定子码的幺正操作归结为在 $N(G_n|U(n))$ 中的元素，并把 $N(G_n|U(n))$ 的生成元归结为 $\{H,P,CNOT\}$。但是仅仅能执行 $N(G_n|U(n))$ 中的操作对于量子计算是不够的。Gottesman 证明[11]，仅使用这个门组的量子计算可以被经典计算机有效模拟。为了得到量子计算的通用逻辑门组，根据 Shor 的建议[1]，可以加上三位 Toffoli 门（见 2.3 节）。关于 Toffoli 门容错执行的详细讨论详见 14.5 节。

14.3 CSS 类稳定子码上的容错计算

当然，一个幺正操作不一定是容错操作。如果一个幺正操作还是横向操作，那么这个幺正操作就是容错操作。利用上述结果寻找稳定子码的容错操作，就变成考察这些幺正操作对于特定的纠错码来说哪些是横向操作，这就使得寻找特定码的容错操作变得更加容易。

CSS 量子码是一般稳定子码的一个子类，它的生成元矩阵可以分开写成 Z 部分和 X 部分的张量积。已经证明，这些码存在较多的、容易执行的横向操作，而且其码率 k/n 可以接近最好的稳定子码，因此 CSS 码被认为是最适合容错计算的量子码。本节将考察对于 CSS 类量子码来说，哪些操作是横向操作，即哪些操作是容错的。由于稳定子码字完全决定于码稳定子，而稳定子又可以通过稳定子生成元的乘积产生，因此如果在逐位操作下，能保持稳定子生成元集合不变，这个操作就是稳定子码的容错操作。本节研究 CSS 码的容错操作，最后以 7-位 CSS 码为具体例子说明容错操作如何执行。关于本节内容的叙述可以参见文献[2]、[4]、[7]、[8]。

14.3.1 CSS 类稳定子码 1-位操作

利用 n 个物理量子位编码 $K\,(n>K)$ 个逻辑量子位的 CSS 类稳定子码具有 $n-K$ 生成元，一半生成元具有形式 $\overline{Z}_a$，另一半生成元具有形式 $\overline{X}_b$，其中，a,b 都是 n 位二进制串。$\overline{Z}_a$ 表示 a 串中位置为 1 时取算子 Z，为 0 时取单位算子 I 的直积；$\overline{X}_b$ 则表示 b 串中位置为 1 时取算子 X，为 0 时取算子 I 的直积。对于 7-位 CSS 码 $a=b$[见式(12.5.4)]，CSS 码生成元矩阵具有如下形式：

$$\begin{bmatrix} 0 & H_x \\ H_z & 0 \end{bmatrix} \tag{14.3.1}$$

其中,H_x 是行数为$(n-K)/2$、列数为 n 的矩阵,矩阵的每一行对应一个 $\overline{X}_a$;H_z 是对应 Z_a 的矩阵。下面证明对于这类码,控制非操作是容错操作。对于某些特殊子类(码字重量满足 $W=0\bmod 4$,CSS 类码 H,P 可以是容错操作。

1. H 门转动操作

由式(14.2.12),H 门对 X,Y,Z 的变换为

$$HXH^{-1}=Z,\quad HZH^{-1}=X,\quad HYH^{-1}=-Y \tag{14.3.2}$$

在这样的逐位操作下,对 X 和 Z 的变换只是交换稳定子生成元的 X 串和 Z 串,自然保持 CSS 类码稳定子生成元集合 S 不变,因此对编码态的 $\overline{H}$ 门操作是容错操作。

2. 相位门 P 操作

利用式(14.2.13)得

$$PXP^{-1}=-\mathrm{i}Y,\quad PYP^{-1}=-\mathrm{i}X,\quad PZP^{-1}=Z \tag{14.3.3}$$

这个操作交换 $X\leftrightarrow Y$ 的同时引进一个相位因子$-\mathrm{i}$,而对算子 Z 没有任何影响。对于 CSS 类稳定子码,这一变换保持稳定子生成元中 H_z 部分不变,而对码字重量满足 $W=0\bmod 4$ 的稳定子码,因为 $H_y=H_z\widetilde{H}_x$,用 H_y 作为新的稳定子生成元,新的稳定子和原稳定子仍然等价,因此相位门是容错操作。

14.3.2 CSS 类码的控制非门操作

当考虑像控制非这样的两位门操作时,要涉及两个编码块(假设每个块编码一个逻辑量子位)。两个编码块码态的稳定子是直积群 $S\otimes S$。横向的两位门操作应保持直积群 $S\otimes S$ 不变。根据在两位控制非操作下变换式(14.2.18)

$$\begin{cases} X\otimes I\to X\otimes X \\ Z\otimes I\to Z\otimes I \\ I\otimes X\to I\otimes X \\ I\otimes Z\to Z\otimes Z \end{cases}$$

在两编码块间逐位控制非操作下有

$$\begin{cases} \overline{X}_a\otimes I\to \overline{X}_a\otimes \overline{X}_a \\ \overline{Z}_a\otimes I\to \overline{Z}_a\otimes I \\ I\otimes \overline{X}_a\to I\otimes \overline{X}_a \\ I\otimes \overline{Z}_a\to \overline{Z}_a\otimes \overline{Z}_a \end{cases} \tag{14.3.4}$$

由于 $\overline{Z}_a$,$\overline{X}_a\in S$,因此 $\overline{X}_a\otimes\overline{X}_a$,$\overline{Z}_a\otimes I$,$I\otimes\overline{X}_a$ 和 $\overline{Z}_a\otimes\overline{Z}_a$ 都是 $S\otimes S$ 中的元素,这表

明对于 CSS 类型的稳定子码，两逻辑量子位控制非操作是容错操作。

反过来也可以证明，控制非操作是容错操作的码必定具有 CSS 类型。由于稳定子的一般元 M 作为 Pauli 算子群中的元素，因此必定可以写成双矢量形式（见 12.3 节）

$$M = \bar{Z}_a \bar{X}_b$$

由式（14.3.5）可知，在逐位控制非操作下有

$$\bar{Z}_a \bar{X}_b \otimes I \rightarrow \bar{Z}_a \bar{X}_b \otimes \bar{X}_b$$

控制非操作对这种码是容错的意味着 $\bar{X}_b$ 和 $\bar{Z}_a \bar{X}_b$ 都是稳定子中的元素，而稳定子本身是一个群，从而 Z_a 也是稳定子中的元素，这表明稳定子可以写成仅由 Z, I 和仅由 X, I 张量积组成的两段，这意味着这个码是 CSS 类型的。

14.3.3　7-位 CSS 码的容错操作

7-位 CSS 码使用七个物理量子位块编码一个逻辑量子位的信息。7-位 CSS 码字已在式（11.4.1）～式（11.4.4）中给出

$$|\bar{0}\rangle = \frac{1}{2^{3/2}}(|0000000\rangle + |0011101\rangle + |0100111\rangle + |0111010\rangle + |1001110\rangle + |1010011\rangle + |1101001\rangle + |1110100\rangle) \quad (14.3.5)$$

$$|\bar{1}\rangle = \frac{1}{2^{3/2}}(|1111111\rangle + |1100010\rangle + |1011000\rangle + |1000101\rangle + |0110001\rangle + |0101100\rangle + |0010110\rangle + |0001011\rangle) \quad (14.3.6)$$

其中，态 $|\bar{0}\rangle$ 是经典码 $C[7,3,4]$ 所有偶重量码字的等权重叠加，每个码字的重量 $W = 0\text{mod}4$；而态 $|\bar{1}\rangle$ 是 $C[7,3,4]$ 所有奇重量码字的等权重叠加，每个码字的重量 $W = 3\text{mod}4$。可以得到对这个码的容错操作有如下四种。

1. 单量子位逻辑非门操作——$\bar{X}$

由于 $X|0\rangle = |1\rangle, X|1\rangle = |0\rangle$，观察式（14.3.5）和式（14.3.6）中的态 $|\bar{0}\rangle$ 和态 $|\bar{1}\rangle$，其中各经典码子互相互补，因此有

$$\begin{cases} \bar{X}|\bar{0}\rangle = XXXXXXX|\bar{0}\rangle = |\bar{1}\rangle \\ \bar{X}|\bar{1}\rangle = XXXXXXX|\bar{1}\rangle = |\bar{0}\rangle \end{cases} \quad (14.3.7)$$

所以对于 7-位 CSS 码，逻辑非门操作是容错操作。

2. 单量子位相位门 P 操作

单量子位相位门

$$P=\begin{bmatrix}1 & 0\\0 & i\end{bmatrix}$$

对态$|0\rangle$的作用为$P|0\rangle=|0\rangle$,而对态$|1\rangle$的作用为$P|1\rangle=i|1\rangle$,仅引进一个相位因子i。注意到7-位CSS码逻辑态$|\bar{0}\rangle$中$W=0\text{mod}4$,而$|\bar{1}\rangle$中$W=0\text{mod}3$,因此

$$\begin{cases}\bar{P}\mid\bar{0}\rangle=i^{W}\mid\bar{0}\rangle=\mid\bar{0}\rangle\\ \bar{P}\mid\bar{1}\rangle=i^{W}\mid\bar{1}\rangle=-i\mid\bar{1}\rangle\end{cases}\tag{14.3.8}$$

这表示相位门对逻辑态的作用,可以通过对逻辑态中物理量子位逐位执行相位门实现,所以对于7-位CSS码,单量子位相位门P操作是容错操作。

3. 逻辑H门操作

由式(11.4.5)可得

$$\mid\bar{0}\rangle=\frac{1}{\sqrt{2}}(\mid\tilde{0}\rangle+\mid\tilde{1}\rangle),\quad\mid\bar{1}\rangle=\frac{1}{\sqrt{2}}(\mid\tilde{0}\rangle-\mid\tilde{1}\rangle)\tag{14.3.9}$$

其中,$|\tilde{0}\rangle$,$|\tilde{1}\rangle$分别是$|\bar{0}\rangle$,$|\bar{1}\rangle$在转动基下的表示

$$\begin{cases}\mid\tilde{0}\rangle=H\mid\bar{0}\rangle\\ \mid\tilde{1}\rangle=H\mid\bar{1}\rangle\end{cases}\tag{14.3.10}$$

因此

$$H\mid\bar{0}\rangle=\frac{1}{\sqrt{2}}(H\mid\tilde{0}\rangle+H\mid\tilde{1}\rangle)$$

由$HH=I$,应用式(14.3.10)、式(14.3.9)可得

$$H\mid\tilde{0}\rangle=\frac{1}{\sqrt{2}}(\mid\tilde{0}\rangle+\mid\tilde{1}\rangle)\tag{14.3.11}$$

类似地有

$$H\mid\tilde{1}\rangle=\frac{1}{\sqrt{2}}(\mid\tilde{0}\rangle-\mid\tilde{1}\rangle)\tag{14.3.12}$$

式(14.3.12)和式(14.3.13)表明对于7-位CSS码,H门操作是容错操作。

4. 两逻辑量子位控制非门($CNOT$门)操作

现在证明对于7-位CSS码,两逻辑量子位控制非门也是容错操作。注意到叠加成量子态$|\bar{0}\rangle$和$|\bar{1}\rangle$的经典码字,分别是$C[7,3,4]$码的全体元素和$C[7,3,4]$群码在G_7中以$a=1100010$为陪集首的那个陪集中的全体元素(见表10.5.4)

$$\begin{cases}\mid\bar{0}\rangle=\frac{1}{2^{3/2}}\sum\limits_{w\in C}\mid w\rangle\\ \mid\bar{1}\rangle=\frac{1}{2^{3/2}}\sum\limits_{w\in C}\mid w\oplus a\rangle\end{cases}\tag{14.3.13}$$

由于两量子位的控制非操作执行

$$|a,b\rangle \rightarrow |a,a\oplus b\rangle$$

而 C 是群码，这意味着对于任意 $w'\in C$，$w'\oplus C$ 只是所有群元的一个新排列，作为集合 $w'\oplus C=C$。因此，两个编码块间的逐位控制非操作将执行如下变换：

$$\begin{cases} |\bar{0}\rangle\,|\bar{0}\rangle \xrightarrow{\overline{CNOT}} |\bar{0}\rangle\,\frac{1}{2^{3/2}}\sum\limits_{w\in C}|w\oplus w'\rangle = |\bar{0}\rangle\,|\bar{0}\rangle \\ |\bar{0}\rangle\,|\bar{1}\rangle \xrightarrow{\overline{CNOT}} |\bar{0}\rangle\,\frac{1}{2^{3/2}}\sum\limits_{w\in C}|w\oplus a\oplus w'\rangle = |\bar{0}\rangle\,|\bar{1}\rangle \\ |\bar{1}\rangle\,|\bar{0}\rangle \xrightarrow{\overline{CNOT}} |\bar{1}\rangle\,\frac{1}{2^{3/2}}\sum\limits_{w\in C}|w\oplus a\oplus w'\rangle = |\bar{1}\rangle\,|\bar{1}\rangle \\ |\bar{1}\rangle\,|\bar{1}\rangle \xrightarrow{\overline{CNOT}} |\bar{1}\rangle\,\frac{1}{2^{3/2}}\sum\limits_{w\in C}|w\oplus a\oplus w'\oplus a\rangle = |\bar{1}\rangle\,|\bar{0}\rangle \end{cases} \tag{14.3.14}$$

这表明对于 7-位 CSS 码，两逻辑量子位控制非操作，可对分别编码两逻辑量子位块中相应物理量子位逐位执行，因此是容错操作。

14.4　一般稳定子码上的幺正操作

由第 12 章可知，一般稳定子码的稳定子 S 是作用到 n 个物理量子位上 Pauli 算子群 G_n 的 Abel 子群。稳定子码码空间是 S 中所有元素本征值 $+1$ 的共同本征空间。n 个物理量子位编码 K 个逻辑量子位的稳定子码有 $n-K$ 个生成元，码空间维数是 2^{n-K}，可编码 K 个逻辑量子位。和 S 中的元素都对易的 G_n 中的元素全体是 S 在群 G_n 中的正规子 $N(S|G_n)$（和 S 中元素都对易的 G_n 中的元素全体是 S 在群 G_n 中的中心子，这里由于 G_n 中的元素要么对易，要么反对易，因此 S 在 G_n 中的中心子和正规子重合）。正规子群 $N(S|G_n)$ 有 $n+K$ 个生成元，S 本身是 $N(S|G_n)$ 的一个子群，所以 $N(S|G_n)$ 的生成元中有 $2K$ 个不在 S 中，它们的作用不会改变码子空间，但可以改变一个编码逻辑态为另一个逻辑态，因此可以用作对逻辑态的运算。事实上，这 $2K$ 个算子可以选作 $\{\bar{Z}_i,\bar{X}_i,i=1,2,\cdots,K\}$，选择码子空间的计算基态是所用 $\bar{Z}_i(i=1,2,\cdots,K)$ 的共同本征态，使得

$$\bar{Z}_i\,|\bar{0}_i\rangle = |\bar{0}_i\rangle,\quad \bar{Z}_i\,|\bar{1}_i\rangle = -|\bar{1}_i\rangle$$

$\bar{X}_i$ 和稳定子中的元素都对易，但是

$$[\bar{X}_i,\bar{Z}_i]_+ = 0,\quad [\bar{X}_i,\bar{Z}_j]_+ = 0,\quad i\neq j$$

因此

$$\bar{X}_i\,|\bar{0}_i\rangle = \bar{X}_i\bar{Z}_i\,|\bar{0}_i\rangle = -\bar{Z}_i\bar{X}_i\,|\bar{0}_i\rangle \rightarrow \bar{X}_i\,|\bar{0}_i\rangle = |\bar{1}_i\rangle$$

$$\overline{X}_i \mid \overline{1}_i\rangle = -\overline{X}_i\overline{Z}_i \mid \overline{1}_i\rangle = \overline{Z}_i\overline{X}_i \mid \overline{1}_i\rangle \rightarrow \overline{X}_i \mid \overline{1}_i\rangle = \mid \overline{0}_i\rangle$$

其中,$\overline{X}_i$ 是第 i 个逻辑量子位的逻辑非算子。当一个编码块中只编码一个逻辑量子位时,记 $\overline{Z}_i=\overline{Z}$,$\overline{X}_i=\overline{X}$。以下主要针对由 n 个物理量子位组成的编码块编码一个逻辑量子位的情况进行讨论。

一般稳定子码不具有 CSS 类稳定子码那样的容错性质[4,5],因此需要考虑利用其他方法构造容错操作。

14.4.1 测量和一般稳定子码的幺正操作

实现量子计算不限于幺正操作,对编码态的量子测量通常被认为是破坏性的,只在出错诊断或需要读出计算结果时才实行测量。实际上,作为操控量子系统态演化的两种基本方式之一,测量也可以用于量子计算[4]。构造适当的测量,根据测量结果选择不同的后继路线继续进行下去,也可以实现正确的量子计算。本节研究如何通过测量实现一般稳定子码的容错计算,为此首先研究这种测量过程将如何影响编码态、码稳定子中的元素以及逻辑算子 $\overline{Z}$,$\overline{X}$ 等。

设 A 是 n 个物理量子位 Pauli 算子群中的一个元素,A 和码稳定子 S 的关系分为以下三种情况[4]:

(1) A 属于 S,在这种情况下由于稳定子码空间的态是所有 $M_i \in S$ 的本征值 $+1$ 的共同本征态,因此对有效码字,测量 A 将得到本征值 $+1$,并保持码态不变。测量后态的稳定子仍然是 S。

(2) A 不在 S 中,但 A 和 S 中的元素都对易,A 实际上是差集合 $N(S|G)\backslash S$ 中的元素,由于集合 $N(S|G)\backslash S$ 的生成元是逻辑算子 $\overline{Z}$,$\overline{X}$,所以这种情况下 A 或者是 $\overline{Z}$ 或者是 $\overline{X}$,一般情况下是这两者的乘积。测量这样的算子 A 时将给出系统逻辑态的信息,并且一般情况下会破坏逻辑态,这样的测量是必须避免的。

(3) A 不属于 $N(S|G)$,这时 A 必定和 S 中的某些元素反对易。这时,可选择 S 的生成元组,使 A 和第一个生成元 M_1 反对易,而和其他生成元 $M_2,\cdots,M_{n-k}$ 都对易。这种操作很容易实现,因为如果某个生成元 $M_j(2\leqslant j\leqslant n-K)$ 和 A 反对易,那么

$$AM_j = -M_jA$$

由于 A 和 M_1 反对易,从而可以用算子 M_1M_j 取代 M_j,而由 M_1M_j 和 A 对易有

$$AM_iM_j = -M_iAM_j = M_iM_jA$$

若原来的 $M_j(2\leqslant j\leqslant n-K)$ 和 A 对易,就保留原来的 M_j,这样就可得到一个新的稳定子生成元组 $S'=\{A,M_2,\cdots,M_{n-K}\}$。由于现在 A 和新的 $M_2,\cdots,M_{n-K}$ 都对易,因此测量 A 并不会扰动新的 $M_2,\cdots,M_{n-K}$ 的本征态。如果测量结果为 $+1$,那么测得的态将是新稳定子生成元组 $S'=\{A,M_2,\cdots,M_{n-K}\}$ 的本征值 $+1$ 的共同本

征态。如果测得结果为-1,那么测量后的态$|\psi\rangle$满足

$$A|\psi\rangle=-|\psi\rangle$$

注意到 $AM_1=-M_1A$,所以

$$AM_1|\psi\rangle=-M_1A|\psi\rangle=M_1|\psi\rangle$$

$M_1|\psi\rangle$仍然是 A 算子本征值$+1$ 的本征态。所以当测量 A 得到本征值-1 时,就对测量得到的态施以 M_1 操作。下面所说的测量就包括根据测得结果进行上述处理过程在内。

综上所述,测量算子 A 的总效果是使被测系统进入新的稳定子 S'的本征值$+1$ 的本征空间。**新的稳定子生成元 S' 以及作用在新态上的逻辑算子 $\bar{Z}$,$\bar{X}$ 等可用下述方法构造:测量算子 A 是新态的一个稳定子,如果原来的稳定子、逻辑算子和 A 对易,那么这样的算子可以保留下来作为新态的稳定子和逻辑算子;如果原来的稳定子生成元、逻辑算子和 A 反对易,那么就用 A 去乘以那些和 A 反对易的稳定子生成元、逻辑算子,得到新态的稳定子生成元和逻辑算子。**

前面把稳定子码的幺正操作归结为在 $N(G|U)$中的元素,并把 $N(G|U)$的生成元归结为$\{H,P,CNOT\}$。下面将看到对于一般稳定子码,把两个物理量子位控制非门和这样的测量过程相结合,使得$\{H,P,CNOT\}$操作都可以容错地实现。

14.4.2　一般稳定子码的容错一位门操作

1. 容错相位门

假设需要对处在态$|\psi\rangle$的量子位执行相位门操作,为此引进一个制备在$|0\rangle$态的辅佐量子位。现在两个量子位处在态$|\psi\rangle\otimes|0\rangle$,它的稳定子是 $I\otimes Z$,两个逻辑算子可取为 $\bar{Z}=Z\otimes I$ 和 $\bar{X}=X\otimes I$。现在取数据位为控制位和辅佐位为靶位执行控制非操作,由式(14.2.18),将映射稳定子

$$I\otimes Z\to Z\otimes Z\equiv M_1 \tag{14.4.1}$$

如果对两个量子位态测量算子

$$A=I\otimes iY$$

这里引入 i 的目的是使 Y 恢复成 Hermitian 算子,从而使得本征值为实数,现在 A 和稳定子 M_1 反对易。若测得 A 的本征值为$+1$,则保留这个态不变;若测得算子 A 的本征值为-1,则需要对结果态作用以 $M_1=Z\otimes Z$ 得到新态。由于新态是测量算子 A 的本征值$+1$ 的本征态,因此新态将具有如下形式:

$$|\psi\rangle(|0\rangle-i|1\rangle)$$

注意到作用在测量前态的逻辑算子是由初态逻辑算子 $\bar{Z}$ 和 $\bar{X}$ 经由第一位到第二

位的控制非操作映射来的,由式(14.2.18)有

$$\begin{cases} Z \otimes I \rightarrow Z \otimes I \\ X \otimes I \rightarrow X \otimes X \end{cases} \tag{14.4.2}$$

测量后,由于 $Z\otimes I$ 和 A 对易,可以保留下来,但 $X\otimes X$ 和 A 反对易,须乘以 M_1 得到

$$(Z \otimes Z)(X \otimes X) = Y \otimes Y = -\mathrm{i}Y \otimes \mathrm{i}Y$$

也和 A 对易。所以,经上述控制非和测量操作后,已经变换原来态的逻辑算子为

$$\begin{cases} \bar{Z} = Z \otimes I \rightarrow Z \otimes I \\ \bar{X} = X \otimes I \rightarrow -iY \otimes iY \end{cases} \tag{14.4.3}$$

测量 $A=I\otimes iY$ 后第二量子位肯定处于 iY 本征值 $+1$ 的本征态上,可以略去。得到仅作用在第一位上的逻辑算子的变换为

$$\begin{cases} Z \rightarrow Z \\ X \rightarrow -iY \\ Y = ZX \rightarrow -iX \end{cases} \tag{14.4.4}$$

由式(14.2.13),这正好给出了作用在第一量子位态上的相位门。

2. 容错 H 门操作

如果能在辅佐器量子位制备并测量($|0\rangle \pm |1\rangle$)态,那么结合相位门和控制非门,还可以通过测量产生容错的一位 H 门操作。

考虑一个量子位态 $|\psi\rangle$,假设需要对其施以 H 门操作。为此引进一个辅佐位,并制备辅佐位处于态($|0\rangle + |1\rangle$)中,现在这两个量子位态为

$$|\psi\rangle \otimes (|0\rangle + |1\rangle)$$

容易看出,这个态的稳定子是 $I\otimes X$,设两个逻辑算子分别是 $\bar{Z}=Z\otimes I$ 和 $\bar{X}=X\otimes I$。现在取第二位为控制位,第一位为靶位,执行控制非操作,由式(14.2.18)(注意现在交换了控制位和靶位),稳定子和逻辑算子的变换分别为

$$\begin{cases} I \otimes X \rightarrow X \otimes X \\ \bar{Z} = Z \otimes I \rightarrow Z \otimes Z \\ \bar{X} = X \otimes I \rightarrow X \otimes I \end{cases} \tag{14.4.5}$$

再对第二位施以相位门 P 操作,利用式(14.2.13)得

$$\begin{cases} X \otimes X \rightarrow X \otimes (-iY) \\ Z \otimes Z \rightarrow Z \otimes Z \\ X \otimes I \rightarrow X \otimes I \end{cases} \tag{14.4.6}$$

现在对这个两量子位系统测量算子 $A=I\otimes X$,$I\otimes X$ 可以作为新态的稳定子,逻辑算子 $\bar{X}=X\otimes I$ 和 A 对易,可以保留下来,但逻辑 $\bar{Z}$ 算子需要变成

$$\bar{Z} = Z \otimes Z \to [X \otimes (-iY)](Z \otimes Z) = -iY \otimes X$$

略去辅佐量子位,得到上述操作对第一位诱导出的变换为

$$\begin{cases} Z \to -iY \\ X \to X \\ Y = ZX \to -iZ \end{cases} \tag{14.4.7}$$

和式(14.2.14)比较可以看出,式(14.4.7)执行了 Q 门操作。把上述相位门 P 操作和 Q^{-1} 操作相结合,可以产生以下变换

$$\begin{cases} X \xrightarrow{P} -iY \xrightarrow{Q^{-1}} Z \xrightarrow{P} Z \\ Z \xrightarrow{P} Z \xrightarrow{Q^{-1}} iY \xrightarrow{P} X \end{cases}$$

从而

$$Y = ZX \to XZ = -Y$$

这正是式(14.2.12)中给出的 H 门变换。

14.4.3　一般稳定子码的容错控制非门操作

为了对任意稳定子码构造控制非门操作,Gottesman 首先构造了一个四量子位的变换[4]

$$\begin{cases} X \otimes I \otimes I \otimes I \to X \otimes X \otimes X \otimes I \\ I \otimes X \otimes I \otimes I \to I \otimes X \otimes X \otimes X \\ I \otimes I \otimes X \otimes I \to X \otimes I \otimes X \otimes X \\ I \otimes I \otimes I \otimes X \to X \otimes X \otimes I \otimes X \\ Z \otimes I \otimes I \otimes I \to Z \otimes Z \otimes Z \otimes I \\ I \otimes Z \otimes I \otimes I \to I \otimes Z \otimes Z \otimes Z \\ I \otimes I \otimes Z \otimes I \to Z \otimes I \otimes Z \otimes Z \\ I \otimes I \otimes I \otimes Z \to Z \otimes Z \otimes I \otimes Z \end{cases} \tag{14.4.8}$$

执行这个变换的线路在图 14.4.1 中给出。

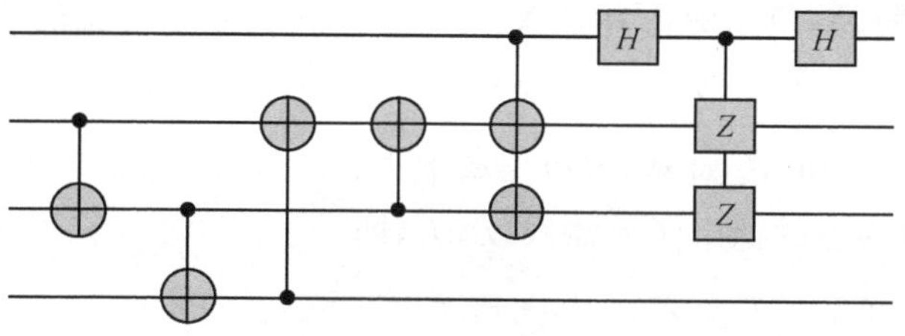

图 14.4.1[4]

给定任意稳定子码生成元的一个元素 M,逐位施加这一变换将导致 M 的如下变换:

$$\begin{cases}M\otimes I\otimes I\otimes I\rightarrow M\otimes M\otimes M\otimes I\\ I\otimes M\otimes I\otimes I\rightarrow I\otimes M\otimes M\otimes M\\ I\otimes I\otimes M\otimes I\rightarrow M\otimes I\otimes M\otimes M\\ I\otimes I\otimes I\otimes M\rightarrow M\otimes M\otimes I\otimes M\end{cases} \tag{14.4.9}$$

这一变换可以横向执行,且每一个像都是 $S\otimes S\otimes S\otimes S$ 中的元素,所以这对任意稳定子码来说都是容错操作。

为了构造一般稳定子码两逻辑量子位的控制非门,设两个量子位分别处于态 $|\psi_1\rangle\otimes|\psi_2\rangle$,为了对这两个量子位执行从量子位 1 到量子位 2 的控制非门操作,另外引进两个辅佐量子位,并都制备在 $|0\rangle$ 态上。这个四物理量子位块态是

$$|\psi_1\rangle\otimes|\psi_2\rangle\otimes|0\rangle\otimes|0\rangle \tag{14.4.10}$$

这个态的稳定子和逻辑算子可分别取为

$$M_1=I\otimes I\otimes I\otimes Z,\quad M_2=I\otimes I\otimes Z\otimes I \tag{14.4.11}$$

$$Z_1=Z\otimes I\otimes I\otimes I,\quad Z_2=I\otimes Z\otimes I\otimes I \tag{14.4.12}$$

$$X_1=X\otimes I\otimes I\otimes I,\quad X_2=I\otimes X\otimes I\otimes I \tag{14.4.13}$$

现在对式(14.4.10)中的态施以式(14.4.8)描述的变换,稳定子生成元将变成

$$\begin{cases}M_1=I\otimes I\otimes I\otimes Z\rightarrow Z\otimes Z\otimes I\otimes Z\\ M_2=I\otimes I\otimes Z\otimes I\rightarrow Z\otimes I\otimes Z\otimes Z\end{cases} \tag{14.4.14}$$

而逻辑算子变成

$$\begin{cases}Z_1=Z\otimes I\otimes I\otimes I\rightarrow Z\otimes Z\otimes Z\otimes I\\ Z_2=I\otimes Z\otimes I\otimes I\rightarrow I\otimes Z\otimes Z\otimes Z\end{cases} \tag{14.4.15}$$

$$\begin{cases}X_1=X\otimes I\otimes I\otimes I\rightarrow X\otimes X\otimes X\otimes I\\ X_2=I\otimes X\otimes I\otimes I\rightarrow I\otimes X\otimes X\otimes X\end{cases} \tag{14.4.16}$$

现在对两个辅佐量子位(编号为 3 和 4)依次测量 X(相当于对四个量子位分别测量算子 $X_3=I\otimes I\otimes X\otimes I$ 和 $X_4=I\otimes I\otimes I\otimes X$),$M_1$ 和测量算子 X_3 对易,而 M_2 和测量算子 X_3 反对易,应用测量算子 X_3 取代 M_2 作为测量后态的稳定子元

$$M_2=Z\otimes I\otimes Z\otimes Z\rightarrow I\otimes I\otimes X\otimes I$$

逻辑算子 X_1,X_2 都和 X_3 对易,可以保留下来,而 Z_1,Z_2 都和测量算子反对易,为把它改造成测量后态的稳定子元需乘以 M_2,即

$$M_2\cdot Z_1=(Z\otimes I\otimes Z\otimes Z)\cdot(Z\otimes Z\otimes Z\otimes I)=I\otimes Z\otimes I\otimes Z$$

$$M_2\cdot Z_2=(Z\otimes I\otimes Z\otimes Z)\cdot(I\otimes Z\otimes Z\otimes Z)=Z\otimes Z\otimes I\otimes I$$

于是，测量 X_3 导得稳定子元和逻辑算子的变换分别为

$$\begin{cases}M_1 = Z\otimes Z\otimes I\otimes Z \to Z\otimes Z\otimes I\otimes Z \\ M_2 = Z\otimes I\otimes Z\otimes Z \to I\otimes I\otimes X\otimes I\end{cases} \tag{14.4.17}$$

$$\begin{cases}Z_1 = Z\otimes Z\otimes Z\otimes I \to I\otimes Z\otimes I\otimes Z \\ Z_2 = I\otimes Z\otimes Z\otimes Z \to Z\otimes Z\otimes I\otimes I\end{cases}$$

$$\begin{cases}X_1 = X\otimes I\otimes I\otimes I \to X\otimes X\otimes X\otimes I \\ X_2 = I\otimes X\otimes I\otimes I \to I\otimes X\otimes X\otimes X\end{cases} \tag{14.4.18}$$

下一步测量 $X_4 = I\otimes I\otimes I\otimes X$，注意到 X_4 和式(14.4.17)中 M_1 反对易，和式(14.4.18)中除逻辑算子 Z_1 外，其余都对易。测量 X_4 后引起的 Z_1 变换为

$$M_1 \cdot Z_1 = (Z\otimes Z\otimes I\otimes Z)\cdot(I\otimes Z\otimes I\otimes Z) = (Z\otimes I\otimes I\otimes I)$$

其他三个算子不变。综合上面结果得到执行上述变换和测量操作后，引起的逻辑算子变换为

$$\begin{cases}Z_1 = I\otimes Z\otimes I\otimes Z \to Z\otimes I\otimes I\otimes I \\ Z_2 = Z\otimes Z\otimes I\otimes I \to Z\otimes Z\otimes I\otimes I \\ X_1 = X\otimes X\otimes X\otimes I \to X\otimes X\otimes X\otimes I \\ X_2 = I\otimes X\otimes X\otimes X \to I\otimes X\otimes X\otimes X\end{cases} \tag{14.4.19}$$

现在去掉两个辅佐量子位(第三、四位)，结合式(14.4.12)和式(14.4.13)，得到上述变换和操作导致数据量子位逻辑算子的变换为

$$\begin{cases}Z_1 = Z\otimes I \to Z\otimes I \\ Z_2 = I\otimes Z \to Z\otimes Z \\ X_1 = X\otimes I \to X\otimes X \\ X_2 = I\otimes X \to I\otimes X\end{cases} \tag{14.4.20}$$

将式(14.4.20)和式(14.2.18)比较可以看出，这正是两个量子位控制非门操作。于是，对于任意稳定子码，控制非操作可以容错地执行。

14.5　一般稳定子码容错通用逻辑门组、Toffli 门

前面已经把稳定子码的幺正操作归结为 $N(G|U)$ 中的元素，并把 $N(G|U)$ 的生成元归结为 $\{H, P, CNOT\}$。但是仅仅能执行 $N(G|U)$ 中的操作，对量子计算是不够的。Gottesman 已经证明[11]，仅使用这个门组的量子计算可以被经典计算机有效模拟。为了得到使用一般稳定子码量子计算的通用逻辑门组，根据 Shor 的建议[1]，可以加上 3-位量子门——Toffoli 门(见 2.3 节)(实际上仅一个 Toffoli 门就构成量子计算子通用逻辑门组)。本节研究对于一般稳定子码，如何容错地执行

Toffoli 门,从而完成使用稳定子码容错量子计算通用量子门组的构造。本节内容可参阅文献[1]、[4]、[6]、[8]。

14.5.1 Toffoli 门诱导的幺正变换

由于 Toffoli 门可以利用 Pauli 矩阵展开[见式(2.3.28)],即

$$
\begin{aligned}
CCNOT = & \frac{1}{4}[3I^{(1)} \otimes I^{(2)} \otimes I^{(3)} + \hat{\sigma}_z^{(1)} \otimes I^{(2)} \otimes I^{(3)} + I^{(1)} \otimes \hat{\sigma}_z^{(2)} \otimes I^{(3)} \\
& - \hat{\sigma}_z^{(1)} \otimes \hat{\sigma}_z^{(2)} \otimes I^{(3)} + (I^{(1)} - \hat{\sigma}_z^{(1)}) \otimes (I^{(2)} - \hat{\sigma}_z^{(2)}) \otimes \hat{\sigma}_x^{(3)}]
\end{aligned} \tag{14.5.1}
$$

因此利用这一表示可以方便地求出 Toffoli 门对三量子位 Pauli 算子群的元素产生的如下变换(为了简单,下面省去了其中的"⊗",把指示每个算子作用位的上标写成下标):

$$
\begin{aligned}
& [Toffoli]X_1[Toffoli]^{-1} \\
= & \frac{1}{16}[3I + Z_1 + Z_2 - Z_1Z_2 + (1 - Z_1)(1 - Z_2)X_3] \\
& X_1[3I + Z_1 + Z_2 - Z_1Z_2 + (1 - Z_1)(1 - Z_2)X_3]^{-1} \\
= & \frac{1}{16}[3I + Z_1 + Z_2 - Z_1Z_2 + (1 - Z_1)(1 - Z_2)X_3] \\
& [3I - Z_1 + Z_2 + Z_1Z_2 + (1 + Z_1)(1 - Z_2)X_3]X_1 \\
= & \frac{1}{2}[I + Z_2 + (I - Z_2)X_3]X_1
\end{aligned}
$$

即

$$
X_1 \to \frac{1}{2}[I + Z_2 + (I - Z_2)X_3]X_1 \tag{14.5.2}
$$

利用同样的方法可以证明

$$
X_2 \to \frac{1}{2}[I + Z_1 + (I - Z_1)X_3]X_2 \tag{14.5.3}
$$

$$
X_3 \to X_3, Z_1 \to Z_1, Z_2 \to Z_2 \tag{14.5.4}
$$

$$
\begin{aligned}
Z_3 \to & \frac{1}{16}[3I + Z_1 + Z_2 - Z_1Z_2 + (1 - Z_1)(1 - Z_2)X_3] \\
& [3I - Z_1 + Z_2 + Z_1Z_2 - (1 + Z_1)(1 - Z_2)X_3]Z_3 \\
= & \frac{1}{2}[I + Z_1 + (I - Z_1)Z_2]Z_3
\end{aligned} \tag{14.5.5}
$$

上述的变换关系表明,在 Toffoli 操作变换下,Z_1, Z_2, X_3 保持不变,但 X_1, X_2, Z_3 要发生变化(Y_1, Y_2, Y_3 的变换关系,可以从 $Y_i = Z_iX_i$ 得出)。利用控制非门的 Pauli 算子表示式(2.3.20)为

$$CNOT = \frac{1}{2}[(I^{(1)} + \hat{\sigma}_z^{(1)}) \otimes I^{(2)} + (I - \hat{\sigma}_z^{(1)}) \otimes \hat{\sigma}_x^{(2)}]$$

可得 X_1 的变换可表述为 X_1 变成从量子位 2 到量子位 3 的控制非变换乘以 X_1；X_2 的变换可表述为 X_2 变成从量子位 1 到量子位 3 的控制非变换乘以 X_2。应用式(2.3.18)，Z_3 的变换则可表述为 Z_3 从量子位 1 到量子位 2 的控制相位门乘以 Z_3。

14.5.2　实现 Toffoli 门方法

根据上面的讨论，Shor 提出的[1,4,5,7] Toffoli 门容错执行可分为两步。

(1) 首先引入三个辅佐块，每个辅佐块包含和编码块相同数量的物理量子位，并制备三个辅佐块处于编码态，即

$$|A\rangle = \frac{1}{2}(|\overline{000}\rangle + |\overline{010}\rangle + |\overline{100}\rangle + |\overline{111}\rangle) \tag{14.5.6}$$

这个态是下三个算子

$$\begin{cases} M_1 = \frac{1}{2}[I + Z_2 + (I - Z_2)X_3]X_1 \\ M_2 = \frac{1}{2}[I + Z_1 + (I - Z_1)X_3]X_2 \\ M_3 = \frac{1}{2}[I + Z_1 + (I - Z_1)Z_2]Z_3 \end{cases} \tag{14.5.7}$$

本征值+1 的共同本征态。现在假设对其执行 Toffoli 门操作的三个数据块的编号依次为 4,5,6。如果从 1→4,2→5,6→3 施加逐位控制非操作，那么由式(14.2.18)可得

$$X \otimes I \rightarrow X \otimes X, \quad Z \otimes I \rightarrow Z \otimes I$$

这不仅把数据从原来的数据块移到了相应的辅佐块上，而且对式(14.5.7)中的稳定子诱导出如下的变换：

$$\begin{cases} M_1' = \frac{1}{2}[I + Z_2 + (I - Z_2)X_3]X_4 \\ M_2' = \frac{1}{2}[I + Z_1 + (I - Z_1)X_3]X_2X_5 \\ M_3' = \frac{1}{2}[I + Z_1 + (I - Z_1)Z_2]Z_6 \end{cases} \tag{14.5.8}$$

至此，三个数据块(原来的三个辅佐块)处在这三个算子共同本征态中。

(2) 对第四、五个数据块测量 Z，对第六个数据块测量 X，如果结果都是+1，那么式(14.5.8)中剩下的作用在第一～三数据块上的算子就是式(14.5.2)～式

(14.5.5)给出三个数据量子位的 Toffoli 变换。如果某一个测得结果是 −1,这时对测得的态施以相应的 M_i 操作,就可以把它变换到正确的态上。

14.5.3 对 7-位 CSS 码 Toffoli 门的容错执行

这里根据 Shor 的建议[1]给出对 7-位 CSS 码执行 Toffoli 门的具体方案:

(1) 制备三个辅佐块处于[见式(14.5.6)]$|A\rangle$态上。

(2) 使用处于$|A\rangle$态的辅佐块和三个数据块,完成对三个数据块态的 Toffoli 门操作。

1. 构造辅佐块态$|A\rangle$

为了制备$|A\rangle$态,首先制备三个辅佐块中每一个都处于$(|\bar{0}\rangle+|\bar{1}\rangle)/\sqrt{2}$态上,从而三个辅佐块处于

$$\frac{1}{2\sqrt{2}}(|\bar{0}\rangle+|\bar{1}\rangle)(|\bar{0}\rangle+|\bar{1}\rangle)(|\bar{0}\rangle+|\bar{1}\rangle)\equiv\frac{1}{\sqrt{2}}(|A\rangle+|B\rangle) \quad (14.5.9)$$

态,其中$|A\rangle$已在式(14.4.6)中给出,而

$$|B\rangle=\frac{1}{2}(|\overline{001}\rangle+|\overline{011}\rangle+|\overline{101}\rangle+|\overline{110}\rangle) \quad (14.5.10)$$

这里的$|B\rangle$可以通过取第三位的非门操作变成$|A\rangle$态。

为了验证已确实把三个辅佐块都制备在$|A\rangle$态上,再引进包含 n(n 为码态中物理量子位的数目)个物理量子位的块,制备它在猫态上得

$$|Cat\rangle=\frac{1}{\sqrt{2}}(|00\cdots0\rangle+|11\cdots1\rangle)\equiv\frac{1}{\sqrt{2}}(|\ddot{0}\rangle+|\ddot{1}\rangle)$$

对于处在猫态的块和三个辅佐块态,有

$$\frac{1}{2}(|\ddot{0}\rangle+|\ddot{1}\rangle)(|A\rangle+|B\rangle) \quad (14.5.11)$$

逐位施加以下操作:

$$|c_i\rangle|d_i\rangle|a_i\rangle|b_i\rangle\rightarrow(-1)^{a_i(b_ic_i+d_i)}|c_i\rangle|d_i\rangle|a_i\rangle|b_i\rangle \quad (14.5.12)$$

则可实现如下变换:

$$\begin{cases}|\ddot{0}\rangle|A\rangle\rightarrow|\ddot{0}\rangle|A\rangle\\|\ddot{1}\rangle|A\rangle\rightarrow|\ddot{1}\rangle|A\rangle\\|\ddot{0}\rangle|B\rangle\rightarrow|\ddot{0}\rangle|B\rangle\\|\ddot{1}\rangle|B\rangle\rightarrow-|\ddot{1}\rangle|B\rangle\end{cases} \quad (14.5.13)$$

在这一变换下，式(14.5.11)化为

$$\frac{1}{2}[(|\ddot{0}\rangle+|\ddot{1}\rangle)|A\rangle+(|\ddot{0}\rangle-|\ddot{1}\rangle)|B\rangle] \tag{14.5.14}$$

最后测量原来处在猫态的块目前是处在$(|\ddot{0}\rangle+|\ddot{1}\rangle)$态还是处在$(|\ddot{0}\rangle-|\ddot{1}\rangle)$态，可以确定三个辅佐块态是处在$|A\rangle$态还是$|B\rangle$态。如果处在$|B\rangle$态，则取第三块的逻辑非操作，最终仍可得到三个辅佐块态$|A\rangle$。

2. 通过辅佐块和数据块的作用实现 Toffoli 门

Toffoli 门当且仅当前两个位都是 1 时，才反转第三个位，为了执行 Toffoli 门，首先对前两个数据块和前两个辅佐块，从第一辅佐块到第一数据块，第二辅佐块到第二数据块执行逐位控制非操作，产生如下变换：

$$\begin{cases}|\bar{0}\bar{0}\rangle|A\rangle=|\bar{0}\bar{0}\rangle\frac{1}{2}(|\bar{0}\bar{0}\bar{0}\rangle+|\bar{0}\bar{1}\bar{0}\rangle+|\bar{1}\bar{0}\bar{0}\rangle+|\bar{1}\bar{1}\bar{1}\rangle)\\ \qquad\rightarrow\frac{1}{2}(|\bar{0}\bar{0}\bar{0}\bar{0}\bar{0}\rangle+|\bar{0}\bar{1}\bar{0}\bar{1}\bar{0}\rangle+\bar{1}\bar{0}\bar{1}\bar{0}\bar{0}\rangle+|\bar{1}\bar{1}\bar{1}\bar{1}\bar{1}\rangle)\\ |\bar{0}\bar{1}\rangle|A\rangle\rightarrow\frac{1}{2}(|\bar{0}\bar{1}\bar{0}\bar{0}\bar{0}\rangle+|\bar{0}\bar{0}\bar{0}\bar{1}\bar{0}\rangle+\bar{1}\bar{1}\bar{1}\bar{0}\bar{0}\rangle+|\bar{1}\bar{0}\bar{1}\bar{1}\bar{1}\rangle)\\ |\bar{1}\bar{0}\rangle|A\rangle=\frac{1}{2}(|\bar{1}\bar{0}\bar{0}\bar{0}\bar{0}\rangle+\bar{1}\bar{1}\bar{0}\bar{1}\bar{0}\rangle+|\bar{0}\bar{0}\bar{1}\bar{0}\bar{0}\rangle+|\bar{0}\bar{1}\bar{1}\bar{1}\bar{1}\rangle)\\ |\bar{1}\bar{1}\rangle|A\rangle\rightarrow\frac{1}{2}(|\bar{1}\bar{1}\bar{0}\bar{0}\bar{0}\rangle+|\bar{1}\bar{0}\bar{0}\bar{1}\bar{0}\rangle+|\bar{0}\bar{1}\bar{1}\bar{0}\bar{0}\rangle+\bar{0}\bar{0}\bar{1}\bar{1}\bar{1}\rangle)\end{cases} \tag{14.5.15}$$

然后测量第一、二个数据块，如果测得结果是$|\bar{0}\bar{0}\rangle$，那么表示制备出了三个正确的辅佐块态。用现在的三个辅佐块取代原来的前两个数据块，相当于对数据执行了如下变换：

$$\begin{cases}|\bar{0}\bar{0}\rangle\rightarrow|\bar{0}\bar{0}\bar{0}\rangle\\ |\bar{0}\bar{1}\rangle\rightarrow|\bar{0}\bar{1}\bar{0}\rangle\\ |\bar{1}\bar{0}\rangle\rightarrow|\bar{1}\bar{0}\bar{0}\rangle\\ |\bar{1}\bar{1}\rangle\rightarrow|\bar{1}\bar{1}\bar{1}\rangle\end{cases} \tag{14.5.16}$$

如果测得结果是$|\bar{0}\bar{1}\rangle$，那么得到如下辅佐块态：

$$|\bar{0}\bar{0}\bar{0}\rangle,\quad|\bar{0}\bar{1}\bar{0}\rangle,\quad|\bar{1}\bar{0}\bar{0}\rangle,\quad|\bar{1}\bar{1}\bar{1}\rangle$$

这时取第一块为控制块，第三块为靶块，执行逐位控制非操作，然后对第二块执行非门操作，仍可得到式(14.5.15)中变换后的辅佐块态。容易验证，如果测得结果是$|\bar{1}\bar{0}\rangle$，那么执行第二位到第三位的控制非操作，然后对第一位执行用非门操作；如果测得结果是$|\bar{1}\bar{1}\rangle$，则可首先对第一、二位施以非门操作，然后从第一到第三

位,从第二到第三位施以控制非操作,最后对第三位执行非门操作,也可以得到式(14.5.15)中变换后的辅佐块态。

为了对三个数据块执行 Toffoli 门,下一步将原来的第三数据块排在三个辅佐块后作为第四数据块。从现在的第四数据块到第三辅佐块执行逐位控制非操作,最后对第三数据块(即现在第四块)执行逐位 H 门变换得

$$
\begin{cases}
|\overline{000}\rangle|\bar{0}\rangle \rightarrow |\overline{000}\rangle|\bar{0}\rangle \rightarrow \frac{1}{\sqrt{2}}|\overline{000}\rangle(|\bar{0}\rangle+|\bar{1}\rangle) \\
|\overline{010}\rangle|\bar{0}\rangle \rightarrow |\overline{010}\rangle|\bar{0}\rangle \rightarrow \frac{1}{\sqrt{2}}|\overline{010}\rangle(|\bar{0}\rangle+|\bar{1}\rangle) \\
|\overline{100}\rangle|\bar{0}\rangle \rightarrow |\overline{100}\rangle|\bar{0}\rangle \rightarrow \frac{1}{\sqrt{2}}|\overline{100}\rangle(|\bar{0}\rangle+\bar{1}\rangle) \\
|\overline{111}\rangle|\bar{0}\rangle \rightarrow |\overline{111}\rangle|\bar{0}\rangle \rightarrow \frac{1}{\sqrt{2}}|\overline{111}\rangle(|\bar{0}\rangle+|\bar{1}\rangle) \\
|\overline{000}\rangle|\bar{1}\rangle \rightarrow |\overline{001}\rangle|\bar{1}\rangle \rightarrow \frac{1}{\sqrt{2}}|\overline{001}\rangle(|\bar{0}\rangle-|\bar{1}\rangle) \\
|\overline{010}\rangle|\bar{1}\rangle \rightarrow |\overline{011}\rangle|\bar{1}\rangle \rightarrow \frac{1}{\sqrt{2}}|\overline{011}\rangle(|\bar{0}\rangle-|\bar{1}\rangle) \\
|\overline{100}\rangle|\bar{1}\rangle \rightarrow |\overline{101}\rangle|\bar{1}\rangle \rightarrow \frac{1}{\sqrt{2}}|\overline{101}\rangle(|\bar{0}\rangle-|\bar{1}\rangle) \\
|\overline{111}\rangle|\bar{1}\rangle \rightarrow |\overline{110}\rangle|\bar{1}\rangle \rightarrow \frac{1}{\sqrt{2}}|\overline{110}\rangle(|\bar{0}\rangle-|\bar{1}\rangle)
\end{cases}
\tag{14.5.17}
$$

最后测量变换后的第四数据块态。若测得结果是 $|\bar{0}\rangle$ 态,和式(2.3.16)相比可以看出,这时前三个辅佐块已处在原来的三个数据块(此时的第一、二、四块)执行了 Toffoli 门的态;如果测得结果是 $|\bar{1}\rangle$ 态,这时可对第三块执行逐位操作

$$
|a_i\rangle|b_i\rangle|c_i\rangle \rightarrow (-1)^{a_ib_i+c_i}|a_i\rangle|b_i\rangle|c_i\rangle \tag{14.5.18}
$$

使前三个块处在原数据块执行了 Toffoli 门的态。

上述方法执行的结果是使最初的三个辅佐块取代原来的数据块,变成三个新的数据块,这三个新的数据块现在的态正处在原来的三个数据块经 Toffoli 门作用后的态上。该方法每一步都通过横向操作执行,所以是容错的。这表明对于 CSS 类码,存在容错的通用逻辑门组。

容错操作的通用逻辑门组的选择不是唯一的。例如,Gottesman 证明[4],控制非门和测量 X,Y,Z 结合,加上 Toffoli 门也可以构成稳定子码的通用逻辑门组。

14.5.4 对于一般稳定子码的容错 Toffoli 门

对于一般稳定子码的 Toffoli 门的容错执行是个比较复杂的问题。

不过已经看到，对于任何稳定子码，都可容错地执行一位相位门、H 门和两位控制非门操作。在 Toffoli 门的 Shor 构造中，对于任意稳定子码所需要的所有操作都可容错地构造出来。因此，原则上对于任何稳定子码，Toffoli 门都可容错地执行，从而容错计算可以使用任何稳定子码执行[4,8]。

最后指出，以上讨论基本上都是针对一个编码块中只编码一个逻辑量子位的情况，任何两位操作总是在两个编码块之间进行，不涉及在同一个块内的两位门或多位门操作。如果在同一个块中编码多个逻辑量子位，这时不仅需要两块间不同逻辑量子位间的容错操作，还需要同一块上不同逻辑量子位间的容错操作。根据 Gottesman 的建议[4]，上面两个问题可以采取引进辅佐块通过适当的测量解决。

假设引入辅佐器，并制备辅佐器量子位态为 X 算子本征态，数据态为 $|\psi\rangle$。这时，辅佐器和数据块态的稳定子为 $X\otimes I$，逻辑算子为 $I\otimes Z$ 和 $I\otimes X$。然后取辅佐器量子位为控制位，数据量子位为靶位执行控制非操作，根据式(14.2.18)将实现稳定子和逻辑算子的下述变换：

$$\begin{cases} M = X \otimes I \to X \otimes X \\ Z = I \otimes Z \to Z \otimes Z \\ \overline{X} = I \otimes X \to I \otimes X \end{cases}$$

然后对数据量子位测量 $Z \equiv I\otimes Z$，由于它和 M, X 反对易，因此测量后的稳定子和逻辑算子分别为

$$M = I \otimes Z,\quad Z = Z \otimes Z,\quad X = (X \otimes X)\cdot(I \otimes X) = X \otimes I$$

到此，已把数据态交换到辅佐器上，而没有改变它。

假设初始制备辅佐器处在 Z 的本征值 $+1$ 的本征态上，取从辅佐器到数据块的逐位控制非操作将实现稳定子和逻辑算子的下述变换

$$\begin{cases} M = Z \otimes I \to Z \otimes I \\ Z = I \otimes Z \to Z \otimes Z \\ \overline{X} = I \otimes X \to I \otimes X \end{cases}$$

对数据量子位测量 $Z \equiv I\otimes Z$，这时不会对数据态产生任何变化。

利用上面的事实，为了执行两个不同块间第 j 个逻辑量子位间的操作，同时保持其他逻辑量子位不变，可以引进辅佐块，制备辅佐块第 j 个逻辑量子位处在 X 本征值 $+1$ 本征态上，而其他逻辑量子位都处在 Z 本征值 $+1$ 本征态上。另外，从辅佐块到数据块逐位施加 $CNOT$ 门，然后对数据块测量算子 Z，根据上面的分析，这些操作把第 j 逻辑位态交换到辅佐块上，而保留数据块中其他量子位不被扰动。

上述分析给出执行两块中两逻辑量子位操作的一种策略，就是把它们都交换到两个临时的空块上，执行完两块间相互作用后，在用逆操作把它们交换回去。关

于这一问题更详尽的讨论可参阅文献[4]、[8]。

14.6 量子计算容错阈限定理

前面关于量子纠错码和容错量子计算的讨论是基于以下假设:纠错过程中需要的辅佐态制备、执行出错诊断的量子态测量和纠错操作都可以理想地执行,不发生任何错误。在这样的理想情况下,当实际出错率在纠错码可控范围内,可以保证量子计算正确地进行。但是,实际上并不能保证实际的辅佐态制备、出错诊断和纠错操作等都能正确地执行,执行这些操作的过程也会产生错误。由于引进纠错码和容错技术使计算装置大大复杂化,因此计算复杂度迅速增加,如果执行纠错过程引进的错误比它能纠正的错误还多,那么在这种情况下,前述纠错措施实际上不是有利于计算的正确执行,而是起破坏作用。于是,在存在噪声情况下,能不能实现可靠地任意长量子计算,或者说能不能最终造成通用量子计算机即使在理论上也不是明显已解决的问题。量子计算容错阈限定理就是从理论上回答满足何种条件才可以造成真正的量子计算机。

14.6.1 基本出错率和逻辑出错率

由于量子系统和环境存在不可避免的相互作用,即使不对编码数据(逻辑)态进行任何操作,编码块中的各个物理量子位也会消相干引起出错,这种静态消相干出错称为**存储出错**(storage error);量子计算还需要对数据态进行逻辑操作,这通常需要对编码块中各个物理量子位进行操作,执行对数据态的逻辑运算。在逻辑操作中引起的物理量子位出错称为**操作出错**(operate error)(为了表述方便,可以把存储出错看成是执行单位门操作出错)。定义每个操作步中每个物理量子位出错率(包括存储出错)为 ε_0,称为**基本出错率**(basic error rate)。基本出错率一般由量子计算机硬件制造质量和技术水平、系统和特定环境的相互作用以及执行操作的物理方法决定。降低基本出错率是属于技术范畴的问题。

物理量子位基本出错率超出使用的纠错码所能纠正的错误,会导致编码数据态和逻辑操作出错,定义**逻辑出错率**(logical error rate)或**实际出错率**(real error rate)就是编码数据态出错率或逻辑操作出错率。对于给定的基本出错率,如何减小逻辑出错率,一般要通过适当的编码实现。本章前面介绍的量子纠错码,容错态制备、容错测量、容错恢复方法,对编码态容错操作等就是目前已经提出的,在一定的基本出错率条件下,减小逻辑出错率的方法。

为了保证逻辑运算可靠进行,同时进一步降低对基本出错率的要求,减小量子计算机物理实现技术难度,一个简单的想法可能是使用码距更大、能纠正更多错误的大码,有人认为只要无限地增加码的纠错能力,就可做任意长的计算。但是,对于一般纠错码，纠错需要的操作步数(包括辅佐器大小，析出指错子需要的操作和测量，以及为执行逻辑门操作需要的对物理量子位的操作等)会随着码的纠错能力增大而迅速增大，最终增加的操作时间(时间增大引起存储错误增多)和操作出错数目仍然会导致逻辑出错概率增大。靠增大码的纠错能力，提高量子计算机的计算可靠性将不会奏效。为了克服这一困难，需要设计特殊的码，使对这类码测量指错子所需要的时间以及纠错所需要的操作能最大限度地并行进行，使纠错所需要的时间随纠错能力尽可能缓慢增加，能满足这些要求的码就是级联码。

14.6.2　级联码

级联码使用某个量子码[[n,k,d]]编码数据。与一般量子码不同，**级联码**(concatenated code)具有分级结构。在级联码中第 1 级编码块中每个物理量子位在第二级用一个编码[[$n_1,1,d_1$]]块代替。而第二级块中的每个物理量子位在第三级用一个新的编码块[[$n_2,1,d_2$]]代替，……，直至最后[[$n_{l-1},1,d_{l-1}$]]构成一个 l 级级联码

$$[[nn_1n_2\cdots n_{l-1},k,dd_1d_2\cdots d_{l-1}]]$$

共使用 $nn_1n_2\cdots n_{l-1}$ 个物理量子位编码 k 个逻辑量子位，码距为 $dd_1d_2\cdots d_{l-1}$。

为了分析简单，假设每一级、每个块都使用相同的码。例如，使用能纠正 1-位错的 7-位 CSS 码，使用七个物理量子位构成的块编码一个逻辑量子位。图 14.6.1 给出了用 7-位 CSS 码构成的级联码的示意图。图中，第一级表示需要使用七个物理量子位构成的块编码一个逻辑量子位；第二级表示用七个物理量子位块代替第一级中的每个物理量子位。第三级表示再次用七个物理量子位块取代第二级中的每个物理量子位(图中只画出代替第二级中间块的七个物理量子位块)……直到级联到 L 级。图中表示前一级的一个量子位被后一级的一个量子位块代替，所有白色矩形块是为了说明级联结构虚拟的量子位，只有第 L 级中各黑色矩形块才表示真实的物理量子位。使用 L 级级联码编码一个逻辑量子位时，共用 7^{L-1} 个块，每个块七个物理量子位，所用的物理量子位总数是 7^L 个。

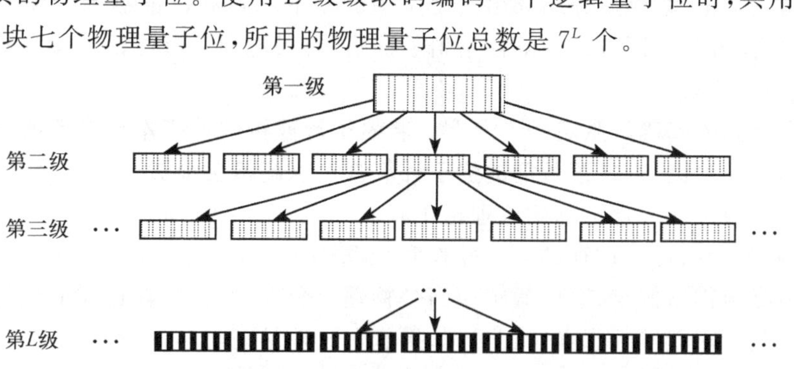

图 14.6.1

使用级联码保证逻辑计算可靠性原理非常简单。如果不使用纠错码,一个物理量子位出错就导致一个逻辑量子位出错,逻辑量子位的出错概率等于一个物理量子位的出错概率。使用纠错码时,如使用能纠正1位错的7-位CSS纠错码编码一个逻辑量子位,对于发生1-位错的情况,码本身就可以自动(通过检错和纠错操作)纠正,只有两个或两个以上的物理量子位同时出错,才导致这个逻辑量子位出错。因此,若一个物理量子位出错概率是ε,在独立出错假设下则一个逻辑量子位出错概率是ε^2量级。对于级联码,一级块就是非级联的编码块,出错率就是ε^2量级。由于块的自相似性,二级块中每个块出错概率当然也是ε^2量级。与使用纠错码降低逻辑出错率情况相同,现在由于只有两个或两个以上二级块同时出错,才引起编码在一级块中的逻辑量子位出错,因此使用二级级联码,逻辑出错率将是$(\varepsilon^2)^2$量级。继续上述论证,级联到第L级,实际出错概率(逻辑出错率)将是$(\varepsilon)^{2^L}$量级。如果平均每个编码物理量子位块出错率$\varepsilon<1$,通过级联码就可降低实际逻辑出错率。特别当ε很小时,级联码逻辑出错概率可以非常迅速地趋于零。

采用级联码也会增加纠错操作步数,延长纠错时间。但是由于码的级联性质和码块与码块的自相似性,每一级纠错操作可以并行进行,纠错的时间仅随级联级数线性增加,L级级联码纠错时间仅是一级码纠错时间的L倍,这应当是可以接受的。

必须注意,上面引进的一个物理量子位出错率ε并不是基本出错率。ε中除包含这个物理量子位存储错、操作出错外,还应当包含在执行纠错和运算时,需要引进辅佐量子位块,制备辅佐器态、执行拷贝出错信息操作、对辅佐器态的测量以及紧接的恢复操作等,所以上面级联码中每个物理量子位出错率ε和前面引进的基本出错率ε_0有很大的不同。

14.6.3 量子计算的精确性阈限定理和精确阈限估计

量子计算精确性阈限定理是量子纠错、容错理论研究的一个重要结果。下面首先给出这个定理,然后介绍导出这个定理的基本思路和数值结果。关于这个定理,不同的作者在不同的条件下都给出了证明,有兴趣的读者可以去参阅有关的文献,这里不再给出。

量子计算的精确阈限定理[8,12～16] **若量子计算机硬件基本出错率低于某个有限的精确度阈限值,则任意长度的量子计算都可以高精度地进行。**

证明阈限定理的理论基础或理论工具就是前面介绍的量子纠错码理论、容错测量和容错恢复、计算过程的容错操作和级联码理论。其次需要对量子计算机可能的环境噪声作出假定,这些假定应当是物理上合理的,否则在这样的假定基础上证明定理就会毫无实际意义。当然,如果这个定理是正确的,那么它不应当仅对一种噪声模型有效,对于其他物理上合理的噪声模型,也应当能得到相同的结论。

下面以 7-位 CSS 量子纠错码为例，并使用图 14.6.1 中 L 级级联码结构来证明阈限定理。证明这个定理就是证明：**对逻辑态执行任意一个容错逻辑门操作（包括 $N(G|U)$ 中的操作以及 Toffli 门），并随之完成检错纠错和恢复操作，对于某个非零的基本出错率 ε_0，这个逻辑门操作失败的概率趋于零**。如果确实存在一个非零的 ε_0，任意一个逻辑门操作都能成功执行，那么这个 ε_0 就是量子计算的精确性阈限（更准确地说是一定出错模型下的精确性阈限）。

为了证明阈限定理，并确定精确性阈限，还需要做几个基本假设。

首先假设采用量子计算的线路逻辑网络模型。在这个模型中，一个物理量子位用一条水平线表示，对这个量子位执行的逻辑操作按时间顺序，从左到右由逻辑门组成的网络构成。对同一个逻辑量子位连接相邻两个门操作线段，表示量子位静止或闲置的时间段。这里存在两种**出错场景**（error location）：一是操作错，假设操作错仅在操作涉及的量子位上引进错误，而不影响操作没涉及的其他量子位；二是存储错，存储错是量子位在不被门作用期间由于和环境相互作用引进的错误。存储错与时间有关，时间单位由门最大执行时间决定。一般门操作时间应当比量子位相干保持时间小得多，假设在量子位被操作期间的存储错可以包括在操作错中。

量子位出错实际上与环境相互作用有关。假设采用最简单的准现实出错模型——**非相关随机出错模型**（uncorrelated stochastic errors model），即假设各个物理量子位在静止（不被操作）时能够独立地、互不相关地和环境相互作用，三类出错（位反转错、相位错和位反转错加相位错）概率相同，即在每个时间步每个物理量子位发生每种错误概率均等，都是基本出错率 ε_0；除了上述静态出错外，对每类门可以估算不同的出错概率，以反映不同的出错强度，可将其表示成基本出错率 ε_0 的函数。

为了使用级联码估算量子计算的精确阈限值，还需要已知从下一级到上一级出错概率转移的关系。

作用在第 $j-1(1<j\leqslant L)$ 级上的门操作可以用作用到第 j 级各子块上的操作实现。设第 j 级的一个子块出错概率是 p_j，由于第 j 级上至少两个子块出错，才能造成第 $j-1$ 级上一个块出错，而对应第 $j-1$ 级一个块，在第 j 级上有七个块，所以

$$p_{j-1} \sim C_7^2 p_j^2 + C_7^3 p_j^3 + \cdots = 21p_j^2 + 35p_j^3 + \cdots \qquad (14.6.1)$$

式(14.6.1)中略去了更高级小项。于是利用这种出错概率转移关系可以推导出用一个作用在子块上的门出错概率表达的这个门作用在整个块上出错的概率。这个出错概率是基本出错率 ε_0 的函数，具体的函数表达式不仅与假设的出错模型有关，而且与执行的逻辑门（是 $N(G|U)$ 中的门或是 Toffli 门，是 $N(G|U)$ 中的一位

门或两位门等)、采取的执行方法(包括辅佐态选择和制备、指错子测量方法等)等有关系,一般是基本出错概率 ε_0 的复杂函数。不同的证明和分析的主要差别基本都体现在这个函数关系的构造上。一旦构造出这个函数关系,就可通过式(14.6.1)描述的概率转移方程把门作用在整个块上出错的概率用基本出错率表示出来。

原则上可以由出错概率转移方程求解出用基本出错率 ε_0 表示的 0 级上的出错概率。然后研究出错概率如何随 L 变化,如果对于大的 L,任意一个通用容错门 0 级出错概率都接近零,那么就可把此时的基本出错率 ε_0 作为精确性阈限。这就意味着,一旦能做到基本出错率低于精确性阈限值 ε_0,就可进行任意长的量子计算。

关于精确性阈限值,文献[16]使用仅纠正一位错的级联码,对于独立出错模型,可得

$$\varepsilon_0 \geqslant 2.73 \times 10^{-5}$$

证明这一阈限值也适用于能纠正更多错误的码以及在空间—时间中相关出错模型。对于一般使用局域相互作用(相对第 15 章讨论的非局域拓扑量子计算)的量子计算,不同估算方法得到的、普遍接受的 ε_0 估计值在 $10^{-7} \sim 10^{-4}$ 之间[17,18]。使用当前的设备和技术达到这么低的出错率是不可能的,因此实现真正的量子计算需要新的思路和技术上更多的创新。

量子阈限定理具有明显的理论价值和重要的实际意义。它肯定了只要基本出错率低于某一有限阈值,任意长的量子计算都可以可靠地进行,并给出了保证逻辑出错率任意小,要求基本出错率上限的估计值。就目前来讲,量子计算机的物理实现,理论上已经没有原则性的困难,依据就是这个精确阈限定理。量子阈限定理的建立,不仅在理论上肯定了量子计算机物理实现的可行性,而且给出了实现量子计算对量子计算机硬件的基本要求,指示出实现量子计算机的努力方向是从技术上努力降低基本出错率 ε_0,在纠错方法上尽可能减少给定 ε_0 情况下逻辑出错的概率,量子阈限定理还给出目前的技术距离制造出量子计算机到底还有多远的评估。

14.6.4　关于精确性阈限值研究

上面得到的实现量子计算精确性阈限值可能过于保守,因为这只是反映了目前研究的结果。

首先,在估算精确性阈限值时,采用的噪声模型过于普遍化、一般化,针对更具体的噪声模型给出在实际装置中基本出错概率,对于不同类型的错误进行更细致的分析,赋予更符合实际的不同出错可能性,这些都有可能提高可容忍精确性阈限值。

其次，容错测量方法、指错子测量方法和容错操作方法也是以目前认识为基础的，或许将来能找到更好的、更有效的编码方法，指错子测量方法或更有效的容错通用门组，这些都可能实质性地改进精确性阈限值。2007 年，Aliferis 等[19]讨论了 Bacon-Shor 码中规范子系统的存在，并分析了如何导致有效、简单的容错操作。基于新的子系统码，提出的容错量子计算新算法，将精确性阈限值改进为 1.94×10^{-4}，提高近一个数量级。

关于量子阈限定理的研究，继最初 Aharonov 等[20,21]，Kitaev[22]，Knill、Laflamme 和 Zurek[15]的研究，最近也有新的进展。最初的阈限定理用于具有非局域量子门的标准量子线路网络模型和 Markov 噪声过程[23]，对于非 Markov 噪声模型[24]证明了新的阈限定理；对局域门，使用数值方法计算了精确性阈限值[25]。对于非局域门还得到了精确阈限值的重要改进[26,27]。

经典计算机依靠微电子学技术，已经使电子电路器件非常可靠，但在经典信息领域也广泛应用纠错容错方法。1952 年，von Neuman[8]提出重复执行一个门操作，用"选主"方法提高可靠性的策略，并提出经典计算的阈限定理，即如果出错是统计独立的，每个门的出错率足够小，那么就可以以合理的精度执行任何计算任务。量子阈限定理可以看做是经典阈限定理在量子情况下的推广。

14.7　Solovay-Kitaev 定理和迭代算法

在容错量子计算研究中，把实现计算空间中任意幺正变换归结为执行一组离散的、有限个容错门组成的通用门组，利用这个有限容错门组，去近似算法需要的任意幺正变换到任意精度。Solovay-Kitaev 定理(以下简称 S-K 定理)肯定了这种做法(通过执行有限个一定精度的离散量子门组，去有效地近似需要的幺正变换到任意精度)是可行的，并给出了实现这一目标的具体算法。

14.7.1　算子距离、Solovay-Kitaev 定理

为了描述 S-K 定理，首先给出一个算子近似另一个算子是什么含义，以及如何刻画近似程度。两个算子的近似程度利用两个算子距离刻画，而数学上距离是通过算子的范数来定义的。

算子的范数在数学上可以有不同的定义(见附录 A1.7)。这里定义一个算子 $\hat{O}$ 的范数 $\|\hat{O}\|$ 为 $\hat{O}\hat{O}^{\dagger}$ 最大本征值的平方根，定义两个算子 $\hat{U}$ 和 $\hat{V}$ 的距离为这两个算子差算子的范数，即

$$d(U,V)=\|U-V\| \tag{14.7.1}$$

距离满足三角不等式，即

$$d(U,V)\leqslant d(U,W)+d(W,V) \tag{14.7.2}$$

利用上述算子距离的概念,S-K 定理[28~30]可表述如下。

定理 14.7.1(S-K 定理)　对于任意在 $SU(N)$ 中稠密的算子集合 G、任意给定的 $U \in SU(N)$ 和任意给定的精度 ε,都存在一个计算程序,从 G 中找出长度为 $O[\ln^c(1/\varepsilon)]$ 的算子串,这个算子串和 U 的距离小于 ε。其中,$c \approx 4$ 和 U、ε 无关。

从有限集合 G 中寻找近似需要的幺正变换的算子串是通过 S-K 算法完成的。有限集合 G 可看做是一个数据库——对任何需要的幺正操作 U,都能按照给出的索引在其中找到一个 U_0,使其与 U 的距离小于有限小数 ε_0;也可以看做是一个指令集合,对于任意给定的 U,调用这个指令集都能在有限步内构造出和 U 距离小于 ε_0 的 U_0。构造集合 G 是 S-K 算法的第一步,因为这一步 ε_0 有限,所以总可以用各种算法,如穷举法等在有限步内完成。第二步以第一步为基础,为了寻找 U 的 ε_n-近似(即与 U 的距离小于 ε_n 的算子),这里从 U 的 ε_{n-1}-近似 U_{n-1} 开始,定义

$$\Delta = UU_{n-1}^{\dagger} \tag{14.7.3}$$

找到 Δ 的 ε_n-近似 Δ_n 后,构造

$$U_n = \Delta_n U_{n-1} \tag{14.7.4}$$

由于

$$\begin{aligned} d(U_n, U) &= \| \Delta_n U_{n-1} - U \| = \| (\Delta_n - \Delta) U_{n-1} \| \\ &= \| (\Delta_n - \Delta) U_{n-1} U_{n-1} (\Delta_n - \Delta) \| \\ &= \| (\Delta_n - \Delta) \| < \varepsilon_n \end{aligned} \tag{14.7.5}$$

因此,只要 $\varepsilon_n < \varepsilon_{n-1}$,$U_n$ 就是 U 提高了精度的 ε_n-近似。

下面讨论如何寻找 Δ 的 ε_n-近似。注意到

$$\begin{aligned} d(\Delta, I) &= \| UU_{n-1}^{\dagger} - I \| = \| (U - U_{n-1}) U_{n-1}^{\dagger} \| \\ &= \| (U - U_{n-1}) U_{n-1}^{\dagger} U_{n-1} (U^{\dagger} - U_{n-1}^{\dagger}) \| \\ &= \| (U - U_{n-1}) \| < \varepsilon_{n-1} \end{aligned} \tag{14.7.6}$$

定义两个算子 A,B 的**群换位子**(group commutator) 定义为

$$[A, B]_{gc} = ABA^{\dagger}B^{\dagger} \tag{14.7.7}$$

首先将 Δ 写成群换位子的形式,再分别找到 A,B 的 ε_n-近似 A_n,B_n,可以证明 $A_n B_n A_n^{\dagger} B_n^{\dagger}$ 就是 Δ 的 ε_n-近似。

为了证明 S-K 定理,首先证明两个预备定理。

14.7.2　两个预备定理

定理 14.7.2(预备定理 1)　对于 $\Delta \in SU(2)$,$\| \Delta - I \| < \varepsilon$,必定存在 A,$B \in SU(2)$,使得 $\Delta = ABA^{\dagger}B^{\dagger}$,且满足条件 $d(A, I)$,$d(B, I) < c\sqrt{\varepsilon}$,其中,$c$ 是某个常数。

证明　首先说明如何构造这样的 A,B,然后证明构造出的 A,B 具有定理

14.7.2 中的性质。由于任意 $\Delta\in SU(2)$ 都可表示为 Bloch 球绕某个方向转动一个角度，而 Bloch 球绕任意方向 $\vec{n}$ 转动 θ 角可以表示为[见式(2.3.8)]

$$R_{\vec{n}}(\theta)=\cos\left(\frac{\theta}{2}\right)-\mathrm{i}\sin\left(\frac{\theta}{2}\right)(\vec{n}\cdot\vec{\sigma}) \tag{14.7.8}$$

首先选 $\widetilde{A}$ 和 $\widetilde{B}$ 分别是 Bloch 球绕 x 轴和 y 轴各转动小角度 ϕ 的操作，注意到 $\widetilde{B}\widetilde{A}^{\dagger}\widetilde{B}^{\dagger}$ 表示绕 $\vec{n}_1=(-\cos\phi,0,\sin\phi)$ 轴转动 ϕ 角的操作；而 $\widetilde{A}\widetilde{B}\widetilde{A}^{\dagger}\widetilde{B}^{\dagger}$ 表示先绕 $\vec{n}_1$ 轴转动 ϕ 角，再绕 $\vec{n}_2=(1,0,0)$ 轴转动 ϕ 角的操作。可以证明先绕 $\vec{n}_1$ 轴转动 β_1，再绕 $\vec{n}_2$ 轴转动 β_2 的总效果等于绕 $\vec{m}$ 轴转动角 β_{12}[31]，其中，转角 β_{12} 和转轴 $\vec{m}$ 满足以下关系式[32]：

$$\cos\left(\frac{\beta_{12}}{2}\right)=\cos\left(\frac{\beta_1}{2}\right)\cos\left(\frac{\beta_2}{2}\right)-\sin\left(\frac{\beta_1}{2}\right)\sin\left(\frac{\beta_2}{2}\right)\vec{n}_1\cdot\vec{n}_2 \tag{14.7.9}$$

$$\sin\left(\frac{\beta_{12}}{2}\right)\vec{m}=\sin\left(\frac{\beta_1}{2}\right)\cos\left(\frac{\beta_2}{2}\right)\vec{n}_1+\cos\left(\frac{\beta_1}{2}\right)\sin\left(\frac{\beta_2}{2}\right)\vec{n}_2+\sin\left(\frac{\beta_1}{2}\right)\sin\left(\frac{\beta_2}{2}\right)\vec{n}_1\times\vec{n}_2 \tag{14.7.10}$$

令 $\vec{n}_1=(-\cos\phi,0,\sin\phi)$，$\vec{n}_2=\{1,0,0\}$，$\beta_1=\beta_2=\phi$，由式(14.7.9)和式(14.7.10)得 $\widetilde{A}\widetilde{B}\widetilde{A}^{\dagger}\widetilde{B}^{\dagger}$ 代表的转角和转轴满足

$$\cos\left(\frac{\theta}{2}\right)=\cos^2\left(\frac{\phi}{2}\right)+\sin^2\left(\frac{\phi}{2}\right)\cos\phi \tag{14.7.11}$$

$$\sin\left(\frac{\theta}{2}\right)\vec{m}=\left[\sin^2\left(\frac{\phi}{2}\right)\sin\phi,\ -\sin^2\left(\frac{\phi}{2}\right)\sin\phi,\ \frac{1}{2}\sin^2\phi\right] \tag{14.7.12}$$

式(14.7.12)两边取模，求得

$$\sin\left(\frac{\theta}{2}\right)=2\sin^2\left(\frac{\phi}{2}\right)\sqrt{1-\sin^4\left(\frac{\phi}{2}\right)} \tag{14.7.13}$$

据此可以构造 Δ 的群换位子分解 $\Delta=ABA^{\dagger}B^{\dagger}$。将 Δ 表示为绕 $\vec{p}$ 轴转动 θ 的操作，根据(14.7.13)求解出 ϕ，仍取 $\widetilde{A}$ 和 $\widetilde{B}$ 分别表示绕 x 轴和 y 轴转动 ϕ 的操作，则 Δ 与绕 $\vec{m}$ 轴转动 θ 的操作共轭，即 $\Delta=S(\widetilde{A}\widetilde{B}\widetilde{A}^{\dagger}\widetilde{B}^{\dagger})S^{\dagger}$，这里 S 是幺正的，由 $\vec{m}$ 轴和 $\vec{p}$ 轴的关系易得 $\vec{m}=\{\sin\theta_m\cos\phi_m,\ \sin\theta_m\sin\phi_m,\ \cos\theta_m\}$，$\vec{p}=\{\sin\theta_p\cos\phi_p,\ \sin\theta_p\sin\phi_p,\cos\theta_p\}$，$\vec{m}$ 和 $\vec{p}$ 的角平分线所在轴为 $\vec{q}=\{\sin\theta_q\cos\phi_q,\sin\theta_q\sin\phi_q,\cos\theta_q\}$，其中

$$\theta_q=\theta_m+\theta_p,\quad \phi_q=\frac{1}{2}[(\phi_m+\phi_p)\mathrm{mod}(2\pi)]$$

S 即为绕 $\vec{q}$ 轴转动 π 的操作，因此有

$$\Delta=ABA^{\dagger}B^{\dagger}$$

其中，$A=S\widetilde{A}S^{\dagger}$；$B=S\widetilde{B}S^{\dagger}$。至此，这里已经构造出了需要的群换位子分解，下面

进一步证明这样构造的 A 和 B 满足定理 14.7.2 中的条件 $d(A,I),d(B,I)<c\sqrt{\varepsilon}$。

注意到 $(\vec{n}\cdot\hat{\vec{\sigma}})^2=(n_x\hat{\sigma}_x+n_y\hat{\sigma}_y+n_z\hat{\sigma}_z)^2=I$,应用式(14.7.8)可得

$$\begin{aligned}(R_{\vec{n}}(\theta)-I)(R_{\vec{n}}(\theta)-I)^{\dagger}&=R_{\vec{n}}(\theta)R_{\vec{n}}(\theta)^*-R_{\vec{n}}(\theta)-R_{\vec{n}}(\theta)^*+I\\&=2I-2\cos\left(\frac{\theta}{2}\right)I=4\sin^2\left(\frac{\theta}{4}\right)I\end{aligned}$$

是对角矩阵,因此有

$$d(U,I)=2\sin\left(\frac{\theta}{4}\right)=\frac{\theta}{2}+O(\theta^3) \tag{14.7.14}$$

$$d(\widetilde{A},I)=d(\widetilde{B},I)=2\sin\left(\frac{\phi}{2}\right)=\frac{\phi}{2}+O(\phi^3) \tag{14.7.15}$$

由式(14.7.13)还可得出 $\sin(\theta/2)>2\sin^2(\phi/2)$,此式两边作 Taylor 级数展开得

$$\theta+O(\theta^3)>\frac{\phi^2}{2}+O(\phi^4)$$

应用式(14.7.14)、式(14.7.15)和上式得

$$2d(\widetilde{A},I)^2=2d(\widetilde{B},I)^2<d(U,I)$$

由定理 14.7.2 中的条件式 $d(U,I)<\varepsilon$ 可得

$$d(\widetilde{A},I)=d(\widetilde{B},I)<\sqrt{\frac{d(U,I)}{2}}<\sqrt{\frac{\varepsilon}{2}}$$

又因为 $A=S\widetilde{A}S^{\dagger},B=S\widetilde{B}S^{\dagger}$,所以 $d(A,I)=d(\widetilde{A},I),d(B,I)=d(\widetilde{B},I)$,于是有

$$d(A,I)=d(B,I)<\sqrt{\frac{\varepsilon}{2}} \tag{14.7.16}$$

可以取定理中的 $c=1/\sqrt{2}$,定理得证。

定理 14.7.3(预备定理 2)　如果 $\boldsymbol{A}_{n-1},\boldsymbol{B}_{n-1},\boldsymbol{A}$ 和 $\boldsymbol{B}$ 都是幺正矩阵,且满足

$$\boldsymbol{d(I,A)=d(I,B)<c\sqrt{\varepsilon}} \tag{14.7.17}$$

$$\boldsymbol{d(A_{n-1},A)<\varepsilon,d(B_{n-1},B)<\varepsilon} \tag{14.7.18}$$

那么 $\boldsymbol{I}$ 是与 $\boldsymbol{A}_n,\boldsymbol{B}_n$ 同阶的单位矩阵。定义 $\boldsymbol{\Delta}_{n-1}=\boldsymbol{A}_{n-1}\boldsymbol{B}_{n-1}\boldsymbol{A}_{n-1}^{\dagger}\boldsymbol{B}_{n-1}^{\dagger},\boldsymbol{\Delta}=\boldsymbol{ABA}^{\dagger}\boldsymbol{B}^{\dagger}$,则必有

$$\boldsymbol{d(\Delta,\Delta_{n-1})<C\varepsilon^{3/2}} \tag{14.7.19}$$

成立,其中,$\boldsymbol{C}$ 是某个常数。

证明　令 $A_{n-1}=A+\Delta_A,B_{n-1}=B+\Delta_B$,根据式(14.7.18),有

$$\|\Delta_A\|<\varepsilon,\quad \|\Delta_B\|<\varepsilon$$

根据定义有

$$\begin{aligned}\Delta_{n-1} &= A_{n-1}B_{n-1}A_{n-1}^{\dagger}B_{n-1}^{\dagger}\\ &=(A+\Delta_A)(B+\Delta_B)(A^{\dagger}+\Delta_A^{\dagger})(B^{\dagger}+\Delta_B^{\dagger})\\ &=ABA^{\dagger}B^{\dagger}+\Delta_A BA^{\dagger}B^{\dagger}+A\Delta_B A^{\dagger}B^{\dagger}+AB\Delta_A^{\dagger}AB^{\dagger}+ABA^{\dagger}\Delta_B^{\dagger}\\ &\quad+O(\varepsilon^2)+O(\varepsilon^3)+O(\varepsilon^4)\end{aligned}\tag{14.7.20}$$

其中，$O(\varepsilon^2)$表示 $\Delta_A\Delta_B A^{\dagger}B^{\dagger}$ 类型的二阶小项，这样的项共有 $C_4^2=6$ 项；$O(\varepsilon^3)$表示 $\Delta_A\Delta_B\Delta_A^{\dagger}B^{\dagger}$ 类型的三阶小项，这样的项共有 $C_4^3=4$ 项；而四阶小项 $\Delta_A\Delta_B\Delta_A^{\dagger}\Delta_B^{\dagger}$ 仅此一项，用$O(\varepsilon^4)$表示。利用 $\Delta=ABA^{\dagger}B^{\dagger}$ 和距离三角不等式，由式(14.7.20)可得

$$\begin{aligned}d(\Delta_{n-1},\Delta) &= d(A_{n-1}B_{n-1}A_{n-1}^{\dagger}B_{n-1}^{\dagger},ABA^{\dagger}B^{\dagger})\\ &< \|\Delta_A BA^{\dagger}B^{\dagger}+A\Delta_B A^{\dagger}B^{\dagger}+AB\Delta_A^{\dagger}B^{\dagger}\\ &\quad+ABA^{\dagger}\Delta_B^{\dagger}\|+6\varepsilon^2+4\varepsilon^3+\varepsilon^4\end{aligned}\tag{14.7.21}$$

再令 $A=I+\delta_A$，$B=I+\delta_B$，由式(14.7.14)和 $\|\delta_A\|<c\sqrt{\varepsilon}$，$\|\delta_B\|<c\sqrt{\varepsilon}$可得

$$\begin{cases}\Delta_A BA^{\dagger}B^{\dagger}+AB\Delta_A^{\dagger}B^{\dagger}=\Delta_A A^{\dagger}+A\Delta_A^{\dagger}+O(c\varepsilon^{3/2})+O(c^2\varepsilon^2)\\ A\Delta_B A^{\dagger}B^{\dagger}+ABA^{\dagger}\Delta_B^{\dagger}=\Delta_B B^{\dagger}+B\Delta_B^{\dagger}+O(c\varepsilon^{3/2})+O(c^2\varepsilon^2)\end{cases}$$

其中，$O(c\varepsilon^{2/3})$是形如 $\Delta_A\delta_B A^{\dagger}B^{\dagger}$ 的项，在上面两式中各共有四项；$O(c^2\varepsilon^2)$是形如 $\Delta_A\delta_B A^{\dagger}\delta_B^{\dagger}$ 的项，各共有两项。对上述两式应用距离三角不等式，得

$$\begin{cases}\|\Delta_A BA^{\dagger}B^{\dagger}+AB\Delta_A^{\dagger}B^{\dagger}\|<\|\Delta_A A^{\dagger}+A\Delta_A^{\dagger}\|+4c\varepsilon^{3/2}+2c^2\varepsilon^2\\ \|A\Delta_B A^{\dagger}B^{\dagger}+ABA^{\dagger}\Delta_B^{\dagger}\|<\|\Delta_B B^{\dagger}+B\Delta_B^{\dagger}\|+4c\varepsilon^{3/2}+2c^2\varepsilon^2\end{cases}\tag{14.7.22}$$

注意到 A，$A+\Delta_A$ 和 B，$B+\Delta_B$ 都是幺正的，即

$$(A+\Delta_A)(A^{\dagger}+\Delta_A^{\dagger})=I,\quad (B+\Delta_B)(B^{\dagger}+\Delta_B^{\dagger})=I$$

因此有

$$\Delta_A A^{\dagger}+A\Delta_A^{\dagger}=-\Delta_A\Delta_A^{\dagger},\quad \Delta_B B^{\dagger}+B\Delta_B^{\dagger}=-\Delta_B\Delta_B^{\dagger}$$

应用这一结果，式(14.7.24)可以写作

$$\begin{cases}\|\Delta_A BA^{\dagger}B^{\dagger}+AB\Delta_A^{\dagger}B^{\dagger}\|<\varepsilon^2+4c\varepsilon^{3/2}+2c^2\varepsilon^2\\ \|A\Delta_B A^{\dagger}B^{\dagger}+ABA^{\dagger}\Delta_B^{\dagger}\|<\varepsilon^2+4c\varepsilon^{3/2}+2c^2\varepsilon^2\end{cases}\tag{14.7.23}$$

把这些结果代入式(14.7.23)，略去 ε 的二次项，最终可得

$$d(\Delta_{n-1},\Delta)<8c\varepsilon^{3/2}\tag{14.7.24}$$

令 $C=8c$，结论得证，利用式(14.7.16)$c=1/\sqrt{2}$，所以这里可以取 $c=4\sqrt{2}$。

利用定理 14.7.2 和定理 14.7.3，现在证明 Solovay-Kitaev 定理。

14.7.3　Solovay-Kitaev 定理的证明

下面首先对相对简单的单量子位操作给出该定理的证明，然后再推广到多量

子位的高维情况。

证明 设 G 集合在 $SU(2)$ 中稠密，U 是需要执行的某个单量子位门。S-K 算法充当迭代算法，即为了获得 U 的 ε_n-近似，必须首先计算某些幺正矩阵的 ε_{n-1}-近似。

从 $n=0$ 开始，对于任意 $U\in SU(2)$，已经预先找到了一个 ε_0-近似 U_0，即

$$d(U,U_0)=\|U-U_0\|\leqslant\varepsilon_0 \tag{14.7.25}$$

由于 ε_0 是常数，因此原则上只需事先在 G 中选取 l_0 长度足够(但是固定)的指令串，从中找出与 U 最接近的指令串即可。

当 $n\neq0$ 时，要得到 U 的 ε_n-近似，首先要得到 U 的 ε_{n-1}-近似 U_{n-1}，再利用 U_{n-1} 寻找一个精度更高的近似 U_n。为此，定义 $\Delta\equiv UU_{n-1}^{\dagger}$，为了找到 Δ 的 ε_n-近似(ε_n 是提高后的精度，即 $\varepsilon_n<\varepsilon_{n-1}$)，求 Δ 的群换位子分解 $\Delta=ABA^{\dagger}B^{\dagger}$，其中，$A$，$B$ 是幺正的，且满足 $d(I,A)$，$d(I,B)<c\varepsilon_{n-1}^{1/2}$，由定理 14.7.2，这样的群换位子分解必然存在。具体实现过程可通过五个步骤进行：

(1) 利用前面得到的 U_{n-1} 和 U，构造 $\Delta=UU_{n-1}^{\dagger}$。

(2) 将 Δ 进行群换位子分解，得到 A 和 B。

(3) 找出 A 的 ε_{n-1}-近似 A_{n-1}。

(4) 找出 B 的 ε_{n-1}-近似 B_{n-1}。

(5) 返回 U 的 ε_n-近似 $U_n=A_{n-1}B_{n-1}A_{n-1}^{\dagger}B_{n-1}^{\dagger}U_{n-1}=\Delta_{n-1}U_{n-1}$。

由定理 14.7.2 和定理 14.7.3 可知，A_{n-1} 和 B_{n-1} 构成群换位子 $\Delta_{n-1}=A_{n-1}B_{n-1}A_{n-1}^{\dagger}B_{n-1}^{\dagger}$，恰好是 Δ 的一个 ε_n-近似

$$\varepsilon_n\equiv4\sqrt{2}\varepsilon_{n-1}^{3/2} \tag{14.7.26}$$

只要 $\varepsilon_{n-1}<1/32$，就有 $\varepsilon_n<\varepsilon_{n-1}$，从而

$$d(U_n,U)=\|\Delta_nU_{n-1}-U\|=\|(\Delta_n-\Delta)\|<\varepsilon_n \tag{14.7.27}$$

即提高了 U 的近似精度。

下面分析 S-K 算法的运行时间和得到指令串的长度。令 l_n 表示第 n 次迭代返回的指令串的长度，t_n 表示相应的运行时间。由上述迭代算法可知，U_n 的五个成分 A_n，B_n，$A_n^{\dagger}$，$B_n^{\dagger}$，U_{n-1} 都是长度为 l_{n-1} 的算子串，要想得到 U_n 需要三次调用 S-K 算法，因此有

$$\varepsilon_n=C\varepsilon_{n-1}^{3/2},\quad l_n=5l_{n-1},\quad t_n=3t_{n-1}+\text{const} \tag{14.7.28}$$

其中，const 代表执行其他代码，如求 Δ 的群换位子表示的时间。于是

$$\varepsilon_n=\frac{1}{32}(32\varepsilon_0)^{(3/2)^n},\quad l_n=O(5^n),\quad t_n=O(3^n) \tag{14.7.29}$$

为了得到 U 的 ε-近似，令 $\varepsilon_n=\varepsilon$，应用对数性质

$$\log_a y = \frac{\log_b y}{\log_b a}, \quad \log_a \frac{x}{y} = \log_a x - \log_a y$$

可得

$$n = \left\{ \ln\left[\frac{\ln(1/C^2\varepsilon)}{\ln(1/C^2\varepsilon_0)} \right] \Big/ \ln\left(\frac{3}{2}\right) \right\} \tag{14.7.30}$$

于是

$$5^n = \left[\left(\frac{3}{2}\right)^{\log_{(3/2)}5} \right]^n = \left[\left(\frac{3}{2}\right)^n \right]^{\frac{\ln 5}{\ln(3/2)}} = \left[\frac{\ln(1/C^2\varepsilon)}{\ln(1/C^2\varepsilon_0)} \right]^{\frac{\ln 5}{\ln(3/2)}}$$

类似地，有

$$3^n = \left[\left(\frac{3}{2}\right)^{\log(3/2)^3} \right]^n = \left[\frac{\ln(1/C^2\varepsilon)}{\ln(1/C^2\varepsilon_0)} \right]^{\frac{\ln 3}{\ln(3/2)}}$$

其中，ε_0 和 C 都是常数。因此，将上式代入式(14.7.29)，可得

$$l_n = O(5^n) = O\left\{ \left[\ln\left(\frac{1}{\varepsilon}\right) \right]^{\frac{\ln 5}{\ln(3/2)}} \right\}, \quad t_n = O(3^n) = O\left\{ \left[\ln\left(\frac{1}{\varepsilon}\right) \right]^{\frac{\ln 3}{\ln(3/2)}} \right\} \tag{14.7.31}$$

注意到 $\ln 5/\ln(3/2) \approx 3.97$，S-K 定理得证。

14.7.4　推广到 *SU*(*N*)情况时 Solovay-Kitave 定理的证明

以下将 S-K 定理推广到 $SU(N)$ 变换，适用于 $SU(N)$ 的 S-K 算法和 $SU(2)$ 算法的唯一区别在于求群换位子，不同于针对 $SU(2)$ 的算法中确实找到了 Δ 的群换位子分解，即 A,B 满足

$$ABA^\dagger B^\dagger = \Delta \equiv UU_{n-1}^\dagger, \quad d(I,A) < c\varepsilon^{1/2}, \quad d(I,B) < c\varepsilon^{1/2}$$

$SU(N)$ 算法中只是找到了关于 Δ 的一个近似的换位子分解，或者说 A,B 满足

$$d(ABA^\dagger B^\dagger, \Delta) < c'\varepsilon^{3/2}, \quad d(I,A) < c''\varepsilon^{1/2}, \quad d(I,B) < c''\varepsilon^{1/2}$$

其中

$$c' \approx 4N^{3/4}[(N-1)/2]^{3/2}, \quad c'' \approx N^{1/4}[(N-1)/2]^{1/2}$$

具体过程稍后说明。以下的运行过程与 $SU(2)$ 算法相同，不过分析稍有不同：

$$\begin{aligned} d(A_{n-1}B_{n-1}A_{n-1}^\dagger W_{n-1}^\dagger, \Delta) &\leqslant d(A_{n-1}B_{n-1}A_{n-1}^\dagger B_{n-1}^\dagger, ABA^\dagger B^\dagger) + d(ABA^\dagger B^\dagger, \Delta) \\ &< (c' + C)\varepsilon_{n-1}^{3/2} \end{aligned}$$

其中，$C = 8c''$。即针对 $SU(N)$ 的算法返回一个指令串 U_n，U_n 是 U 的 ε_n-近似[$\varepsilon_n = (c' + C)\varepsilon_{n-1}^{3/2}$]。关于算法得到的指令串长度和运行时间的分析与针对 $SU(2)$ 算法的结论类似。

下面分两步说明如果 $d(I,\Delta)<\varepsilon_{n-1}$,则存在 A 和 B 满足 $d(ABA^{\dagger}B^{\dagger},\Delta)<c'\varepsilon_{n-1}^{3/2}$,且 $d(I,A)<c''\varepsilon_{n-1}^{3/2}$ 和 $d(I,B)<c''\varepsilon_{n-1}^{1/2}$,其中,$c'$,$c''$都是常数。

首先证明若 H 是 $N\times N$ 阶零迹 Hermitian 矩阵,则可以找到 Hermitian 矩阵 F 和 G 且满足

$$[F,G]=\mathrm{i}H$$

$$\|F\|\leqslant N^{\frac{1}{4}}\left(\frac{N-1}{2}\right)^{\frac{1}{2}}\sqrt{\|H\|},\quad \|G\|\leqslant N^{\frac{1}{4}}\left(\frac{N-1}{2}\right)^{\frac{1}{2}}\sqrt{\|H\|}$$

该问题在 H 对角化的基下容易说明,因此将 H 表示为

$$H=W\mathrm{diag}(h_1,\cdots,h_N)W^{\dagger}$$

其中,$h_1,\cdots,h_N$ 是 H 的本征值;W 是 Fourier 矩阵,其矩阵元 $W_{jk}=\omega^{(j-1)(k-1)}/N$,$\omega\equiv e^{2\pi i/N}$。在这组基下,$H$ 的对角元为零,即

$$H_{jj}=\frac{\sum_{jk}\omega^{(j-1)(k-1)}h_k(\omega^{(j-1)(k-1)})^*}{N}=\frac{\sum_k h_k}{N}=\frac{\mathrm{Tr}(H)}{N}=0$$

作为$[F,G]=\mathrm{i}H$ 的一个试验解,假设 G 是对角矩阵,且所有对角元都是实数,则$[F,G]=\mathrm{i}H$ 等价于 $\mathrm{i}H_{jk}=F_{jk}(G_{kk}-G_{jj})$,这就要求 G 的所有对角元都互不相等,并且

$$F_{jk}\equiv\begin{cases}\dfrac{\mathrm{i}H_{jk}}{G_{kk}-G_{jj}}, & j\neq k\\ 0, & j=k\end{cases}$$

容易验证以上定义的 F 和 G 都是 Hermitian 的,且满足$[F,G]=\mathrm{i}H$。

下面考察 $\|F\|$ 和 $\|G\|$。假设 G 的对角元为 $-\frac{N-1}{2},-\frac{N-1}{2}+1,\cdots,\frac{N-1}{2}$,易证对于任意的 j 和 k,都有 $|G_{kk}-G_{jj}|>1$,于是由 F_{jk} 的定义易得 $|F_{jk}|\leqslant|H_{jk}|$,从而

$$\|F\|^2\leqslant\mathrm{Tr}(F^2)\leqslant\mathrm{Tr}(H^2)\leqslant N\|H\|^2$$

其中,第一个和第三个小于等于号利用迹范数的定义直接可得;第二个小于等于号利用了 $|F_{jk}|\leqslant|H_{jk}|$。因此,$\|F\|\leqslant\sqrt{N}\|H\|$ 且 $\|G\|=\frac{(N-1)}{2}$。对这两个表达式进行恰当的调整即可得到满足要求的 F 和 G。

其次,根据李群理论(见附 A4.2)可知,对于 Hermitian 矩阵 F 和 G,如果 $\|F\|,\|G\|<\delta$,则有

$$d(e^{iF}e^{iG}e^{-iF}e^{-iG},e^{i[F,G]})\leqslant c_1\delta^3$$

其中,$c_1\approx4$ 是个常数。

由以上两个结论可知,Δ 的近似换位子分解是存在的。假设 $d(I,\Delta)<\varepsilon_{n-1}$,则

存在零迹 Hermitian 矩阵 H 满足 $\Delta=e^{iH}$ 且 $d(I,\Delta)=\|H\|+O(\|H\|^3)$，于是 $\|H\|<\varepsilon_{n-1}$。由第一个结论可得，存在 Hermitian 矩阵 F 和 G 使得 $[F,G]=iH$ 且 $\|F\|$，$\|G\|\leqslant c''\sqrt{\varepsilon_{n-1}}$，其中 $c''\approx N^{1/4}\sqrt{\frac{(N-1)}{2}}$。令 $A\equiv e^{iF}$，$B\equiv e^{iG}$，且 $\delta\equiv c''\sqrt{\varepsilon_{n-1}}$，则由第二个结论可得

$$d(A_{n-1}B_{n-1}A_{n-1}^{\dagger}B_{n-1}^{\dagger},\Delta)\leqslant c_1(c''\sqrt{\varepsilon_{n-1}})^3=c'\varepsilon_{n-1}^{3/2}$$

其中，$c'=c_1(c'')^3\approx 4N^{1/4}\sqrt{(N-1)/2}$。再由 $d(I,A)=\|F\|+O(\|F\|^3)$ 可得 $d(I,A)<c''\varepsilon_{n-1}^{1/2}$，同理 $d(I,B)<c''\varepsilon_{n-1}^{1/2}$。

参考文献

[1] Shor P W. Fault-tolerant quantum computation// Proceedings of the 37th Symposium on Foundations of Computer Science, Los Alamitos, 1996: 15—65.

[2] Preskill J. Reliable quantum computers. Proceedings of the Royal Society A, 1998, 454: 385—410.

[3] Knill E. Quantum computing with very noisy devices. Nature, 2004, 434: 39—44.

[4] Gottesman D. Theory of fault-tolerant quantum computation. Physical Review A, 1998, 57: 127—137.

[5] DiVincenzo D P, Shor P W. Fault-tolerant error correction with efficient quantum codes. Physical Review Letters, 1996, 77: 3260—3263.

[6] Steane A M. Active stabilization, quantum computation, and quantum state synthesis. Physical Review Letters. 1997, 78: 2252—2255.

[7] Steane A M. Efficient fault-tolerant quantum computing. Nature, 1999, 399: 124—126.

[8] Preskill J. Fault-tolerant quantum computation. Quantum Physics, 1997.

[9] Knill E. Group Representation, Error bases and Quantum Codes. New York: Cambridge University Press, 1996.

[10] Knill E. Personal communication// Gottesman D. Theory of fault-tolerant quantum computation. Physical Review A, 1998, 57: 127-137.

[11] Gottesman D. The Heisenberg representation of quantum computers. arXiv: quant-ph/9807006, 1998.

[12] Knill E, Laflamme R. Concatenated quantum codes. arXiv: quant-ph/9608012, 1996.

[13] Zallka C. Threshold estimate for fault tolerant quantum computing. arXiv: quant-ph/9612028, 1996.

[14] Knill E, Laflamme R, Zurek W. Accuracy threshold for quantum computation. arXiv: quant-ph/9610011, 1996.

[15] Knill E, Laflamme R, Zurek W. Resilient quantum computation: Error models and thresholds. Proceedings of the Royal Society A, 1997, 454: 365—384.

[16] Aliferis P, Gottesman D, Preskill J. Quantum accuracy threshold for concatenated distance-3 codes. arXiv: quant-ph/0504218, 2005.

[17] Szkopek T, Boykin P O, Fan H. Threshold error penalty for fault tolerant quantum computation with nearest neighbor communication. IEEE Transactions on Nanotechnology, 2006, 5: 42—49.

[18] Szkopek, Boykin T, Fan H, et al. Threshold error penalty for fault-tolerant quantum computation with nearest neighbor communication. Nanotechnology IEEE, 2006, 5(1): 42—49.

[19] Aliferris P, Andrew W. Subsystem fault tolerance with the Bacon-Shor code. Physical Review Letters, 2007, 98: 220502-1-220502-4.

[20] Aharnov D, Ben-Or M. Fault-tolerant quantum computation with constant error // Proceedings of the 29th Annual ACM Symposium on Theory of Computing, New York, 1998: 176—188.

[21] Aharnov D, Ben-Or M. Quantum computation with constant error rate. arXiv: quant-ph/9906129, 1999.

[22] Kitaev A Y. Quantum computation: Algorithm and error correction. Russian Mathematical Surveys. 1997, 52(6): 1191—1249.

[23] Terhal B M, Burkard G. Fault-tolerant quantum computation for local non-Markovian noise. Physical Review A, 2005, 71: 012336-1-012336-11.

[24] Dawson C M, Nilsen M A. Fault-tolerant quantum computation with cluster state. arXiv: quant-ph/0405134, 2004.

[25] Svore K M, Terhal B M, DiVincenzo D P. Local fault-tolerant quantum computation. Physical Review A, 2005, 72: 022317-1—022317-17.

[26] Steane A M. Overhead and noise threshold of fault-tolerant quantum error correction. Physical Review A, 2003, 68: 042322-1—042322-19.

[27] Knill E. Quantum computing with very noise devices. Nature, 2005, 434: 39—44.

[28] Gottesman D. Stabilizer quantum and quantum correction. arXiv: quant-ph/19705052, 1997.

[29] Nagy A B. On an implementation of the Solovay-Kitaev algorithm. arXiv: quant-ph/0606077, 2006.

[30] Dawson C M, Nielsen M A. The Solovay-Kitaev algorithm. arXiv: quant-ph/0505030, 2005.

[31] Kitaev A Y, Shen A H, Vyalyi M N. Classical and Quantum Computation. Providence: American Mathematical Society, 1999.

[32] Michael A, Nielsen I L, Chuang, 量子计算和量子信息. 郑大中, 赵千川译. 北京: 清华大学出版社, 2005.

第 15 章　拓扑量子计算

迄今我们讨论过的量子计算机模型，都是使用量子系统的局域自由度编码信息。由于环境对量子系统的作用是局域的，因此在量子信息存储、量子态操作中不可避免地存在着消相干问题。如果说前面各章介绍的量子纠错方法（包括无消相干子空间、无消相干子系统方法）可以看做是在计算机软件水平上对付量子消相干，Kitaev 于 1997 年提出的拓扑量子计算[1]，则是采取硬件措施战胜消相干。拓扑量子计算利用 2 维多体量子系统可能存在的一类特殊物质态——拓扑态，它的元激发准粒子既不是 Bose 子（Boson）也不是 Fermi 子（Fermiton），而是交换统计服从辫子群表示的空间定域准粒子——**任意子**（anyon）[2~4]。当系统中的多个任意子保持很好的空间互相分离时，系统存在一个维数随任意子数目指数增大的简并基态。利用这些简并基态的低能激发态任意子编码量子信息，信息对局域扰动引起的消相干具有天然的免疫性。量子计算需要的逻辑门操作可以由交换这些任意子进行。确定的幺正操作可以利用拖曳任意子互相缠绕（对应在 2+1 维时空中粒子运动世界线的编织）进行，在操作过程中只要任意子保持空间互相分离，编织产生的幺正操作就仅仅依赖编织拓扑，而对系统的动力学过程不敏感，具有非常高的可靠性。理论已经证明，至少对于一类 Fibonacci 任意子，仅通过这样的任意子运动世界线的编织操作，就可实现通用量子计算[2,5,6]。

拓扑量子计算提供了迄今为止理想的量子计算实现。尽管对于真正的物理实现，技术上存在诸多巨大的挑战，但由于它具有的这些卓越品质，使得拓扑量子计算仍具有巨大的吸引力。本章就来介绍拓扑量子计算的数学原理、物理基础以及容错性质和可能的物理实现。

15.1　拓扑量子计算的数学基础

15.1.1　拓扑学和容错量子计算

数学上定义一个几何图形 A 到另一个几何图形 B 的**拓扑变换**（homeomorphism）为在图形 A 上的点 a 和图形 B 上的点 b 之间建立一种对应关系

$$a \leftrightarrow b$$

这种对应关系满足以下性质：

（1）对应是 1 对 1 的，即 A 上每个点 a 对应 B 上唯一一个点 b，反之亦然。

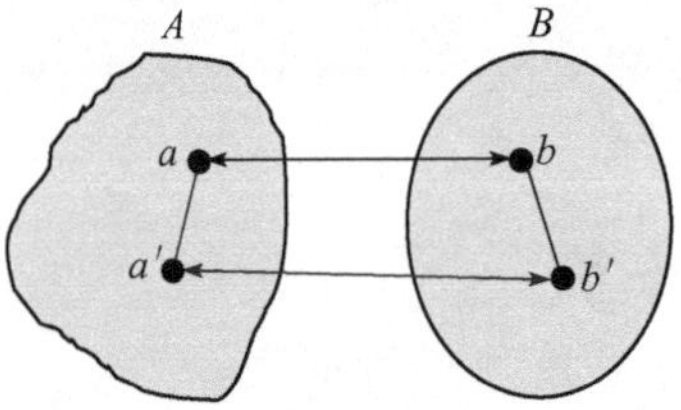

图 15.1.1

(2) 对应是双连续的,即若 A 上点 a 和 a' 分别对应 B 上 b 和 b',当连续移动 a 趋于 a' 时,对应的 b 也连续移动趋于 b'(见图 15.1.1),反之亦然。几何图形的任一性质如果在上述拓扑变化下保持不变,那么这个性质就称为几何图形的**拓扑性质**(topological property)或**拓扑不变量**(topo-logical invariant)。图形的拓扑性质不是图形的简单几何性质(如线段长度、面积等),而是几何性质中最深刻、最基本的、在剧烈形变下仍保持不变的性质。拓扑学就是研究几何图形拓扑性质的几何学分支。

拓扑变换最直观的例子是物体或几何图形的形变。设想一个几何图形由橡皮膜做成,任意拉伸或扭曲橡皮膜,但不能撕裂它[这破坏了条件(2)],也不能使橡皮膜上两点重合[这破坏了条件(1)]。容易看出,一个三角形和一个圆形、椭圆形或任意一个**单联通图形**(即可连续收缩到一点而不和边界相交的图形)都可以在拓扑变换下互变。在拓扑变换下,互变或具有相同拓扑不变量的图形称为**拓扑等价**(topological equivalence)图形。所以,3 维空间所有单连通区域的边界面都是拓扑等价的,平面上的单连通区域的边界线都是拓扑等价图形。

显然,几何图形的拓扑性质是图形整体的性质,与图形的局部形变没有关系。

在寻找量子计算的物理实现时,如果**某一量子系统存在这种属于系统整体的、与时空坐标、局域相互作用无关的性质,就称这种性质为系统的拓扑性质**。当把信息编码在系统的这些拓扑自由度(拓扑态)上时,对任何局域作用(已知的引起量子系统消相干的机制,基本上都仅涉及局域作用)引起的消相干就处于被保护状态,而不必担心消相干问题。**拓扑量子计算研究就是寻找具有拓扑自由度的量子系统,研究如何利用这些拓扑自由度编码量子信息,如何对这些拓扑保护态执行量子通用逻辑门操作,以及如何通过测量提取出编码态的信息,最终利用这样的系统实现容错量子计算**。

大多数物理系统不具有拓扑自由度,因为通常的物理系统都包含有带电荷粒子,这些带电粒子间以 Coulomb 力相互作用,这种电磁作用力依赖于粒子之间的距离。当通过拉伸、挤压使系统变形时,会改变这些电磁相互作用,影响系统的能量等整体性质的改变。但是在低能量(低温)、粒子之间距离较大(粒子稀疏分布)的特殊情况下,当两电子之间距离改变时,其他电子可以重新分布,以保持系统整体上处在能量不变的状态。在适当的情况下,这样的不变性可能导致拓扑参数不同的态具有相同的基态能量,即量子基态简并。近年来的物理研究表明,物质在低温、低能、长程力作用下的冷凝相,的确存在对局域摄动不敏感的拓扑相,这些就是提出量子拓扑计算的物理学基础。

15.1.2　几何相位(局域相)和拓扑相位

考虑电子在电磁场中的运动。电子在磁场中沿闭合曲线轨道运动，由 A-B 效应[6~8]可知，电子波函数将获得 $e^{i\varphi}$ 的相位因子，相位角为

$$\varphi = ie\oint_L \vec{A} \cdot d\vec{l} = ie\int_S \vec{B} \cdot d\vec{S} \tag{15.1.1}$$

其中，e 是电子电荷量；$\vec{A}$ 是磁场矢量势，它和磁感应强度 $\vec{B}$ 的关系是 $\vec{B}=\nabla\times\vec{A}$。若电子在磁场强度 $\vec{B}\neq 0$ 的区域中运动，则在运动过程中的每个时刻，电子都会感受到与当时电子坐标有关、局域作用的磁场 Lorentz 力，此时电子获得的相位将依赖于电子运动路径几何等局域性质(如轨道大小、局域变形等)，相位 φ 称为**几何相位**(geometrical phase)。但是若电子在磁场外环绕磁场运动(如电子环绕不可穿透通电螺线管运动)，则电子轨道上各点磁感应强度 $\vec{B}=0$，此时电子在运动中完全不受磁场力作用，电子获得的相位并不依赖于电子绕螺线管运动轨道的大小、形状、局域的连续变形等，而仅取决于轨道几何的拓扑性质和环绕圈数。这种情况下的 A-B 效应就是电子环绕磁场轨道的整体的性质。**在物理学中，如果一个物理系统的某一性质是属于系统整体的，当系统局部发生某种变化时，系统的这一性质不变，就称这一性质是系统的拓扑性质**。电子环绕不可穿透螺线管获得的相位就是电子轨道的拓扑性质，这种相位就称为**拓扑相位**(topological phose)。

带电粒子在电磁场中运动的 A-B 相是更一般的 Berry 相位的特殊情况。设一个量子力学系统的 Hamilton 量是一组参变量 $\vec{R}(R_1,R_2,\cdots,R_n)$ 的函数，参变量 $\vec{R}(R_1,R_2,\cdots,R_n)$ 随时间周期变化：$\vec{R}(T)=\vec{R}(0)$(T 为运动周期)。每个参数的周期变化在参数空间都定义了一条连续闭曲线(特别的，若参数空间是 3 维坐标空间，则这条曲线就是 3 维空间的一条闭合曲线)。记 Hamilton 量的瞬时本征态为 $|n(\vec{R}(t))\rangle$，相应的瞬时能量本征值为 $E_n(\vec{R}(t))$。Berry 于 1984 年指出[9]，T 时刻态矢量 $|n(\vec{R}(t))\rangle$ 除含有一个动力学相位因子 $e^{-\frac{i}{\hbar}\int_0^T E_n(\vec{R}(t))dt}$ 外，还存在一个几何相位因子 $e^{i\gamma_n(C)}$，其中相位角为

$$\gamma_n(C) = i\int_0^T \langle n(\vec{R}(t) \mid \nabla_{\vec{R}} \mid n(\vec{R}(t)\rangle \vec{R} \cdot dt = i\oint_C \langle n(\vec{R}) \mid \nabla_{\vec{R}} \mid n(\vec{R})\rangle d\vec{R} \tag{15.1.2}$$

与系统在参数空间中的演化路径 C **几何有关**，称之为 **Berry 相**(Berry phase)。和 A-B 相位角用磁场矢量势描写类似，对 Berry 相也可引进某个矢量势函数，即

$$\vec{A}(\vec{R}) = i\langle n(\vec{R}) \mid \nabla_{\vec{R}} \mid n(\vec{R})\rangle \tag{15.1.3}$$

从而把 Berry 相位角写为

$$\gamma_n(C)=\oint_C \vec{A}(\vec{R})\cdot \mathrm{d}\vec{R}=\int_S \nabla\times\vec{A}(\vec{R})\cdot \mathrm{d}\vec{S}$$

Berry 相位角仅决定于势 $\vec{A}$ 描述的场 $\vec{B}(\vec{R})=\nabla\times\vec{A}(\vec{R})$穿过以 C 为边界的曲面 S 的通量。由于 Berry 相依赖轨道 C 几何,Berry 相是一种几何相(局域相),但不是拓扑相。

15.1.3 空间拓扑性质、任意子存在的可能性

由于某种原因必须从所研究空间中除去的点称为**奇点**(sigular point),具有奇点的空间(区域)称为是**有孔洞的**。例如,研究点电荷激发的电场分布时电荷所在点就是电场的奇点,点电荷的场空间就是有孔洞的。同样地,研究无限细载流导线在空间激发的磁场分布时,以包围载流导线的闭曲线为边界的曲面,曲面和载流导线的交点就是曲面上的孔洞。考虑到在同一时刻被一个粒子占据的点,其他粒子就不能到达,当研究其中一个粒子的运动时,必须把同一时刻其他粒子占据的点看做是这个粒子运动空间的孔洞。这里只考虑孔洞离散分布和孔洞连续分布在有限区域的情况。若一个空间中没有孔洞,则称这样的空间为**单连通空间**(区域)(simple connected domain)。

孔洞的存在会改变空间的拓扑性质。在没有孔洞的 3 维空间中,任意一个闭合曲面都可以连续收缩到一点而不和空间边界相遇,所以这个空间中所有闭合曲面都有相同的拓扑性质。但若空间存在孔洞,则会有一些(包围孔洞的闭曲面)闭合曲面,其拓扑性质不同于不包含孔洞的闭合曲面。但是,对于 3 维空间中所有的**闭合曲线**(closed curve),不管空间是否存在孔洞,都可以找到一个以这些闭合曲线为边界的曲面,使这个曲面连续收缩到一点而不和孔洞相遇,所以 3 维空间中的所有闭合曲线都是拓扑等价的,与该 3 维空间是否有孔洞无关。

由于在 2 维平面(也可以是曲面,如球面等)上作出的闭合曲线,和 3 维情况不同,不是所有的闭合曲线都有相同的拓扑性质。有些闭合曲线(以这些闭合曲线为边界的曲面上有孔洞)连续收缩为一点必定会和孔洞相遇,有些闭合曲线(包围的曲面上没有孔)收缩就不会和孔洞相遇,所以它们是拓扑不等价的。但是容易看出,在平面(或曲面)上的任意曲线(非闭合)都是拓扑等价的,和这些曲线所在曲面是否有孔洞无关。

考虑在 3 维空间中,两个粒子 A,B 绝热地交换两次。例如,粒子 A 沿路径 AB 运动到粒子 B 的位置,粒子 B 沿另一路径 BA 运动到 A 的位置,在空间中形成的闭合曲线,和其中每个粒子各自环绕另一个粒子运动一周回到原来位置形成的闭合曲线,这两种情况都拓扑等价于这两个粒子静止在原位置上保持不动(见图 15.1.2)。如果粒子运动过程是绝热、可逆过程,那么这个两粒子系统的末状态和初状态在物理上完全相同。

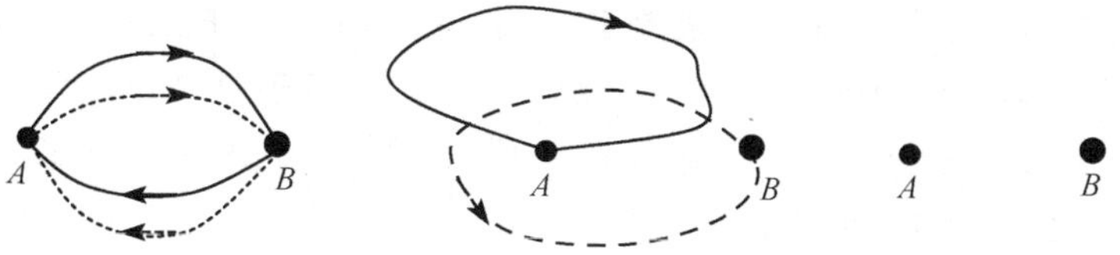

图 15.1.2

设两粒子系统的状态用波函数 $\psi(\vec{R}_A,\vec{R}_B)$ 描述，由于连续两次交换 A,B 两粒子坐标(等价于每个粒子各沿一条闭合轨道运动一周或静止不动)，系统末状态 $\psi(\vec{R}_A,\vec{R}_B)$ 和原状态物理上不可区分。特别地，若 A,B 是两个全同粒子，坐标交换一次，则末态波函数和初态波函数必定存在如下关系：

$$\psi(\vec{R}_A,\vec{R}_B) = e^{i\theta}\psi(\vec{R}_B,\vec{R}_A) \tag{15.1.4}$$

其中，$\theta=0$ 或 2π 的整数倍对应 boson；$\theta=\pi$ 或 π 的奇数倍对应 Fermiton。

由于 2 维闭合曲线的拓扑性质不同于 3 维闭合曲线，因此在 2 维空间中，假设有两个全同粒子，当其中一个粒子沿逆时针轨道和另一个粒子交换时，波函数可以改变一个相位，即

$$\psi(\vec{R}_A,\vec{R}_B) = e^{i\theta}\psi(\vec{R}_B,\vec{R}_A) \tag{15.1.5}$$

第二次逆时针交换时，两个粒子都回到初始位置，即

$$\psi(\vec{R}_A,\vec{R}_B) = e^{2i\theta}\psi(\vec{R}_A,\vec{R}_B) \tag{15.1.6}$$

和 3 维空间情况不同，两粒子交换形成的闭合轨道，可以并不拓扑等价于两个粒子都静止不动，因此系统不必回到初始状态。所以，这里 θ 不必等于 0 或 π，而是可以为任意实数值。

理解上述结论的另一个途径是采用量子力学路径积分的语言。初始 0 时刻位置在 $\vec{R}(0)$ 的粒子在 t 时刻回到出发点，按照量子力学路径积分，粒子的经典轨道是粒子所有可能轨道概率幅度相干叠加的结果。在 3+1 维空间—时间中，粒子的所有可能轨道都是拓扑等价的，都等价于粒子完全不运动，与空间是否存在孔洞无关。但在 2+1 维空间—时间中，有些轨道可能包含孔洞，所以在 3+1 维空间做出的论断不再成立，在 2 维平面上，两个粒子连续交换两次不必等价于两个粒子都静止不动。

和在 3 维空间情况下把相应的 $\theta=0$ 和 π 粒子分类为 Boson 和 Fermiton 类似，将两粒子交换下满足式(15.1.5)的粒子称为具有统计角 θ 的粒子，由于统计角 θ 可以取 0 和 π 之间的任意确定值，称其为**任意子**(anyon)[2,3]。

由上面的讨论可知，**任意子只是 2 维物理系统中数学上一种可能存在的物质粒子或状态，它不是简单地把普通 Fermiton 或 Boson 限制到 2 维平面上**。普通的电子、光子等即使被限制在 2 维平面上，它们的统计性质仍不会改变。在 3

维空间服从 Fermi 统计的粒子,限制到 2 维空间仍然是 Fermiton。同样,服从 Bose 统计的 Boson,限制到 2 维空间仍是 Boson。**任意子**是 2 维量子系统在一定条件下新出现的物理粒子,后面将看到在低温、低能情况下多电子系统的元激发——准粒子就具有这种统计性质。

15.1.4　任意子的坐标交换和编织操作

首先考虑 X-Y 平面上统计角为 θ 的两个全同任意子(叙述简便,以后不特别强调任意子统计性质时,就称它们为准粒子或粒子),当其中一个粒子逆时针和另一个交换空间位置时(见图 15.1.3),波函数将改变相位,即

$$\psi(\vec{R}_A,\vec{R}_B) = e^{i\theta}\psi(\vec{R}_B,\vec{R}_A) = e^{i\theta}\psi(\vec{R}_A,\vec{R}_B)$$

式中的第二个等号是考虑到粒子是全同的。这种交换操作的物理实质是两粒子在 2+1 维空间—时间中运动,所以可用图 15.1.4 中粒子在 2+1 维空间—时间中运动的世界线表示。图 15.1.4 中,时间轴方向规定为从左到右。初始时刻为 t_i,第一个粒子和第二个粒子的坐标分别为 $\vec{R}_1$ 和 $\vec{R}_2$,t_f 时刻这种交换操作完成,第一个粒子坐标变成 $\vec{R}_2$,而第二个粒子坐标变成 $\vec{R}_1$。为了区分这两个粒子在 2 维平面上运动的闭合轨线是顺时针还是逆时针,**规定若交换沿顺时针轨道,则在两世界线交叉处第一个粒子的世界线从第二个粒子世界线上面通过**(即第一个粒子世界线连续);**若交换沿逆时针轨道时,则在交叉处第一个粒子的世界线从第二个粒子世界线下面通过**(第一个粒子世界线在交叉处断开)。当然,如果第 i 个粒子不和其他粒子交换,则对应第 i 个粒子的世界线就是连接 t_i 时刻和 t_f 时刻同一位置 $\vec{R}_i$ 的直线。

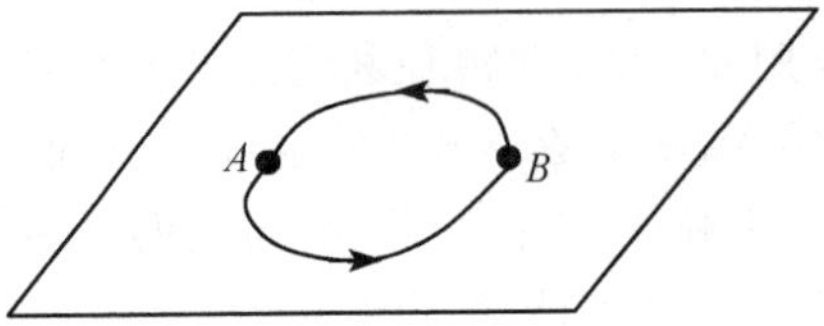

图 15.1.3

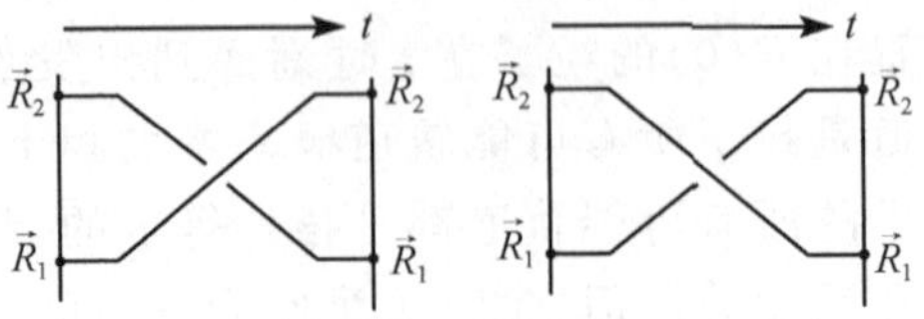

图 15.1.4

显然,上述描写方法可以推广到分布在 2 维平面上 N 个粒子的一般情况。设 t_i 时刻 N 个粒子坐标分别为 $\vec{R}_1,\vec{R}_2,\cdots,\vec{R}_N$,$t_f$ 时刻它们的位置集合仍然为 $\vec{R}_1,\vec{R}_2,\cdots,\vec{R}_N$(但不同粒子坐标可能发生交换)。按某种方式编排这些粒子,等价地转化成所有粒子都沿平面上一条直线分布。当做出各粒子交换运动对应的世界线时,规定任何垂直于时间轴的截面必须和所用粒子世界线相交一次并仅相交一次。如果某个粒子的世界线和时间截面不相交,就意味着在这个时间之

前该粒子已不存在；同样，如果和时间截面相交的世界线多于粒子总数，就意味着在这段时间内有新粒子产生。由于这里不考虑粒子湮灭和产生，因此这些情况不应出现。当然，由于粒子在平面上交换坐标，粒子运动的世界线会发生复杂地交叉，N 个粒子末态位置和初始位置的不同情况对应着这 N 个粒子之间的一种置换。连接每个粒子始、末位置的 N 条世界线构成一个 N 线**辫子**(braid)(见图 15.1.5)，平面上粒子坐标的置换对应着辫子的编织操作，而这些在数学上可以用辫子群元素描述。

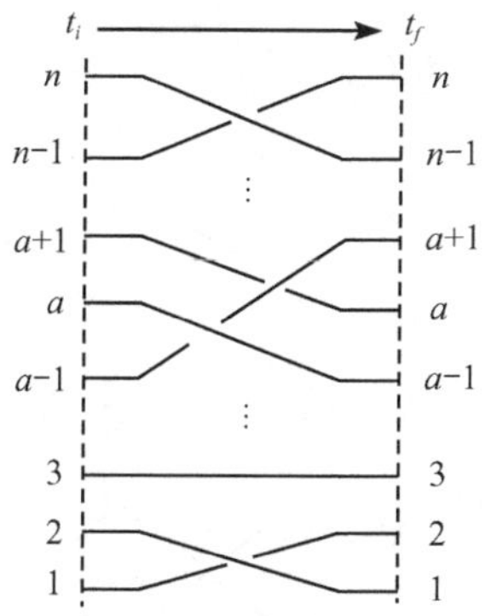

图 15.1.5

15.2 辫　子　群

2 维平面上粒子坐标交换对应着粒子在 2+1 维空间—时间中运动的世界线的编织操作。这些编织操作可以用辫子群描述。

15.2.1 辫子和辫子群

在纸面上左、右位置上画两根平行直线称为**端线**，在每个端线上各取 N 个点称为**端点**。由每个左端点向右引出并只引出一条线，这些线终止在不同的右端点上，规定**每个右端点终止一条且只能终止一条线**，这些线在 3 维位置空间中不能相交，但在 2+1 维空间—时间中可以交叉，这样的图形称为 **N 线辫子**(见图 15.1.5)。可以通过拉伸、缠绕等连续变形每一条线，但不能将线扯断，这样得到的新辫子和原辫子在数学上**拓扑等价**(topology equivalence)。对于拓扑等价的辫子将不予区分，认为它们是同一个辫子。

首先定义两辫子的乘积。考虑两个 N 线辫子 A_1 和 A_2，将第二个辫子(A_2)的左端线与第一个辫子(A_1)的右端线重合，使端线上的对应端点也重合，然后去掉中间的端线，这样得到的新辫子就定义为辫子 A_1 和 A_2 的**乘积**，记为 A_1A_2(见图 15.2.1)。显然，A_1A_2 仍然是一条辫子，所以，所有 N 线辫子在这样定义的乘法下封闭，并且这样定义的辫子乘运算满足**结合率**

$$A_1(A_2A_3) = (A_1A_2)A_3 \tag{15.2.1}$$

容易看出，如果一个 N 线辫子中每条线都不和其他线交叉，直接连接左、右端点(见图 15.2.2)，那么这样的辫子和任意 N 线辫子 A 相乘，得到的新辫子和辫子 A 是拓扑等价的。称每条线都不交叉、连接左、右对应端点的辫子为**恒等元**(identical)，记为 E。恒等元 E 对于任意辫子 A 都满足

$$AE = EA = A \tag{15.2.2}$$

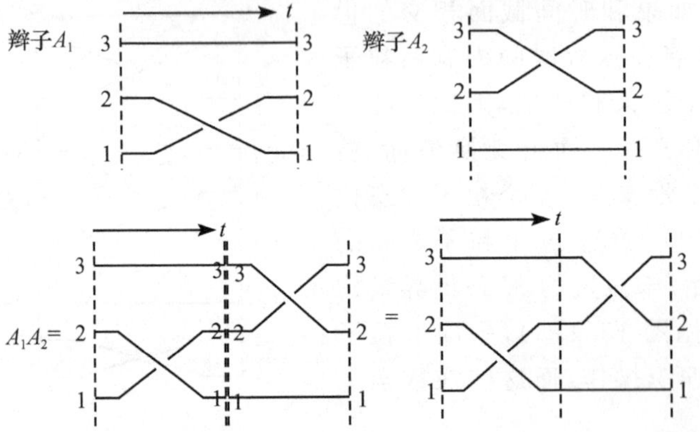

图 15.2.1

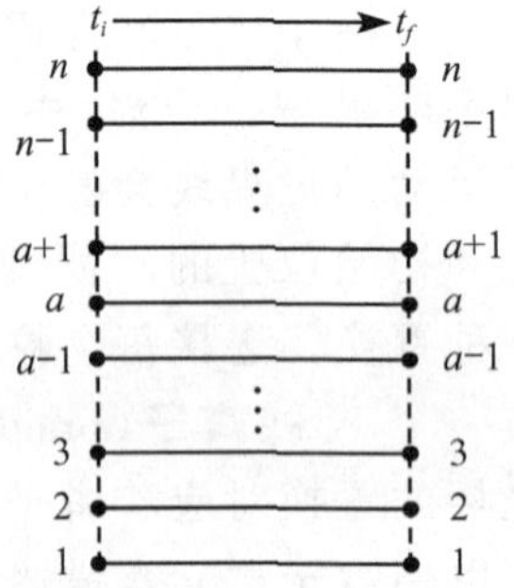

图 15.2.2

称只有相邻一对线交叉的辫子为**基本辫子**(elemental braid)。记按逆时针方向交换端点 $a(a=1,2,\cdots,N-1)$和端点 $a+1$ 的基本辫子为 g_a(见图 15.2.3),记按顺时针方向交换端点 a 和端点 $a+1$ 的辫子为 g_a^{-1}(见图 15.2.3)。由于顺时针交换接着逆时针交换等于不交换,因此逆时针交换是顺时针交换的逆(见图 15.2.4),可用公式表示为

$$g_a g_a^{-1} = g_a^{-1} g_a = E \tag{15.2.3}$$

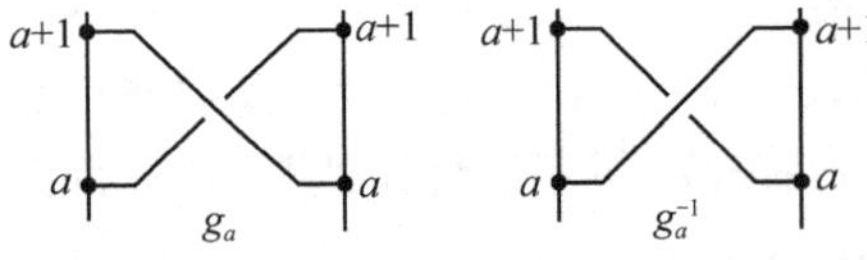

图 15.2.3

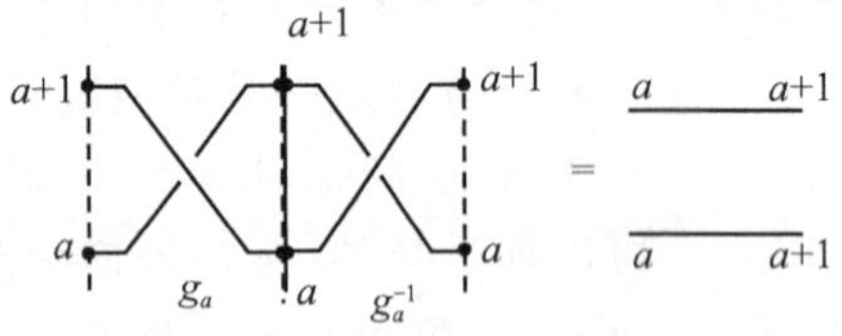

图 15.2.4

必须注意,尽管 g_a 和 g_a^{-1} 都表示两个粒子的置换,但和置换群情况不同,对于辫子群有 $g_a \neq g_a^{-1}$,这是辫子群和置换群的一个显著差别。

一个 N 线辫子共有 $2(N-1)$个基本辫子,每个辫子都可分解为一系列基本辫子的乘积。如果两个 N 线辫子 A_1 和 A_2 满足

$$A_1A_2 = A_2A_1 = E$$

则称这两个辫子互逆。若辫子 A 可分解为一些基本辫子的乘积,即 $A=g_1g_2\cdots g_{N-1}$[其中,某些基本辫子 $g_i(i=1,2,\cdots,N-1)$可能是单位元],定义 $A'=g_{N-1}^{-1}\cdots g_2^{-1}g_1^{-1}$,由于

$$A'A = AA' = E$$

因此 A'就是 A 的逆元,记为 A^{-1}。**一个辫子 $\boldsymbol{A}$ 的逆元就是把 $\boldsymbol{A}$ 中基本辫子的乘**

积次序颠倒，再取其中每个基本辫子的逆，即

$$A^{-1} = g_{N-1}^{-1} \cdots g_2^{-1} g_1^{-1} \tag{15.2.4}$$

上述讨论表明，所有 N 线辫子满足群条件(见附录 A2.1)，构成一个群，称为 **N 线辫子群**(braid group)或 **N 线编织群**。按照一般的群分类，对于任意 $N \geqslant 2$，所有 N 线辫子群都是离散的无限群。

在拓扑量子计算中，将 N 线辫子群的每个元素看做是作用在 N 个对象上一个操作或变换。

15.2.2　辫子群中的基本元素、Yang-Baxter 关系[10,11]

N 线辫子中两个没有共同端点的基本辫子满足

$$g_a g_b = g_b g_a, \quad |a-b| \geqslant 2 \tag{15.2.5}$$

这可从图 15.2.5 中表示两个乘积的图形拓扑等价直接看出。另外，利用图形等式(图 15.2.6)容易证明以下关系

$$g_a g_{a+1} g_a = g_{a+1} g_a g_{a+1} \tag{15.2.6}$$

$$g_a g_{a-1} g_a = g_{a-1} g_a g_{a-1} \tag{15.2.7}$$

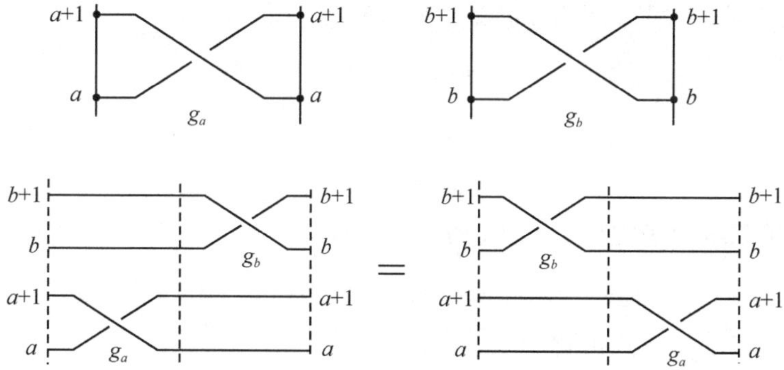

图 15.2.5

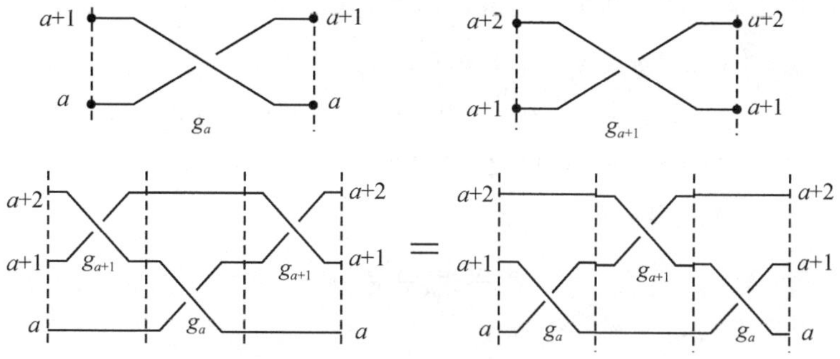

图 15.2.6

式(15.2.6)和式(15.2.7)称为 **Yang-Baxter** 关系。利用这些关系式可进一步推导出其他一些重要关系式。例如,由式(15.2.6)有

$$g_a^2 g_{a+1} g_a = g_a g_{a+1} g_a g_{a+1} = g_{a+1} g_a g_{a+1}^2$$

可以递推地证明

$$g_a^m (g_{a+1} g_a) = (g_{a+1} g_a) g_{a+1}^m \tag{15.2.8}$$

同样地,由式(15.2.7)可以得到

$$g_a^m (g_{a-1} g_a) = (g_{a-1} g_a) g_{a-1}^m \tag{15.2.9}$$

利用式(15.2.3)中逆元表示,类似地可以证明

$$g_a^m (g_{a\pm1}^{-1} g_a^{-1}) = (g_{a\pm1}^{-1} g_a^{-1}) g_{a\pm1}^m \tag{15.2.10}$$

15.2.3 辫子群的生成元[11]

利用上述辫子群基本元素之间的关系,可以进一步把辫子群的生成元归结为少数几个元素。

(1) 利用辫子群基本辫子,定义一个新元素

$$\Delta = g_1 g_2 \cdots g_{n-1} \tag{15.2.11}$$

可以证明

$$g_a \Delta = \Delta g_{a-1} \tag{15.2.12}$$

事实上,利用基本辫子交换关系式(15.2.5),有

$$g_a \Delta = g_a g_1 g_2 \cdots g_{n-1} = g_1 g_2 \cdots g_{a-2} (g_a g_{a-1} g_a) g_{a+1} \cdots g_{n-1}$$

再利用式(15.2.9),上式可化为

$$g_a \Delta = g_1 g_2 \cdots g_{a-2} (g_{a-1} g_a g_{a-1}) g_{a+1} \cdots g_{n-1} = \Delta g_{a-1}$$

此即式(15.2.11)。另外,利用式(15.2.5)和式(15.2.6),有

$$\begin{aligned} g_1 \Delta^2 &= g_1 (g_1 g_2 \cdots g_{n-1})(g_1 g_2 \cdots g_{n-1}) \\ &= g_1 \{ g_1 (g_2 g_1)(g_3 g_2) \cdots (g_{n-2} g_{n-3})(g_{n-1} g_{n-2}) g_{n-1} \} \\ &= g_1 (g_2 g_1) g_2 (g_3 g_2) \cdots (g_{n-2} g_{n-3})(g_{n-1} g_{n-2}) g_{n-1} \end{aligned}$$

继续利用式(15.2.6),最后可以得到

$$g_1 \Delta^2 = \Delta^2 g_{n-1} \tag{15.2.13}$$

(2) 利用算子 Δ 定义另一个算子

$$\Omega = g_1 \Delta \tag{15.2.14}$$

可以证明 Ω 算子和 Δ 算子满足关系

$$\Omega^{n-1}=\Delta^{n} \tag{15.2.15}$$

事实上，利用式(15.2.14)可得

$$\Omega^{n-1}=(g_1\Delta)(g_1\Delta)\cdots(g_1\Delta)$$

共 $n-1$ 次乘积，利用式(15.2.12)，上式右端化为

$$g_1g_2\Delta\Delta(g_1\Delta)\cdots(g_1\Delta)$$

继续应用式(15.2.12)共 $n-1$ 次，最后可得

$$\Omega^{n-1}=g_1g_2\cdots g_{n-1}\Delta^{n-1}=\Delta^{n}$$

其中，已利用了式(15.2.11)。几何上 Δ^n 表示将 n 线辫子恒等元绕竖直轴转动 2π 角度得到的辫子。

(3) 证明算子 Δ^n 和辫子群所有基本元交换，即

$$g_a\Delta^{n}=\Delta^{n}g_a,\quad 1\leqslant a\leqslant n-1 \tag{15.2.16}$$

为了证明这一结果，首先利用式(15.2.13)有

$$g_a=\Delta g_{a-1}\Delta^{-1}$$

利用这一结果有

$$g_a=\Delta g_{a-1}\Delta^{-1}=\Delta^{2}g_{a-2}\Delta^{-2}=\cdots$$

共进行上述操作 $a-1$ 次，可得

$$g_a=\Delta g_{a-1}\Delta^{-1}=\Delta^{a-1}g_1\Delta^{1-a}=\Delta^{a-1}\Omega\Delta^{-a} \tag{15.2.17}$$

由式(15.2.17)有

$$\Delta^{n}g_a=\Delta^{n+a-1}\Omega\Delta^{-a} \tag{15.2.18}$$

$$g_a\Delta^{n}=\Delta^{a-1}\Omega^{n}\Delta^{-a} \tag{15.2.19}$$

利用式(15.2.15)可得 $\Omega^n=\Omega\Delta^n=\Delta^n\Omega$，式(15.2.19)可以化为

$$g_a\Delta^{n}=\Delta^{a-1}\Omega^{n}\Delta^{-a}=\Delta^{a-1}\Delta^{n}\Omega\Delta^{-a}=\Delta^{n+a-1}\Omega\Delta^{-a}$$

将其式(15.2.18)比较，即得式(15.2.16)。

由式(15.2.14)和式(15.2.17)可以看出，辫子群的基本元素都可以通过算子 Δ 和 Ω 的不同乘幂表示出来，所以辫子群的生成元可进一步缩减为四个元素

$$\Delta,\Omega,\Delta^{-1},\Omega^{-1}$$

若一个辫子群中每个元素都将**左端线上点带到与它编号相同的右端线点**(中间可以有不同的复杂编织)，则这样的两个元素乘积亦具有相同的性质。所有具有上述性质的元素构成一般辫子群 B_N 的一个子群，称为**纯辫子群**(pure braid group)，记为 P_N。容易看出，纯辫子群在辫子群中的商群 B_N/P_N 同构于 N 个对象的置换群 S_N。实际上，对于辫子群若定义 $g^a=g_a^{-1}$，即略去辫子群元中各线复

杂的互相交叉，辫子群就退化为置换群。辫子群丰富的内部编织是通过任意子编织进行拓扑量子计算的关键要素。

15.2.4 梭编织和梭编织群

为了讨论拓扑量子计算的需要，文献[5]、[12]中还引进**梭编织**(weave)的概念，并证明了梭编织群是纯辫子群 P_N 的正规子群。

定义一个 N 线纯辫子为**梭编织，这个 N 线纯辫子拓扑等价于其中一条线(由梭牵引)去主动地编织其他线，其他线都等拓扑等价于直接连接左、右对应端点的直线**(见图 15.2.7)。一个梭编织首先是个纯编织，即其中只有作为梭的一个粒子运动，它的世界线作为**纬线**，其他粒子不动，它们的世界线作为**经线**，被纬线编制。梭编织在物理上的图像是其他粒子始终保持静止不动，只有一个粒子在其他粒子间穿梭运动，最后这个粒子结束在它原来的位置上。

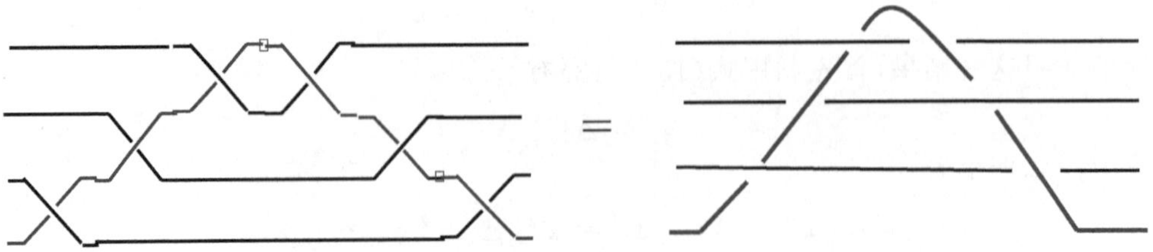

图 15.2.7

记具有 $N-1$ 条经线的一个梭编织元素为 w，两个梭编织元素 w, w'(经线数目相同)的乘积定义为表示梭编织的两条辫子乘积，显然在辫子群元乘积定义下所有 $N-1$ 条经线梭编织构成群，记为 W_{N-1}。W_{N-1} 群显然是 P_N 群的子群。可进一步证明 W_{N-1} 是纯辫子群 P_N 的**正规子群**[12]。

设 $p \in P_N$ 是 N 线纯编织元，$w \in W_{N-1}$ 是 $N-1$ 经线的梭编织(见图 15.2.8)，为了叙述清楚、简便，取 $N=4$)，如果对任意 p 和 w 都有

$$pwp^{-1} \in W_{N-1} \tag{15.2.20}$$

则表明 W_{N-1} 是由群 P_N 的完全类构成，因此是 P_N 的正规子群(见附录 A2.4)。

由图 15.2.8 可以看出式(15.2.20)成立。四线纯编织元 p 和三线梭编织 w 以及 p^{-1} 的乘积如图 15.2.8 上部所示，为了看出它是一个梭编织，可以擦去梭线，剩余部分绘于图 15.2.8 的下部，容易看出它拓扑等价于三条直线。所以 pwp^{-1} 就是三经线的梭编织，即式(15.2.20)成立，$N-1$ 线梭编织辫子是 N 线纯编织群的正规子群。

15.2.5 辫子群的表示

能和群中所有元素都对易的元素集合构成群的**中心化子**(centralizer)。式

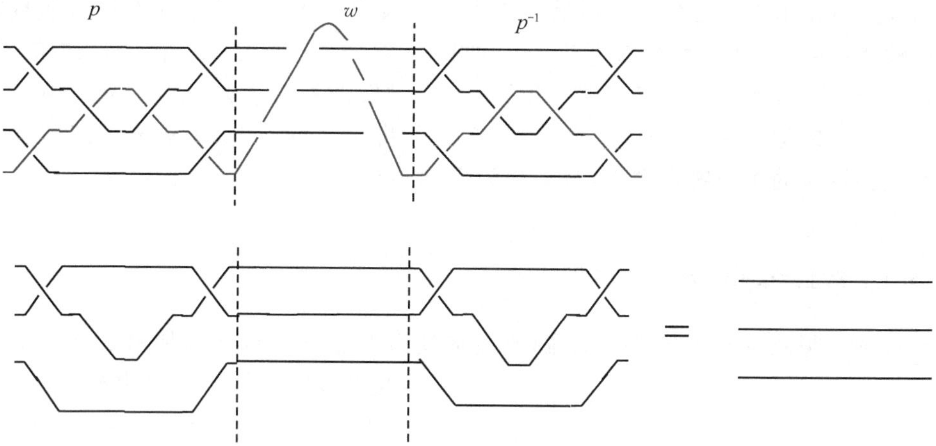

图 15.2.8

(15.2.16)表示 Δ^n 和辫子群所有基本元对易，所以 Δ^n 和单位元都是 N 辫子群中心子中的元素。根据群表示的 Schur 引理(见附录 A3)，在辫子群任意不可约表示 D 中，Δ^n 的表示矩阵必为单位矩阵的非零常数 λ 倍，即

$$D_\lambda(\Delta^n) = \lambda I \tag{15.2.21}$$

从而

$$D_\lambda(\Delta) = \lambda^{1/n}\Gamma_1 \tag{15.2.22}$$

其中，Γ_1 是一个非常数对角矩阵，对角元只能是

$$\omega = e^{-i2\pi/n} \tag{15.2.23}$$

的整数次幂。Ω 的表示可以通过非奇异相似变换 Z 对角化得到

$$D_\lambda(\Omega) = \lambda^{1/(n-1)} Z\Gamma_2 Z^{-1} \tag{15.2.24}$$

其中，Γ_2 也是一个非常数对角矩阵，对角元只能是

$$\tau = e^{-i2\pi/(n-1)} \tag{15.2.25}$$

的整数次幂。当然它们的表示矩阵还要满足基本元之间的关系式(15.2.8)和式(15.2.10)。

辫子群的表示在后面讨论任意子的统计性质和拓扑量子计算中都将用到。

15.3　量子 Hall 物理(Ⅰ)

使用非 Abel 任意子执行拓扑量子计算，首先需要找到一个处于拓扑态的物理系统，其中系统的简并基态元激发具有非 Abel 任意子的性质，可用于编码储存量子信息，并且能通过对任意子的编织操作执行拓扑态的幺正变换，最后还需要通过适当地测量读出编码态信息。虽然理论上研究表明有几个量子多体系统可能具有这些性质,其中包括自旋系统[13~15]、转动 Bose 气体[16]、超导 Josephson 结组[17],但是目前真正被实验证明具有非 Abel 准粒子激发的系统就是在强磁场作用下 2 维电子气中的量子 Hall 态[2]。本节和 15.4 节将介绍量子 Hall 系统物理现象并解释这些现象的主要物理理论,目的是为后面讨论拓扑量子计算提供一个具体的物理模型。

15.3.1　经典 Hall 效应[18,19]

设导体板载有沿 x 方向的电流,电流强度为 I,垂直于板面施加沿 z 方向的磁感应强度 $\vec{B}$(见图 15.3.1)。实验表明,导体板沿 y 方向的上下表面之间就会出现横向电势差

$$U_1 - U_2 = K\frac{IB}{b} \tag{15.3.1}$$

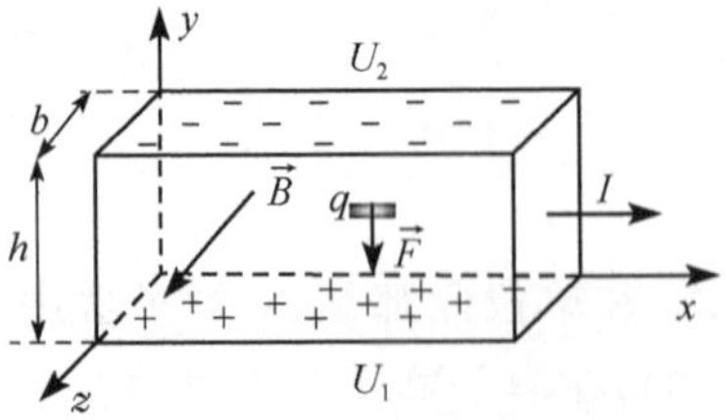

图 15.3.1

其中,b 是沿 z 方向导体板的厚度。这一现象是 Hall 在 1879 年发现的,称为**经典 Hall 效应**(classical Hall effect),其中 K 称为 **Hall 系数**(Hall coefficient)。

Hall 效应可以根据载流子在磁场中受到的 Lorentz 力作用加以解释。假设导体中的载流子带正电荷 q,载流子在磁场 $\vec{B}$ 中定向运动速度为 $\vec{v}$ 时受到的 Lorentz 力为

$$\vec{F} = q\vec{v} \times \vec{B} = -qvB\vec{e}_y$$

其中,$\vec{e}_y$ 是沿 y 方向的单值矢量。力 $\vec{F}$ 使载流子除定向运动外,还将向下漂移,结果使得导体板下表面有载流子积聚而带正电荷,上表面因缺少载流子而带负电荷,在导体板中形成沿正 y 方向的内电场 E_H。内电场阻止载流子继续向下漂移运动。当载流子受到的磁场作用力和内电场作用力相等时,即 $qvB=qE_H$,载流子的漂移运动将停止,结果在导体上下表面间建立一横向电场。导体板上下两面间电势差为

$$U_1 - U_2 = E_H h = vBh \tag{15.3.2}$$

设导体内载流子数密度是 n,则导体内的电流强度 $I=nqvbh$,由此解出 vh,将其代入式(15.3.2)中得

$$U_1 - U_2 = \frac{IB}{nqb} \tag{15.3.3}$$

将式(15.3.3)和式(15.5.1)比较,得 Hall 系数的表达式为

$$K = \frac{1}{nq} \tag{15.3.4}$$

通常定义横向电势差 $U_1 - U_2$ 与导体板中电流强度 I 之比为 **Hall 电阻**(Hall resistance)(又称**横向电阻**)记为 R_H。注意到金属中载流子是电子，$q=-e$，由式(15.3.3)可求得 Hall 电阻为

$$R_H = \frac{B}{neb} \tag{15.3.5}$$

Hall 电阻(以下记为 R_{xy})正比于磁感应强度 B，后面将看到，这是经典 Hall 效应不同于量子 Hall 效应的一个显著特征。在经典 Hall 效应中，作用在运动电荷上的磁场力被来自 Hall 电场力抵消，磁场没有其他效应，所以驱动电流沿 x 方向流动的纵向电压与磁场无关。这个电压对电流的比称为**纵向电阻**(longgitudinal resistance)，记为 R_{xx}。

15.3.2　量子 Hall 效应[19,6]

人们从实验中发现，对于在低温条件下被强磁场作用的 2 维电子气系统，Hall 电阻作为磁场的函数不再像式(15.3.5)中表示的与磁场强度成线性关系，而是出现一些量子化的平台。当磁场值使 Hall 电阻在平台上时，纵向电阻 R_{xx} 等于零，而 Hall 电阻 R_{xy} 取量子化常数值(见图 15.3.2,)，即

$$R_H = \frac{h}{\nu e^2} \tag{15.3.6}$$

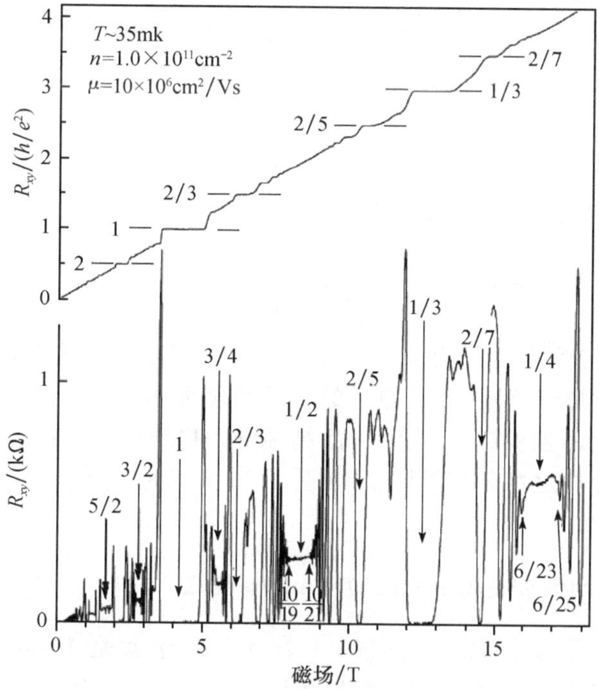

图 15.3.2[6]

其中,ν 是整数或分数,当 ν 为整数时称其为**整数量子 Hall 效应**(integer quantum Hall effect),当 ν 为分数时称为**分数量子 Hall 效应**(fractional quantum Hall effect)。实验表明,量子 Hall 电阻值与具体材料无关,仅依赖于 Planck 常数 h 和电子电荷 e 平方的比值,实验测得 $h/e^2=25812.806\Omega$,误差为百万分之一。这一事实已在计量学中用作新的电阻度量基准。$h/e^2=25.813\text{K}\Omega$ 称为**电阻量子**(resistance quantum)。

在各向同性线性介质中,微分形式的 Ohm 定律为 $\vec{j}=\sigma\vec{E}$,其中 σ 为一常数。现在在垂直于电流平面的磁场作用下,2 维电子流体呈现 2 维各向异性的性质,电阻率 ρ 和电导率 σ 都需要用二阶张量描述,即

$$\rho=\begin{bmatrix}\rho_{xx} & \rho_{xy}\\ \rho_{yx} & \rho_{yy}\end{bmatrix},\quad \sigma=\begin{bmatrix}\sigma_{xx} & \sigma_{xy}\\ \sigma_{yx} & \sigma_{yy}\end{bmatrix}$$

其中,σ 和 ρ 互为逆矩阵。当系统在 Hall 平台上处于稳定情况下时,利用 Ohm 定律可以求得[20]

$$\sigma_{xx}=\frac{\rho_{xx}}{\rho_{xx}^2+\rho_{xy}^2},\quad \sigma_{xy}=-\frac{\rho_{xy}}{\rho_{xx}^2+\rho_{xy}^2}\tag{15.3.7}$$

利用这一结果,当 $\rho_{xy}\neq 0$ 时,有

$$\rho_{xx}=0\leftrightarrow\sigma_{xx}=0\tag{15.3.8}$$

即当电阻率消失时,电导率也消失。而当 $\rho_{xx}=0$ 时,有

$$\sigma_{xy}=\frac{-1}{\rho_{xy}}\tag{15.3.9}$$

因此,在 Hall 电阻率平台上,Hall 电导率张量可以写作

$$\sigma=\begin{bmatrix}\sigma_{xx} & \sigma_{xy}\\ \sigma_{yx} & \sigma_{yy}\end{bmatrix}=\begin{bmatrix}0 & -\nu e^2/h\\ \nu e^2/h & 0\end{bmatrix}\tag{15.3.10}$$

注意,在 Hall 电导率平台上,纵向电阻等于零蕴含着存在无耗流动的纵向电流。

量子 Hall 实验精确高,Hall 电阻的测量精度可达10^{-9}以上;实验呈现出的规律与具体材料无关;实验温度越低、样品越纯洁,可以观测到的量子化电阻平台越多。量子 Hall 效应这些显著的特点,激发了 20 世纪 80 年代凝聚态物理学一系列理论和实验的研究。

15.3.3　电子在均匀电磁场中的运动、Landau 能级

从理论上解释量子 Hall 效应的一个重要概念就是 **Landau 能级**(Laudau level)——描述 2 维电子气在强磁场作用下的能级结构。设电子在 x-y 平面上运动,受到沿 z 方向的恒定均匀强磁场 B 的作用。磁场矢量势可以写作

$$A_x = -By, \quad A_y = A_z = 0$$

当磁场很强时，电子与电子间的 Coulomb 作用可以略去；考虑到电子在强磁场中会完全极化，电子自旋磁矩在磁场 B 中的能量 $-\mu S_z B$ 是个常数，不影响电子能级结构，也可以不予考虑。在 2 维平面上电子运动的 Hamilton 量就是电子运动动能，即

$$\hat{H} = \frac{1}{2m}[(\hat{P}_x + eBy)^2 + \hat{P}_y^2]$$

其中，m 是电子质量。电子运动满足定态 Schrödinger 方程

$$\frac{1}{2m}[(\hat{P}_x + eBy)^2 + \hat{P}_y^2]\psi = E\psi \tag{15.3.11}$$

由于 Hamilton 量中不含坐标变量 x 和 z，因此 p_x 和 p_y 都是运动常数。为了求解式(15.3.11)，设定态波函数具有如下形式：

$$\psi(x,y) = e^{ip_x x/\hbar}\chi(y) \tag{15.3.12}$$

注意到 $e^{ip_x x/\hbar}$ 是动量算子 $\hat{P}_x = -i\hbar\partial/\partial x$ 的本征态，本征值为 p_x，将此式代入(15.3.11)可得

$$\frac{d^2\chi(y)}{dy^2} - \frac{1}{\hbar^2}[(P_x + eBy)^2]\chi(y) + \frac{2m}{\hbar^2}E\chi(y) = 0 \tag{15.3.13}$$

引入

$$y_0 = -\frac{p_x}{eB}, \quad \omega_c = \frac{eB}{m} \tag{15.3.14}$$

可以验证

$$\frac{1}{2}m\omega_c^2(y - y_0)^2 = \frac{1}{2m}(p_x + eBy)^2$$

利用这一结果可将式(15.3.13)改写为

$$\frac{d^2\chi(y)}{dy^2} + \frac{2m}{\hbar^2}\left[E - \frac{1}{2}m\omega_c^2(y - y_0)^2\right]\chi(y) = 0 \tag{15.3.15}$$

式(15.3.15)为标准的 1 维简谐振子方程，其解是平衡点为 y_0 的 1 维简谐振动，振动圆频率为 ω_c。电子能量本征值为

$$E_n = \left(n + \frac{1}{2}\right)\hbar\omega_c \tag{13.3.16}$$

电子能量是分立的，这些分立的能级就是 **Landau 能级**。相应的能量本征函数为

$$\chi_n(y) = \frac{1}{\pi^{1/4}a_0^{1/2}\sqrt{2^n n!}}e^{-(y-y_0)^2/2\sigma_0^2}H_n\left(\frac{y - y_0}{a_0}\right) \tag{15.3.17}$$

其中,$a_0=\sqrt{\hbar/m\omega_c}$;$H_n$ 是 Hermitian 多项式。谐振子的平衡位置 $y_0=-p_x/eB$ 决定于动量 p_x 和磁场强度 B。

现在考虑电子运动限制在 $L_x\times L_y$ 的范围内时,电子运动 Landau 能级的简并度。由于电子在 x 方向的运动限制在长度 L_x 范围内,则电子动量 p_x 将取分立值

$$p_x=\frac{2\pi\hbar}{L_x}m,\quad m=0,\pm1,\pm2,\cdots \tag{15.3.18}$$

由式(15.3.14)可知,相应的谐振子平衡位置 y_0 也是分立的,两相邻平衡位置间隔为 $\Delta y_0=2\pi\hbar/eBL_x$。在长度 L_y 范围内可以有平衡点的数目为 $L_y/\Delta y_0=eBL_xL_y/2\pi\hbar$(见图 15.3.3)。利用完全类似的推导可以证明,如果代替式(15.3.10),取磁场矢势为 $A_y=Bx,A_x=A_z=0$ 可以得到相同的结果,即在长度 L_x 范围内可以有平衡点的数目为 $L_x/\Delta x_0=eBL_xL_y/2\pi\hbar$。上述结果表明,$x$-$y$ 平面上平衡点的总数,即单一 Landau 能级(如基态能级)的简并度为

$$N_B=\frac{eBL_xL_y}{2\pi\hbar} \tag{15.3.19}$$

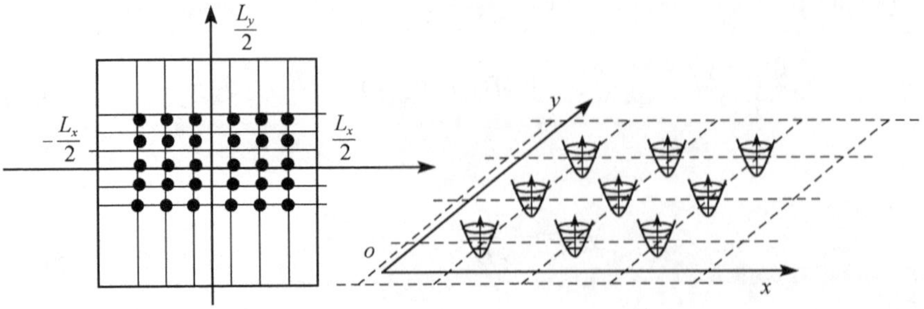

图 15.3.3

已知穿过 $L_x\times L_y$ 面积的总磁通量 $\Phi=L_xL_yB$,磁通量子 $\Phi_0=2\pi\hbar/e$,式(15.3.19)也可以写为

$$N_B=\Phi/\Phi_0 \tag{15.3.20}$$

这表示如果只考虑一个 Landau 能级,一个磁通量子对应一个电子能量本征态。由式(15.3.19)可得单位面积的平衡位置数目,即单位面积 Landau 能级简并度为

$$n_B=\frac{eB}{2\pi\hbar}=\frac{\phi}{\Phi_0} \tag{15.3.21}$$

其中,ϕ 是穿过单位面积的磁通量或磁通密度。

由式(15.3.16)、式(15.3.14)和式(15.3.20)可知,Landau 能级间隔 $\hbar\omega_c$ 以及 Landau 能级简并度都与磁场 B 成正比,这表明在强磁场作用下,Landau 能级差增大的同时,平面上的平衡点数目增加,每个能级上容纳的电子数目增多。

15.3.4　整数量子 Hall 效应

整数量子 Hall 效应可以仅用单电子的性质解释,而不必考虑电子与电子之间的相互作用。考虑到单电子在 Landau 能级上的填充,注意到 Hall 电阻式(15.3.5),在 2 维电子气情况下,分母中的 nb 就表示电子面密度,记为 n_s,2 维情况下的 Hall 电阻可以用电子面密度表示为

$$R_{\mathrm{H}} = \frac{B}{n_s e} \tag{15.3.22}$$

定义 **Landau 能级填充因子 ν 为电子数密度 n_s 与态密度 n_B 之比**,即

$$\nu = \frac{n_s}{n_B} \tag{15.3.23}$$

2 维电子气态密度(单位面积 Landau 能级简并度)由式(15.3.21)给出。如果刚好有 n 个 Landau 能级被电子填满,则电子数密度为 $n_s = nn_B = neB/h$,由式(15.3.22)得 Hall 电阻为

$$R_{\mathrm{H}} = \frac{B}{n_s e} = \frac{h}{ne^2} \tag{15.3.24}$$

和式(15.3.6)比较,这表明电子刚好填满整数 Landau 能级时,Hall 电阻取常数值。当电子填满整数个 Landau 能级时,系统基态和最低激发态之间存在 $\Delta = \hbar\omega_c = \hbar eB/m$ 的能隙,能隙的存在阻碍了低能电子向高能级的跃迁,同时由于 Pauli 原理的限制,处在系统基态(Landau 能级低能级被占据)的电子系统表现出稳定性和不可压缩性。关于磁场改变时存在 Hall 电阻平台,可以用系统存在杂质和缺陷加以解释。杂质和缺陷使 Landau 能级变宽,在 Landau 能级附近出现局域态,当电子填满整数 Landau 能级后,多余的电子只能填充在这些局域态上,不参与电子的输运过程,对电流无贡献,这使得在磁场变化的一定范围内电阻保持不变。

15.4　量子 Hall 物理(Ⅱ)

在磁场更强、温度更低的情况下(如磁场～20T 和温度～0.1K),纯净的 2 维电子气还表现出分数量子 Hall 效应,即 Hall 电阻在填充数 $\nu = 1/3, 2/3, 2/5, 3/5$ 等处,相对磁场变化也出现量子化的 Hall 电阻平台。分数量子 Hall 效应的实验发现,激发了关于这种效应机理的理论研究,这些研究为我们后面讨论拓扑量子计算打下了基础。

15.4.1　强磁场中 2 维电子气、单电子运动的极坐标描写

如果电子运动被限制在 2 维平面圆形域上,采用极坐标描写单电子运动可以

给出 2 维电子气运动的另一种图像。以 $a_0=\sqrt{\hbar/m\omega_c}$ 为长度单位,以

$$z=\frac{1}{2a_0}(x+\mathrm{i}y),\quad \bar{z}=\frac{1}{2a_0}(x-\mathrm{i}y) \tag{15.4.1}$$

为独立变量,注意到直角坐标与 z 和 $\bar{z}$ 有如下关系:

$$x=a_0(z+\bar{z}),\quad y=-\mathrm{i}a_0(z-\bar{z}) \tag{15.4.2}$$

可以求出

$$\frac{\partial}{\partial x}=\frac{1}{2a_0}\left(\frac{\partial}{\partial z}+\frac{\partial}{\partial \bar{z}}\right)\quad \frac{\partial}{\partial y}=\frac{\mathrm{i}}{2a_0}\left(\frac{\partial}{\partial z}-\frac{\partial}{\partial \bar{z}}\right) \tag{15.4.3}$$

$$z\bar{z}=(x^2+y^2)/4a_0^2 \tag{15.4.4}$$

对于强磁场作用下的 2 维电子系统,沿 z 方向作用的磁场采用**对称规范**描述

$$A_x=-\frac{1}{2}By,\quad A_y=\frac{1}{2}Bx,\quad A_z=0$$

仍然略去电子与电子以及电子与磁场之间的相互作用能,电子运动的 Hamilton 量可以写作

$$\hat{H}=\frac{1}{2m}\left[\left(\hat{p}_x-\frac{1}{2}eBy\right)^2+\left(\hat{p}_y+\frac{1}{2}eBx\right)^2\right] \tag{15.4.5}$$

利用式(15.4.2)、式(15.4.3)、式(15.4.4)和 $a_0=\sqrt{\hbar/m\omega_c}$,式(15.4.5)可以化为

$$\hat{H}=\frac{1}{2}\hbar\omega_c\left[\left(z+\frac{\partial}{\partial \bar{z}}\right)\left(\bar{z}-\frac{\partial}{\partial z}\right)+1\right] \tag{15.4.6}$$

其中,$\omega_c=eB/m$。引入产生、湮灭算子

$$a=\frac{1}{\sqrt{2}}\left(z+\frac{\partial}{\partial \bar{z}}\right),\quad a^+=\frac{1}{\sqrt{2}}\left(\bar{z}-\frac{\partial}{\partial z}\right) \tag{15.4.7}$$

容易验证它们满足对易关系

$$[\hat{a},\hat{a}^+]=1 \tag{15.4.8}$$

式(15.4.6)可以用产生、湮灭算子 $\hat{a}^+$ 和 $\hat{a}$ 表示为

$$\hat{H}=\hbar\omega_c\left(a^+a+\frac{1}{2}\right) \tag{15.4.9}$$

这正是用产生、湮灭算子表示的 1 维简谐振子 Hamilton 量。如果定义另外一对产生、湮灭算子

$$\hat{b}=\frac{1}{\sqrt{2}}\left(\bar{z}+\frac{\partial}{\partial z}\right),\quad \hat{b}^+=\frac{1}{\sqrt{2}}\left(z-\frac{\partial}{\partial \bar{z}}\right) \tag{15.4.10}$$

则可以验证

$$[\hat{b},\hat{b}^+]=1,\quad [\hat{b},\hat{a}^+]=[\hat{b},\hat{a}]=0,\quad [\hat{b}^+,\hat{a}^+]=[\hat{b}^+,\hat{a}]=0 \tag{15.4.11}$$

所以 $\hat{b}^+\hat{b}$ 和 $\hat{H}$ 对易。注意到在 z 和 $\bar{z}$ 坐标下，角动量的 z 分量算子

$$\hat{L}_z = -\mathrm{i}\hbar\left(x\frac{\partial}{\partial y} - y\frac{\partial}{\partial x}\right) = \hbar\left(z\frac{\partial}{\partial z} - \bar{z}\frac{\partial}{\partial \bar{z}}\right) \tag{15.4.12}$$

可以用 $\hat{N}=\hat{a}^+\hat{a}$ 和 $\hat{M}=\hat{b}^+\hat{b}$ 表示为

$$\hat{L}_z = -2\hbar(a^+ a - b^+ b) = -2\hbar(\hat{N} - \hat{M}) \tag{15.4.13}$$

由于 $\hat{N},\hat{M}$ 都和 $\hat{H}$ 对易，从而 $\hat{L}_z$ 和 $\hat{H}$ 对易，式(15.4.9)中 Hamilton 量的本征态可以用能量量子数 n 和角动量 $\hat{L}_z$ 量子数 m 标记，记为 $|n,m\rangle$

$$\hat{H}\mid n,m\rangle = \hbar\omega_c\left(n+\frac{1}{2}\right)\mid n,m\rangle \tag{15.4.14}$$

$$\hat{L}_z\mid n,m\rangle = -2(n-m)\hbar\mid n,m\rangle \tag{15.4.15}$$

由于这里主要关心多电子系统 $\hat{H}$ 的基态($n=0$)情况，容易验证对于任意常数 c，函数 $c\mathrm{e}^{-z\bar{z}}$ 都满足 $\hat{a}(c\mathrm{e}^{-z\bar{z}})=\hat{b}(c\mathrm{e}^{-z\bar{z}})=0$，可取为 $\hat{H}$ 的基态，同时这个基态的角动量等于 0。记 $|0,0\rangle=c\mathrm{e}^{-z\bar{z}}$，注意到

$$b^+\mid 00\rangle = c\frac{1}{\sqrt{2}}\left(z-\frac{\partial}{\partial\bar{z}}\right)\mathrm{e}^{-z\bar{z}} = cz\,\mathrm{e}^{-z\bar{z}}$$

利用 $\hat{b}^+$ 对上式作用 m 次可得

$$\mid 0,m\rangle = c(b^+)^m\mathrm{e}^{-z\bar{z}} = cz^m\mathrm{e}^{-z\bar{z}},\quad m=0,1,2,\cdots,M \tag{15.4.16}$$

式(15.4.16)即为角动量 z 分量算子的本征态，m 就是相应的角动量量子数。

式(15.4.16)中的波函数描绘出低温磁场中 2 维电子气运动的另一种图像。利用式(15.4.1)，这个波函数的模方

$$\mid\psi_m(r)\mid^2 = \mid c\mid^2\frac{r^{2m}}{4a_0^2}\mathrm{e}^{-r^2/2a_0^2},\quad m=1,2,\cdots,M$$

描写电子在平面上的几率密度有绕 z 轴轴对称分布。对给定的角动量量子数 m，电子轨道(几率密度最大圆环)半径满足

$$r_m^2 = (2m-1)a_0^2$$

随 m 值增大而增大。两个相邻 m 值轨道间圆环的面积 $\pi r_m^2=2\pi a_0^2$，与 m 值无关，这表示平面上每个电子仍占有相等的面积(见图 15.4.1)。

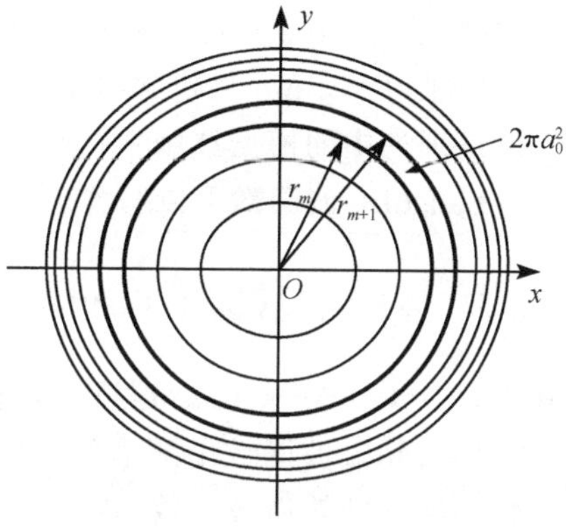

图 15.4.1

式(15.4.16)中的 M 是系统处在基态时角动量态 m 的最大值，其值可通过计算在 $m=M$ 态时式(15.4.4)两边的平均值

$$\frac{1}{4a_0^2}\langle x^2 + y^2 \rangle = \frac{\int_0^\infty (\bar{z}z)^M \mathrm{e}^{-2\bar{z}z} z\bar{z}\, \mathrm{d}z \mathrm{d}\bar{z}}{\int_0^\infty (\bar{z}z)^M \mathrm{e}^{-2\bar{z}z}\, \mathrm{d}z \mathrm{d}\bar{z}}$$

得出。已知 $z\bar{z}=(x^2+y^2)/4a_0^2=r^2$，$\mathrm{d}z\mathrm{d}\bar{z}\to 2\pi r\mathrm{d}r$，上式中分子、分母利用积分公式可得

$$\int_0^\infty x^n \mathrm{e}^{-ax}\, \mathrm{d}x = \frac{n!}{a^{n+1}}, \quad a > 0$$

可以求出

$$\frac{1}{4a_0^2}\langle x^2 + y^2 \rangle = \frac{M+1}{2}$$

圆盘区域面积 $A=\pi(x^2+y^2)=2\pi a_0^2(M+1)$，由此求出单位面积上的态数目

$$n_B = \frac{M}{A} = \frac{M}{2\pi a_0^2(M+1)} \approx \frac{eB}{h} \tag{15.4.17}$$

和式(15.3.21)比较，可以得到系统最大角动量值和态密度之间的关系，这个关系将用于后面的分数量子 Hall 效应的 Laughlin 解释。

15.4.2 Laughlin 波函数

最早在实验中观测到的分数量子 Hall 态发生在 Landau 能级填充数 $\nu=1/3$ 处，最初的理论研究也以奇分母填充数为出发点。1983 年，美国物理学家 Laughlin 首先指出[21]，奇分母填充数的 2 维电子气是一种新的物质态——不可压缩的量子液体，最早建立了分数量子 Hall 效应理论。

Laughlin 关于分数量子 Hall 效应理论的核心是 **Laughlin 波函数**。Laughlin 认为解释分数量子 Hall 效应，必须考虑电子之间的相互作用导致的电子与电子运动的强关联。由于严格求解相互作用多电子系统 Hamilton 量本征值方程存在较大的困难，Laughlin 从包含电子与电子相互作用的多电子 Hamilton 量出发，借助于液氦理论中的模型波函数，通过分析和实验得到描述这种体系的电子波函数。

Laughlin 波函数可以写作

$$\psi_m(z_1, z_2, \cdots, z_n) = \prod_{i<j}^{N} (z_i - z_j)^m \mathrm{e}^{-\sum\limits_{k=1} |z_k|^2/4a_0^2} \tag{15.4.18}$$

其中，$z_i=(x_i+iy_i)/2a_0$ 是第 i 个电子坐标；$a_0=\sqrt{\hbar/eB}$是磁长度；m 取奇数值。

Laughlin 波函数由两个部分构成，其中指数因子部分表示电子轨道的径向部分是高斯型的轨道波函数。$(z_i-z_j)^m$ 在 $z_i\to z_j$ 时趋于零，描述了两电子接近时由 Pauli 原理限制(在电子被强磁场完全极化的情况下，电子有相同的自旋坐标)，两电子间的强排斥作用表示电子运动的强关联。Laughlin 波函数中指数 m 是

Laughlin 波函数中唯一的参数，它取奇数的目的是保证电子体系波函数的反对称化。

利用角动量算子表达式(15.4.12)，可以验证$(z_i-z_j)^m$表示i,j两电子相对运动角动量为$m\hbar$。N电子体系总角动量为$m\hbar N(N-1)/2$，设系统电子最大角动量为M，考虑到电子体系总角动量为常数，则有

$$\frac{N(N-1)}{2}m\hbar = \frac{M(M+1)}{2}\hbar$$

当N很大时，近似有$mN=M$。此式两边用面积除得$mn_s=n_B$。其中，n_s是电子数密度；n_B是用角动量描述的量子态密度。和式(15.3.23)比较可以看出

$$m = \frac{n_B}{n_s} = \frac{1}{\nu} \tag{15.4.19}$$

这表明，m值与电子面密度有关，它和电子填充数ν有如下关系，$\nu=1/m$(m为奇数)。Laughlin 理论成功地解释了这种形式的奇分母分数量子 Hall 态的存在，并对$N=2,3$的情况进行了详细分析，论证了式(15.4.18)的波函数是满足物理条件的唯一形式，证实了至少对于$m=3,5,7$的情况，这些态有着比 Hartree-Fock 态更低的能量[19]。

Laughlin 波函数对于少电子体系可以和严格波函数有很好的重合，对于三电子体系忠实度达 0.99，对于四电子体系达 0.98[20]。此外，对于某些特殊形式的电子与电子的相互作用，Laughlin 波函数可以是相应 Hamilton 量算子的严格解。这些事实表明，Laughlin 波函数相当好地描述了多电子体系的强关联。

当把系统的基态看作真空态时，系统从基态到低能激发态的激发过程称为**元激发**(elementary excitation)。这种元激发具有确定的能量和动量，具有量子力学中粒子的性质称为**准粒子**(quasi particle)，因此这些元激发可以看作是准粒子产生的过程。与一般粒子分为 Bose 子和 Fermi 子相同，元激发(或准粒子)也可以按其统计性质进行分类。但是这些元激发通常并不与单个粒子(电子、原子或离子)相联系，而是系统的整体性质。使用 Laughlin 波函数还可以进一步研究这种强磁场作用下 2 维电子气系统的元激发，得出这些元激发既不是 Fermi 子，也不是 Bose 子，而是具有分数电荷，并且服从分数统计，具有前面定义的**任意子**的性质。下面来详细讨论这一问题。

为了解释$\nu\neq 1/m$的更一般的分数量子 Hall 态，以 Laughlin 理论为基础发展起来的**分级结构理论**[22~24]，以$\nu=1/m$主准粒子态为基础，这些准粒子(准空穴)态，再凝聚成自身的 Laughlin 态。以这种方式可以解释所有奇分母量子 Hall 态，但仅限于奇分母态。Jain 等[25,26]通过把强磁场中的电子系统看成是在较弱磁场中的电子和偶数个磁通量子组成的复合 Fermi 子系统，利用电子填充$\nu=p/(2p+$

1)Landau 能级,即在低磁场中的复合 Fermi 子填满整数 $\nu'=p$ 的 Landau 能级[27,28]这种图像,解释更复杂的分数量子 Hall 效应。这种复合 Fermi 子图像已被数值模拟证明定量和半定量是正确的[29]。

对于填充数 $\nu>1$ 的态,可以只保留填充数的真分数部分映射到 $\nu'<1$ 的分数量子 Hall 态,同时略去低能 Landau 能级内部的耦合,用适当的 Coulomb 修正解释最低 Landau 能级和较高 Landau 能级回旋轨道之间的差别。但对于更高 Landau 能级,这些假设不成立[2]。

15.4.3 分数量子 Hall 效应的复合粒子理论[30]

前面在解释整数量子 Hall 效应时使用了单电子图像,而在说明分数量子 Hall 效应时强调了电子与电子之间的强关联,但在实验上两者之间存在许多相似,这说明整数量子 Hall 效应和分数量子 Hall 效应两者之间应当有共同的理论基础,可以有统一的理论解释。

复合粒子理论就是试图以统一的方式解释整数和分数量子 Hall 效应的理论。所谓复合粒子是电子加上若干个磁通量子构成的复合体。复合粒子理论分为复合 Fermi 子理论和复合 Bose 子理论两种。

复合 Fermi 子理论给每个电子束缚上 $m-1$(m 是奇数)个磁通量子,把磁通量子看作是 Fermi 子,从而这样的复合粒子可以看做是 Fermi 子。在复合 Fermi 子理论中,分数填充处的 Hall 平台恰好出现在复合 Fermi 子整数填充处,所以分数量子 Hall 效应可以看成是复合 Fermi 子填充的整数量子 Hall 效应。

复合 Bose 子理论主要用来解释奇分母的量子 Hall 态。在复合 Bose 子模型中,Bose 子是一个电子和 m(m 为奇数)个磁通量子的复合粒子,在平均意义上这些 Bose 子携带的磁通被实际施加的外加磁通抵消。这样原来在磁场中的二维电子系统,现在可以看成是没有磁场的复合 Bose 子系统。复合 Bose 子模型和复合 Fermi 子模型不同,在复合 Fermi 子模型中外加磁通仅一部分束缚于电子产生的复合 Fermi 子,其余部分仍作为外加磁场存在,这部分磁场可用来解释复合 Fermi 子系统的不可压缩性。

引入复合粒子的理论基础是对于在电磁场中运动的带电粒子,电磁场对带电粒子运动的影响等效于带电粒子波函数的一个相位变换。在量子 Hall 效应中,电子系统位于磁场中,电磁场用矢量势 $\vec{A}$ 和标量势 φ 描写,电场和磁场可以通过 $\vec{A}$ 和 φ 表示为:$\vec{E}=-\nabla\varphi-\partial\vec{A}/\partial t$,$\vec{B}=\nabla\times\vec{A}$,电子系统的 Hamilton 量为

$$\hat{H}=\sum_i\left[\frac{1}{2m}(-i\hbar\nabla_i-e\vec{A})^2+e\varphi(x_i)\right]+\sum_{i<j}\frac{e^2}{4\pi\varepsilon_0\mid x_i-x_j\mid}\tag{15.4.20}$$

电子系统波函数满足定态 Schrödinger 方程

$$H\Psi(x_1, x_2, \cdots, x_n) = E\Psi(x_1, x_2, \cdots, x_n) \tag{15.4.21}$$

当对电磁势作规范变换 $\varphi \to \varphi - \partial\chi/\partial t, \vec{A} \to \vec{A} + \nabla\chi$ 时，单电子波函数的变换为

$$\psi \to e^{ie\chi/\hbar}\psi \tag{15.4.22}$$

对式(15.4.21)中波函数引入适当的变换，可等效系统除了和电磁场作用外，还和统计规范场 $\vec{a}(x)$ 作用。统计规范场的作用就是赋予每个电子一定量的磁通量子，构成复合粒子。若缚上磁通量子为偶数，则复合粒子为 Fermi 子；若为奇数，则复合粒子为 Bose 子。

利用这种复合粒子模型可以解释分数量子 Hall 效应。例如，在分数量子 Hall 态中，由式(15.3.22)可知，电子填充数是电子数密度与磁通数密度之比，即 $\nu = 1/(2k+1)$。从复合 Bose 子模型观点看，这里的一个复合 Bose 子不仅携带单位电荷，而且还携带 $2k+1$ 个磁通量子。当 Bose 子沿 x 轴运动时，电流强度 $I = e\mathrm{d}N/\mathrm{d}t$，$\mathrm{d}N/\mathrm{d}t$ 是单位时间内通过截面的电子数。这些电子携带磁通量子，运动时造成磁通流，即

$$\frac{\mathrm{d}\Phi}{\mathrm{d}t} = (2k+1)\Phi_0 \frac{\mathrm{d}N}{\mathrm{d}t}$$

由电磁感应定律可知，这个磁通流将给出沿 y 方向的 Hall 电势差

$$U_{\mathrm{H}} = \frac{\mathrm{d}\Phi}{\mathrm{d}t} = (2k+1)\Phi_0 \frac{\mathrm{d}N}{\mathrm{d}t} = (2k+1)\frac{h}{e^2}I \tag{15.4.23}$$

由此求得 Hall 电阻为

$$\rho_{xy} = \frac{U_{\mathrm{H}}}{I} = (2k+1)\frac{h}{e^2} = \frac{h}{\nu e^2} \tag{15.4.24}$$

这正是式(15.3.6)。

15.4.4　分数量子 Hall 态中准粒子激发——任意子

对处于在分数量子 Hall 态的 2 维电子系统，从 Hall 横向电导率出现量子化平台，在平台上量子化电导率等于零的纵向电导率以及基态、激发态之间存在能隙这些基本事实出发，可以自然地得出基态的元激发必定是携带分数电荷的准粒子(准孔穴)，从而得出这样的准粒子(准孔穴)具有任意子的性质[6]。

考虑一个 2 维圆环面(见图 15.4.2)，假设环面上电子处于 Laughlin 分数量子 Hall 态，填充数 $\nu = 1/m$。现在绝热地在环心孔洞中引入磁通，由 Faraday 电磁感应定律，施加磁通过程中，在环面上半径 r 处产生的感生电场：

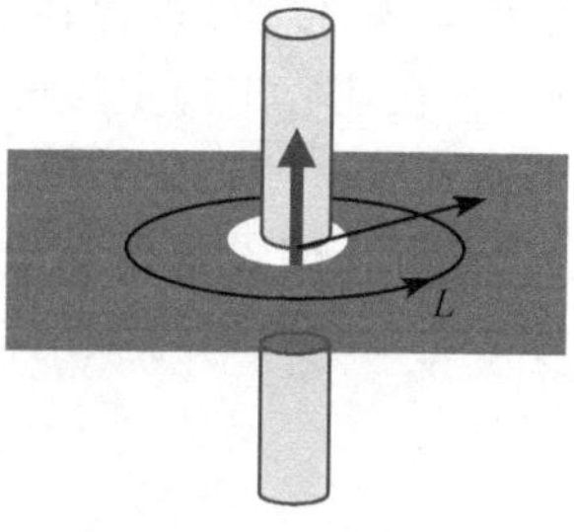

图 15.4.2

$$E_\phi = -\frac{1}{2\pi r}\frac{\mathrm{d}\Phi}{\mathrm{d}t} \tag{15.4.25}$$

感生电场对电子施加作用力,使得电子运动加速。磁场绝热地引入这一条件意味着电场作用时间比电子环绕环心运动周期长得多。电子在这个电场作用下将吸收动量,获得相对环心的角动量。电子在磁场中受到感生电场的作用,可等效于Hall效应中驱动沿 x 方向电流的纵向电场。把式(15.4.25)中的电场看做是 E_x,与之垂直的Hall电场现在则沿环径向。在径向Hall电场作用下,环面上还会出现沿径向的电荷运动。设径向电流密度为 j_r,利用Ohm定律 $j=\sigma E$ 及式(15.3.10)可得

$$\begin{bmatrix} j_r \\ j_\phi \end{bmatrix} = \begin{bmatrix} 0 & -\nu e^2/h \\ \nu e^2/h & 0 \end{bmatrix} \begin{bmatrix} E_r \\ E_\phi \end{bmatrix}$$

由此得 $j_r=-(\nu e^2/h)E_\phi$,将式(15.4.25)中 E_ϕ 带入其中,求得

$$j_r = \frac{\nu e^2}{2\pi r h}\frac{\mathrm{d}\Phi}{\mathrm{d}t} \tag{15.4.26}$$

j_r 乘以 $2\pi r$ 是通过半径为 r 的圆环由环内流向环外的径向电流强度,将这个电流强度对时间 $0\rightarrow t$ 积分可得这段时间流出的电荷量为

$$Q(t) = \int_0^t 2\pi r j\,\mathrm{d}t = -\int_0^t 2\pi r\,\frac{\nu e^2}{2\pi r h}\frac{\mathrm{d}\Phi}{\mathrm{d}t}\mathrm{d}t = -\int_0^{\Phi(t)}\frac{\nu e^2}{h}\mathrm{d}\Phi$$

即

$$Q(t) = -\frac{\nu e^2}{h}\Phi(t) \tag{15.4.27}$$

$-Q(t)$ 这就是施加磁通过程中 $0\rightarrow t$ 时间内,通过半径为 r 的圆环流进环内的电荷量。注意到这个电荷与半径无关,所以可以看成是聚集在环心的电荷块的电量。

首先,由于施加磁通的过程是绝热过程,在量子Hall效应中基态和激发态之间存在能隙,根据绝热定理(见8.1节),整个过程中系统不会发生从基态到激发态之间的跃迁和不同能级能量交叉,整个过程中系统都保持在(瞬时)基态。其次,在施加磁通过程中电子会获得相对环心的角动量,电子以非零速度环绕中心孔运动,这就是说环上可以存在围绕环心的永久电流。同时,Hall电场推动电荷沿径向运动,又在环心出现定域的电荷块。这些意味着对于环面上分数量子Hall态,可以有被永久电流环绕着的、类似定域电荷块这样的本征态。

最后,假设磁通发生一个磁通量子的变化[$\Phi(t)=\Phi_0$],由式(15.4.26)可知,环心电荷块具有分数电荷量

$$Q = -\frac{\nu e^2}{h}\Phi_0 = -\nu e \tag{15.4.28}$$

其中已用到 $\Phi_0=h/e$。因此,绝热地施加单位磁通量子后,系统的Hamilton量和

原来只差一个磁通量子和一个具有分数电荷的电荷块。由于此时系统仍处于本征态,磁通量子可以通过规范变换去掉,现在的本征态就是系统集体的元激发态或**准粒子态**(quasi particle state)。

上面描述的过程相当于起始电荷均匀分布在环面上磁通等于零的分数量子 Hall 态,在环心处绝热地施加一个磁通量子的过程中,电荷从环面上聚集到环心,在环心出现携带分数电荷的电荷块和一个单位磁通量子。现在这个本征态在物理上不同于系统开始的本征态。称这个新态为**准粒子**(负电荷),或**准空穴**(quasi hole)(正电荷)。在不涉及电荷符号时,常统称为准粒子。由于这个态是 Hamilton 算子的本征态,因此蕴含着电荷块和涡旋不会随时间衰变,即这个态是和时间无关的。

可以看出,任意子是定域的、行为类似粒子的相干态激发,具有不同寻常的统计性质。**当把准粒子看做是一个量子力学自由度时,由于它同时携带分数电荷和一个磁通量子,当一个准粒子环绕另一个准粒子绝热地运动一周时,按式(15.1.1)将获得 $\boldsymbol{\varphi=e\nu\Phi_0=2\pi\nu}$ 的相位因子,而一个准粒子绝热地环绕另外一个准粒子一周,等于两个粒子绝热地交换两次,这样就导致两个粒子交换其波函数乘以等于 $\boldsymbol{\pi\nu}$ 的相位因子**。含有分数电荷和携带磁通是准粒子成为任意子的两个基本要素,**分数电荷和磁通量子结合就是任意子**。

15.4.5　物质的拓扑相

强磁场中的 2 维电子气(液)这种强关联的多体系统,表现出高度的内部有序。这种有序性不能用“对称性破缺导致有序”的传统物理理论进行解释,也不能用局域序参数加以描述,它实际上是物质的一种新态,包含着完全新的序,被称为**拓扑有序**(topological order)或**量子有序**。拓扑有序是系统处在零温度下和基态具有有限能隙的任意态的一般性质[31]。

具有拓扑有序的物理系统又称处在**拓扑相**(topological phases)中,物质拓扑相的定义[2]是:**一个物理系统如果在低温、低能与长波长条件下,所有可观测的性质(如相关函数等)在系统驻留的时间—空间流形光滑变形[微分同胚(diffeomorphisms)]时都保持不变,则称这个物理系统处于拓扑相中**。物质处于拓扑相也可等价地说,系统所有可观测性质都不依赖于时间—空间坐标的选择。这里的“低温、低能与长波长”意味着这种微分同胚不变性仅在某个非零能隙 Δ 和某个相关长度 ξ 使 $\max(e^{-\Delta/T},e^{-|x|/\xi})$ 接近于零时才被破坏。于是,存在拓扑相的系统一般都有一个能隙分开系统的基态和最低激发态。系统存在激发能隙是系统处于拓扑态的必要条件,但不是充分条件[26]。

强磁场中 2 维量子 Hall 电子液就是处于拓扑相中[31]。由于温度低、电子间相互作用强,因此电子运动表现出强关联性。但电子质量很小,强大的量子涨落使得电子并不能像原子那样形成晶体结构。由于电子液不能压缩,表现得比固体还硬,因此有确定的密度。电子填充数 ν(电子数密度和磁通量子密度之比)表现出的高度规则性,就是这种量子液内部仍存在高度有序性的表现。这种有序性可以用量子力学基本原理解释。电子在磁场中沿圆轨道环绕磁场做圆周运动,就像原子中电子绕核运动一样,由量子力学可知,这种圆轨道(半径)不能连续取值,圆轨道周长只能取一些等于 de Broglie 波长整数倍的离散值。Landau 能级可看成是轨道周长取不同波长整数倍的反映。电子还互相缠绕交换位置,电子互相缠绕的步数也取量子化值。而两电子交换等价于一个电子绕另一个电子一周,电子还必须取半整数步绕另一个电子半圈。此外,电子之间的 Coulomb 斥力表现为电子有互相远离的趋势;在分数量子 Hall 态中的电子必须以满足上述量子化条件的方式运动。由于每个电子都严格按照这种方式运动,电子集体就会形成整体上规则的运动模式,这个模式反映了量子 Hall 态内部有序。不同的量子 Hall 态就是系统内部不同有序或电子运动不同模式的反映。

15.5　任意子的性质(Ⅰ)

由 15.4 节可知,在强磁场作用下的 2 维电子系统在量子 Hall 区的低能元激发可以看成是空间定域粒子,被称为**准粒子**。这些准粒子具有任意子的性质。历史上,非 Abel 任意子出现在共形场理论中,在 Moore 和 Read 早期的开创性研究中,建立了**共形场理论**(conformal field theory)和量子 Hall 态波函数的联系[32~38]。共性场理论中的拓扑和代数结构给出了任意子性质的描述。分数量子霍尔效应中激发准空穴和准粒子波函数对应着共形场理论中的**共形块态**(conformal block)[2,39]。对拓扑量子计算特别有兴趣的是用 $SU(2)_k$(k 为表征态的正整数,称为阶)任意子理论,该理论给出了分数量子 Hall 态 Read-Rezayi 系列准粒子激发编织的数学性质[37],其中 $k=2$ 是 Moore-Read 态[33],可描述填充数 $\nu=5/2$ 的分数量子 Hall 态。$k=3$ 可描述 $\nu=12/5$ 的分数量子 Hall 平台[37]。已经证明[2,5,36,37],$SU(2)_k$(当 $k=3$ 或 $k>4$ 时)都可以仅通过编织操作实现通用拓扑量子计算。本节和下节将介绍与 $k=2,3$ 有关的任意子的性质。

由于任意子交换操作在 2+1 维空间—时间中表现为粒子运动世界线的编织,描写任意子统计性质就是考察任意子交换生成的辫子群表示。任意子的统计性质可以用它们生成的编织群表征。根据共形场理论,一个任意子模型由一组称为**拓扑荷**(topological charger)的守恒量子数集合表征,由指定两个携带不同拓扑荷的任意子结合可得到什么(或等价地指定分裂拓扑荷能得到什么)的**熔结(或分裂)规则**,以及指定携带拓扑荷的准粒子位置交换时发生的**编织规则定义**。因此,要完全描述任意子的性质,必须详细描述上述性质和规则,这包括:①任意子的统计性质和与统计性质有关的拓扑荷谱(可能具有的不同拓扑荷值);②熔结规则;③F 矩阵;④R 矩阵等。任意子的性质就由这些要素来刻画。

15.5.1 任意子交换和编织统计、Abel 任意子和非 Abel 任意子

对于平面上粒子的坐标交换,由于顺时针交换和逆时针交换并不等价,这种交换操作并不对应置换群元素,而是表现为 2+1 维空间—时间中辫子群的元素,因此 2 维平面上粒子交换操作引起波函数的变换,需要用粒子态生成的辫子群表示。为了描述任意子的性质,需要研究在辫子群作用下任意子系统态如何变化。根据这种变换关系,可以把任意子分成 **Abel 任意子**和**非 Abel 任意子**两大类。

两个全同任意子绝热地交换两次,拓扑等价于一个粒子绝热地环绕另一个粒子一周,因此当一个粒子逆时针环绕另一个粒子一周时有

$$g_1\psi(\vec{r}_1,\vec{r}_2) = e^{i\theta}\psi(\vec{r}_1,\vec{r}_2) \tag{15.5.1}$$

其中,相位因子 θ 称为**统计角**(statistics angle),统计角取决于被交换两个任意子的拓扑性质,即

$$\theta = 2\pi q_a \tag{15.5.2}$$

其中,参数 q_a 是一个类似粒子自旋的量子数,称为 a 任意子的**拓扑荷**。q_a 用作拓扑量子数,可以标记拓扑态。若记坐标分别为 $\vec{R}_1$ 和 $\vec{R}_2$,拓扑荷为 q_a 的两个任意子态为$|q_a^{(1)},q_a^{(2)}\rangle$,辫子群基本元 g_1 对这个态的作用就是逆时针交换这两个任意子坐标,即

$$g_1 \mid q_a^{(1)},q_a^{(2)}\rangle = e^{i2\pi q_a} \mid q_a^{(1)},q_a^{(2)}\rangle \tag{15.5.3}$$

引进与任意子拓扑荷有关的一个相位因子。若逆时针环绕 n 周,即

$$(g_1)^n \mid q_a^{(1)},q_a^{(2)}\rangle = e^{i2\pi n q_a} \mid q_a^{(1)},q_a^{(2)}\rangle \tag{15.5.4}$$

顺时针环绕相位角将差一个负号。可以看出,拓扑态$|q_a^{(1)},q_a^{(2)}\rangle$生成 2 线辫子群的 1 维表示。上面对两个任意子的讨论可以推广到多个任意子。假设 N 个位置分别是$\vec{R}=(\vec{R}_1,\vec{R}_2,\cdots,\vec{R}_N)$,任意子每个都有相同的拓扑荷 q_a,系统状态记为

$$\mid Q\rangle = \mid q_a^{(1)}q_a^{(2)}\cdots q_a^{(n)}\rangle$$

N 线辫子群任意群元对这个态的作用都只能引进与群元有关的一个相位因子 $e^{i2\pi m q_a}$(其中 m 依赖于具体的辫子群元),这些相位因子构成 N 线辫子群的 1 维表示。由于指数乘积与其中的算子次序无关,因此这些表示是 Abel 的。

可以生成辫子群 Abel 表示的任意子称为 **Abel 任意子**(Abelian anyons)。Abel 任意子给出了幺正变换可以用物质的拓扑态实现的一个例子。但是,对 Abel 任意子,编织群作用改变的只是态的相位,这对于实现量子计算是不够的。使用任意子构造通用量子计算需要考虑**非 Abel 任意子**(non-Abelian anyons)。

非 Abel 任意子和辫子群的高维表示有关。在物理上对应同一个能级，系统存在多个可通过内部拓扑量子数集合互相区分的不同拓扑态，拓扑量子计算就和这种情况有关。假设分别分布在空间点 $\vec{R}=(\vec{R}_1,\vec{R}_2,\cdots,\vec{R}_N)$ 的 N 个任意子，系统基态有 n 个简并拓扑态，即

$$|\psi_a(\vec{R})\rangle,\quad a=1,2,\cdots,n$$

它们生成 N 线辫子群的一个 n 维表示 $D(g)$。群元 g_k（不必是基本元）对态 $|\psi_i(\vec{R})\rangle$ 的作用为

$$|\psi_i\rangle=\sum_{j=1}^{n}[D(g_k)]_{ij}\,|\psi_j\rangle$$

即改变它为诸简并态的线性组合。同样，群元 g_l（不必是基本元）对态 $|\psi_i(\vec{R})\rangle$ 的作用为

$$|\psi_i\rangle=\sum_{j=1}^{n}[D(g_l)]_{ij}\,|\psi_j\rangle$$

$D(g_k)$，$D(g_l)$ 都是 $n\times n$ 的幺正矩阵。对于辫子群中任意两个元素，一般 $g_kg_l\neq g_lg_k$，所以 $D(g_k)$，$D(g_k)$一般不对易。生成辫子群非 Abel 表示的任意子称为服从非 Abel 编织统计，服从非 Abel 编织统计的任意子称为**非 Abel 任意子**。对于非 Abel 任意子系统，辫子群元表示的编织操作可以引起任意子系统拓扑简并空间非平凡地幺正变换，这是使用任意子系统执行量子计算的依据。

在一个物理系统中，N 个准粒子服从非 Abel 统计，要求这 N 个准粒子处在简并的基态。N 粒子基态的简并性是以这些粒子彼此空间分离开为条件的，分开距离较小（和某个长度尺度比较）时，这种简并是近似的，但这种简并性随分开距离的增大指数地趋于严格。当粒子互相接近时，就会发生相互**熔结**（fusion）的物理过程，使系统在能量上分开，原来系统的简并性将会消除。

15.5.2　熔结规则

根据共形场理论，两个初级场位置互相靠近时发生的物理过程可以用算子乘积展开描述，并称这样的物理过程为**熔结**，熔结后的新产品称为后代场。按照这个理论，和其他粒子远离的两个任意子互相接近，可以发生相互熔结的物理过程，熔结后产生出一个或多个拓扑荷不同的共形块（但总拓扑荷保持不变）。Abel 任意子和非 Abel 任意子的一个重要差别还表现在它们的熔结规则不同。对于 Abel 任意子，两个粒子熔结只能得到一种粒子，而对于非 Abel 任意子，两个粒子熔结可得到一种以上不同种类的粒子。

1. Abel 任意子

两个统计角为 θ（拓扑荷为 q）的 Abel 任意子熔结形成束缚态（即使不能形成

稳定的束缚态，仍然有可能使它们互相靠近，而和其他粒子远离，把它们看成是一个整体)，可以得到统计角为 4θ(拓扑荷为 $2q$)的一个任意子。这可以写成

$$\theta = 2\pi q = 2\pi(1\times 1)q$$
$$4\theta = 2\pi(2\times 2)q$$

推广对两个任意子的论证到一般情况，对于统计角 $\theta=\pi/m$(m 取非零整数)的任意子，由式(15.5.2)可得拓扑荷 $q=1/2m$，两个这样的任意子熔结形成拓扑荷 $q=1/m$ 的新粒子，新粒子的统计角 θ 为

$$\theta = 2\pi(2\times 2)q = 2\pi(2\times 2)\frac{1}{2m} = \frac{4\pi}{m}$$

类似地，三个这样的任意子可熔结成拓扑荷为 $3/2m$、统计角 $\theta=9\pi/m$ 的任意子……$m-1$ 个这样的任意子可熔结成拓扑荷为$(m-1)/2m$，统计角 $\theta=(m-1)^2\pi/m$ 的任意子。类似地，n 个这样的任意子(总拓扑荷为 $n/2m$，统计角为 $n^2\pi/m$)和 k 个这样的任意子(总拓扑荷为 $k/2m$，统计角为 $k^2\pi/m$)熔结，可以得到总拓扑荷$(n+k)/2m$、统计角为

$$\theta = 2\pi(n+k)^2\frac{1}{2m} = \pi(n+k)^2/m \tag{15.5.5}$$

的任意子。对于 Abel 任意子，一个统计角为 π/m 的任意子和一个统计角为 $-\pi/m$ 的任意子可以熔结，得到统计角为 0 的平凡粒子。平凡粒子不具有任何拓扑特性，所以又称为真空。

2. 非 Abel 任意子

非 Abel 任意子和 Abel 任意子的一个重要差别是，两个粒子熔结得到新粒子的方式不是唯一的。就像两个角动量 j_1 和 j_2，可以按角动量相加的三角形规则，耦合成角动量

$$|j_1-j_2|, |j_1-j_2|+1, \cdots, |j_1+j_2| \tag{15.5.6}$$

一样，两个任意子可以熔结成多个拓扑荷不同的任意子。对于$SU(2)_k$ 任意子，这些角动量值对应任意子拓扑荷，但和角动量理论不同，熔结得到的任意子拓扑荷取值必须在 $k/2$ 处截断，只能取 $0\sim k/2$ 之间的整数和半整数值。

非 Abel 任意子不同的熔结方式称为不同的**熔结道**(fusion channel)。任意子 a 和任意子 b 熔结生成任意子 c，可记为

$$a\times b = \sum_c N_{ab}^c c \tag{15.5.7}$$

其中，N_{ab}^c 是个非负整数，表示 a 和 b 熔结成 c 在其中出现的多重数，类似于群两个不可约表示直积分解，一个不可约表示在其中出现的重复度。$N_{ab}^c=0$ 表示 a 和 b 熔结不可能得到 c；$N_{ab}^c=1$，表示 a 和 b 可以以唯一的方式熔解成 c，Abel 任意子就

是这种情况。若 $N_{ab}^c>1$,表示 a 和 b 可以以 N_{ab}^c 种不同方式熔结成 c,非 Abel 任意子就是这种情况。a 和 b 熔结的 N_{ab}^c 种不同方式可以看作是 Hilbert 空间中的正交基 V_{ab}^c,基矢可以记为 $\{|a,b;c,\mu\rangle\}$,$\mu=1,2,\cdots,N_{ab}^c$。这些基矢量满足正交性关系和完备性条件。

Abel 任意子和非 Abel 任意子还可以用它们的**量子维数**(quantum dimesion)加以区分。任意子 a 的量子维数 d_a 可以由 a 类粒子熔结规则得到。对于 Abel 任意子,它的量子维数等于 1。对于拓扑荷为 1/2 的任意子,量子维数定义为 $d_k=[2]_q$,其中 $[m]_q$ 定义为[38,40]

$$[m]_q=\frac{q^{m/2}-q^{-m/2}}{q^{1/2}-q^{-1/2}},\quad q=e^{\mathrm{i}2\pi/(k+2)} \tag{15.5.8}$$

当 $k=2$ 时 $d_2=\sqrt{2}$;当 $k>2$ 时 d_k 是 1 和 2 之间的无理数。

拓扑量子计算需要把信息编码在有固定数目、固定位置的任意子系统的简并子空间中,因此有必要弄清楚非 Abel 任意子系统的 Hibert 空间结构。任意子系统的 Hibert 空间结构由它的熔结规则决定,熔结规则也给出了计算系统多粒子简并态的一种方法。设 a,b 以所有可能的方式熔结成给定拓扑荷 c(态),记 c 态 Hilbert 空间为 V_{ab}^c(相应的 c 分裂为 a,b 的不同方式对应的空间记为 V_c^{ab},称为分裂空间,分裂空间和熔结空间互为对偶空间)。由前面可知,Abel 任意子 V_{ab}^c 空间的维数等于 1,非 Abel 任意子 V_{ab}^c 空间的维数大于 1。

利用分数量子 Hall 效应进行拓扑量子计算,涉及两种非 Abel 任意子模型,一个是描述填充数 $\nu=5/2$ 的准粒子激发的 Ising 任意子模型,另一个是 Fibonacci 任意子模型,它和填充数 $\nu=12/5$ 的准粒子激发有关。

15.5.3 Ising 任意子的熔结规则、编码量子位和简并空间维数

偶分母填充数 $\nu=5/2$ 最低 Landau 能级上准粒子激发可以用 Ising 模型描述[2,10,33]。按照这个模型,存在三个基本准粒子类型,即 I,σ,ψ,其拓扑荷依次为 0,1/2,1。当系统处于最低能量基态时,记系统拓扑态为 I,此时拓扑荷为 0,这意味着完全没有准粒子激发,称为**真空态**。当系统从真空态激发出若干任意子对时,这些任意子可以互相熔结,熔结规则为

$$\sigma\times\sigma=I+\psi,\quad \sigma\times\psi=\sigma,\quad \psi\times\psi=I \tag{15.5.9}$$

$$I\times x=x(x=I,\sigma,\psi) \tag{15.5.10}$$

这些熔结规则类似于两个 $SU(2)$ 群不可约表示张量积的分解,即

$$\sigma\times\sigma=I+\psi\rightarrow\frac{1}{2}\times\frac{1}{2}=0+1$$

差别是这里对应的总自旋最大值是 1,从而

$$\sigma \times \psi = \sigma \rightarrow \frac{1}{2} \times 1 = \frac{1}{2}, \quad \psi \times \psi = I \rightarrow 1 \times 1 = 0$$

这些规则在文献中记作 $SU(2)_2$。

多个准粒子系统对应给定拓扑荷的拓扑态，可以用获得这个态的不同熔结道区分，熔结规则给出了区分具有一定拓扑荷的诸简并拓扑态的方法。例如，两个Ising任意子只能熔结形成不同拓扑荷的两个态，I 和 ψ。对应拓扑荷为 0 的态只有一个(I)，对应拓扑荷为 1 的态也只有一个(ψ)。利用两个这样的 Ising 任意子编码一个逻辑量子位似乎是很自然的想法，但是后面将看到，在一个系统内部的编织操作不会改变系统的总拓扑荷，所以这样编码的量子位不可能通过编织实现量子位的任意转动操作。

对于四个 Ising 任意子(分别编序为 1、2、3、4)，按熔结规则式(15.5.9)和式(15.5.10)，对应总拓扑荷为 0 的态可以有两个，即

$$|\Psi_I\rangle = |((1,3)_I,(2,4)_I)_I\rangle, \quad |\Phi_I\rangle = |((1,3)_\psi,(2,4)_\psi)_I\rangle \tag{15.5.11}$$

这表明四个 Ising 任意子总拓扑荷为 0 的态是二度简并的，这个简并空间的基 $|\Psi_I\rangle$ 态是(1,3)和(2,4)两对准粒子每对首先熔结成 I 态(拓扑荷为 0)，然后两个 I 态熔结为一个 I 态；而 $|\Phi_I\rangle$ 态则是两对粒子首先熔结为 ψ 态，然后两个 ψ 态熔结为 I 态。由于这两态有相同的总拓扑荷 0，因此可以互相叠加编码一个逻辑量子位。编织操作不会改变系统总拓扑荷，这样的量子位可以通过准粒子编织操作执行单量子位门运算。

类似地可以看出，四个准粒子总拓扑荷等于 1 的空间，也存在一组拓扑简并基

$$|\Psi_\psi\rangle = |((1,3)_I,(2,4)_\psi)_\psi\rangle, \quad |\Phi_\psi\rangle = |((1,3)_\psi,(2,4)_I)_\psi\rangle \tag{15.5.12}$$

当然，分割四个粒子成两组的方法是任意的，也可采取另一种顺序耦合：1 和 2 为一组，3 和 4 为一组，又可得到 $\{|\widetilde{\Psi}_I\rangle,|\widetilde{\Phi}_I\rangle\}$，$\{|\widetilde{\Psi}_\psi\rangle,|\widetilde{\Phi}_\psi\rangle\}$ 两组基。

利用 Ising 任意子熔结规则式(15.5.9)和式(15.5.10)，可以计算出 $2N$ 个 Ising 任意子总拓扑荷为 S($s=0$ 或 1)的 Hilbert 空间简并度都是 2^{N-1}。计算方法如下：首先把这 $2N$ 个任意子分成 N 对，每一对可以熔结成拓扑荷为 0 和 1 的两个拓扑态，相当于一个量子位。但由于系统总拓扑荷限制于 0 或 1，因此最后一对要么熔结为拓扑荷 0，要么熔结为 1，只能给出一个态，所以系统 Hilbert 空间的维数是 2^{N-1}。

N 个 q-旋准粒子具有总 q-旋 S 的 Hilbert 空间的维数在文献[5]、[36]中用 Bratteli 图(见图 15.5.1)计算。图中从原点到任意给定点(N,S)的不同熔结路径总数给出 N 个准粒子总 q-旋 S 的 Hilbert 空间的维数，这个维数在图中用交叉点上的数字给出。

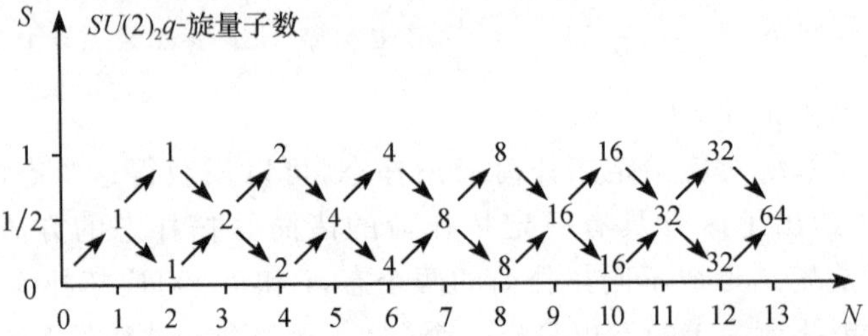

图 15.5.1[5,36]

Ising 任意子出现在 2 维电子气填充数 $\nu=5/2$ 分数量子 Hall 平台，携带非零电荷，可以利用成熟的量子 Hall 实验技术以及各种电磁学方法操控，它的激发能隙 $\Delta \geqslant 100\mathrm{mK}$，有利于抑制杂散粒子激发造成的干扰噪声[10]，但是单独的编织操作不能实现通用拓扑量子计算，使用 Ising 任意子的量子计算。必须结合某些非拓扑操作[2,5]。

15.5.4 Fibonacci 任意子的熔结规则、编码量子位和简并空间维数

Fibonacci 任意子模型和填充数 $\nu=12/5$ 分数量子 Hall 效应的基态准粒子激发有关[2,5]。非 Abel 准空穴激发虽然有相反的电荷，同样的编织操作给出相反的相因子，但是和拓扑量子计算有关的只是它们的非 Abel 性质，所以对于拓扑量子计算来说，可以将其看成是相同的粒子。除去有必要做出区分的场合，以下称二者都是准粒子或 Fibonacci 任意子。Fibonacci 任意子是目前已知的仅通过编织操作就可实现通用拓扑量子计算的任意子[2,5,36]。Fibonacci 任意子只有两种基本粒子：I 和 τ(拓扑旋分别是 0 和 1)。I 仍然是真空态，τ 是这个模型中唯一的非平凡粒子。它的熔结规则是

$$\tau \times \tau = I + \tau, \quad I \times \tau = \tau \times I = \tau, \quad I \times I = I \tag{15.5.13}$$

这个规则可以看做是角动量 $j=0,1$ 的角动量耦合，但是截断总角动量不大于 1。数学上可以用 $SU(2)_3$ 不可约表示直积的分解描写，但需要略去其中 $j=1/2, j=3/2$ 的成分，所以这个模型也称为 $SO(3)_3$ 模型。

按照熔结规则式(15.5.13)，两个 Fibonacci 任意子可以熔结为态 $|(\cdot,\cdot)_0\rangle$ 和态 $|(\cdot,\cdot)_1\rangle$(需要有其他准粒子存在，以保证系统总 q-旋等于 0)，其中黑点代表 τ 粒子，下标中的数字代表拓扑荷。似乎可以用这样两个拓扑荷不同态编码一个逻辑量子位，但单纯编织操作不可能改变系统的拓扑荷，因此通过单纯的编织操作不可能完成这样编码量子位的一位门操作。考虑三个 τ 粒子，它们可以熔结为

$$|((\cdot,\cdot)_0,\cdot)_1\rangle, \quad |((\cdot,\cdot)_1,\cdot)_1\rangle, \quad |((\cdot,\cdot)_1,\cdot)_0\rangle \tag{15.5.14}$$

三个态，张起 3 维空间，其中总拓扑荷为 1 的子空间是 2 维的，还有一个总拓扑荷为 0 的 1 维子空间。下节将说明这个总拓扑荷为 1 的 2 维子空间可以编码一个逻辑量子位。

N 个 Fibonacci 任意子不同熔结路径形成的总拓扑荷为 0 的 Hibert 空间维数可通过如下方法计算：假设这个空间的维数为 A_N，为了决定 A_N，首先挑选出其中两个准粒子。如果这两个准粒子熔结为 0，按式(15.5.13)的熔结规则，为了得到总拓扑荷为 0 的态，其余 N-2 个必须熔结为总拓扑荷为 0 的态，于是应有

$$A_N = A_{N-2}$$

如果这两个准粒子熔结成拓扑荷为 1 的态，则

$$A_N = A_{N-1}$$

由于上述两种情况都可能发生，因此有

$$A_N = A_{N-1} + A_{N-2}, \quad N = 2,3,\cdots \tag{15.5.15}$$

显然，对于 $N=0,1$ 应有 $A_0 = A_1 = 1$。将这个结果作为初始条件，利用式(15.5.15)可以递推地得出数学上的 **Fibonacci 数列**[41]

$$A_2 = 2,\quad A_3 = 3,\quad A_4 = 5,\quad A_5 = 8,\quad A_6 = 13,\quad \cdots$$

其代数表达式为

$$A_N = \frac{1}{\sqrt{5}}\left[\left(\frac{1+\sqrt{5}}{2}\right)^{N+1} - \left(\frac{1-\sqrt{5}}{2}\right)^{N+1}\right]$$

图 15.5.2 给出的是 Fibonacci 任意子的 Bratteli 图，图中在箭头交叉处的数子是给定(N,S)值的 Hilbert 空间维数。

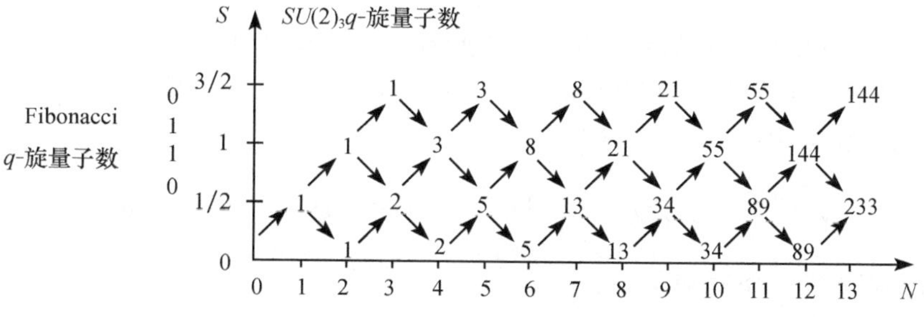

图 15.5.2[5,36]

15.6　任意子的性质(Ⅱ)

除了熔结规则之外，非 Abel 任意子理论还给出 F 矩阵和 R 矩阵的数学结构，这些结构允许计算任意编织操作对应的幺正变换。对于填充数 $\nu=5/2$ 的分数量子 Hall 态中准粒子——Ising 任意子，单独编织操作不能执行纠缠门，所以不足以

实现完全的拓扑量子计算[2,5,10]。利用 Ising 任意子的量子计算,需要补充利用任意子间短程相互作用的非拓扑操作模拟通用量子门,关于使用这一类任意子的通用量子计算可参阅文献[10]、[42]、[43]。这里着重讨论使用与 $\nu=12/5$ 态有关的 Fibonacci 任意子的量子计算,由于利用它可以仅通过编织操作实现通用量子门[2,5,39,44~46],不需要再补充其他的操作,所以下面的讨论主要针对这类任意子。

15.6.1 *F* 矩阵

对于由多个任意子构成的系统,任意子熔结得到的 Hibert 空间本身与熔结次序无关,但不同的熔结次序会导致空间的基不同。F 矩阵就是描述由不同熔结次序得到的 Hilbert 空间基之间的关系。特殊的熔结次序可以用**熔结树图**(fusion tree diagram)表示[2]。例如,三个粒子 k,j,i 熔结成 m 粒子,可以有两种不同的熔结次序:一种是前两个粒子首先熔结,再和第三个粒子熔结;另一种是后两个粒子首先熔结,再和第一个粒子熔结(见图 15.6.1)。利用这两种熔结次序得到的态之间的关系可以表示为

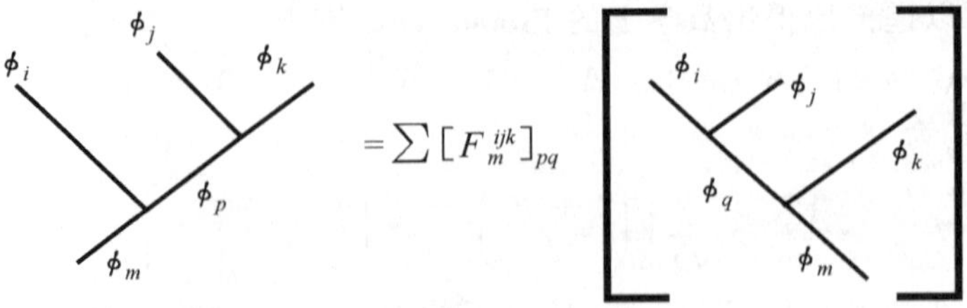

图 15.6.1

$$|((\bullet_k,\bullet_j)_p,\bullet_i)_m\rangle=\sum_q[F^{ijk}_m]_{ij}\,|(\bullet_k,(\bullet_j,\bullet_i)_q)_m\rangle \tag{15.6.1}$$

其中,对 q 求和要取遍按熔结规则 j 和 i 所有可能的熔结结果。

F 矩阵是一组基到另一组基的幺正变换矩阵,对于三粒子熔结,其作用可以类比于角动量耦合中的 $6j$ 符号,即

$$|j_1j_2(j_{12})j_3;J\rangle=\sum_{j_{12}}\langle j_1j_2(j_{12}),j_3;J\,|\,j_1,j_2j_3(j_{23});J\rangle\,|\,j_1,j_2j_3(j_{23});J\rangle$$

其中的矩阵元有如下对应关系:

$$\langle j_1j_2(j_{12})j_3;J\,|\,j_1,j_2j_3(j_{23});J\rangle\leftrightarrow F_J^{j_1j_2j_3} \tag{15.6.2}$$

例如,三个 Fibonacci 任意子总拓扑荷为 c 的 Hilbert 空间,可以有熔结次序不同的两组基

$$((\bullet,\bullet)_a,\bullet)_c,\quad(\bullet,(\bullet,\bullet)_b)_c$$

每组基都有三个态。例如,最左边两个粒子先熔结,再和第三个熔结,按照熔结规则式(15.5.13),可以形成如下三个拓扑态:

$$|0\rangle=|((\bullet,\bullet)_I,\bullet)_\tau\rangle,\quad |1\rangle=|((\bullet,\bullet)_\tau,\bullet)_\tau\rangle,\quad |N\rangle=|((\bullet,\bullet)_\tau,\bullet)_I\rangle \tag{15.6.3}$$

改变熔结次序,先熔结最右边两个粒子,再和第一个粒子熔结,又可得到如下三个新态:

$$|\tilde{0}\rangle=|(\bullet,(\bullet,\bullet)_I)_\tau\rangle,\quad |\tilde{1}\rangle=|(\bullet,(\bullet,\bullet)_\tau)_\tau\rangle,\quad |\tilde{N}\rangle=|(\bullet,(\bullet,\bullet)_\tau)_I\rangle \tag{15.6.4}$$

由式(15.6.1)可知,这里每个态都可用式(15.6.3)中的基展开

$$|(\bullet,(\bullet,\bullet)_I)_\tau\rangle=F_{II}|((\bullet,\bullet)_I,\bullet)_\tau\rangle+F_{I\tau}|((\bullet,\bullet)_\tau,\bullet)_\tau\rangle=F_{II}|0\rangle+F_{I\tau}|1\rangle \tag{15.6.5}$$

$$|(\bullet,(\bullet,\bullet)_\tau)_\tau\rangle=F_{\tau I}|((\bullet,\bullet)_I,\bullet)_\tau\rangle+F_{\tau\tau}|((\bullet,\bullet)_\tau,\bullet)_\tau\rangle=F_{\tau I}|0\rangle+F_{\tau\tau}|1\rangle \tag{15.6.6}$$

其中,$F_{ij}(i,j=I,\tau)$为展开系数。注意到单态$|(\bullet,(\bullet,\bullet)_\tau)_I\rangle$和熔结次序无关,有

$$|(\bullet,(\bullet,\bullet)_\tau)_I\rangle=|((\bullet,\bullet)_\tau,\bullet)_I\rangle \tag{15.6.7}$$

利用式(15.6.5)~式(15.6.7),可以写出从式(15.6.3)中的基到式(15.6.4)中的基变换的 F 矩阵

$$F=\begin{bmatrix} F_{II} & F_{I\tau} & 0 \\ F_{\tau I} & F_{\tau\tau} & 0 \\ 0 & 0 & 1 \end{bmatrix} \tag{15.6.8}$$

F 矩阵除去满足幺正性条件外,还应当满足当通过改变耦合次序作基的变换时,保持系统的 Hilbert 空间不变,这对 F 矩阵会加上一些附加**一致性条件**(consistency condition)即所谓**五角形**(pentogon)、**六角形**(hexagon)等式[35,39]。为了解释这些附加条件如何出现,这里考虑四个粒子熔结的情况。

对于四个 Fibonacci 任意子熔结成拓扑荷 I 的态,存在以下三种熔结方式:

$$|(\bullet,(\bullet,(\bullet,\bullet)_I)_\tau)_I\rangle,\ |((\bullet,\bullet)_I,(\bullet,\bullet)_I)_I\rangle,\ |(((\bullet,\bullet)_I,\bullet)_\tau,\bullet)_I\rangle \tag{15.6.9}$$

这些结果都可由熔结规则式(15.5.12)得到。另外,使用 F 矩阵式(15.6.1)还可以得出

$$\begin{aligned}|(\bullet,(\bullet,(\bullet,\bullet)_I)_\tau)_I\rangle&=F_{II}|(\bullet,((\bullet,\bullet)_I,\bullet)_\tau)_I\rangle+F_{I\tau}|(\bullet,((\bullet,\bullet)_\tau,\bullet)_\tau)_I\rangle\\&=F_{II}|((\bullet,(\bullet,\bullet)_I)_\tau,\bullet)_I\rangle+F_{I\tau}|((\bullet,(\bullet,\bullet)_\tau)_\tau,\bullet)_I\rangle\end{aligned} \tag{15.6.10}$$

对其中的三个粒子熔结部分应用式(15.6.5)~式(15.6.7),可得

$$\begin{aligned}|(\bullet,(\bullet,(\bullet,\bullet)_I)_\tau)_I\rangle &= \sum_j (F_{II}F_{Ij}+F_{I\tau}F_{\tau j})\,|(((\bullet,\bullet)_j\,\bullet)_\tau,\bullet)_I\rangle \\ &= (F_{II}F_{II}+F_{I\tau}F_{\tau I})\,|(((\bullet,\bullet)_I\,\bullet)_\tau,\bullet)_I\rangle \\ &\quad +(F_{II}F_{I\tau}+F_{I\tau}F_{\tau\tau})\,|(((\bullet,\bullet)_\tau\,\bullet)_\tau,\bullet)_I\rangle\end{aligned}$$

把这一结果和式(15.6.9)比较,可以得出 F 矩阵元还必须满足以下条件:

$$(F_{II}F_{II}+F_{I\tau}F_{\tau I})=1,\quad (F_{II}F_{I\tau}+F_{I\tau}F_{\tau\tau})=0 \tag{15.6.11}$$

利用式(15.6.11)和 F 矩阵的幺正性,对 Fibonacci 任意子可以求出

$$F=\begin{bmatrix}\tau & \sqrt{\tau} & 0\\ \sqrt{\tau} & -\tau & 0\\ 0 & 0 & 1\end{bmatrix} \tag{15.6.12}$$

其中,$\tau=(\sqrt{5}-1)/2$ 是黄金分割数。五角形、六角形关系和熔结规则,编织规则一起可以完全决定任意子模型和编织操作可能引起的幺正变换。

F 的逆矩阵为

$$F^{-1}=\begin{bmatrix}1/(1+\tau) & \sqrt{\tau^{-1}}/(1+\tau) & 0\\ \sqrt{\tau^{-1}}/(1+\tau) & -1/(1+\tau) & 0\\ 0 & 0 & 1\end{bmatrix} \tag{15.6.13}$$

注意,这个 F 矩阵可用于每个总 q-旋为 1 的任意三个对象,而与每个对象是由一个或几个 Fibonacci 任意子熔结形成无关。因此,上述 F 矩阵对任意数目的 Fibonacci 任意子、任意基的改变是足够的。

15.6.2 *R* 矩阵

R 矩阵给出两个任意子互相缠绕运动时产生的相位因子。可以认为是原来交换两个自旋 1/2 粒子(Fermi 子)对单态和三重态分别获得相因子-1,$+1$ 向拓扑 q-旋情况的推广。这些相因子依赖于包括在交换中两个准粒子的 q-旋总和。对于 Fibonacci 任意子 τ,一致性条件、五角形方程和六角形方程可唯一地决定 R 矩阵,结果是如果两个 τ 粒子熔结成 I,那么它们逆时针交换 g_1(完全缠绕一半)给出相位$-\mathrm{i}4\pi/5$;如果两个粒子熔结成 τ,那么给出相位因子$-\mathrm{i}2\pi/5$[2,4,5],即

$$R\,|(\bullet,\bullet)_I\rangle=\mathrm{e}^{-\mathrm{i}4\pi/5}\,|(\bullet,\bullet)_I\rangle,\quad R\,|(\bullet,\bullet)_\tau\rangle=\mathrm{e}^{-\mathrm{i}2\pi/5}\,|(\bullet,\bullet)_\tau\rangle \tag{15.6.14}$$

在这组基下的 R 矩阵为

$$R=\begin{bmatrix}\mathrm{e}^{-\mathrm{i}4\pi/5} & 0\\ 0 & \mathrm{e}^{-\mathrm{i}2\pi/5}\end{bmatrix} \tag{15.6.15}$$

注意，这个矩阵也适用于拓扑旋为 τ 的任意两个对象，即被交换的两个对象可以是拓扑旋为 τ 的任意两组准粒子[按照熔结规则式(15.5.12)，这是可能的]，与对象中含有多少个准粒子无关。另外，编织两个对象构成的系统，不会改变这个系统的总 q-旋。同样，编织有确定 q-旋量子数集合中一部分时，也不会改变集合的总 q-旋量子数。

使用 F 矩阵和 R 矩阵，再加上某些保证连续的熔结和编织操作应保持互相对易的一致性条件[5,35,39]，原则上可以对任意数目的准粒子执行的任意编织，计算出该编织执行的幺正操作。

15.6.3　三个 Fibonacci 任意子的基本编织矩阵

三个 Fibonacci 任意子的 Hilbert 空间是 3 维的，式(15.6.3)中的三个态

$$|0\rangle=|((\bullet,\bullet)_I,\bullet)_\tau\rangle,\quad |1\rangle=|((\bullet,\bullet)_\tau,\bullet)_\tau\rangle,\quad |N\rangle=|((\bullet,\bullet)_\tau,\bullet)_I\rangle$$

构成这个 3 维空间的一组基。三粒子辫子群的两个基本编织是 g_1，g_2(见图 15.6.2)，首先找出这两个操作实现的幺正变换矩阵。由于交换有确定 q-旋量子数集合中一部分时，不会改变总 q-旋量子数，因此交换 1,2 两个粒子的 g_1 操作的表示矩阵可以利用式(15.6.14)得到

$$\rho(g_1)=\begin{bmatrix} e^{-i4\pi/5} & 0 & 0 \\ 0 & -e^{-i2\pi/5} & 0 \\ 0 & 0 & -e^{-i2\pi/5} \end{bmatrix} \tag{15.6.16}$$

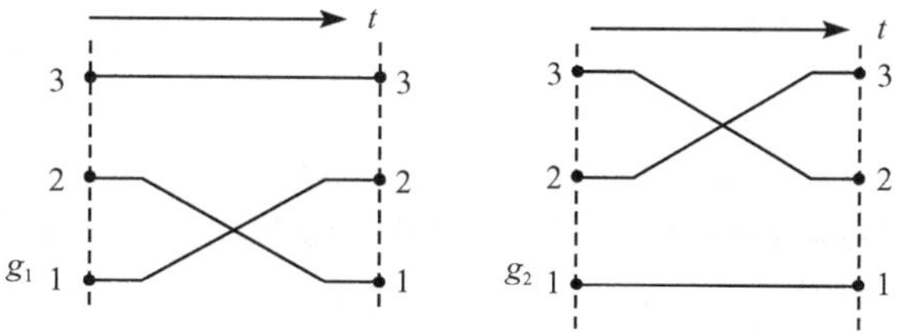

图 15.6.2

注意到 g_2 交换 2,3 两个粒子，为了求出 g_2 的表示矩阵，必须改变其基矢耦合方式，即首先耦合 2,3 两个粒子，这可得到式(15.6.4)中的一组基

$$|\tilde{0}\rangle=|(\bullet,(\bullet,\bullet)_I)_\tau\rangle,\quad |\tilde{1}\rangle=|(\bullet,(\bullet,\bullet)_\tau)_\tau\rangle,\quad |\tilde{N}\rangle=|(\bullet,(\bullet,\bullet)_\tau)_I\rangle$$

在新基下，g_2 的表示矩阵 $\rho'(g_2)$ 可以类似于得到式(15.6.16)的分析求出，即

$$\rho'(g_2)=\begin{bmatrix} e^{-i4\pi/5} & 0 & 0 \\ 0 & -e^{-i2\pi/5} & 0 \\ 0 & 0 & -e^{-i2\pi/5} \end{bmatrix} \tag{15.6.17}$$

由于带波浪号基和不带波浪号基通过式(15.6.12)的 F 矩阵联系

$$\begin{bmatrix} |\tilde{0}\rangle \\ |\tilde{1}\rangle \\ |\tilde{N}\rangle \end{bmatrix} = F\begin{bmatrix} |0\rangle \\ |1\rangle \\ |N\rangle \end{bmatrix} \tag{15.6.18}$$

因此

$$\rho(g_2) = F^{-1}\rho'(g_2)F \tag{15.6.19}$$

将式(15.6.12)和式(15.6.13)中 F 矩阵和 F^{-1} 以及式(15.6.17)代入式(15.6.19)可得

$$\begin{aligned} &F^{-1}\rho(g_1)F \\ &= \begin{bmatrix} 1/(1+\tau) & \sqrt{\tau^{-1}}/(1+\tau) & 0 \\ \sqrt{\tau^{-1}}/(1+\tau) & -1/(1+\tau) & 0 \\ 0 & 0 & 1 \end{bmatrix} \begin{bmatrix} e^{-i4\pi/5} & 0 & 0 \\ 0 & -e^{-i2\pi/5} & 0 \\ 0 & 0 & -e^{-i2\pi/5} \end{bmatrix} \begin{bmatrix} \tau & \sqrt{\tau} & 0 \\ \sqrt{\tau} & -\tau & 0 \\ 0 & 0 & 1 \end{bmatrix} \\ &= \begin{bmatrix} (\tau e^{-i4\pi/5} - e^{-i2\pi/5})/(1+\tau) & \sqrt{\tau}(e^{-i4\pi/5} + e^{-i2\pi/5})/(1+\tau) & 0 \\ \sqrt{\tau}(e^{-i4\pi/5} + e^{-i2\pi/5})/(1+\tau) & (e^{-i4\pi/5} - \tau e^{-i2\pi/5})/(1+\tau) & 0 \\ 0 & 0 & -e^{-i3\pi/5} \end{bmatrix} \end{aligned}$$

注意到 $\tau=(\sqrt{5}-1)/2=2\cos(2\pi/5)$ 以及 $\tau^2+\tau=1$,由上式可求得

$$\rho(g_2) = \begin{bmatrix} -\tau e^{-i\pi/5} & \sqrt{\tau}e^{-i3\pi/5} & 0 \\ \sqrt{\tau}e^{-i3\pi/5} & -\tau & 0 \\ 0 & 0 & e^{i3\pi/5} \end{bmatrix} \tag{15.6.20}$$

由于一个给定的三线编织总可以表示成基本编织 g_1,g_2 以及其逆的乘积,因此它产生的幺正操作就可以通过把这个序列中基本编织用相应的幺正变换矩阵代替,通过基本编织矩阵相乘得出。所以,任意三线编织操作实现的幺正变换矩阵都可以通过矩阵式(15.6.19)、式(15.6.20)及其逆矩阵相乘得到。

15.7 使用 Fibonacci 任意子的通用量子计算

Fibonacci 任意子是已知仅通过编织操作就可实现通用量子计算的任意子模型。本节讨论利用 Fibonacci 任意子进行通用量子计算的一些基本原则、量子位构造和通用量子门操作。关于本节内容的详细描述可参考文献[5]。

15.7.1 逻辑量子位构造

计算从真空态(分数量子 Hall 效应 Read-Rezayi 基态或其他可以具有

Fibonacci 任意子激发的系统基态)激发出 Fibonacci 任意子对开始,两个 Fibonacci 任意子处在$|(\cdot,\cdot)_0\rangle$态。虽然在存在其他准粒子保证系统总 q-旋等于 0 的条件下,这一对任意子也可以处在$|(\cdot,\cdot)_1\rangle$态,但前面已经指出,由于编织操作不能改变系统的总 q-旋,因此不可能仅通过编织操作实现量子位这两个态之间的反转。为了仅通过编织操作实现任意单量子位门,这样两个态不能构成一个量子位。

一个自然的想法是利用四个准粒子——两个 Fibonacci 任意子对编码一个量子位。按照 Fibonacci 任意子熔结规则,四个这样的粒子总 q-旋为 0 的 Hilbert 空间是 2 维的,即

$$|0\rangle=|((\cdot,\cdot)_0,(\cdot,\cdot)_0)_0\rangle,\quad |1\rangle=|((\cdot,\cdot)_1,(\cdot,\cdot)_1)_0\rangle \tag{15.7.1}$$

但是这里还存在总 q-旋为 1 的 3 维空间,其基为

$$|((\cdot,\cdot)_0,(\cdot,\cdot)_1)_1\rangle,\quad |((\cdot,\cdot)_1,(\cdot,\cdot)_0)_1\rangle,\quad |((\cdot,\cdot)_1,(\cdot,\cdot)_1)_1\rangle$$

在执行两量子位门时,需要编织分别来自不同量子位的准粒子,这种情况有可能引起编码量子位空间(总拓扑荷为 0 的空间)到非编码空间(总拓扑荷为 1 的空间)的跃迁,造成“漏失错”。这种情况必须避免。

另外,式(15.7.1)中两个编码态,每一个左、右两对是完全对称的,编织左边对或右边对具有相同的作用,编码一个逻辑量子位时,实际上可以丢弃其中一个准粒子,只用另外三个准粒子。使用三个准粒子编码一个量子位时,可以执行单量子位门操作,只需编织三个准粒子。按照熔结规则,三个 Fibonacci 任意子态的 Hilber 空间是 3 维的,基可以取为式(15.6.3)中的三个态,即

$$|0\rangle=|((\cdot,\cdot)_I,\cdot)_\tau\rangle,\quad |1\rangle=|((\cdot,\cdot)_\tau,\cdot)_\tau\rangle,\quad |N\rangle=|((\cdot,\cdot)_\tau,\cdot)_I\rangle \tag{15.7.2}$$

其中,使用拓扑旋 1(τ)的 2 维子空间为码空间。$|N\rangle$态拓扑旋为零,不在量子位码空间内,称为**非编码态**。三个 Fibonacci 任意子 Hilbert 空间中存在非编码态,这要求计算初始态以及计算过程中必须始终小心地保持这个态的概率幅等于零。在执行单量子位操作时,需要的三线编织对应的幺正变换矩阵已经在上节中给出。由于这些矩阵都是块对角的,对这样编码的量子位,不需要担心单量子位门操作会引起到计算空间外的漏失错。

现在已经解决了量子位编码问题,但这只能保证信息存储。要进行量子计算,还必须对编码态进行逻辑操作。为了实现算法要求的幺正变换,如何找到所需要的编织操作实现这个幺正变换还没有解决。解决该问题的直接办法似乎是进行穷举搜索,但对于辫子群该办法并不适用,因为即使对于三线辫子群,仍然存在无穷多的群元素。人们注意到,由于拓扑等价的编织给出相同的幺正变换,因此对于完整的编织群,即使是三线辫子群,其中也包含大量的冗余。2006 年,Simon 等证明,通用拓扑量子计算可以只用所谓梭编织(weaves)一类操作实现[5,12]。15.3 节

已经介绍过梭编织的概念,并证明了 $N-1$ 线梭编织群 W_{N-1} 是 N 线纯编织群 P_N 的正规子群。下面按照文献[12]的思路,进一步证明这种梭编织对拓扑量子计算是通用的。

15.7.2 梭编织对拓扑量子计算的通用性

梭编织对拓扑量子计算是通用的,是指对于任意给出的准粒子 Hilbert 空间上的幺正变换,都可以找到相应的梭编织操作,并仅用梭编织操作近似给定的幺正变换到任意精度。这一结论可以利用下述定理 15.7.1 描述。

定理 15.7.1 如果辫子群的幺正表示在相关的 Hilbert 空间上的幺正变换中是稠密的,那么梭编织对拓扑量子计算就是通用的。

下面给出定理 15.7.1 的证明。

考虑 N 个全同准粒子系统的一个 M 维 Hilbert 空间,在文献[2]、[5]中已经证明,对于 $SU(2)_k$ 模型描述的任意子,当 $N=3$ 时,对于 $k>2(k\neq4,8)$ 和当 $N>3$ 时,对于 $k>2(k\neq4)$,N 线编织 B_N 群在 $SU(M)$ 中有稠密像,即 M 维 Hilbert 空间上的任意幺正变换 $SU(M)$ 都可以利用编织群 B_N 近似到任意精度(相差一个与量子计算无关的相位因子)。纯编织群 P_N 是编织群 B_N 的正规子群(见 15.3 节),P_N 必定在 $SU(M)$ 的某个正规子群中有稠密像,而已知 $SU(M)$ 除去单位元和它自身外没有正规真子群[2,5],而纯编织群的像显然不是单位元,所以纯编织群必定在整个 $SU(M)$ 中稠密。因此,如果编织群 B_N 在 M 维 Hilbert 空间上的幺正变换 $SU(M)$ 中有稠密像,那么纯编织群 P_N 在 $SU(M)$ 中也有稠密像。

利用和上面完全相同的推理,由于梭编织群 W_{N-1} 是纯编织群 P_N 的正规子群,P_N 在 $SU(M)$ 中有稠密像,W_{N-1} 群在 $SU(M)$ 中的像也不可能全是 $SU(M)$ 的单位元,因此 W_{N-1} 在整个 $SU(M)$ 中必定也有稠密像。这就证明了梭编织对拓扑量子计算是通用的。

定理 15.7.1 对拓扑量子计算的重要性是十分明显的。首先,根据该定理,寻找对应给定幺正操作的编织,可以只在梭编织中寻找,这可以简化寻找实现给定幺正操作所需要的编织计算过程。其次,梭编织比一般编织要简单,在拓扑量子计算中执行梭编织可能比执行一般编织更容易操控,定理 15.7.1 可以使实现拓扑量子计算变得容易。最后,梭编织可能有更多机会实现并行拓扑量子计算,进一步加速实际的量子计算过程。

15.7.3 执行单量子位门的编织操作

在 Fibonacci 任意子拓扑量子计算中,前面利用三个准粒子编码一个逻辑量子位,单量子位门操作就由编织这三个准粒子实现。由定理 15.7.1,可以只考虑三线梭编织 W_2 群。但是 W_2 仍有无穷多个元素,这使得穷举搜索仍不能胜任。必须对三线梭编织作进一步分析。

定义一个特殊类型的**三线梭编织**：三个粒子(沿竖直方向一线)排开，定义中间粒子为梭粒子，并规定梭粒子起始、不管经过多复杂的编织操作，最后都终止都在中间位置上。这种特殊形式的梭编织执行幺正变换具有如下一般形式

$$U_{\text{weave}}(\{n_i\}) = g_1^{n_m} g_2^{n_{m-1}} \cdots g_1^{n_3} g_2^{n_2} g_1^{n_1} \tag{15.7.3}$$

其中，g_1，g_2 是三线辫子群元；$\{n_i\}$是一组给定值的 $n_1, n_2, \cdots, n_m$，其中 $n_2, \cdots, n_{m-1} \in \{\pm 2, \pm 4\}$，$n_1, n_m \in \{0, \pm 2, \pm 4\}$，表示梭粒子绕其他两个经粒子沿逆时针(取正数)或顺时针(取负数)转动一周或两周。这里对 n_i 取值的限制是考虑到式(15.6.16)中 $\rho(g_1)$可以写成

$$\rho(g_1) = \begin{bmatrix} \pm \mathrm{e}^{-\mathrm{i}\pi/10} \begin{pmatrix} \pm \mathrm{e}^{-\mathrm{i}7\pi/10} & 0 \\ 0 & \pm \mathrm{e}^{\mathrm{i}7\pi/10} \end{pmatrix} & 0 \\ 0 & \mathrm{e}^{\mathrm{i}3\pi/5} \end{bmatrix}$$

的形式，式(15.6.20)中的 $\rho(g_2)$矩阵也可以化成相同的形式。其中，左上角的 2×2 对角块为$\pm \mathrm{e}^{-\mathrm{i}\pi/10} SU(2)$，右下角为 1。若对于一个给定的三线编织 B，定义整数 $w(B)$为顺时针交换减去逆时针交换次数差，由于任意三线编织 B 的幺正操作就是这种形式矩阵的乘积，因此对应的幺正变化矩阵有如下一般形式：

$$U(B) = \begin{bmatrix} \pm \mathrm{e}^{-\mathrm{i}w(B)\pi/10} SU(2) & 0 \\ 0 & \mathrm{e}^{\mathrm{i}3w(B)\pi/5} \end{bmatrix} \tag{15.7.4}$$

式(15.7.4)给出了任意一个三线梭编织对应的幺正变换中总 q-旋 1 部分和总 q-旋 0 部分的相位之间必须满足的关系，因此也给出了三线梭编织可以逼近的幺正变换矩阵可能的形式。这种形式也给出了逼近给定幺正操作可能的三线梭编织形式的一个限制条件。

现在可以解释在式(15.7.3)中限制 $n_i\,(i=2,\cdots,m-1)$取值为± 2，± 4(运动的梭粒子环绕经粒子逆时针或顺时针一次或两次)的原因，因为对于 g_i^{10}，$\mathrm{e}^{-\mathrm{i}w(B)\pi/10}=1$，从而 $\mathrm{e}^{-\mathrm{i}6\pi/10}=\mathrm{e}^{\mathrm{i}4\pi/10}$，所以各个 n_i 取值可以限制为最大绝对值是 4。

为了寻找执行给定单量子位幺正变换的编织操作，可以利用式(15.7.3)对所有$\{n_i\}$集合进行搜索。这样的集合仍然是无限的，对于任何实际计算都必须限制计算长度。这里定义计算长度为

$$L = \sum_{i=1}^{m} |\, n_i \,| \tag{15.7.5}$$

搜索结果只是在计算长度 L 内得到的最优结果。文献[5]给出了利用穷举法寻找近似 iX 门的例子，但计算长度随要求的精度位数仍呈指数增加，这表明这种穷举

搜索方法对要求更高精度的计算仍然是不实际的。幸运的是,可以利用14.7节中描述的S-K算法[47,48],即利用初始集合中近似程度不高的短编织,按S-K迭代算法构造更长、近似程度更高的长编织,直至达到要求的精度。S-K迭代算法给出了利用有限近似的、在幺正变换中稠密的梭编织集合,实现单量子位任意幺正变换到任意精度的可能性以及具体实现方法。

最后指出,式(15.7.3)中定义的梭编织形式中限定中间粒子为梭粒子,该条件似乎很特殊,但是实际上通过利用适当的 g_1 或 g_2 乘以式(15.7.3)的左边或右边,则很容易使梭粒子从上面或下面位置开始,并终止在任意位置上。

15.7.4 实现两量子位门的编织操作

对于单量子位门操作,只须关心基本编织矩阵对量子位空间中总 q-旋 0 部分的作用,而不必关心对 q-旋 1 部分的作用,相对比较简单,而且不会发生漏失错。对于两量子位门操作,需要编织分别来自两个量子位的六个准粒子,作用到该空间上的幺正变换是 $SU(5)\oplus SU(8)$,涉及13维的Hilbert空间,自由参数多达87个[5],而且这种一般操作通常会导致编码空间到计算空间外的漏失错。因此,对于两量子位的情况,寻找实现给定的两量子位门的编织更为困难。

文献[5]把克服这些困难的方法归结为各个攻破的策略,即把整个问题分解为一些较小嵌埋在六线编织中的三线编织的小问题,而关于三线编织,则可以借助于前面关于单量子门操作的讨论加以解决。基于这一思路,已经提出的有两种解决办法。

(1) 取控制量子位一对准粒子作为“梭”,编织靶量子位的各个准粒子[45]。

这一方案基于两个概念,一是利用来自控制位的两个准粒子(一对)作为梭粒子,梭粒子的态取决于控制量子位态,q-旋量子数或为 0 或为 1。二是利用这个梭粒子编织靶位准粒子。具体实现可以利用图15.7.1示意说明。图中,上部量子位为控制位,下部为靶位。取控制位的一对准粒子(看作一个整体)为梭粒子,用它梭编织靶量子位粒子。编码梭粒子 q-旋 0 态为 $|0\rangle$,q-旋 1 态为 $|1\rangle$。由于 q-旋 0 态

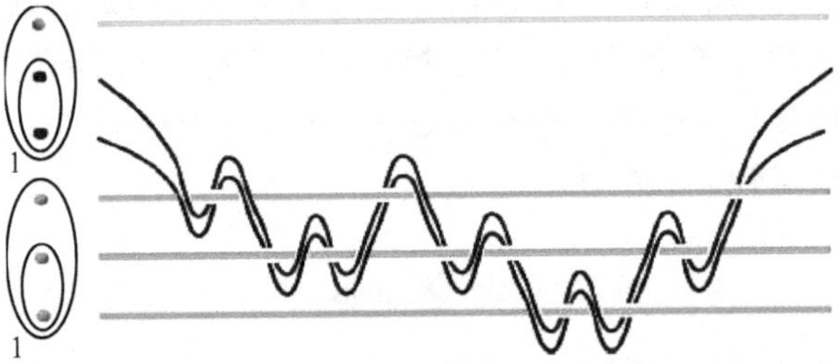

图 15.7.1[45]

的梭粒子编织给出靶粒子恒等变换，因此仅当梭粒子（控制位对）处在|1⟩态（q-旋1）时才对靶位执行非平凡变换。梭粒子（控制位中一对粒子整体）的行为和具有相同拓扑旋的单个准粒子相同，现在问题简化为实现两位控制门为一个准粒子梭编织靶位三个准粒子问题。

文献[45]已指出，上述执行两量子位门操作的四粒子梭编织，可以简化为三粒子梭编织问题。文献[5]中引进**有效梭编织**(effective braiding)的概念，更明确地表示出这种简化。定义有效编织梭为一个三线编织（见图 15.7.2 上部），其中梭粒子从图中上面位置开始，梭编织下面两个准粒子，最后终止在上面位置，它产生的幺正变换，近似等于被编织的两个经粒子顺时针交换 m 次产生的幺正变换，即

$$\sigma_2 U_{\text{weave}}(\{n_i\})\sigma_2 = \sigma_1^m$$

其中，$U_{\text{weave}}(\{n_i\})$由式(15.7.3)给出。和式(15.7.4)中的三线编织形式比较，可以看出，任意有效梭编织必须满足 $W(B)=m\bmod 10$，而由于这里梭粒子的起始和终止都在上部位置上，因此 m 必须为偶数。使用这种有效梭编织的概念，在$m=2$的情况下控制两位门可以用图 15.7.2(下部)构造。其中，来自上面控制位的梭粒子梭编织靶位的顶上两个粒子，编织效果是当控制对 q-旋 1（即态|1⟩）时，交换靶位两个粒子两次（两者近似程度为 $\varepsilon \sim 10^{-3}$）。通过更深度的穷举法搜索或使用 S-K 算法，可进一步改进精度 $\varepsilon \to 0$。由于这里的编织发生在一个量子位内，因此漏失错不会发生。这一方案的缺陷是由于要求 m 为偶数，因此不能直接实现控制位控制的靶位的 π 转动，和控制非门差一个单量子位转动。

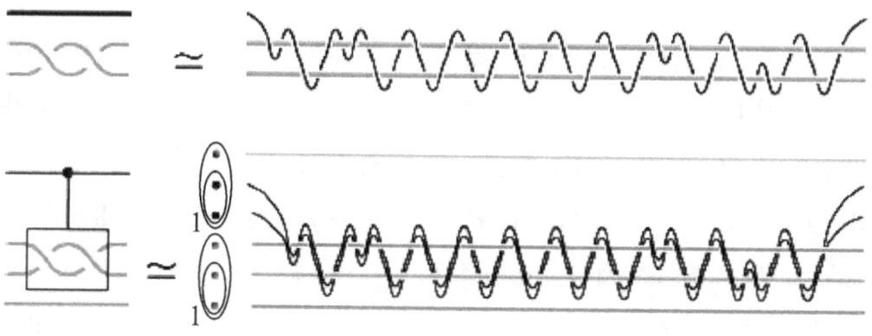

图 15.7.2[5]

(2) 实现两量子位门的另一方案是在文献[5]中提出的基于所谓**注入梭编织**(injection weaves)，可以直接给出执行两量子位包括控制非门在内的任意控制转动操作的编织。

一个注入梭编织是梭粒子从上面位置开始，结束在其他任何位置的编织，这个编织产生的幺正变换必须近似等于单位元（见图 15.7.3）。注入编织的作用是改变粒子位置序列，而不改变系统的任何 q-旋量子数。注意到三线编织产生的幺正变换矩阵具有如下形式：

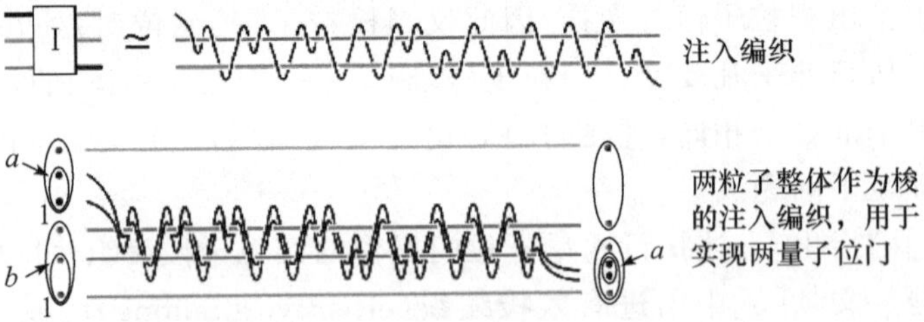

图 15.7.3[5]

$$U(B)=\begin{bmatrix} \pm e^{-iW(B)\pi/10}[SU(2)] & 0 \\ 0 & e^{i3W(B)\pi/5} \end{bmatrix}$$

要使其具有单位矩阵的形式，必须有 $W(B)=0\bmod 10$，由于 $W(B)$ 为偶数，这表示注入梭编织必须终止在下面位置，其中梭编织 $U_{\text{weave}}(\{n_i\})$ 实现的幺正变换必须满足

$$g_1 U_{\text{weave}}(\{n_i\}) g_2 \approx \begin{bmatrix} 1 & 0 & 0 \\ 0 & 1 & 0 \\ 0 & 0 & 1 \end{bmatrix} \tag{15.7.6}$$

图 15.7.3 中给出的是用搜索算法得到的近似单位元到 $\varepsilon \sim 10^{-3}$ 的注入梭编织。同样，通过更深度的穷举搜索或使用 S-K 算法，可进一步改进精度 $\varepsilon \to 0$。文献[5]中给出的执行两量子位门编织构造就是基于这种注入梭编织，具体执行过程分三步。

第一步，使用注入梭编织，把控制对注入到靶位三个粒子的中间位置。如果控制对有总 q-旋 1(仅有的非平凡情况)，那么这一注入的效果只是用控制对(作为整体)取代靶位中间位置准粒子。由于这一注入在 $\varepsilon \to 0$ 极限下近似为单位元，因此不会扰动系统其他 q-旋量子数，控制位、靶位仍处在和原来相同的拓扑态。

第二步，在被注入的靶位内部，利用注入的梭粒子(原来控制位中的一对粒子)梭编织靶位内其他两个粒子。由于这一编织发生在靶位内部，因此情况和前面单量子位三线梭编织相同，不会发生漏失错。但限制梭粒子开始和终止在中间位置上，也就是说梭编织必须包含梭粒子和其他任何一个有偶数次交换。

第三步，将靶位中注入的控制对(用作梭)的两粒子抽出。这可以对控制位施加注入梭编织的逆编织完成，同时把原来的靶位粒子放回原处，恢复原来的控制位态。

图 15.7.4 是文献[5]中给出的用两粒子注入梭编织实现两量子位控制非门的完整方案。图 15.7.4 中下面图形对应右上角图形，分成三段，分别执行注入梭编织、iX 门编织和注入梭逆编织。在该方案中注意到

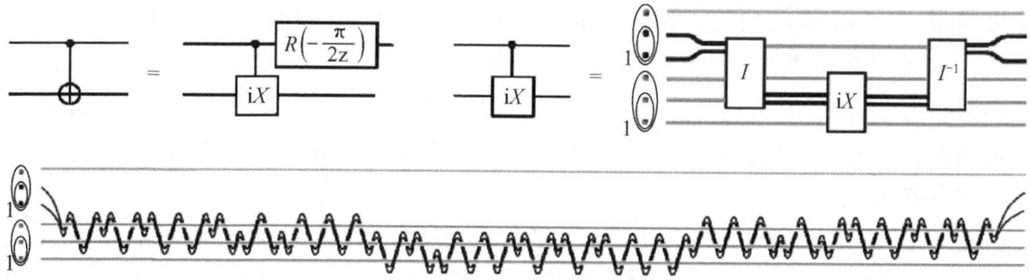

图 15.7.4[5]

$$CiX=\begin{bmatrix}1&0&0&0\\0&1&0&0\\0&0&0&\mathrm{i}\\0&0&\mathrm{i}&0\end{bmatrix}$$

$$R_z(-\pi/2)\otimes I_z=\mathrm{e}^{\mathrm{i}\pi/4}\begin{bmatrix}1&0\\0&-\mathrm{i}\end{bmatrix}\otimes\begin{bmatrix}1&0\\0&1\end{bmatrix}=\begin{bmatrix}1&0&0&0\\0&1&0&0\\0&0&-\mathrm{i}&0\\0&0&0&-\mathrm{i}\end{bmatrix}$$

从而

$$e^{\mathrm{i}\pi/4}\begin{bmatrix}1&0&0&0\\0&1&0&0\\0&0&-\mathrm{i}&0\\0&0&0&-\mathrm{i}\end{bmatrix}\begin{bmatrix}1&0&0&0\\0&1&0&0\\0&0&0&\mathrm{i}\\0&0&\mathrm{i}&0\end{bmatrix}=e^{\mathrm{i}\pi/4}\begin{bmatrix}1&0&0&0\\0&1&0&0\\0&0&0&1\\0&0&1&0\end{bmatrix}$$

与 $CNOT$ 门仅整体相差相因子 $e^{\mathrm{i}\pi/4}$，于是可以把控制非门表示为控制 iX 门和作用在控制位上的 $R_z(-\pi/2)$。其中，单量子位转动可按前述单量子位编织实现，而控制 iX 门可分解为 I，iX，I^{-1} 三个步骤实现，其中 I 和 I^{-1} 可分别用注入梭编织和逆注入梭编织完成，而实现 iX 的梭编织前已给出。

由于在上面描述的有效梭编织、注入梭编织中，完全没涉及两个量子位每个的总 q-旋，都不依赖于与每个量子位 q-旋 1 量子数有关的外部空间态，因此严格的有效梭编织以及注入梭编织实现的两量子位门，不会出现到计算空间外的漏失错。

至此，本节已经描述了使用拓扑态编码逻辑量子位，如何通过适当设计的编织操作实现量子计算的通用逻辑门。说明通过编织 2 维任意子在 2+1 维空间—时间中世界线，实现拓扑量子计算原理上是可行的[49]。

15.8　拓扑态测量

拓扑态测量不仅是拓扑量子计算中初始态制备、计算结果读出的必要步骤，而且也是量子 Hall 效应研究、准粒子拓扑性质研究最根本的手段。迄今为止,虽然已经有关于填充分数 $\nu=5/2$ 的量子 Hall 态拓扑性质的直接测量[42,50~56],但还远远不够。特别是关于拓扑量子计算的 $\nu=12/5$ 态性质、基态简并性,基态的准粒子激发服从非 Abel 编织统计等,都需要更多的直接实验证据。本节将讨论与这些研究有关的拓扑态测量问题。

对于 $\nu=5/2$ 分数量子 Hall 系统,虽然仅任意子的编织操作并不能实现通用量子计算,但由于它比较简单,数值模拟研究和实验研究都比较充分。本节根据文献[44],首先介绍与此有关的实验原理和技术,然后再将其推广到更复杂的 $\nu=12/5$ 分数量子 Hall 态的研究。

15.8.1　$\nu=5/2$ 分数量子 Hall 效应编织统计检测

由于任意子的性质是通过两个全同任意子交换(互相缠绕)的相位累计表现出来的,而观测相位的根本方法是波干涉,因此探测任意子编织统计最直接的方法是研究经过不同编织操作的准粒子之间的干涉实验。

测量分数量子 Hall 效应准粒子统计性质的实验装置是一个 **Fabry-Perot 干涉仪**(Fabry-Perot-interferrometer),可示意地用图 15.8.1 表示[44]。图中阴影区表示沿 x 轴放置的不可压缩分数量子 Hall 液条,它被 A,A' 和 B,B' 处的两个收缩部形成两个收缩断面(门)扰动。位于中心的黑点表示由若干个准粒子复合体形成的岛,它们的总拓扑荷是测量对象。带箭头的靠近上下边界的曲线表示用某种方式产生的任意子流,实验中用它建立和岛上的待测任意子的联系。两个收缩断面的作用是使两边试探准粒子流互相靠近形成隧穿结,并通过施加适当偏置电压调整试探准粒子隧穿收缩断面的概率幅;中间的 M 门的作用是通过施加电压调整盒中岛上包含的准粒子数目。实验中有兴趣于隧穿概率幅很小情况,即完全是最小电荷准粒子隧穿(如对于 $\nu=5/2$,准粒子最小电荷是 $e/4$),没有复合准粒子电荷的贡献。为了保证隧穿完全是准粒子(带有最小电荷),实验中要将隧穿概率幅 t_L 和 t_R 控制在很小值范围内。

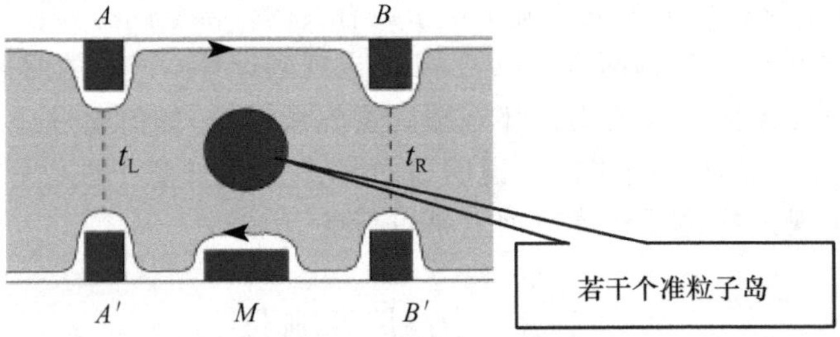

图 15.8.1[44]

边电流隧穿将使 Hall 电阻率偏离它的量子化值，表现为非零的纵向电导。这个电导可由相对边接恒流源，测两边间电压降得出。对于隧穿概率幅最低阶 t_L，t_R 值，系统的隧穿电流及纵向电导率有如下关系[44]：

$$\begin{aligned}\sigma_{xx} &\propto |(t_L U_L + t_R U_R)\Psi\rangle|^2 \\ &= |t_L|^2 + |t_R|^2 + 2\mathrm{Re}\{t_L^* t_R \langle\Psi | U_L^{-1} U_R \Psi\rangle\} \\ &= |t_L|^2 + |t_R|^2 + 2\mathrm{Re}\{t_L^* t_R \mathrm{e}^{\mathrm{i}\alpha} \langle\Psi | M_n \Psi\rangle\}\end{aligned} \tag{15.8.1}$$

其中，U_L 和 U_R 为描述准粒子分别沿两条不同路径的幺正演化算子；波函数 $|\Psi\rangle$ 则包含系统初态的全部信息，既包括岛上被探测准粒子，又包括边缘上流中的试探准粒子；M_n 描述单一试探准粒子缠绕岛上 n 个准粒子整体引起的变换算子，其中仅包含编织部分的贡献；因子 $e^{i\alpha}$ 为包括 A-B 相在内的 Abel 相位因子。

现在着重研究矩阵元 $\langle\Psi|M_n|\Psi\rangle$。首先，由于试探准粒子缠绕的是岛上的 n 个准粒子复合体，因此并不会区分各个粒子的个体性质，这里需要考虑这 n 个粒子熔合的结果。由前面可知，对于填充数 $\nu=5/2$ 于准粒子激发可以用 Ising 模型描述。熔结规则可由式(15.5.9)和式(15.5.10)给出

$$\sigma\times\sigma = I+\psi,\quad \sigma\times\psi=\sigma,\quad \psi\times\psi = I \tag{15.8.2}$$

根据熔结规则，当 n 为偶数时，岛上复合粒子可以是 I 或 ψ，这两种情况可以分别用图 15.8.2 中两个子图表示，其结果也已在文献[44]、[45]中计算，这里一并在图中给出。

当 n 为奇数时，n 个 σ 任意子仅能熔结给出唯一结果 σ。在这种情况下，实验可以用图 15.8.3 表示，等效于一个 σ(试探任意子)缠绕另一个 σ 粒子(在岛上)。Bonderson 等[44,50]已经求得这个图形正比于两个未缠绕的 σ 粒子交换一个 ψ 粒子。

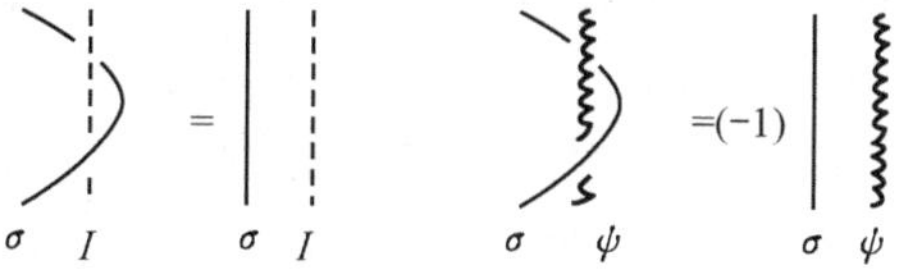

图 15.8.2[44]

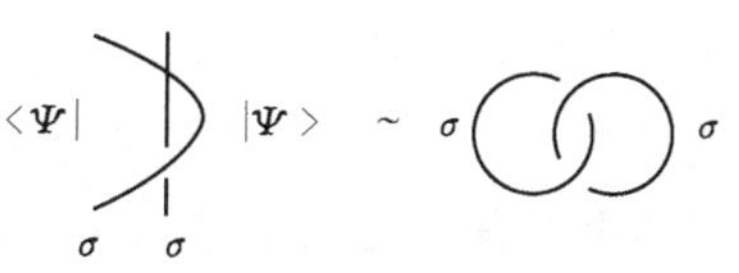

图 15.8.3[44]

干涉项 $\langle\Psi|M_n|\Psi\rangle$ 是算子 M_n 在初始态 $|\Psi\rangle$ 中的期待值，两个 σ 粒子的世界线各自弯曲构成一个封闭环，对于 n 为奇数情况可以用图 15.8.3 表示，将其称为 **Hopf 链接环**(Hopf link)。计算该图形的一个方法是根据熔结规则，两个 σ 粒子可以熔结成 I 态(拓扑旋等于 0)，从而可以把 Hopf 链接环看做是由真空态产生出两对 σ 粒子，取其中一对中的一个反时针缠绕另一对中的一个，然后再熔结每一对回到真空态形成的。图 15.8.3 的值就是这两个熔结过程得到真空态的概率幅。由于系统的隧穿电流和纵向电导率都与隧穿概率幅以及相位差有关，而这些都依赖

于被测准粒子性质,因此通过测量系统的隧穿电流以及纵向电导率,就可以得到样品的性质。更详细的分析和计算可参见文献[44]。

15.8.2　Ising 任意子($\nu=5/2$ 系统)量子位测量

Moore 和 Read 最早从理论上预言 $\nu=5/2$ 分数量子 Hall 态具有携带四分之一电荷的准粒子激发,服从非 Abel 编织统计[32~35],可以用 Ising 模型描述。由 15.5 节的讨论可知,四个 Ising 任意子可以编码一个量子位,量子位的两个基态可选择为

$$|\Psi_I\rangle=|((1,2)_I,(3,4)_I)_I\rangle,\quad |\Phi_I\rangle=|((1,2)_\psi,(3,4)_\psi)_I\rangle \tag{15.8.3}$$

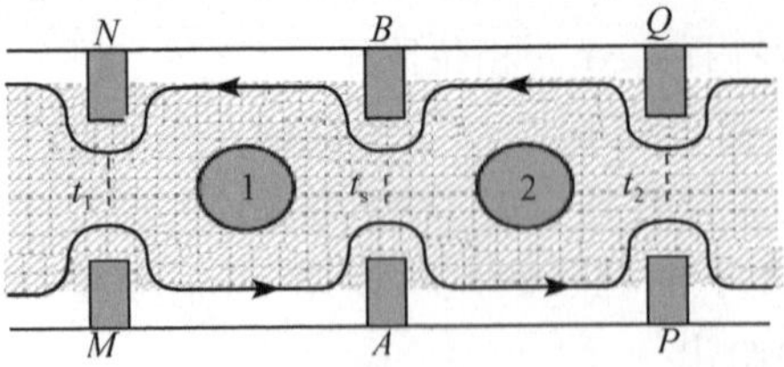

图 15.8.4[53]

一个 Ising 任意子量子位可示意地用图 15.8.4 说明。它是在图 15.8.1 两点接触 Fabry-Perot 干涉仪的基础上,用一个新的、可调的收缩部 AB 加在原来两个收缩部 MN、PQ 的中间,把 Hall 条分成两个单元胞,每一个包含一个**反点**(antidot)。四个 $e/4$ 准粒子被囚禁在这个盒中,调节加在反点上的电压,可以改变每个单元胞中准粒子数目,使在每个反点仅有一个(或奇数个)准粒子。

由于盒每一边的准粒子数目为奇数(为具体起见取这个数为 1,即假设在理想情况下,不存在聚集成块的准粒子,在每个反点上有一个准粒子),这两个准粒子就可形成一个量子位,量子位的两个态对应着两个 σ 熔结成 I 或 ψ,或等价地用合成两个自旋 1/2 的粒子,这两个自旋粒子合成总角动量为 0 或 1 的两个态。

为了决定这个量子位态,可以将适当的电压施加在 MN 和 PQ 的门上,使其发生准粒子从 M 隧穿到 N 的过程,另一个过程是准粒子从 M 沿底边到 P,发生从 P 到 Q 的隧穿,然后继续沿顶边到达 N。记这两个过程的概率幅分别是 t_1 和 t_2,上述两个过程之间的干涉取决于这个量子位的态,量子位的状态信息可以用测量四端口的电导率读出,该电导率为

$$G_l \propto |t_1|^2+|t_2|^2\pm 2\mathrm{Re}\{t_1^* t_2 \mathrm{e}^{\mathrm{i}\varphi}\} \tag{15.8.4}$$

其中,$\pm$ 号源于 $\langle\xi_0|\hat{U}|\xi_0\rangle$ 对量子位态的依赖。$\sigma_{xx}\propto|t_1\pm \mathrm{i}t_2|^2$,如果量子位处在 $|0\rangle$ 态,则概率幅取加号;如果处在 $|1\rangle$ 态,则概率幅取减号。

中间 AB 收缩部的加入使得可以对量子位态进行操控。为了反转这个量子位,在门 A、B 间施加电压,当单一准粒子从沿着定域在两个准粒子之间的路径从一边隧穿到另一边时,可以执行量子位态反转,即非门操作。这是编织引起非 Abel 准粒子多准粒子态非平凡幺正变换的简单例子。为了确保执行非门操作,必

须保证从中间收缩部隧穿的是单个(或奇数个)准粒子。为此,必须控制隧穿粒子的数目。可以在 Hall 条中间 AB 收缩部之间装置小的用电压控制的反点,可使一次只有一个准粒子穿过。

将上述一个量子位的构造加以推广,当存在 $2n$ 个准粒子对时,可以有 2^{n-1} 维态空间来存储量子信息。

15.8.3　Fibonacci 任意子($\nu=12/5$ 系统)量子位测量

Fibonacci 任意子是只有两种拓扑旋(I,τ)的任意子,其熔结规则由式(15.5.13)给出

$$\tau\times\tau=I+\tau,\quad I\times\tau=\tau\times I=\tau,\quad I\times I=I \tag{15.8.5}$$

岛上 n 个 Fibonacci 任意子只可能熔结成两个不同的拓扑态 I 和 τ,因此可以将其看做是一个量子位,所以这里讨论的测量任意子拓扑旋方法,也可以用于 Fibonacci 任意子编码量子位态的读出。

如果岛上 n 个 Fibonacci 任意子熔结态为 I,与 Ising 模型相同$\langle\Psi|M_n|\Psi\rangle=1$。当熔结结果为 τ 时,图 15.8.3 中的两个 σ 粒子需要换成两个 τ 粒子(见图 15.8.5),计算图形 15.8.5 的值,仍然归结为计算从真空产生出两对总拓扑旋都是零的 τ 粒子,然后从每对中各取一个互相逆时针缠绕,最后两对 τ 粒子都湮灭为真空态的概率幅[44]。即计算矩阵元

图 15.8.5

$$\langle((\bullet,\bullet)_I,(\bullet,\bullet)_I)_I\mid U\mid((\bullet,\bullet)_I,(\bullet,\bullet)_I)_I\rangle \tag{15.8.6}$$

其中,第二个粒子和第三个粒子交换两次引起的变换 U 可用基本编织 g_2^2 表示,矩阵元可以利用 15.6 节的结果计算。若 $a\neq I,c\neq I$,则有

$$\langle((\bullet,\bullet)_I,(\bullet,\bullet)_I)_I\mid(((\bullet,\bullet)_a,\bullet)_b,\bullet)_c\rangle=0$$

而当满足 $a=I,c=I$ 的条件时,由式(15.6.9)可得,这两个态之间有如下关系

$$|((\bullet,\bullet)_I,(\bullet,\bullet)_I)_I\rangle=\mathrm{e}^{\mathrm{i}\delta}\,|(((\bullet,\bullet)_I,\bullet)_\tau,\bullet)_I\rangle \tag{15.8.7}$$

利用这一关系可以求出

$\langle\Psi\mid M_n\mid\Psi\rangle=$ 

$$=\langle((\bullet,\bullet)_I,(\bullet,\bullet)_I)_I\mid U\mid((\bullet,\bullet)_I,(\bullet,\bullet)_I)_I\rangle$$
$$=\langle(((\bullet,\bullet)_I,\bullet)_\tau,\bullet)_I\mid g_2^2\mid(((\bullet,\bullet)_I,\bullet)_\tau,\bullet)_I\rangle \tag{15.8.8}$$

由于编织操作不会改变系统的拓扑旋,因此变换 g_2^2 相对不同拓扑旋值的基具有块对角形式

$$\langle(((\bullet,\bullet)_a,\bullet)_b,\bullet)_c \mid g_2^2 \mid (((\bullet,\bullet)_x,\bullet)_y,\bullet)_z\rangle$$
$$=\delta_{cz}\langle((\bullet,\bullet)_a,\bullet)_b \mid g_2^2 \mid ((\bullet,\bullet)_x,\bullet)_y\rangle \tag{15.8.9}$$

由不同熔结次序决定的四个 Fibonacci 准粒子 Hilbert 空间的两组基示于图 15.8.6 中。

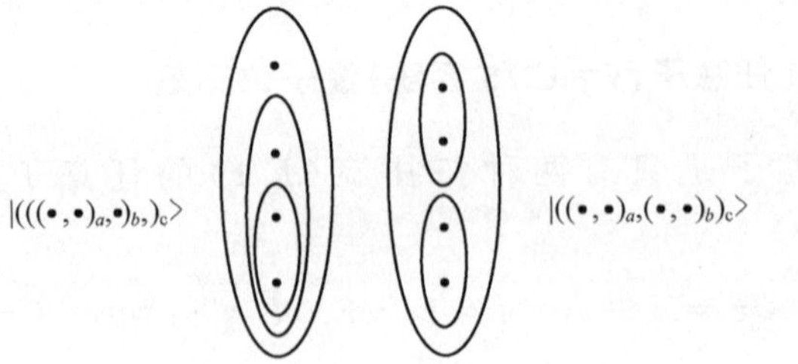

图 15.8.6

按照式(15.8.5)中的熔结规则,四个 Fibonacci 任意子按首先熔结第一、二个粒子,再和第三个粒子熔合,最后和第四粒子熔合,得到的态按拓扑旋可以分为如下三组:

$$\begin{aligned}
&|(((\bullet,\bullet)_I,\bullet)_\tau,\bullet)_I\rangle \quad |(((\bullet,\bullet)_\tau,\bullet)_\tau,\bullet)_I\rangle\\
&|(((\bullet,\bullet)_I,\bullet)_\tau,\bullet)_\tau\rangle \quad |(((\bullet,\bullet)_\tau,\bullet)_\tau,\bullet)_\tau\rangle\\
&|(((\bullet,\bullet)_\tau,\bullet)_I,\bullet)_\tau\rangle
\end{aligned} \tag{15.8.10}$$

由于 g_2^2 相对不同拓扑旋值的基具有块对角形式,因此在这组基下,g_2^2 矩阵分成两个 2×2 和一个 1×1 共三个对角块,需要计算的矩阵元就包含在其中第一个对角块中。比较(15.8.10)中第一组基和式(15.6.3)中的基

$$|0\rangle=|((\bullet,\bullet)_I,\bullet)_\tau\rangle,\quad |1\rangle=|((\bullet,\bullet)_\tau,\bullet)_\tau\rangle,\quad |N\rangle=|((\bullet,\bullet)_\tau,\bullet)_I\rangle$$

可以看出,在式(15.8.10)中第一组基下,g_2 的表示矩阵就可由式(15.6.20)左上对角块给出,即

$$\rho(g_2)=\begin{bmatrix}-\tau e^{-i\pi/5} & \sqrt{\tau}e^{-i3\pi/5}\\ \sqrt{\tau}e^{-i3\pi/5} & -\tau\end{bmatrix} \tag{15.8.11}$$

利用这一结果,式(15.8.8)中的矩阵元就是式(15.8.11)中 $\rho(g_2)$平方后的左上角对角元,即

$$\begin{aligned}
[\rho(g_2)]^2&=\begin{bmatrix}-\tau e^{-i\pi/5} & \sqrt{\tau}e^{-i3\pi/5}\\ \sqrt{\tau}e^{-i3\pi/5} & -\tau\end{bmatrix}^2\\
&=\begin{bmatrix}\tau^2 e^{-i2\pi/5}+\tau e^{-i6\pi/5} & -\tau\sqrt{\tau}(e^{-i4\pi/5}+e^{-i3\pi/5})\\ -\tau\sqrt{\tau}(e^{-i4\pi/5}+e^{-i3\pi/5}) & \tau(e^{-6\pi/5}+\tau)\end{bmatrix}
\end{aligned} \tag{15.8.12}$$

从而，式(15.8.6)中 U 矩阵元可表示为

$$\langle \Psi \mid M_n \mid \Psi \rangle = \langle (((\bullet, \bullet)_I, \bullet)_\tau, \bullet)_I \mid g_2^2 \mid (((\bullet, \bullet)_I, \bullet)_\tau, \bullet)_I \rangle$$
$$= \tau^2 \mathrm{e}^{-\mathrm{i}2\pi/5} + \tau \mathrm{e}^{-\mathrm{i}6\pi/5} = \tau(1-\tau) \qquad (15.8.13)$$

15.9　拓扑量子计算研究的新进展和简要评述

迄今为止描述的拓扑量子计算方案可以总结如下：

(1) 一个有稳定的简并基态的拓扑物理系统，支持满足非 Abel 统计的准粒子激发，基态和激发态之间存在能隙。计算由这个基态激发出 n 对准粒子开始，利用这些准粒子的高维简并拓扑态空间，编码量子信息受系统激发谱中能隙存在和系统拓扑性质保护，小的摄动不含通过系统的激发引进错误，计算基态之间的差别仅是总的拓扑性质。实现量子信息无消相干地存储。

(2) 绝热地拖曳任意子产生准粒子交换，通过再粒子运动在 2+1 维空间—时间中形成世界线编织，执行计算需要的幺正变换，一般不再需要另外的纠错技术。

(3) 执行拓扑态测量，提取出计算结果信息(测量任意子系统拓扑荷也是初始化系统的方法)。拓扑量子计算的这些步骤，现在也称为拓扑量子计算的“标准”方案。

最近几年，为了简化拓扑量子计算方案，以利于物理实现，人们又从不同角度对标准方案提出了新的改进，本节将简要地介绍这些新进展。

15.9.1　人造系统任意子理论研究

由于直接观测在真实物理系统中存在的任意子在实验上是极为困难的，因此关于任意子的研究目前主要集中在何种物理系统可能存任意子以及这些任意子性质的研究上。在 Kitaev 最初的关于拓扑量子计算研究中，就使用了一种人为设计的物理系统——人造自旋网格模型[57]。该系统是圆环面上自旋 1/2 粒子组成的正方形网格，自旋粒子位于正方形边线上，在格点交汇，分享同一方格的四个自旋粒子互相耦合，其中对应每个格点、每个方格都有一个算子，因为这些算子或有 0 个或有 2 个公共量子位，所以它们都互相对应。系统的 Hamilton 量就是这些互相对易的四体算子和。这个 Hamilton 量的基态是具有长程量子相关的高度纠缠态，其中准粒子激发具有 Abel 任意子性质，消相干时间依赖圆环面直径。由于 Hamilton 量中包含四体相互作用，因此实际上很难找到这样的物理系统。

2006 年，Kitaev 改进了他的正方形网格模型，构造了具有蜂窝网格的自旋 1/2 系统[58]。该模型的 Hamilton 量具有三类(XX,YY 或 ZZ)相邻两体相互作用，取决于连接方向，不同类型的相互作用强度可以不同。这个模型严格可解，得到的参

数空间相图分为两个不同相,其中一个相有能隙,支持 Abel 任意子;另外一个相无能隙,但在存在外磁场时有能隙,可以激发非 Abel 任意子,编织统计和 Ising 模型一致。已经证明,在一定条件下,这种蜂窝模型包含了前面的圆环面网格模型。利用这些模型,文献中已经研究了用于拓扑量子存储和量子计算的一些基本操作。

利用拓扑系统的基态编码可以解释为一种稳定子码,其中稳定子生成元是各种局域算子,码可以检测的出错是离开基态的激发,码不能检测的出错都是拓扑上平凡的。这种码在文献中称为 **Kitaev 面码**(Kitaev surface codes)[57,59]。

为了利用实验检验这些理论模型,需要找到实际的物理系统,系统的动力学能产生希望的基态和激发态,能对系统进行直接的实验观测。利用极化分子[60]、超导线路[61]实现蜂窝模型的实验方案已经提出[60,61]。2009 年,Zheng 等[62]提出使用容性耦合的 Cooper 对盒链实现二成分 Fermi 子模型方案,并证明这种实现支持 Abel 任意子激发。该文献描述了产生和操控任意子的方法,给出了一种实验上访问拓扑存储、构造任意子态干涉读出的方法。

15.9.2 不需要编织操作的拓扑量子计算

2007 年,Bombin 等[63]按照 Kitaev 类似的思想,构造出一个 3 维系统,系统的基态具有拓扑稳定子码性质。利用该模型(据他们论证),其拓扑码不只是像 Kitaev 面码允许横向执行控制非门,而且可以横向执行通用门组。和上述标准拓扑量子计算依赖于 2 维系统中非 Abel 任意子编织不同,他们的方案通过量子位间的相互作用执行门操作,所以是不需要编织操作的拓扑量子计算方案。事实上,他们描述的 3 维系统拓扑有序,在对激发态的单值性操作方面仅给出一个总的相位因子意义上是 Abel 的。而 Abel 系统在标准拓扑量子计算理论中是不能执行通用量子计算的,因此他们的方案扩大了考虑拓扑方法用于量子计算的范围。

文献[64]使用设计的自旋粒子系统的 Hamilton 量,研究了环面码的量子隧穿效应,证明了可以通过控制作用在自旋模型中的外场调控量子隧穿,实现拓扑量子计算。

2008 年,Bonderson 等提出一个令人吃惊的拓扑量子计算方案[65]。该方案证明通过一系列适当的非破坏拓扑荷测量可以实现任意子型的量子隐形传态。重复使用这样的量子态隐形传送,可以实现编织变换矩阵 R。给出了编织变换和测量之间的映射关系,使用这个关系可以由特定算法需要执行的编织操作得到执行这些操作的测量序列,不需要在物理上运动任意子执行互相缠绕的交换操作。

这种仅通过测量进行的拓扑量子计算和在簇态上以测量为基础的量子计算具有某些类似性,但二者之间存在重要差别。以测量实现的拓扑量子计算并不需要制备纠缠态,就可以执行任意长的量子计算。

文献[65]通过一系列的拓扑测量,产生标准拓扑量子计算为执行幺正变换需要的编织操作，实现以测量为基础的拓扑量子计算，给出了实现拓扑量子计算新方法。

15.9.3　对拓扑量子计算的简要评述

实现拓扑量子计算，首先要找到一个物理系统，该系统要支持任意子激发。目前已知通向拓扑量子计算最有希望的或许就是非 Abel 量子 Hall 系统。前面介绍的拓扑量子计算主要针对 2 维电子气量子 Hall 态，特别是填充数 $\nu=5/2$ 和 $\nu=12/5$ 分数量子 Hall 态。虽然大量的数值模拟预言，这些系统的激发准粒子具有非 Abel 任意子的性质，但是除了对 $\nu=5/2$ 有少量的实验研究外，更深入系统的上实验研究还太少，尤其对 $\nu=12/5$ 分数量子 Hall 态。拓扑量子计算面临的首要问题可能仍是找出具有非 Abel 统计的物理系统。理论上虽然已经构造了一些人造物理系统，研究了它与拓扑有关的性质，提出了一些实验理论方案，但是直到今天，人们还不清楚一个物理系统具有拓扑相的必要和充分条件是什么。这些理论方案还没有得到实验验证。

从理论上看，拓扑系统存在的一个标志是基态和激发态之间存在能隙。能隙的存在虽然未包含在拓扑定义中，但这一般是系统对基态简并稳定、对局域摄动免疫的必要条件，虽然它不是充分条件。另外，非 Abel 任意子的一个重要特征是它可以有多重熔结道。虽然理论上模型研究预言出几个物理系统可能具有这样的性质，但还没有实验证明。2008 年，Nature 报道了 Dolev 等的干涉实验[56]，对于填充数为 $\nu=5/2$ 分数量子霍尔态，实验数据证实了这些准粒子电荷是 $e/4$，但并没有给出这个态具有非 Abel 统计性质的证明。

一个系统存在拓扑相并不意味着该系统就能执行拓扑量子计算。要用一个具有拓扑相的物理系统进行拓扑量子计算，还需要知道它的任意子是否具有非 Abel 统计，以及决定它的准粒子种类、拓扑旋、熔结规则、F 矩阵和 R 矩阵等，还需要解决拓扑态如何读出问题。不同熔结道可以用干涉实验加以区分，但这可能不是读出拓扑态的唯一方法。例如，当两个任意子互相接近时，不同熔结道具有不同的能量，这可能蕴含着它们之间具有不同的作用力。或许可以找到某种方法，通过作用力的不同来区分它们。

在拓扑量子计算中，信息编码在空间分离开的任意子拓扑态上，需要在系统已知位置上产生指定数目的准粒子激发，初始化拓扑量子计算。计算需要拖曳任意子运动进行，如何驱动任意子执行需要的编织，还需要更多理论上的创新方案特别是实验验证。

总之，关于拓扑量子计算，虽然理论上它能极大地降低量子信息存储和运算操作出错，从根本上解决困惑量子计算机消相干问题，但真正实现它，无论在理论上还是实验上都需要做出极大的努力，如果能最终能实现的话，前面还有很长的路要走,还需要研究者们付出更多的努力。

参考文献

[1] Kitaev A Y. Fault-tolerant quantum computation by anyons. Annals of Physics,2003,303:2—30.

[2] Nayak C,Simon S H,Stern A,et al. Non-Abelian anyons and topological quantum computation. Review of Modern Physics,2008,80:1083—1159.

[3] Wilczek F. Anyons. Scientific American,1991,66:1220—1227.

[4] Sarma S D,Freedman M, Nayak C. Topological quantum computation. Physics Today,2006,59(7):31—38.

[5] Hormozi L,Zikos G,Bonesteel N E,et al. Topological quantum compiling. Physical Review B,2007,76:165310—1—19.

[6] Stern A. Anyons and the quantum Hall effect—A pedagogical review. Annals of Physics,2008,323:204—249.

[7] 张礼.近代物理学进展.北京:清华大学出版社,1997.

[8] 孙昌璞,张芃.量子绝热近似理论与 Berry 相因子:推广和应用//曾谨言,裴寿镛,龙桂鲁.量子力学新进展(第二辑).北京:北京大学出版社,2001:21.

[9] Berry M V. Quantum phase factors accompanying adiabatic changes. Proceedings of the Royal Society A ,1984,392:45—57.

[10] Bravyi S. Universal quantum computation with the $\nu=5/2$ fractional quantum Hall state. Physical Review A,2006,73:042313-1—042313-16.

[11] 马中骐.物理学中的群论.北京:科学出版社,1996.

[12] Simon S H. Bonesteel N E,Freedman M H,et al. Topological quantum computing with only one mobile quasiparticle. Physical Review Letters ,2006,96:070503-1—070503-4.

[13] Freedman M,Nayak C,Slitengel K,et al. A class of P,T-invariant topological phases of interaction electrons. Annals Physics,2004,310～428.

[14] Fendley P,Fradkin E. Realizing non-Abelian statistics in time-reversal-invariant systems. Physical Review B ,2005,72:024412-01—024412-19.

[15] Levin M A,Wen X G. String-net condensation:A physical mechanism for topological phases. Physical Review B,2005,71:045110-1—045110-21.

[16] Cooper N R,Wilkin N K,Gunn M F. Quantum phase of vortices in rotating Bose-Einstein condensates. Physical Review Letters,2001,87:120405—1—120405—4.

[17] Doucot B,Loffe L B,Vidal J. Discrete non-Abelian gauge theories in Josephson-junction arrays and quantum computation. Physical Review B,2004,69:214501-1—214501-18.

[18] 李承祖,杨丽佳.大学物理学(下).北京:科学出版社,2009.

[19] 张礼.近代物理学进展.北京:清华大学出版社,1997.

[20] 陈颖健.量子霍尔效应.上海:科学技术文献出版社,1993.

[21] Laughlin R B. Anomalous quantum Hall effect: An incompressible quantum fluid with fractionally charged excitation. Physical Review Letters,1983,50:1395.

[22] Haldane F D M. Fractional quantization of the Hall effect:A hierarchy of incompressible quantum fluid states. Physical Review Letters,1983,51:605—608.

[23] Halperin B I. Theory of the quantized Hall conductance. Helvetica Physica Acta,1983,56:75.

[24] Prang R,Girvin S M. The Quantum Hall Effect. New York:Springer-Verlag,1990.

[25] Jain J K. Composite-fermion approach for the fractional quantum Hall effect. Physical Review Letters,1989,63:199—202.

[26] Heinonen O. Composite Fermions: A Unified View of the Quantum Hall Regime. New Jersey:World Scientific Publishing,1998.

[27] Lopez A,Fradkin E. Fractional quantum Hall effect and Chern-Simons gauge theories. Physical Review B,1991,44:5246—5262.

[28] Halperin B I,Lee P A,Read N. Theory of the half-filled Landau level. Physical Review B, 1993,47:7312—7343.

[29] Murthy G,Shankar R. Hamiltonian theories of the fractional quantum Hall effect. Review of Modern Physics,2003,75(4):1101—1158.

[30] Girvin S M,MacDonald A H. Off-diagonal long-range order oblique confinement and the fractional quantum Hall effect. Physical Review Letters,1987,58:1252—1255.

[31] Wen X G. Quantum Field Theory of Many-body Systems. New York:Oxford University Press,2004.

[32] Moore G,Seiberg N. Classical and quantum conformal field theory. Communications in Mathematical Physics ,1989,123:177—254.

[33] Moore G,Read N. Non-Abelions in the fractional quantum Hall effect. Nuclear Physics B, 1991,360:362—396.

[34] Moore G, Seiberg. Polynomial equations for rational conformal field theories. Nuclear Physics B,1988,212:451—460.

[35] Moore G,Seiberg. Classical and quantum conformal field theory. Communications in Mathematical Physics ,1989,123:177—254.

[36] Slingerand J K,Bais A. Quantum groups and non-Abelian braiding in quantum Hall systems. Nuclear Physics B,2001,612(3):229—290.

[37] Read N,Rezayi E. Beyond paired quantum Hall states: Parafermions and incompressible states in the first excited Landau level. Physical Review B,1999,59:8084—8092.

[38] Slingerl J K,Bais F A. Quantum groups and non-Abelian braiding in quantum Hall systems. Nuclear Physics B,2001,61:229—290.

[39] Rowell E C,Yong Z,Yong S W,et al. Extraspecial two-groups,generalized Yang-Baxter equations and Braiding quantum gates. Quantum Information compute. 2010,7(8):685—702.

[40] Hormozi L,Bonesteel N E,Simon S H. Topological quantum computing with Read-Rezayi

states. Physical Review Letters,2009,103:160501-1—160501-4.

[41] 胡国定.简明数学词典.北京:科学出版社,2000.

[42] Freedman M,Nayak C,Walker K. Towards universal topological quantum computation in the $\nu=5/2$ fractional quantum Hall state. Physical Review B,2006,73:245307-1—245307-21.

[43] Bonderson P,Sarma S D,Freedman M,et al. A blueprint for a topologically fault-tolerant quantum computer. Quantum Physics,2010.

[44] Chung S B,Stone M. Proposal for reading out anyon qubits in non-Abelian$\nu=12/5$ quantum Hall state. Physical Review B,2006,73:245311-01—245311-07.

[45] Bonesteel N E, Hormozi L, Zikos G, et al. Braid topologies for quantum computation. Physical Review Letters,2005,95:140503-1—140503-4.

[46] Doucot B,Loffe L B,Vidal J. Discrete non-Abelian gauge theories in Josephson-junction arrays and quantum computation. Physical Review B,2004,69:214501-1—214501-18.

[47] Nagy A B. On an implementation of the Solovay-Kitaev algorithm. arXiv: quant-ph/0606077,2006.

[48] Dawson C M, Nielsen M A. The Solovay-Kitaev algorithm. arXiv: quant-ph/0505030, 2005.

[49] Rowell E C,Zhang Y,Wu Y S,et al. Extra special two-groups,generalized Yaug-Baxter equations and braiding quantum gates. Quantum Information Computation, 2010, 7(8): 0685—0702.

[50] Bonderson P,Kitaev P A,Shtengel K. Detecting non-Abelian statistics in the $\nu=5/2$ fractional quantum Hall state. Physical Review Letter,2006,96:016803-1—016803-4.

[51] Bonderson P,Shtengel P K,Slingerland J K. Probing non-Abelian statistics with quasiparticle interferometry. Physical Review Letters,2006,97:016401-1—016401-4.

[52] Bonderson P,Shtengel K,Slingerland J K. Interferometry of non-Abelian anyons. Annals of Physics,2008,323 (11):2709—2755.

[53] Sarma S D,Freedman M,Nayak C. Topologically protected qubits brom a possible non-abelian fractional quantum Hall state. Physical Review Letters. 2005, 94: 166802-1—166802-4.

[54] Camino F E,Zhou W,Goldman V J. e/3 Laughlin quasiparticle primary-filling $\nu=1/3$ interferometer. Physical Review Letters,2007,98:076805-1—076805-4.

[55] Nayak C,Wilczek F. 2n-quasihole states realize 2n-1 dimensional spinor braiding statistics in paired quantum Hall states. Nuclear Physics B,1996,479:529—553.

[56] Doler M,Heiblum M,Umansky V,et al. Observation of a quarter of an electron charge at the $\nu=5/2$quantum Hall state. Nature,2008,452:829—834.

[57] Kitaev A Y. Fault-tolerant quantum computation by anyons. Annals Physics,2003,303: 2—30.

[58] Kitaev A Y. Anyons in an exactly solved model and beyond. Annals Physics,2006,321:

2—111.

[59] Dennis E A, Kitaev A, Landahl A, et al. Topological quantum memory. Journal of Mathematical Physics, 2002, 43: 4452—4505.

[60] Micheli G K, Brennen P, Zoller. A toolbox for lattice-spin models with polar molecules. Nature Physics, 2006, 2: 341—347.

[61] Loffe L B, Feigel'man M V, Loselevich A, et al. Topologically protected quantum bits using Josephson junction arrays. Nature, 2002, 415, 503—506.

[62] Z Y, Zhu S L, You J Q, et al. Implement topological quantum manipulation with super-conducting circuits. Physical Review A, 2009, 040303(R)-1—040303(R)-4.

[63] Bombin H, Martin-Delgado M A. Topological computation without braiding. Physical Review Letters, 2007, 98: 160502-1—160502-4.

[64] Kou S P. Topological quantum computation via the quantum tunneling effect. Physical Review Letters, 2009, 102: 120402-1—120402-4.

[65] Bonderson P, Freedman M, Nayak C. Measurement-only topological quantum computation. Physical Review Letters, 2008, 101: 010501-1—010501-4.

附录 A1　量子物理概要

量子力学产生于 20 世纪 20 年代，虽然它有力地推动了科学技术的迅猛发展、人类社会生活的巨大变革——“我们可以毫不夸张地说，没有量子物理，就没有我们今天的生活方式[①]”，但它所蕴含的深刻意义至今人们仍没有完全理解。著名物理学家 Bohr 说过：谁不为量子力学理论所震惊，他就没有真正理解量子物理学。量子信息学就是开发、应用量子现象于信息科学的一种科学。对量子力学有一定的了解是理解本书的基础。在本附录中，将简要介绍量子力学的基本理论。

物理学研究物质运动的基本任务是描述不同层次、不同物质的运动状态，找出物质运动状态变化的规律，求出在不同运动状态下人们所关心的各个物理量取值，研究不同运动状态下的物质性质。19 世纪的物理学认为，物体运动状态可由动力学变量——坐标和动量描述，运动状态的变化遵从牛顿力学规律。19 世纪末 20 世纪初，物理学研究迅速深入微观领域，人们发现建立在直观感觉和经验基础上的经典物理的概念和描述方法不能简单地推广到微观世界；微观粒子不同于宏观粒子，它不仅具有粒子特性，而且还具有波动性质，简称**波粒二象性**（wave-particle duality）。为了描述微观粒子运动规律，人们建立了新的物理理论，这就是量子力学。

量子力学是建立在几条已经证明正确性的基本假设基础上的，下面就通过阐明这几条基本假设来介绍量子力学的基本原理。

A1.1　量子力学的第一条基本假设——量子态用波函数描写

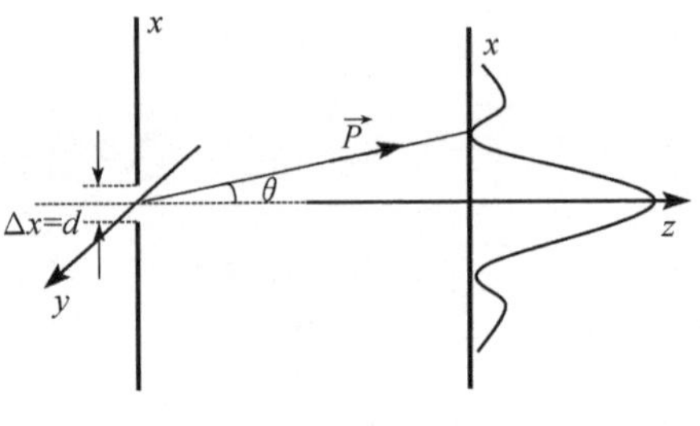

图 A1.1.1

由于微观粒子具有波粒二象性，因此电子通过单缝衍射打在观测屏上可以形成衍射图样。设单缝沿 y 方向放置，缝宽为 Δx，电子通过单缝沿 z 方向运动（见图 A1.1.1）。电子通过单缝时 x 坐标有不确定度 $\Delta x=d$；同时电子打在观测屏上衍射图样沿 x 方向有一个分布，这表明电子通过单缝时动量的 x 分量也不确定，设不确

---

① 赵凯华，罗蔚茵。“新概念物理教程 量子物理”序（Ⅱ）。北京：高等教育出版社，2001

定度为 Δp_x，通过简单推导可以得到

$$\Delta x \Delta p_x \geqslant h \tag{A1.1.1}$$

其中，h 是 Planck 常数（更严格地推导可得 $\Delta x \Delta p_x \geqslant \hbar/2$，$\hbar = h/2\pi$ 称为约化 Planck 常数）。式(A1.1.1)就是量子力学中 x 坐标和动量 p_x 的**不确定关系式**(uncertainty relation)。根据不确定关系式，当粒子坐标完全确定($\Delta x=0$)时，其动量是完全不确定的($\Delta p_x \to \infty$)。反之，当动量完全确定，其坐标就完全不确定。粒子的坐标和动量不能同时取确定值，这一结论称为 **Heisenberg 不确定性原理**。

在经典物理中，给定状态下粒子的坐标、动量都取确定值，经典粒子的运动状态可以用力学变量——坐标、动量描述。对于微观粒子，由于具有波动性，微观粒子的坐标和动量一般不能同时取确定值，因此利用经典方法描述粒子运动轨道的概念在微观世界失效，这表明描述微观粒子运动的用经典力学方法已不适用。下面讨论如何描述微观粒子运动状态。

量子力学的第一条基本假设：微观粒子的运动状态，由称为波函数的时空坐标函数 $\boldsymbol{\Psi}(\vec{\chi},t)$ 描述。

描述微观粒子运动状态的波函数 $\Psi(\vec{\chi},t)$，一般情况下是空间坐标和时间变量的复值函数[在量子力学书中，常使用狄拉克符号“$|\rangle$”，将波函数写作 $|\Psi(\vec{\chi},t)\rangle$ 或 $|\Psi\rangle$，而记波函数 $|\Psi(\vec{\chi},t)\rangle$ 的共轭复数 $\Psi^*(\vec{\chi},t)$ 为 $\langle\Psi(\vec{\chi},t)|$ 或 $\langle\Psi|$]。在波函数 $\Psi(\vec{\chi},t)$ 描述的状态中，粒子在 t 时刻出现在空间 $\vec{\chi}$ 点体积元 $\mathrm{d}V$ 内的概率正比于 $|\Psi(\vec{\chi},t)|^2\mathrm{d}V$，所以粒子在 t 时刻出现在 $\vec{\chi}$ 点的**概率密度**(单位体积中的几率)为

$$\rho(\vec{\chi},t) = |\Psi(\vec{\chi},t)|^2 \tag{A1.1.2}$$

或用 Dirac 符号记为 $\rho(\vec{\chi},t)=\langle\Psi(\vec{\chi},t)|\Psi(\vec{\chi},t)\rangle$。由于波函数模数平方具有几率密度的意义，因此波函数本身只是**几率幅**(probability amplitude)，它本身并不表示几率。由于它是复函数，因此也不表示任何物理量。但若已知描述粒子运动状态的波函数，就可预言在该状态下粒子运动的各种力学量取值(一般情况下在给定运动状态下一个力学量可以有多个不同的取值，波函数可以预言不同力学量取各个可能值的概率)。在量子力学中引入几率幅，使量子力学根本不同于任何以几率为研究对象的经典统计，量子力学许多不同寻常的性质(如量子纠缠现象)及其重要应用(如量子信息)都与量子态的几率幅描写有关。著名物理学家 Feynman 称几率幅的概念是量子力学中最基本的概念之一。

在非相对论量子力学中，粒子不能产生也不能消灭，根据波函数的统计解释，很自然地要求任意时刻粒子出现在整个空间中的总概率都等于 1。即

$$\int_\infty \rho(\vec{\chi},t)\mathrm{d}V = \int_\infty |\Psi(\vec{\chi},t)|^2\mathrm{d}V = 1 \tag{A1.1.3}$$

其中,积分遍及粒子可能出现的全空间。式(A1.1.3)称为波函数的**归一化条件**(normalizing condition)。满足归一化条件的波函数称为**归一化的波函数**(normalized wave function)。

在某些情况下,一个任意给出的波函数 Φ 在空间的积分可能不等于1,而是等于某个常数 A,即

$$\int_{\infty} |\Phi(\vec{\chi},t)|^2 \mathrm{d}V = A \neq 1$$

这时称波函数 Φ 是**没有归一化的**。对于一个没有归一化的波函数,恒可通过以下方式归一化:

$$\Phi \to \frac{1}{\sqrt{A}}\Phi \equiv \Psi \tag{A1.1.4}$$

Ψ 显然是已经归一化的波函数。今后若不作特殊声明,则认为波函数都是归一化的。

对于多个粒子的量子系统,它的波函数可写作

$$\Psi(\vec{\chi}_1,\vec{\chi}_2,\cdots,\vec{\chi}_N,t)$$

其中,N 是构成系统的粒子数;$\vec{\chi}_1,\vec{\chi}_2,\cdots,\vec{\chi}_N$ 分别表示各个粒子在 t 时刻的空间坐标。根据波函数的几率幅解释

$$|\Psi(\vec{\chi}_1,\vec{\chi}_2,\cdots,\vec{\chi}_N,t)|^2 \mathrm{d}V_1 \mathrm{d}V_2 \cdots \mathrm{d}V_N \tag{A1.1.5}$$

表示 t 时刻,粒子1出现在 $\vec{\chi}_1$ 点体积元 $\mathrm{d}V_1$ 中、同时粒子2出现在 $\vec{\chi}_2$ 点体积元 $\mathrm{d}V_2$ 中……粒子 N 出现在 $\vec{\chi}_N$ 点体积元 $\mathrm{d}V_N$ 中的相对几率(若波函数 Ψ 已归一化,则表示几率)。

由于波函数描述量子系统的状态,因此波函数必须满足物理上的一些合理要求,这些要求决定了一个时空坐标函数可以作为量子力学中描写粒子运动状态波函数的必要条件。

(1) 平方可积:由于波函数模方给出概率密度,概率密度在全空间积分等于在全空间发现粒子的概率1,因此波函数必须是平方可积函数。

(2) 单值有界:任何时刻波函数在空间某点多值意味着对应这一点可以有多个几率,这一点物理性质不确定,这当然不可能;同样,波函数在某一点无界意味着粒子在这一点出现概率为无穷大,而几率不能为无限大,所以波函数必须有界。

(3) 连续可微:在一般情况下,几率不会在某处发生突变,这要求波函数应当是连续函数。后面将看到,波函数要满足 Schrödinger 方程,Schrödinger 方程是波函数对时间的一阶导数、对空间坐标的二阶导数满足的方程,因此除个别孤立奇点外,波函数以及波函数对空间坐标的一阶导数必须是空间坐标和时间的连续函数。

上述条件称为**波函数的标准化条件**，这些条件在决定量子系统的性质上将起重要作用。

所有在特定区域上平方可积的函数集合构成一个矢量空间，称为 Hibert 空间。

A1.2 量子力学的第二条基本假设——量子态叠加原理

A1.2.1 量子态叠加原理

考虑电子通过金属多晶膜的衍射实验，被加速的电子束入射到金属多晶膜上，透过金属多晶膜的电子发生衍射，在薄膜后的照相底板上形成同心衍射环。衍射电子的状态可以用波函数 $\Psi(\vec{\chi},t)$ 描述，根据波函数的统计解释，照相底板上的电子分布可以用 $|\Psi(\vec{\chi},t)|^2$ 描写。电子打在照相底板的不同位置，表示衍射电子具有不同的动量。这表示在 $\Psi(\vec{\chi},t)$ 描述的状态中，电子动量具有不同的取值。由于动量取确定值 $\vec{p}$ 的状态由平面波

$$\psi_{\vec{p}}(\vec{\chi},t) = A\mathrm{e}^{\mathrm{i}/\hbar(\vec{p}\cdot\vec{\chi}-Et)} \tag{A1.2.1}$$

描述，因此 $\Psi(\vec{\chi},t)$ 应能表示成平面波态的叠加

$$\Psi(\vec{\chi},t) = \sum_{\vec{p}} c(\vec{p},t)\psi_{\vec{p}}(\vec{\chi},t) \tag{A1.2.2}$$

其中，$c(\vec{p},t)$ 是叠加系数。照相底板上电子的分布就是这些平面波相干叠加的结果。这个实验事实表明，波函数描述的物质波和经典波一样，也满足叠加原理。

量子力学的第二条基本假设——量子态叠加原理：对于一个量子系统，若系统可以处在波函数 ψ_1，ψ_2 描述的状态中，ψ_1，ψ_2 的线性叠加态

$$\Psi = c_1\psi_1 + c_2\psi_2 \tag{A1.2.3}$$

也是系统的一个可能态。

上述量子力学态叠加原理显然可作以下推广：若量子系统的可能状态是 ψ_1，ψ_2，…，ψ_n，…，则这些波函数的线性叠加态

$$\Psi = c_1\psi_1 + c_2\psi_2 + \cdots + c_n\psi_n + \cdots = \sum_n c_n\psi_n \tag{A1.2.4}$$

也是系统的一个可能状态，其中叠加系数 c_1，c_2，…，c_n，…是一组有限复常数。

描述一个量子系统运动状态的波函数构成一个集合，下面讨论这个集合具有矢量空间的数学结构。

A1.2.2 矢量空间

数学上把具有某一属性对象的全体称为一个集合。例如，所有实数构成一个

集合,记为 **R**,所有复数集合记为 **C**,描述一个量子系统状态的波函数也是一个集合。集合的重要性在于,在集合上可以像在"数集合"上定义加法和乘法一样,定义满足一定法则的某些运算,使集合具有数学结构。

代数运算(algebraic operation):对于集合 A,集合 A 的直积 $A\times A\rightarrow A$ 的一个映射定义了一个代数运算。对于集合 A,如果具有满足某些法则的代数运算,则称其为一个代数系统。数学上常见代数系统有群、环、域等。

设 F 是一个数域(实数域、复数域或二元数域 $F_2=\{0,1\}$),V 是由一组任意对象的元素 $\{u,v,w,\cdots\}$ 构成的非空集合,且满足如下条件:

(1) V 在指定的加法下是一个交换群(见附录 A2)。

(2) V 在数乘下满足封闭性质,即对任意 $c\in F,v\in V$,有 $cv\in V$ 成立。

(3) 数乘满足分配率和结合率,即对任意 $a,b\in F,u,v\in V$,有

$$\begin{cases}a(u+v)=au+av\\(a+b)u=au+bu\\(ab)u=a(bu)\end{cases}\tag{A1.2.5}$$

则称 V 是一个**矢量空间**(vector space),其中 V 中的元素称为**矢量**(vector)。

V 在矢量加法下构成加法群,其中,0 矢量就是 V 的单位元,任意矢量 u 的逆元就是和 u 相反的矢量,V 的封闭性质由上述定义可直接得出。

根据前面关于波函数的描述可以看出,描述一个系统状态的波函数是复数域上的矢量空间。

取域 F 中 m 个数 $a_1,a_2,\cdots,a_m$ 和 V 中 m 个矢量 $v_1,v_2,\cdots,v_m$,如果等式

$$a_1v_1+a_2v_2+\cdots+a_mv_m=0\tag{A1.2.6}$$

当且仅当 $a_1=a_2=\cdots=a_m=0$ 才成立,则称矢量 $v_1,v_2,\cdots,v_m$ **线性独立**(linear independent)。不线性独立的矢量组称为**线性相关**(linearly dependent)。

在一个线性矢量空间中,如果最多只能找到 n 个线性独立的矢量,就称该矢量空间是 ***n* 维的**。空间的维数是必须且足够张成全空间的独立矢量的个数。在 n 维矢量空间中,n 个线性独立的矢量集合称为该矢量空间的一组基(base),其中每个矢量称为基矢量。

设 $\{e_1,e_2,\cdots,e_n\}$ 是 n 维矢量空间的一组基矢量,这个空间中的任意矢量 $\vec{v}$ 都可表示为这些基矢量的线性组合

$$v=a_1e_1+a_2e_2+\cdots+a_ne_n\tag{A1.2.7}$$

组合系数 a_i 称为矢量 v 在基 e_i 上的分量。

A1.2.3　度量空间

度量空间(metric space)又称为**距离空间**。距离的概念是 3 维欧式空间两点

距离的推广,在矢量空间中引入"距离"概念的目的是刻画收敛性。

对于非空集合 V 上的双变量实值函数 $\rho(x,y)$,若满足以下条件:

(1) $\rho(x,y)\geqslant 0$,当且仅当 $x=y$ 时 $\rho(x,y)=0$。

(2) $\rho(x,y)=\rho(y,x)$。

(3) $\rho(x,z)\leqslant\rho(x,y)+\rho(y,z)$。 (A1.2.8)

则称 ρ 为 V 上的距离。以 ρ 为距离的空间 V 记为 (V,ρ),条件(3)中的不等式称为**距离的三角形不等式**。

距离空间 (V,ρ) 上的一个点列 $\{x_n\}$ 称为收敛到 x_0,是指

$$\rho(x_n,x_0)\xrightarrow{n\to\infty}0$$

可简记为 $\lim\limits_{n\to\infty}x_n=x_0$。

对距离空间可引进封闭集和完全性的概念。

度量空间 (V,ρ) 中的一个子集 E 称为**封闭集**(closed set),是指

$$\forall\{x_n\}\subset E,\quad 若\lim_{n\to\infty}x_n=x_0,\quad 则\ x_0\in E$$

距离空间 (V,ρ) 上的点列 $\{x_n\}$ 称为基本列,是指 $\rho(x_n,x_m)\xrightarrow{n,m\to\infty}0$,也就是说 $\forall\varepsilon>0$,$\exists N(\varepsilon)$ 使得 $m,n\geqslant N(\varepsilon)\Rightarrow\rho(x_n,x_m)<\varepsilon$。若空间中的所有基本列都是收敛列,则称该空间是**完备的**(complete)。后面将证明,一个量子力学系统的态空间是完备的。

A1.2.4 Banach 空间、内积、内积空间

设 V 是一个线性空间,对应 V 中每个元素 v 有一个实数 $\|v\|$ 与之对应,且具有如下性质:

(1) $\|v\|\geqslant 0$,当且仅当 $v=0$ 时 $\|v\|=0$。

(2) $\|av\|=|a|\cdot\|v\|$,特别地,$\|-v\|=\|v\|$。

(3) $\|u+v\|\leqslant\|u\|+\|v\|$。 (A1.2.9)

则称 V 为**赋范线性空间**,$\|v\|$ 称为矢量 v 的**范数**(norm)或**模**(module)。

V 上的一个范数定义了 V 上的一个度量 $d(u,v)=\|u-v\|$。对于一个具有范数的矢量空间,若在相关的度量下是完备的(即其中每个基本序列都是收敛的),则将其称为 **Banach 空间**,记为 $\mathscr{B}$。Banach 空间的两个重要例子是后面将要定义的 Hilbert 空间和作用到 Hilbert 空间上的算子集合矢量空间。

Banach 空间是完备赋范线性空间。可以证明 $\mathscr{B}$ 的对偶 $\mathscr{B}^*$ 也是一个 Banach 空间。

定义矢量空间上的内积是一个映射 $V\times V\to C$,其具有以下性质:V 中一对矢量 u,v 的**内积**(inner product)为域 F 中的一个数 (u,v),且具有如下性质:

(1) $(u,v)=(v,u)^*$。

(2) $(au+bv,w)=a(u,w)+b(v,w)$。

(3) $(v,v)\geqslant 0$,当且仅当 $x=0$ 时等号成立。 (A1.2.10)

定义了内积的矢量空间称为**内积空间**(inner product space)。实数域上有限维内积空间称为**欧氏空间**(Euclidean space),有限维复数域上的内积空间称为**U 空间**(unitary space)。

矢量空间 V 中的内积定义了 V 上的一个范数。内积空间一定是赋范空间,其范数可以由内积定义导出。矢量 x 的范数(定义为 x 自身内积的平方根)

$$|v|=\sqrt{(v,v)} \tag{A1.2.11}$$

就是矢量 x 的长度。长度等于 1 的矢量称为是**归一化的**。内积空间中的任意矢量都可以用下述方式归一化

$$v\rightarrow v'=v/\sqrt{(v,v)} \tag{A1.2.12}$$

前面已经给出描写量子系统运动状态的波函数的内积定义,并要求波函数在所定义的内积下是归一化的。

A1.2.5 Hilbert 空间

Hilbert 空间是定义了内积、在相关范数 $\|x\|=(x,x)^{1/2}$ 下完备的、无穷维复矢量空间。Hilbert 空间常记为 $\mathscr{H}$。Hilbert 空间是 Euclid 空间向复数域、无穷维情况的推广。在数学上并非任何范数都能由内积导出,所以并不是任何赋范空间都能成为内积空间。赋范空间能成为内积空间的条件是其范数满足平行四边形公式

$$\|x+y\|^2+\|x-y\|^2=2(\|x\|^2+\|y\|^2)$$

由前面关于量子力学波函数的讨论可以看出,描述一个量子系统运动状态的波函数全体张起一个 Hilbert 空间。这种情况常描述为:**一个量子力学系统的状态可以用 Hilbert 空间中的矢量描写**。

一个 Hilbert 空间完全由数目等于其维数的线性独立正交基矢量表征,其性质可以由作用到这些基矢量的线性算子刻画①。

A1.3 量子态随时间的演化——Schrödinger 方程

在经典力学中,知道粒子在某一时刻的状态和粒子受到的作用力,根据力学规

① Landsman N P, Lecture noteson C^*-Algebras, Hiebert C^*-modules, and quantum mechanics. arXiv: math-ph/9807030, 1998.

律，就可以唯一决定以后任何时刻粒子的运动状态。同样，量子力学的目的不仅是描述量子系统的状态，更重要的是从已知系统在某个时刻的运动状态，预言以后任何时刻系统的运动状态，为此需要找出量子态变化的规律。

微观粒子的运动状态用波函数描写。微观粒子运动规律就是波函数随时间演化的规律。1926 年，Schrödinger 从质点力学和几何光学的类似性，就"量子化就是本征值"问题，连续发表了四篇论文，系统地阐述了他的波动力学思想，建立了 Schrödinger 波动方程。

量子力学的第三条基本假设：孤立量子系统态矢量 ψ 随时间的演化遵从 Schrödinger 方程

$$i\hbar \frac{\partial \psi}{\partial t} = \hat{H}\psi \tag{A1.3.1}$$

式中：$\vec{H}$ **是系统的 Hamilton 算子**。对于自由粒子，$\hat{H}$ 是

$$\hat{H} = -\frac{\hbar^2}{2m}\nabla^2$$

若粒子在势场 $U(\vec{\chi},t)$ 中运动，则粒子 Hamilton 量为

$$\hat{H} = -\frac{\hbar^2}{2m}\nabla^2 + U(\vec{\chi},t)$$

Schrödinger 方程描述了波函数随时间演化的规律，是量子力学的基本方程。

由于量子计算机采用量子态编码信息，因此量子计算过程就是编码量子态的时间演化过程。而量子态的时间演化规律由量子力学基本原理决定。

一个量子系统如果不存在和其他系统的相互作用，称这个量子系统为**孤立系统**(isolated system)。对于孤立量子系统系统的 Hamilton 量仅由系统内部的相互作用决定。孤立量子系统的时间演化常用时间演化算子 $\hat{U}$ 描写，$\hat{U}$ 定义为

$$|\psi(t)\rangle = \hat{U}(t,t_0)\,|\psi(t_0)\rangle \tag{A1.3.2}$$

$\hat{U}(t,t_0)$变换系统 t_0 时刻的态$|\psi(t_0)\rangle$为 t 时刻的态$|\psi(t)\rangle$。将式(A1.3.2)代入式(A1.3.1)，可求出时间演化算子满足如下方程：

$$i\hbar \frac{\partial \hat{U}}{\partial t} = \hat{H}\hat{U} \tag{A1.3.3}$$

其中，$\hat{H}$ 就是系统的 Hamilton 量，利用初始条件 $\hat{U}(t_0,t_0)=1$，在系统 Hamilton 算子不显含时间的情况下，式(A1.3.3)的解可以写为

$$\hat{U}(t,t_0) = e^{-i\hat{H}(t-t_0)/\hbar} \tag{A1.3.4}$$

根据量子力学理论，$\hat{H}$ 是线性 Hermitian 算子，$\hat{H}^\dagger=\hat{H}$，所以时间演化算子满足**幺正算子**(**酉算子**)(unitary operator)条件

$$\hat{U}\hat{U}^\dagger = \hat{U}^\dagger\hat{U} = I \tag{A1.3.5}$$

因此 Hamilton 算子与时间无关的孤立系统的时间演化是一个**幺正变换**(unitary transformation)。

在物理上 Hamilton 算子描述系统内部以及系统和外界的相互作用,而对于给定的量子系统,总可以把系统扩大,使与它有相互作用的"外界"都包含到系统中来,从而把扩大后的系统看成是孤立的。孤立系统的幺正演化表明,给定系统的动力学行为或它的时间演化完全由与系统有关的 Hamilton 量(包括系统内部的相互作用以及系统和外部的相互作用)决定。

A1.4 量子力学中的力学量

物理学不仅描述系统的运动状态和运动状态的变化规律,而且还要确定在给定状态下各种物理量的取值。在经典物理中,粒子的运动状态可以用坐标和动量描述,当状态给定后,其他力学量(如角动量、能量等)可以表示成坐标和动量的函数,其取值可直接由坐标、动量的取值计算或由实验测量得出。在量子物理中,量子系统的状态用波函数描写,在给定状态中坐标和动量不能同时取确定值,力学量取值和状态之间就没有经典物理中那样直接的、单值决定的函数关系。下面讨论量子力学如何预言物理量在给定运动状态中的取值。

和经典物理不同,量子力学中的力学量用一类算子——**线性 Hermitian 算子**表示。

A1.4.1 线性 Hermitian 算子

算子是作用到波函数上的一种运算或操作符号。

定义 A1.4.1 对于线性算子 $\hat{F}$,若对任意两个波函数 ψ,ϕ 都有

$$\int\psi^*(\vec{\chi})\hat{F}\phi(\vec{\chi})\mathrm{d}V=\int\phi(\vec{\chi})[\hat{F}\psi(\vec{\chi})]^*\,\mathrm{d}V \tag{A1.4.1}$$

则称 $\hat{F}$ 是一个**线性 Hermition 算子**(linear Hermitian operator)。利用 Dirac 符号可将式(A1.4.1)记为

$$\langle\psi(\vec{\chi})\mid\hat{F}\phi(\vec{\chi})\rangle=(\langle\phi(\vec{\chi})\mid\hat{F}\psi(\vec{\chi})\rangle)^* \tag{A1.4.2}$$

线性 Hermitian 算子的本征值和本征函数有一些重要性质,这些性质可用以下定理表述。

定理 A1.4.1 线性 Hermitian 算子的本征值都是实数。

证明 设 $\hat{F}$ 是线性 Hermitian 算子,$|u\rangle$是属于本征值 F_u 的本征函数

$$\hat{F}\mid u\rangle=F_u\mid u\rangle \tag{A1.4.3}$$

以$\langle u|$从左作用于式(A1.4.3)两边,得

$$\langle u \mid \hat{F} \mid u \rangle = F_u \langle u \mid u \rangle \tag{A1.4.4}$$

由于 $\hat{F}$ 是 Hermitian 算子，因此应用式(A1.4.2)有 $\langle u|\hat{F}|u\rangle=(\langle u|\hat{F}|u\rangle)^*$，这表示式(A1.4.4)左端为实数，右端 $\langle u|u\rangle$ 也为实数，所以 F_u 必为实数。

定理 A1.4.2 线性 Hermitian 算子属于不同本征值的本征函数正交。

证明 设 $|u\rangle$，$|v\rangle$ 分别是线性 Hermitian 算子 $\hat{F}$ 属于两个不同本征值 F_u，F_v 的两个本征函数，即有

$$\hat{F} \mid u \rangle = F_u \mid u \rangle, \quad \hat{F} \mid v \rangle = F_v \mid v \rangle$$

分别以 $\langle v|$，$\langle u|$ 左乘 $\hat{F}|u\rangle=F|u\rangle$ 和 $\hat{F}|v\rangle=F_v|v\rangle$，得

$$\langle v \mid \hat{F} \mid u \rangle = F_u \langle v \mid u \rangle \tag{A1.4.5}$$

$$\langle u \mid \hat{F} \mid v \rangle = F_v \langle u \mid v \rangle \tag{A1.4.6}$$

利用算子 $\hat{F}$ 的 Hermitian 性质以及 F_v 为实数的事实，由式(A1.4.6)可得

$$\langle v \mid \hat{F} \mid u \rangle = (\langle u \mid \hat{F} \mid v \rangle)^* = F_v \langle v \mid u \rangle \tag{A1.4.7}$$

将式(A1.4.5)减去式(A1.4.7)得 $0=(F_u-F_v)\langle v|u\rangle$，由于 $F_u\neq F_v$，因此式(A1.4.7)意味着 $\langle v|u\rangle=0$，即两者正交。

例如，对于无限深势阱中的粒子，属于不同能量本征值的波函数正交；属于不同动量 $\vec{p}$ 的平面波函数正交，这些都是定理 A1.4.2 成立的具体例子。

定理 A1.4.3 线性 Hermitian 算子的本征函数作为基矢张起一个完备的矢量空间。

在数学上严格条件下可给出该定理的证明，在物理上通常作为一个物理事实接受下来。无限深势阱中粒子 Hamilton 算子的本征函数的完备性，动量算子的本征函数——$\vec{p}$ 取不同值的平面波的完备性都是大家熟知的例子。该定理表明，若 $\hat{F}$ 是线性 Hermitian 算子，若它的本征函数系为 $\{|u_n\rangle\}$，不失一般性，可假设它们是正交归一化的，即

$$\int u_n^*(\vec{\chi})u_m(\vec{\chi})\mathrm{d}V \equiv \langle u_n \mid u_m \rangle = \delta_{n\cdot m} \tag{A1.4.8}$$

则任意波函数 $|\Psi\rangle$ 都可用这个函数系展开，并可严格地表示为

$$\mid \Psi \rangle = \sum_n c_n \mid u_n \rangle \tag{A1.4.9}$$

其中，展开系数 c_n 可利用本征函数系的正交归一化关系求出

$$c_n = \langle u_n \mid \Psi \rangle \tag{A1.4.10}$$

将其代入式(A1.4.9)中，可得

$$\mid \Psi \rangle = \sum_n \mid u_n \rangle \langle u_n \mid \Psi \rangle$$

由于此式对任意波函数 $|\Psi\rangle$ 都成立，因此可得单位算子的一个有用表示

$$\sum_n |u_n\rangle\langle u_n| = I \tag{A1.4.11}$$

还可以证明完备性条件可表示为

$$\sum_n u_n^*(\vec{\chi}')u_n(\vec{\chi}) = \delta(\vec{\chi}'-\vec{\chi}) \tag{A1.4.12}$$

为证明这一结果,将函数 $\delta(\vec{\chi}'-\vec{\chi})$ 按完备集 $\{u_n\}$ 展开

$$\delta(\vec{\chi}'-\vec{\chi}) = \sum_n a_n(\vec{\chi}')u_n(\vec{\chi}) \tag{A1.4.13}$$

以 $u_{n'}^*(\vec{\chi})$ 乘以式(A1.4.13)两端并对变量 $\vec{\chi}$ 积分,得出

$$\int_V u_{n'}^*(\vec{\chi})\delta(\vec{\chi}'-\vec{\chi})\mathrm{d}V = \sum_n a_n(\vec{\chi}')\int_V u_{n'}^*(\vec{\chi})u_n(\vec{\chi})\mathrm{d}V$$

利用函数系 $\{u_n\}$ 的正交归一化关系,上式可表示为

$$u_{n'}^*(\vec{\chi}') = \sum_n a_n(\vec{\chi}')\delta_{nn'} = a_{n'}(\vec{\chi}')$$

将这一结果代入式(A1.4.13),即得式(A1.4.12)。

A1.4.2 量子力学的第四条基本假设——力学量用线性 Hermitian 算子表示

量子力学的第四条基本假设:**量子力学中的每个力学量 F 都用一个线性 Hermitian 算子 $\hat{F}$ 表示**。测量力学量 F 的可能值谱就是算子 $\hat{F}$ 的本征值谱;仅当系统处在 $\hat{F}$ 的某个本征态 ψ_n 时,测量力学量 F 才能得到唯一确定的结果 F_n,即算子 $\hat{F}$ 属于本征态 ψ_n 的本征值。

由于 Hermitian 算子的本征值都是实数,这就保证了测量任何力学量结果都是实数。和量子力学的其他假设一样,该假设的正确性也要靠实践证明。

量子力学中坐标算子就是普通坐标矢量 $\hat{\vec{\chi}}$。动量算子

$$\hat{\vec{p}} = -\mathrm{i}\hbar\nabla, \quad p_x = -\mathrm{i}\hbar\frac{\partial}{\partial x}, \quad p_y = -\mathrm{i}\hbar\frac{\partial}{\partial y}, \quad p_z = -\mathrm{i}\hbar\frac{\partial}{\partial z}$$

其他力学量算子可由下述方法构造:对于像角动量、动能、Hamilton 量等力学量,在经典上可表示为坐标、动量的函数,这些量的量子力学算子可由它们在 Descartes 坐标系下的经典表达式

$$F(x,y,z,p_x,p_y,p_z)$$

将其中的 x,y,z,p_x,p_y,p_z 分别代以相应的算子 $\hat{x},\hat{y},\hat{z},-\mathrm{i}\hbar\frac{\partial}{\partial x},-\mathrm{i}\hbar\frac{\partial}{\partial y},-\mathrm{i}\hbar\frac{\partial}{\partial z}$ 得出。

采用这一方法可构造出量子力学中的角动量算子。经典物理中角动量定义为 $\vec{L}=\vec{r}\times\vec{p}$,量子力学中的角动量算子为

$$\hat{\vec{L}} = \hat{\vec{r}} \times \hat{\vec{p}} = -\mathrm{i}\hbar(\vec{r} \times \nabla) \tag{A1.4.14}$$

做出上面的“×”乘运算，可得到角动量算子的各直角分量

$$\begin{cases} \hat{L}_x = y\hat{p}_z - z\hat{p}_y = -\mathrm{i}\hbar\left(y\dfrac{\partial}{\partial z} - z\dfrac{\partial}{\partial y}\right) \\ \hat{L}_y = z\hat{p}_x - x\hat{p}_z = -\mathrm{i}\hbar\left(z\dfrac{\partial}{\partial x} - x\dfrac{\partial}{\partial z}\right) \\ L_z = x\hat{p}_y - y\hat{p}_x = -\mathrm{i}\hbar\left(x\dfrac{\partial}{\partial y} - y\dfrac{\partial}{\partial x}\right) \end{cases} \tag{A1.4.15}$$

式(A1.4.15)可合并写成如下矢量形式：

$$\hat{\vec{L}} = -\mathrm{i}\hbar\hat{\vec{r}} \times \nabla \tag{A1.4.16}$$

量子力学中还存在一些没有经典对应的力学量，如自旋、宇称等，这些量的算子通常直接给出它们的运算规则或用它们在作用空间中的表示矩阵定义。

A1.4.3　算子的对易关系、算子对易的物理意义

设 $\psi(x)$ 是任意波函数，将动量算子 $\hat{p}_x = -\mathrm{i}\hbar\mathrm{d}/\mathrm{d}x$ 作用到 $x\psi(x)$ 上

$$\begin{aligned} \hat{p}_x[x\psi(x)] &= -\mathrm{i}\hbar\frac{\mathrm{d}}{\mathrm{d}x}[x\psi(x)] = -\mathrm{i}\hbar\left[\psi(x) + x\frac{\mathrm{d}\psi(x)}{\mathrm{d}x}\right] \\ &= -\mathrm{i}\hbar\left(1 + x\frac{\mathrm{d}}{\mathrm{d}x}\right)\psi(x) \end{aligned}$$

即

$$[\hat{p}_x x - x\hat{p}_x]\psi(x) = -\mathrm{i}\hbar\psi(x)$$

由于 $\psi(x)$ 是任意的，因此可得算子等式

$$[\hat{p}_x x - x\hat{p}_x] = -\mathrm{i}\hbar \tag{A1.4.17}$$

这表明一般表示力学量的算子乘积不具有**可对易性**(可交换性)，这是量子力学与经典力学的一个显著差别。

为了刻画算子的这一特征，在量子力学中引进**对易子**(commutator)的概念。算子 $\hat{A}$ 和 $\hat{B}$ 的对易子定义为

$$[\hat{A}, \hat{B}] = \hat{A}\hat{B} - \hat{B}\hat{A} \tag{A1.4.18}$$

若 $[\hat{A}, \hat{B}] = 0$，即 $\hat{A}\hat{B} = \hat{B}\hat{A}$，则称算子 $\hat{A}$ 和 $\hat{B}$ 对易，否则称这两个算子不对易。

使用对易子表达，式(A1.4.17)可写作

$$[\hat{p}_x, \hat{x}] = -\mathrm{i}\hbar \tag{A1.4.19}$$

称为算子 $\hat{p}_x$ 和 $\hat{x}$ 的**对易关系**(commutation relation)。可以证明，动量的 y，z 分量分别和坐标的 y，z 分量满足和 x 分量相同的对易关系，即

$$[\hat{p}_y, \hat{y}] = -\mathrm{i}\hbar, \quad [\hat{p}_z, \hat{z}] = -\mathrm{i}\hbar \tag{A1.4.20}$$

由于一个坐标分量的微分算子对其他坐标分量不作用,可以把其他坐标分量作为常量看待,所以动量分量算子和不同分量的坐标算子对易,即$[\hat{p}_i, \hat{x}_j]=0, i\neq j$。动量分量和坐标分量的对易关系可合并写为

$$[\hat{p}_i, \hat{x}_j] = -\mathrm{i}\hbar\delta_{i,j}, \quad i,j = x,y,z \tag{A1.4.21}$$

显然,动量的不同分量、坐标算子的不同分量都是对易的,即

$$[\hat{p}_i, \hat{p}_j] = 0, \quad i,j = x,y,z \tag{A1.4.22}$$

$$[\hat{x}_i, \hat{x}_j] = 0, \quad i,j = x,y,z \tag{A1.4.23}$$

在量子力学中,算子的对易关系有重要意义,所以在量子力学中经常需要进行算子的对易子运算。利用对易子定义式(A1.4.18)容易证明对易子运算具有以下性质:

$$[\hat{A}, \hat{B}] = -[\hat{B}, \hat{A}] \tag{A1.4.24}$$

$$[\hat{A}+\hat{B}, \hat{C}] = [\hat{A}, \hat{C}] + [\hat{B}, \hat{C}] \tag{A1.4.25}$$

$$[\hat{A}\hat{B}, \hat{C}] = \hat{A}[\hat{B}, \hat{C}] + [\hat{A}, \hat{C}]\hat{B} \tag{A1.4.26}$$

熟练地掌握这些性质可以简化对易子的运算。

算子对易子的物理意义:若两个力学量算子 $\hat{F}$,$\hat{G}$ 对易,即$[\hat{F}, \hat{G}]=0$,它们具有如下性质。

定理 A1.4.4 两个力学量算子(线性 Hermitian 算子)具有共同完备本征函数系的充要条件是这两个算子对易。

证明 首先证明如果两个力学量算子 $\hat{F}$,$\hat{G}$ 具有共同完备本征函数系,那么$[\hat{F}, \hat{G}]=0$。

设它们的共同本征函数系为$\{|u_n\rangle\}$,且

$$\hat{F}\mid u_n\rangle = F_n \mid u_n\rangle, \quad \hat{G}\mid u_n\rangle = G_n\mid u_n\rangle \tag{A1.4.27}$$

其中,F_n 为算子 $\hat{F}$ 对应本征函数$|u_n\rangle$的本征值;G_n 为算子 $\hat{G}$ 对应本征函数$|u_n\rangle$的本征值。则

$$[\hat{F}, \hat{G}]\mid u_n\rangle = (\hat{F}\hat{G} - \hat{G}\hat{F})\mid u_n\rangle = (F_nG_n - G_nF_n)\mid u_n\rangle = 0$$

由于$\{|u_n\rangle\}$是完备的,任意波函数$|\psi\rangle$均可向它展开为$|\psi\rangle = \sum_n c_n \mid u_n\rangle$,从而

$$[\hat{F}, \hat{G}]\mid \psi\rangle = \sum_n c_n[\hat{F}, \hat{G}]\mid u_n\rangle = 0 \tag{A1.4.28}$$

由于$|\psi\rangle$是任意的,因此式(A1.4.28)对任意波函数成立,所以$[\hat{F}, \hat{G}]=0$。

其次证明若$[\hat{F}, \hat{G}]=0$,则它们必有共同完备本征函数系。

设$\{|u_n\rangle\}$是算子 $\hat{F}$ 的完备本征函数系,下面证明在非简并情况下,每个$|u_n\rangle$也必是 $\hat{G}$ 的本征函数。因为

$$\hat{F} \mid u_n \rangle = F_n \mid u_n \rangle$$

以算子 $\hat{G}$ 作用于上式两边

$$(\hat{G}\hat{F} \mid u_n \rangle = F_n\hat{G} \mid u_n \rangle$$

由于 $\hat{F}$ 和 $\hat{G}$ 对易，上式可写成

$$\hat{F}(\hat{G} \mid u_n \rangle) = F_n(\hat{G} \mid u_n \rangle)$$

这表示 $\hat{G}|u_n\rangle$ 也是算子 $\hat{F}$ 属于本征值 F_n 的本征函数，由于 F_n 是非简并的，$\hat{G}|u_n\rangle$ 和 $|u_n\rangle$ 只能相差一个常数因子，因此

$$\hat{G} \mid u_n \rangle = G_n \mid u_n \rangle$$

这表示 $|u_n\rangle$ 也是 $\hat{G}$ 的本征函数，这就证明了 $\hat{F}$ 和 $\hat{G}$ 具有完备共同本征函数系。

值得指出的是，这里关于两个算子的讨论可以推广到多个算子的情况，即**一组互相独立的力学量算子 $\{\hat{F},\hat{G},\cdots,\hat{K}\}$ 具有共同完备本征函数系的充要条件是它们互相对易**。

根据定理 A1.4.4，量子系统的一个状态可以是一个或几个力学量算子的共同本征态，反过来给定一组互相独立且彼此对易的力学量算子的本征值，就确定了一个状态。完全确定量子系统的一个状态，需要的互相独立、相互对易力学量算子的集合称为量子系统的一组**力学量算子完全集**(complete set of dynamical operators)。力学量算子完全集中包含的算子数目等于体系的自由度数目(这与经典物理不同，经典物理中完全确定一个系统的状态需要的力学量数目是体系自由度的两倍)。例如，在量子力学中自由粒子的一个状态可以由给出动量算子三个分量本征值 $\{p_x,p_y,p_z\}$ 确定。而在经典物理中则需要给出三个坐标分量和三个动量分量才能确定。

A1.4.4 电子自旋、Pauli 算子

1921 年，Stern 和 Gerlach 为了验证角动量量子化的概念，从实验上发现电子除具有空间坐标三个自由度外，还有一个内禀的自旋(spin)自由度。

为了解释 Stern-Gerlach 的实验结果，1928 年，荷兰物理学家 Uhlenbeck 和 Goudsmit 明确提出了**电子自旋假说**：

(1) 每个电子都具有自旋角动量 $\vec{S}$，自旋角动量数值是 $\hbar/2$，它在空间 z 方向上投影只能取两个值 $S_z=\pm\hbar/2$，相应的量子数 $m_s=\pm 1/2$。

(2) 与自旋角动量相联系，每个电子都有一个自旋磁矩 $\vec{M}$，它和自旋角动量 $\vec{S}$ 的关系满足

$$\vec{M} = -\frac{e}{m_e}\vec{S} \tag{A1.4.29}$$

其中，e，m_e 分别是电子电荷和电子质量[注意，这里**旋磁比**(gyromagnetic)——磁

矩与角动量的比值是轨道旋磁比的两倍];$\vec{M}$ 在 z 方向投影也只能取两个值

$$M_z = \pm \frac{e\hbar}{2m_e} \equiv \pm \mu_B \tag{A1.4.30}$$

其中,μ_B 是 **Bohr 磁子**(Bohr magneton)。

电子自旋概念不仅解释了 Stern-Gerlach 的实验,而且还解释了碱金属光谱的精细结构以及反常 Zeeman 效应。

电子自旋角动量是个力学量,它应由一个线性 Hermitian 算子 $\hat{\vec{S}}$ 表示。但是自旋角动量和坐标、动量无关,因此 $\hat{\vec{S}}$ 不可能由相应的经典力学量构造出来。自旋角动量既然是角动量,$\hat{\vec{S}}$ 应和轨道角动量满足相同的对易关系。由式(A1.4.14)和式(A1.4.15)得 $\hat{\vec{S}}$ 各分量应满足如下对易关系:

$$\begin{cases}[\hat{S}_x, \hat{S}_y] = \mathrm{i}\hbar\hat{S}_z \\ [\hat{S}_y, \hat{S}_z] = \mathrm{i}\hbar\hat{S}_x \\ [\hat{S}_z, \hat{S}_x] = \mathrm{i}\hbar\hat{S}_y\end{cases} \tag{A1.4.31}$$

或写成如下矢量形式

$$\hat{\vec{S}} \times \hat{\vec{S}} = \mathrm{i}\hbar\hat{\vec{S}} \tag{A1.4.32}$$

由于自旋角动量在任意方向投影只能取两个值 $\pm\hbar/2$,因此 $\hat{\vec{S}}_x, \hat{S}_y, \hat{S}_z$ 三个算子的本征值都是 $\pm\hbar/2$。它们的平方算子的本征值是 $S_x^2 = S_y^2 = S_z^2 = \hbar^2/4$,由此得出自旋角动量平方算子的本征值为

$$\vec{S}^2 = S_x^2 + S_y^2 + S_z^2 = \frac{3}{4}\hbar^2 \tag{A1.4.33}$$

将其与轨道角动量平方算子 $\hat{L}^2$ 的本征值 $l(l+1)\hbar^2$ 比较,可以令

$$\vec{S}^2 = s(s+1)\hbar^2 \tag{A1.4.34}$$

并称 s 为**自旋(角动量)量子数**(spin quantum number)。s 和轨道角动量 l 相当,但 s 不同于 l,s 只能取一个半整数值 1/2。

在量子力学中常引进另一个算子 $\hat{\vec{\sigma}}$ 表示自旋角动量,$\hat{\vec{\sigma}}$ 和 $\hat{\vec{S}}$ 的关系为

$$\hat{\vec{S}} = \frac{\hbar}{2}\hat{\vec{\sigma}} \tag{A1.4.35}$$

$\hat{\vec{\sigma}}$ 称为 **Pauli 算子**(Pauli operator)。它的三个分量算子在 $\hat{\sigma}_z$ 表象中(即 $\hat{\sigma}_z$ 的两个本征矢张起的态空间)的矩阵表示称为 Pauli 矩阵(Pauli martrix),即

$$\hat{\sigma}_x = \begin{bmatrix}0 & 1\\ 1 & 0\end{bmatrix},\quad \hat{\sigma}_y = \begin{bmatrix}0 & -i\\ i & 0\end{bmatrix},\quad \hat{\sigma}_z = \begin{bmatrix}1 & 0\\ 0 & -1\end{bmatrix} \tag{A1.4.36}$$

可以证明 Pauli 矩阵和 2×2 单位矩阵互相线性独立，共同构成 2×2 矩阵空间中的一组完备基。Pauli 矩阵在量子物理、量子信息和现代物理文献资料中应用非常普遍。

A1.5　量子测量假设

由于量子计算机用量子态编码信息，因此量子计算机计算结果的输出就是对计算末态的量子测量。根据量子力学的第四条基本假设，量子力学中力学量用线性 Hermitian 算子表示。当系统处在力学量算子 $\hat{F}$ 的某个本征态 ψ_n 时，对于系统测量力学量 F，可得到唯一确定值 F_n，即算子 $\hat{F}$ 属于本征态 ψ_n 的本征值。当系统不是处在 $\hat{F}$ 的本征态，而是处在任意态 ψ 时，量子测量假设给出了如下测量结果的答案。

A1.5.1　量子力学的第五条基本假设——量子测量假设

量子测量的假设是：**测量力学量 $\boldsymbol{F}$ 只能得到表示力学量 $\boldsymbol{F}$ 的线性 Hermitian 算子 $\hat{\boldsymbol{F}}$ 的本征值之一。若系统处在任一波函数 $\boldsymbol{\Psi}$(假设已归一化)描述的状态，则测得本征值 $\boldsymbol{F_n}$ 的几率是 $|\boldsymbol{c_n}|^2$，其中 $\boldsymbol{c_n}$ 是 $\boldsymbol{\Psi}$ 按 $\hat{\boldsymbol{F}}$ 的正交归一完备本征函数系 $\{\boldsymbol{\psi_n}\}$ 展开的展开系数**

$$|\psi\rangle = \sum_n c_n |\psi_n\rangle \tag{A1.5.1}$$

$$c_n = \langle\psi_n|\psi\rangle \tag{A1.5.2}$$

若测得的是本征值 $\boldsymbol{F_n}$，则系统在测量刚进行完毕就处在由相应本征态 $\boldsymbol{\psi_n}$ 描述的状态。

根据这一假设，当系统处在一般态(不一定是 $\hat{F}$ 算子的本征态)时，测量力学量 F 一般不能得到确定值，而是有一系列可能取值。每个可能值出现的概率由描述系统状态的波函数预言。这一假设和态的叠加原理是一致的，由于 ψ 可表示为各个本征态 $\{\psi_n, n=1,2,\cdots\}$ 的叠加，因此 ψ 所描述的系统可能处在 ψ_1 态，也可能处在 ψ_2 态，……，这就使得系统测量力学量 F 不能得到唯一结果。

根据这一假设，量子测量还具有另一个不同寻常的性质：测量引起系统由测量前的态 ψ“坍缩”为测量后的态 ψ_n——测量得到的本征值 F_n 对应本征态。因为在第一次测量完成后，如果紧接着进行第二次测量，由于系统还没有来得及演化，必定仍得到态 ψ_n，因此，必须认为在测量刚刚完成后，系统就处在 ψ_n 描述的新态上。测量将打断测量前系统(在测量仪器未作用之前可看做是孤立系统)的幺正演化过程，测量仪器的作用改变了原来态制备限定条件，事实上制备了系统的一个新态。一般的测量过程事实上就是新态的制备过程。这和经典物理根本不同。量子测量的这一破坏量子相干演化过程的性质，不仅直接影响量子计算机纠错对编码态的诊断，而且影响计算结果信息的提取，通常被认为是消极的。

但是，在量子信息理论中，量子测量作为对量子系统实行操控的两个基本手段之一，有不可或缺的积极作用。这种作用不仅表现在量子信息提取和态制备上，还表现在测量操作是实现逻辑态幺正演化的一种手段。在稳定子量子纠错码理论中，通用量子逻辑门组就需要引进制备在特定态上的辅佐量子位块、纠缠数据块和辅佐块，然后通过对辅佐块适当的测量实现对逻辑态的容错幺正操作；在 2001 年，Raussendorf 等提出的簇态量子计算模型中，直接挑战测量是破坏性的这种传统的认识，这里对单个量子位态的非幺正的量子测量，成为对逻辑态执行幺正变换的基本方法。

A1.5.2 一般量子测量

上面讨论的是封闭系统的测量，测量执行被测系统的态向被测力学量正交归一本征函数系投影，称为正交投影测量。在量子信息中，人们经常关心作为封闭大系统的一个子系统上的测量问题，如研究量子态的局域区分等，需要推广上面的量子测量概念。

一般量子测量假设：一般量子测量由一组测量算子$\{\hat{M}_m\}$描述，测量算子满足如下完备性条件：

$$\sum_m \hat{M}_m^\dagger \hat{M}_m = \hat{I} \tag{A1.5.3}$$

这些算子作用在被测系统的态空间任一状态上，m 表示可能的测量结果。若测量前被测系统处在归一化波函数$|\psi\rangle$描述的状态，则测得结果 m 的概率为

$$p(m) = \langle\psi \mid \hat{M}_m^\dagger \hat{M}_m \mid \psi\rangle \tag{A1.5.4}$$

且测量后系统处在

$$\frac{\hat{M}_m \mid \psi\rangle}{\sqrt{\langle\psi \mid \hat{M}_m^\dagger \hat{M}_m \mid \psi\rangle}} \tag{A1.5.5}$$

描述的新态上，此处分母的作用是保证测量后的新态是归一化的。

这个一般量子测量假设有两个要点：①给出了测量得到不同结果的概率；②给出了测量后被测系统的状态。

A1.5.3 正交投影测量

正交投影测量是一般测量的特殊情况。在一般测量中的测量算子$\{\hat{M}_m\}$如果除满足完备性关系

$$\sum_m \hat{M}_m^\dagger \hat{M}_m = \hat{I}$$

外，还满足 $\hat{M}_m$ 是正交投影算子条件，即 $\hat{M}_m$ 是 Hermitian 的，且

$$\hat{M}_m\hat{M}_{m'} = \delta_{m,m'}\hat{M}_m \tag{A1.5.6}$$

这样的测量就是正交投影测量。下面记正交投影测量算子为$\{\hat{P}_m\}$。前面 A1.5.1 节中描述的测量表示测量力学量 F 的线性 Hermitian 算子 $\hat{F}$ 满足本征值方程

$$\hat{F} \mid \phi_m\rangle = F_m \mid \phi_m\rangle$$

本征函数系$\{|\phi_m\rangle\}$构成一组正交、归一化、完备基。测量力学量 F 就是将被测系统态向 $\hat{F}$ 的本征态投影。这种情况下的测量算子

$$\hat{P}_m = | \phi_m\rangle\langle\phi_m |$$

就是投影算子

$$\hat{P}_m\hat{P}_{m'} = | \phi_m\rangle\langle\phi_m || \phi_{m'}\rangle\langle\phi_{m'} | = \delta_{m,m'} | \phi_m\rangle\langle\phi_m | = \delta_{m,m'}\hat{P}_m$$

并且 $\hat{P}_m^{\dagger}=\hat{P}_m$。由$\{|\phi_m\rangle\}$的完备性条件，对被测系统的任意态$|\psi\rangle$都有

$$\left\langle \psi \mid \sum_m \hat{P}_m^{\dagger}\hat{P}_m \mid \psi \right\rangle = \sum_m \langle\psi \mid \phi_m\rangle\langle\phi_m \mid \psi\rangle = \langle\psi \mid \psi\rangle = I$$

这表明测量算子满足完备性条件 $\sum_m \hat{P}_m^{\dagger}\hat{P}_m = \hat{I}$。

投影测量具有可重复性。设$|\psi\rangle$是初态，第一次投影测量制备出状态

$$| \psi_m\rangle = \frac{\hat{P}_m \mid \psi\rangle}{\sqrt{\langle\psi \mid \hat{P}_m^{\dagger}\hat{P}_m \mid \psi\rangle}}$$

紧接着进行第二次投影测量，$\hat{P}_m$ 并不改变这个态。许多量子测量的不可重复性表明它们不可能是投影测量。

A1.5.4　POVM 测量

在一些情况下，人们对测量后系统的状态并不关心(如对计算末态输出计算结果的测量等)，只希望知道对系统进行测量后得到不同结果的概率，**POVM**(positive operator-valued measure)就是这种情况下分析测量结果的一个工具。

设测量算子 $\hat{M}_m$ 对状态为$|\psi\rangle$的系统进行量子测量，得到测量结果 m 的概率为

$$p(m) = \langle\psi \mid \hat{M}_m^{\dagger}\hat{M}_m \mid \psi\rangle \tag{A1.5.7}$$

如果定义

$$\hat{E}_m = \hat{M}_m^{\dagger}\hat{M}_m \tag{A1.5.8}$$

由一般量子测量假设，$\hat{E}_m$ 是满足完备性关系 $\sum_m \hat{E}_m = \hat{I}$ 和 $p(m) = \langle\psi \mid \hat{E}_m \mid \psi\rangle$ 的半正定算子，算子集合$\{\hat{E}_m\}$足以确定不同测量结果的概率。算子集合$\{\hat{E}_m\}$称为一个 POVM，其中一个算子 $\hat{E}_m$ 称为一个 POVM 元。POVM 是用一组彼此不一定

正交的正算子和分解单位算子的方案,在对复合大空间进行某个正交投影测量时,相对于它的一个子空间,这个测量就不一定是正交的,通常就是一个 POVM 测量。

正交投影测量显然是个 POVM 测量,其中 $\hat{E}_m=\hat{P}_m^{\dagger}\hat{P}_m=\hat{P}_m$,在这种情况下,测量算子就是 POVM 元。

作为 POVM 测量应用的一个例子,下面研究量子态的区分问题①。

设 Alice 传给 Bob 一个量子位态,这个态可能是

$$|\psi_1\rangle=|0\rangle \quad 或 \quad |\psi_2\rangle=\frac{1}{\sqrt{2}}(|0\rangle+|1\rangle)$$

这两个态是非正交的,Bob 不可能完全确定他得到的究竟是哪一个态,但是他可以进行 POVM 测量,用一定的概率区分出是哪一个态,并且一旦他决定了态,他的判断就不会出错。考虑由三个元素构成的一个 POVM

$$\hat{E}_1=\frac{\sqrt{2}}{1+\sqrt{2}}|1\rangle\langle 1|,\ \hat{E}_2=\frac{\sqrt{2}}{1+\sqrt{2}}\frac{(|0\rangle-|1\rangle)(\langle 0|-\langle 1|)}{2},\ \hat{E}_3=\hat{I}-\hat{E}_1-\hat{E}_2$$

可以验证 $\sum\limits_m \hat{E}_m=\hat{I}$,所以这三个算子确实构成一个 POVM。

假设 Bob 收到的态是$|\psi_1\rangle=|0\rangle$,当他进行这个 POVM 测量时,得到 E_1 的概率一定是 0。因此,如果他测得结果是 E_1,就可以肯定他收到的是$|\psi_2\rangle$。如果测量结果是 E_2,因为$|\psi_2\rangle=\frac{1}{\sqrt{2}}(|0\rangle+|1\rangle)$和$\frac{1}{\sqrt{2}}(|0\rangle-|1\rangle)$正交,所以得到$|\psi_2\rangle$的概率必定是 0,所以 Bob 收到的必定是$|\psi_1\rangle$。如果他测得的是 E_3,他就不可能对收到的状态作出任何判断。但若测量结果允许他做出判断,他决不会作出误判。这个不错性是以有时他得不到判断状态的信息为代价的。

A1.5.5 Neumark 定理

对于复合大空间上的正交投影测量,从子空间角度来看,其结果就是一个 POVM 测量。从相反方向考虑这个问题,就有 Neumark 定理:

定理 A1.5.1(Neumark 定理) 通过把所研究的系统扩充为大的、孤立的、复合系统,并在复合系统大空间上执行正交投影测量,可以实现所研究子系统空间上任意给定的 POVM 测量。

设有一个状态空间为 $H^{(Q)}$ 的量子力学系统 Q,这里希望在 $H^{(Q)}$ 上进行由测量算子$\{\hat{M}_m\}$定义的一般测量。为此引入一个状态空间为 $H^{(M)}$ 的辅佐系统 M,使二者构成孤立系统。假设辅佐系统 M 有一个与在 $H^{(Q)}$ 上测量$\{\hat{M}_m\}$可能得到的测量

① Nielsen M A,Chuang I L. 量子计算和量子信息. 郑大中,赵千川译. 北京:清华大学出版社. 2005:84～85.

结果一一对应的标准正交归一基$|m\rangle$。这个辅佐系统既可看做是满足要求的附加量子系统，也可以认为仅仅是出现在该结构中的一个数学装置。

令$|\phi_0\rangle$是$H^{(M)}$的任意一个固定状态，在$H^{(Q)}$中的状态$|\psi\rangle$和状态$|\phi_0\rangle$的直积$|\psi\rangle\otimes|\phi_0\rangle$上，定义如下的一个幺正算子$\hat{U}$：

$$\hat{U}(|\psi\rangle|\phi_0\rangle)=\sum_m M_m(|\psi\rangle|m\rangle$$

M_m是态$U|\phi_0\rangle$利用标准正交基$\{|m\rangle\}$展开的系数，由基集$\{|m\rangle\}$的正交性和完备性，有

$$\sum_m \hat{M}_m^\dagger \hat{M}_m=I$$

由这一关系可知，U保持Q空间中两个状态的内积不变，即

$$\begin{aligned}&(\langle\psi'|\langle\phi_0|)U^\dagger U(|\psi\rangle|\phi_0\rangle)\\=&\sum_{m,m'}\langle\psi'|M_{m'}^\dagger M_m|\psi\rangle\langle m'|m\rangle\\=&\sum_m\langle\psi'|M_m^\dagger M_m|\psi\rangle=\langle\psi'|\psi\rangle\end{aligned}$$

可以证明U可以扩张为空间$H^{(Q)}\otimes H^{(M)}$上的酉算子。

设U'是保持子空间W上内积的酉算子，若对于W中的任意一对$|w_1\rangle$和$|w_2\rangle$，有

$$\langle w_1|U'^\dagger U'|w_2\rangle=\langle w_1|w_2\rangle$$

则存在一个扩张算子U，它对子空间的作用等同U'的作用，即$U|w\rangle=U'|w\rangle$，对整个空间的作用是保持任意两态的内积不变，即是整个空间上的酉算子。

设U作用于$|\psi\rangle|\phi_0\rangle$后，对整个系统进行由投影算子$\{P_m=I_Q\otimes|m\rangle\langle m|\}$描述的测量，结果$m$出现的概率为

$$\begin{aligned}p(m)&=\langle\psi|\langle\phi_0|U^\dagger P_m U|\psi\rangle|\phi_0\rangle\\&=\sum_{m,m'}\langle\psi|M_{m'}^\dagger\langle m'|(I_Q\otimes m\rangle\langle m|)|\psi\rangle M_{m''}|m''\rangle\\&=\langle\psi|M_m^\dagger M_m|\psi\rangle\end{aligned}$$

测量后复合系统的状态依赖于测量结果m，态为

$$\frac{P_m U|\psi\rangle|\phi_0\rangle}{\sqrt{\langle\psi|\langle\phi_0|U^\dagger P_m U|\psi\rangle|\phi_0\rangle}}=\frac{M_m|\psi\rangle|m\rangle}{\sqrt{\langle\psi|M_m^\dagger M_m|\psi\rangle}}$$

测量后系统M的状态为$|m\rangle$，而系统Q的状态为

$$\frac{M_m|\psi\rangle}{\sqrt{\langle\psi|M_m^\dagger M_m|\psi\rangle}}$$

因此,酉变换、投影测量和引入辅佐系统的能力相结合,可实现一般的 POVM 测量。

从物理上看,Q 子系统和辅佐系统 M 的联合幺正演化导致系统 Q 和系统 M 的态的纠缠,对复合系统的正交投影测量,相对子系统 Q 就执行了一般测量。

考虑一个 N 维量子力学系统 A 和一个辅佐系统 B 构成的复合系统。初始复合系统态为

$$\rho_{AB} = \rho_A \otimes \rho_B$$

现在对该系统进行由算子$\{E_m\}$,$\sum_m E_m = I_{AB}$ 的正交投影测量,测得某一个 E_m 的概率为

$$P(m) = \mathrm{Tr}^{(AB)}(E_m \cdot \rho_A \otimes \rho_B)$$

一旦得到测量结果 m,就可求出系统新态的密度矩阵

$$\rho'_{AB}(m) = \frac{E_m(\rho_A \otimes \rho_B)E_m}{\mathrm{Tr}^{(AB)}[E_m(\rho_A \otimes \rho_B)]}$$

对于仅接触系统 A 的观测者,系统 A 的新密度矩阵由上式对系统 B 求部分迹得到

$$\rho'_A(m) = \frac{\mathrm{Tr}^{(B)}[E_m(\rho_A \otimes \rho_B)E_m]}{\mathrm{Tr}^{(AB)}[E_m(\rho_A \otimes \rho_B)]}$$

表示结果 m 的概率也可以写作

$$P(m) = \mathrm{Tr}^{(A)}[\mathrm{Tr}^{(B)}(E_m(\rho_A \otimes \rho_B)]$$

A1.6 量子纠缠现象

前面系统地介绍了量子力学的基本原理以及它的一些应用。已经看到,量子力学揭示的微观世界物质运动的规律同宏观世界规律以及人们的感性认识存在巨大的差异。然而,量子力学最不可思议的特征还是**量子纠缠现象**。在量子力学创立不久,Einstein、Schrdinger 等就已经注意到这一现象。1935 年,Einstein、Podolsky、Rosen(EPR)根据这种现象对量子力学提出质疑①,从而使量子纠缠现象获得令人印象深刻的表示。近年来,人们发现量子纠缠是一种有用的信息资源,开发和应用这一资源可以产生出经典信息论不可能实现的信息功能。本节将介绍量子纠缠现象。

① Einstein A, Podolsky B, Rosen N. Can quantum-mechanical description of physical reality be considered complete. Physical Review, 1935, 47: 777~780.

A1.6.1 量子纠缠现象

设有两个电子处在自旋单态

$$|\psi\rangle=\frac{1}{\sqrt{2}}(|01\rangle-|10\rangle) \tag{A1.6.1}$$

其中，$|0\rangle$表示自旋向上态；$|1\rangle$表示自旋向下态。

根据量子力学的基本原理和量子测量假设，式(A1.6.1)描述的态具有如下特点：

(1) 在这个态$|\psi\rangle$中，无论是电子 1 还是电子 2，自旋都没有确定值。

(2) 如果对态$|\psi\rangle$测量电子 1 的自旋，那么将以概率 1/2 得到自旋向上(向下)态，同时态$|\psi\rangle$坍缩到态$|01\rangle$($|10\rangle$)上，从而在测量完成后，电子 2 立即获得了自旋取确定值的态，并处在和电子 1 相关的自旋向下(向上)态上。

(3) 如果对态$|\psi\rangle$测量电子 2 的自旋，会得到类似的结论。

(4) 上述结论和两个电子空间分离开的距离无关。

这种现象称为**量子纠缠现象**(entanglement phenomena)。式(A1.6.1)中的态就是一个**纠缠态**(entangled state)。

A1.6.2 EPR 佯谬

量子纠缠是没有经典类比的现象，从经典物理的角度出发是很难理解的。早在 1935 年，Einstein、Podolsky、Rosen 根据这种现象对量子力学提出质疑。EPR 认为：

(1) 如果对一个物理系统在没有干扰的情况下能确定地预测一个物理量的值，那么这个物理量就必定是客观实在的，并对应一个物理实在元素。

(2) 完备的物理理论应包括所有的物理实在元素。

(3) 对于两个空间分离开的且没有相互作用的系统，对其中一个系统的测量(可以是任何操作)必定不会对另一个系统产生任何影响。

现代文献中称他们的这种观点为**定域实在论**。从经典物理角度来看，这些观点是很容易理解的，当然是正确的。

根据定域实在论的观点，EPR 分析了由两个粒子组成的 1 维系统。指出虽然每个粒子的坐标和动量算子不对易，但两个粒子坐标算子差 $\hat{x}_1-\hat{x}_2$ 和动量算子和 $\hat{p}_{x1}+\hat{p}_{x2}$ 对易，即

$$[(\hat{x}_1-\hat{x}_2),(\hat{p}_{x1}+\hat{p}_{x2})]=0 \tag{A1.6.2}$$

因此，存在一个两粒子波函数$|\psi\rangle$，它是算子 $\hat{x}_1-\hat{x}_2$ 和 $\hat{P}_{x1}+\hat{p}_{x2}$ 的共同本征态。设$|\psi\rangle$就是这样的本征态，则

$$(\hat{x}_1-\hat{x}_2)|\psi\rangle=a|\psi\rangle \tag{A1.6.3}$$

$$(\hat{p}_{x1}+\hat{p}_{x2})\mid\psi\rangle=0 \tag{A1.6.4}$$

对于态$|\psi\rangle$,若测得粒子1的坐标为x,由式(5.1.3)就可推得粒子2的坐标为$x-a$;同样,如果测得粒子1的动量为p,由式(5.1.2)就可推得粒子2的动量必为$-p$。特别地,当a值足够大时,这意味着两粒子空间距离足够大,对粒子1的测量必然不会干扰粒子2的态。按照EPR的观点,这个两粒子系统就有四个独立的物理实在元素。而根据量子力学,$\hat{x}_1$和$\hat{p}_{x1}$不对易,$\hat{x}_2$和$\hat{p}_{x2}$不对易,这个系统只能有两个物理实在元素,所以EPR得出结论:量子力学的描述是不完备的,这就是所谓EPR佯谬。

关于EPR佯谬,以Bohr为代表的哥本哈根学派认为,测量一个量子系统将对系统产生不可逆的干扰,因此在测量粒子1的坐标x_1之后,态$|\psi\rangle$已经变成一个新态,要对原来的态$|\psi\rangle$测量动量已经不可能。反过来,若先对态$|\psi\rangle$测粒子动量,就破坏了再测粒子坐标的可能性。因此,在态$|\psi\rangle$中只可能存在两个物理实在元素,而不可能有四个。另外,Bohr认为在经典物理中,把一个物理系统任意分割成各个组成部分的方法,在量子物理中是不可能的。共处于同一个态$|\psi\rangle$的系统,尽管可以划分为空间分离的各个子系统,但不管这些子系统在空间分开多远,其仍保持着共处于同一个态$|\psi\rangle$的联系,这就是量子力学的**非局域性**(non-localizability)。根据这种观点,Bohr认为EPR论证中所谓"当粒子1和粒子2空间远远分离,测量粒子1必然不会干扰粒子2的态"是没有意义的。

A1.6.3 隐参数理论和Bell不等式

企图给量子力学这种非局域纠缠现象以理论解释的是Bohm,他首先提出了**隐参数理论**(hidden-variable theory)。隐参数理论认为,量子测量实际上也是经典决定论的,但由于某些自由度不是严格已知的,才使得量子测量结果表现出概率性。这种概率性蕴含着存在更深层次的隐参数λ,测量结果实际上是隐参数λ的函数,只是目前量子力学理论或现在的实验技术还没有发现、认识和控制这些隐参数,测量结果才表现出概率性。正是这些隐参数的作用,才使得对空间分离开的子系统分别执行的测量结果间表现出相关性。

这种隐参数理论能否解释量子力学的测量结果呢? 1964年,Bell进一步分析了这一问题,他从隐参数理论和定域实在论出发,推导出了隐参数理论允许的、自然界空间分离开的两部分相关程度必须满足的一个不等式——Bell不等式①。

Bell的论证如下:假设测量空间分离开的两个电子的自旋分量,设$\vec{a},\vec{b}$是沿空间两个任意方向的单位矢量,测量电子1自旋沿$\vec{a}$方向的分量$\hat{\vec{\sigma}}^{(1)}\cdot\vec{a}$得到结果

① Bell J S. On the Einstein-Podolsky-Rosen paradox. Physics, 1965, 1: 195

$A(\vec{a})$，测量电子 2 自旋沿 $\vec{b}$ 方向的分量$\hat{\vec{\sigma}}^{(2)}\cdot\vec{b}$ 得到结果 $B(\vec{b}$。由于电子 1 和电子 2 的自旋沿任意方向投影只能取±1(以 $\hbar$ 为单位)，因此 $A(\vec{a})$ 和 $B(\vec{b})$ 的测量结果必为±1；但究竟是+1 还是−1，按隐参数理论，应由隐参数 λ 按一定的函数关系决定

$$A(\vec{a},\lambda)=\pm 1,\quad B(\vec{b},\lambda)=\pm 1 \tag{A1.6.5}$$

根据定域实在论假设，不存在超距作用，粒子 1 的测量结果应与粒子 2 无关，即 A 仅由测量方向 $\vec{a}$ 和隐参数 λ 决定；同样，B 也应仅由 $\vec{b}$ 和 λ 决定，这意味着式(A1.6.5)中两式是相互独立的。

设 $\rho(\lambda)$ 是对 λ 的归一化概率分布函数，按隐参数理论，粒子 1 在 $\vec{a}$ 方向的自旋分量 $\hat{\vec{\sigma}}^{(1)}\cdot\vec{a}$ 与粒子 2 在 $\vec{b}$ 方向的自旋分量 $\hat{\vec{\sigma}}^{(2)}\cdot\vec{b}$ 的相关性可以利用相关函数

$$P(\vec{a},\vec{b})=\int \mathrm{d}\lambda\rho(\lambda)A(\vec{a},\lambda)B(\vec{b},\lambda) \tag{A1.6.6}$$

度量。设 $\vec{a}',\vec{b}'$ 是对粒子 1 和粒子 2 测量自旋分量的另外两个方向的单位矢量，由式(5.1.6)可得

$$\begin{aligned} P(\vec{a},\vec{b})-P(\vec{a},\vec{b}') &= \int \mathrm{d}\lambda\rho(\lambda)[A(\vec{a},\lambda)B(\vec{b},\lambda)-A(\vec{a},\lambda)B(\vec{b}',\lambda)] \\ &= \int \mathrm{d}\lambda\rho(\lambda)A(\vec{a},\lambda)B(\vec{b},\lambda)[1+A(\vec{a}',\lambda)B(\vec{b}',\lambda)] \\ &\quad -\int \mathrm{d}\lambda\rho(\lambda)A(\vec{a},\lambda)B(\vec{b}',\lambda)[1+A(\vec{a}',\lambda)B(\vec{b},\lambda)] \end{aligned} \tag{A1.6.7}$$

由式(A1.6.5)有

$$-1\leqslant A(\vec{a},\lambda)B(\vec{b},\lambda)\leqslant 1 \tag{A1.6.8}$$

利用这一结果，由式(A1.6.7)可得

$$\begin{aligned} &|P(\vec{a},\vec{b})-P(\vec{a},\vec{b}')| \\ &\leqslant \int \mathrm{d}\lambda\rho(\lambda)[1+A(\vec{a}',\lambda)B(\vec{b}',\lambda)]+\int \mathrm{d}\lambda\rho(\lambda)[1+A(\vec{a}',\lambda)B(\vec{b},\lambda)] \end{aligned}$$

注意到 $\rho(\lambda)$ 是对 λ 归一化的概率分布函数，利用式(A1.6.5)可得

$$|P(\vec{a},\vec{b})-P(\vec{a},\vec{b}')|\leqslant 2+[P(\vec{a}',\vec{b}')+P(\vec{a}',\vec{b})] \tag{A1.6.9}$$

这就是一般形式的 Bell 不等式。其中，$\vec{a},\vec{a}',\vec{b},\vec{b}'$ 是空间任意四个方向的单位矢量。

设粒子 1 和粒子 2 处在式(5.1.1)描述的总自旋为零的纯态，则粒子 1 和粒子 2 沿任意方向的投影总是相反的，即对于任意方向 $\vec{a}$ 都有 $A(\vec{a},\lambda)=-B(\vec{a},\lambda)$，这体现了处在自旋单态的两个粒子的自旋完全负相关，由式(A1.6.6)可得相关函数为

$$P(\vec{a},\vec{a}) = -1 \qquad (A1.6.10)$$

取式(A1.6.9)中的 $\vec{a}'=\vec{b}'=\vec{c}$,并注意到式(A1.6.10)的结果,由式(A1.6.9)可得

$$|P(\vec{a},\vec{b}) - P(\vec{a},\vec{c})| \leqslant 1 + P(\vec{c},\vec{b}) \qquad (A1.6.11)$$

这就是 **Bell 不等式**原来的形式。下面说明 Bell 不等式和量子力学结果是不相容的。

根据量子力学,当两电子处在式(A1.6.1)描述的自旋单态时

$$(\hat{\vec{\sigma}}^{(1)} + \hat{\vec{\sigma}}^{(2)})|\psi\rangle = 0 \qquad (A1.6.12)$$

从而这两电子自旋相关函数为

$$P(\vec{a},\vec{b}) = \langle\psi|(\hat{\vec{\sigma}}^{(1)}\cdot\vec{a})(\hat{\vec{\sigma}}^{(2)}\cdot\vec{b})|\psi\rangle$$

其中,$\hat{\vec{\sigma}}^{(2)}$ 根据式(A1.6.12)可以用 $-\hat{\vec{\sigma}}^{(1)}$ 代替,写成

$$\begin{aligned}P(\vec{a},\vec{b}) &= -\langle\psi|(\hat{\vec{\sigma}}^{(1)}\cdot\vec{a})(\hat{\vec{\sigma}}^{(2)}\cdot\vec{b})|\psi\rangle \\ &= -\sum_{i,j}\langle\psi|(\hat{\sigma}_i^{(1)}a_i)(\hat{\sigma}_j^{(2)}b_j)|\psi\rangle \\ &= -\sum_{i,j}a_ib_j\langle\psi|(\hat{\sigma}_i^{(1)}\hat{\sigma}_j^{(2)})|\psi\rangle \\ &= -\sum_{i,j}a_ib_j\delta_{ij} = -\sum_i a_ib_i = -\vec{a}\cdot\vec{b}\end{aligned}$$

所以量子力学的相关函数为

$$P(\vec{a},\vec{b}) = -\cos\theta \qquad (A1.6.13)$$

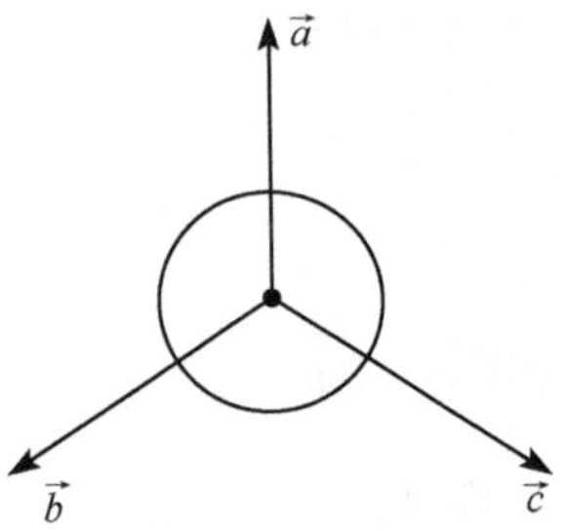

图 A1.6.1

其中,θ 是 $\vec{a}$,$\vec{b}$ 两矢量之间的夹角。为了看出量子力学的结果不满足 Bell 不等式,取 $\vec{a}$,$\vec{b}$,$\vec{c}$ 三个矢量在同一平面上,且 $\vec{a}$ 和 $\vec{b}$,$\vec{b}$ 和 $\vec{c}$ 之间的夹角都是 $\pi/3$(见图 A1.6.1),由式(A1.6.13)有

$$P(\vec{a},\vec{b}) = P(\vec{c},\vec{b}) = -\frac{1}{2}, \quad P(\vec{a},\vec{c}) = \frac{1}{2}$$

从而

$$|P(\vec{a},\vec{b}) - P(\vec{a},\vec{c})| = \left|-\frac{1}{2}-\frac{1}{2}\right| = 1$$

且

$$1 + P(\vec{c},\vec{b}) = 1 - \frac{1}{2} = \frac{1}{2}$$

显然,量子力学的结果并不总能满足式(A1.6.11)中的 Bell 不等式。这说明量子力学和隐参数理论是不相容的。

Bell 不等式的提出,使得原来在哲学层面上的 Einstein 和 Bohr 之争变成一个

可以从实验上加以检验的问题，从而激发了一大批构思巧妙的实验，来检验这两种观点到底哪一种正确。其中，最为著名的就是 1982 年 Aspect 的实验[①]。实验中用激光将钙原子束激发到某个 s 态作为光源，这个态通过双光子级连辐射衰变到基态，同时发射出一对光子沿不同路径传播。实验中采用精巧的方法极快地改变光子传播的后继路径，使测定光子的极化方向是在光子传播过程中才决定的，以至即使以光速传递信号，也不可能通过实际信号建立联系——使一个光子对另一个光子的测量结果做出响应。对两光子极化态实施的测量证实了它们的相关程度，的确超出了 Bell 不等式容许的范围，证实了量子纠缠现象的存在。

目前已有几十组实验结果都证实了 Bell 不等式可以被破坏，从而证明不可能存在定域决定论的隐参数，表明量子力学中确实存在着没有经典类比的纠缠现象。

A1.7 算子代数

A1.7.1 投影算子和密度算子

Hilbert 空间中的一个矢量可以用狄拉克符号 $|\alpha\rangle$ 表示。可以用一个态矢量描述的量子态称为**纯态**(pure state)。对于每个纯态 $|\psi\rangle$，可以定义一个作用在态空间的**线性算子**

$$\hat{\rho}=|\psi\rangle\langle\psi| \tag{A1.7.1}$$

它对任意量子态 $|\phi\rangle$ 的作用为

$$\hat{\rho}|\phi\rangle=|\psi\rangle\langle\psi|\phi\rangle=c|\psi\rangle$$

其中，$c=\langle\psi|\phi\rangle$ 是纯数，表示态 $|\phi\rangle$ 在 $|\psi\rangle$ 上的投影；$\hat{\rho}$ 称为**投影算子**(projection operator)，它具有以下重要性质。

(1) **Hermitian 性**：

$$\hat{\rho}^{+}=\hat{\rho} \tag{A1.7.2}$$

(2) **正定性**：即对于任意态 $|\varphi\rangle$ 都有 $\langle\varphi|\hat{\rho}|\varphi\rangle\geqslant 0$，事实上

$$\langle\varphi|\hat{\rho}|\varphi\rangle=\langle\varphi|\psi\rangle\langle\psi|\varphi\rangle=|\langle\varphi|\psi\rangle|^{2}\geqslant 0$$

(3) **幺迹性**：$\mathrm{Tr}(\hat{\rho})=1$，即对于态空间任意一组正交归一基 $\{|u_n\rangle\}$ 都有

$$\sum_n\langle u_n|\hat{\rho}|u_n\rangle=\sum_n\langle u_n|\psi\rangle\langle\psi|u_n\rangle=\sum_n\langle\psi|u_n\rangle\langle u_n|\psi\rangle=\langle\psi|\psi\rangle=1 \tag{A1.7.3}$$

(4) **幂等性**：$\hat{\rho}^2=\hat{\rho}$

① Aspect A, et al. Experimental test of Bell's inequalities using time-varying analyzers. Physical Review Letters. 1982, 49: 1804

$$\hat{\rho}^2 = | \psi\rangle\langle\psi | \psi\rangle\langle\psi | = \langle\psi | \psi\rangle = \hat{\rho} \tag{A1.7.4}$$

若系统不能用纯态描述，而是以不同的概率处在不同的纯态，则称系统处在**混合态**(mixed state)。混合态可以通过指定其中各个子系处的纯态$|\psi_i\rangle$以及这个子系在系统中出现的概率 p_i 加以描述，记为$\{\psi\}=\{p_i, |\psi_i\rangle\}$，其中，$0\leqslant p_i\leqslant 1$ 是系统处在纯态$|\psi_i\rangle$的概率，$\sum_i p_i = 1$。混合态还可以用如下密度算子描写

$$\hat{\rho} = \sum_{i=1}^{N} | \psi_i\rangle p_i \langle\psi_i | \tag{A1.7.5}$$

密度算子是个 Hermitian 算子，它具有正交归一完备本征函数系。容易证明，混合态密度算子也满足幺正性、幺迹性。由于对于任意态$|\psi\rangle$有

$$\langle\psi | \hat{\rho} | \psi\rangle = \sum_{i=1}^{N} p_i \langle\psi | \psi_i\rangle\langle\psi_i | \psi\rangle = \sum_{i=1}^{N} p_i \, | \langle\psi_i | \psi\rangle |^2 \geqslant 0$$

因此 $\hat{\rho}$ 是正定的。$\hat{\rho}$ 的幺迹性可直接由条件 $\sum_i p_i = 1$ 得出。

密度算子不同于投影算子是由于它不具有幂等性。事实上，在 $\hat{\rho}$ 的本征态为基矢的表象中

$$\hat{\rho}^2 = \sum_{i=1}^{N} | \psi_i\rangle p_i \langle\psi_i | \sum_{j=1}^{N} | \psi_j\rangle p_j \langle\psi_j | = \sum_{i,j=1}^{N} p_i p_j \, | \psi_i\rangle\delta_{ij}\langle\psi_j | = \sum_{i=1}^{N} p_i^2 \, | \psi_i\rangle\langle\psi_i | \neq \hat{\rho}$$

可以证明密度算子平方的迹总是小于等于 1。

利用密度算子 $\hat{\rho}$ 表示混合态，表示矩阵取决于采用的基，不是唯一的。不同的表示矩阵通过一个幺正变换相联系。

A1.7.2　Banach 代数

这里讨论 Banach 代数的目的是引进 C^*-代数。

一个复数域上的 Banach 空间 $\mathcal{B}$(见 A1.2.5，即完备、线性、赋范空间)，如果对空间中所有元素 $x, y, z\in \mathcal{B}$，任意复数 $\lambda\in \mathcal{L}$，都有结合律

$$(xy)z = x(yz) \tag{A1.7.6}$$

分配律

$$x(y+z) = xy + xz, \quad (y+z)x = yx + zx \tag{A1.7.7}$$

及

$$\lambda(xy) = (\lambda x)y = x(\lambda y) \tag{A1.7.8}$$

成立，则称 $\mathcal{B}$为 **Banach 代数**(Banach algebra)，记为 $\mathcal{A}$。

如果 Banach 代数 $\mathcal{A}$，相对乘还具有**单位元 I**，使得 $Ix=xI$($\forall x\in \mathcal{A}$，$\| I \| = 1$，则称 $\mathcal{A}$是**幺正的**。如果乘法运算还满足交换律，即对任意 $x, y\in \mathcal{A}$，有

$$xy = yx$$

则称 $\mathscr{A}$是**可交换的**。

一个没有单位元的 banach 代数 $\mathscr{A}$，恒可以加入单位元 I，由 $\mathscr{A}$和 I 生成一个具有单位元的么正 Banach 代数 $\mathscr{A}_1$，其中 $\mathscr{A}$是 $\mathscr{A}_1$的子代数。

设 A 是作用在 Banach 空间上的线性算子：$A:\mathscr{B}\to\mathscr{B}$。定义算子 A 的范数为

$$\| A \| = Sup\{ \| Av \| \mid v \in B, \| v \| = 1\} \tag{A1.7.9}$$

其中，花括号中的 $\| * \|$ 是式(A1.2.5)中定义的矢量范数。一个范数取有限值的算子，称为**有限算子(bounded operator)**。作用在 Banach 空间 $\mathscr{B}$上的线性、有限算子集合记为 $B(\mathscr{B})$，$B(\mathscr{B})$在上述算子范数定义下，也构成 Banach 空间，并且定义算子运算满足式(A1.7.6)～式(A1.7.8)，也构成一个代数，称为 **Banach 代数**。在量子力学中人们感兴趣的就是这样的算子代数。

A1.7.3　C^*-代数

C^*-代数是 Banach 代数的特殊情况。设 $\mathscr{A}$是复数域 $\mathfrak{L}$ 上的 Banach 代数，并在其中定义了“$*$”运算 ：$*:\mathscr{A}\to\mathscr{A}$，对任意 $A,B\in\mathscr{A}$及数$\lambda\in\mathfrak{L}$，满足

$$(\lambda A + \mu B)^* = \bar{\lambda} A^* + \bar{\mu} B^* \tag{A1.7.10}$$

$$(AB)^* = B^* A^* \tag{A1.7.11}$$

$$(A^*)^* = A \tag{A1.7.12}$$

则称“$*$”运算为**对合**(involution)。如果 Banach 代数 $\mathscr{A}$具有一个**对合运算**，而且对任意 $A\in\mathscr{A}$有

$$\| AA^* \| = \| A \|^2 \tag{A1.7.13}$$

则称 $\mathscr{A}$是个 **C^*-代数**。

令 $\mathscr{H}$是一个 Hilbert 空间，对作用在 Hilbert 空间上的线性算子 A，如果满足

$$\| A \| = Sup\{(A\psi, A\psi)^{1/2},\quad \psi \in \mathscr{H}, (\psi,\psi) = 1\} < \infty \tag{A1.7.14}$$

则称 A 为**有界的**。记作用在 Hilbert 空间上的线性、有界算子集合为 $B(\mathscr{H})$，定义算子 $A\in B(\mathscr{H})$的“对合”就是通常的共轭运算，集合 $B(\mathscr{H})$构成的代数就是个 C^*-代数(又称 von Neumann 代数，记为 A)，并且任意 $B(\mathscr{H})$的子代数都在共轭运算下封闭(即对所有 $A\in B(\mathscr{H})$，都有 $A^*\in B(\mathscr{H})$)，在算子范数下封闭(即满足完备性条件)。

一个量子力学系统，由一个 C^*-代数——作用到它的 Hilbert 空间上的线性有界算子构成的，具有共轭运算和单位元的赋范、复结合代数——表征。其中 Hermitian 算子对应物理可观测量，系统的态对应着定义在这个代数上正定的、归一化的线性函数：$f:\mathscr{A}\to\mathfrak{L}$，满足

$$f(\lambda A+\mu B)=\lambda f(A)+\mu f(B) \quad \forall \lambda,\mu \in \mathcal{L} \tag{A1.7.15}$$

$$f(AA^*)\geqslant 0 \quad f(I)=1$$

代数 A 的态空间由 A 中所有态张成,记为 $S(A)$。当 A 包含在 $B(\mathcal{H})$中时,每个 $\Psi \in \mathcal{H}$有范数 1,通过

$$\psi(A):=(\Psi,A\Psi) \tag{A1.7.16}$$

定义了一个态。系统的态空间构成一个凸集,凸集的极点表示纯态,混态对应不同纯态凸线性凸组合。

A1.7.4 C^*-代数的表示

令 A 是个么正 C^*-代数,A 的一个表示 π,是 A 到作用在 Hilbert 空间 $\mathcal{H}$上的线性有界算子C^*-代数$B(\mathcal{H})$的一个同态,并且使$\pi(I)=I$。就是说,如果线性映射 $\pi: A\to B(\mathcal{H})$,对$\forall A,B\in \mathcal{A}$满足

$$\pi(A\cdot B)=\pi(A)\cdot \pi(B) \tag{A1.7.17}$$

$$\pi(\lambda A+\mu B)=\lambda\pi(A)+\mu\pi(B) \tag{A1.7.18}$$

$$\pi(A^*)=[\pi(A)]^* \tag{A1.7.19}$$

则称 π 为 A 在 Hilbert 空间 $\mathcal{H}$上的一个**表示(representation)**,记为$[\pi(A),\mathcal{H}]$。

设 π_1,π_2 分别是 A 在 Hilbert 空间 $\mathcal{H}_1$ 和 $\mathcal{H}_2$ 上的两个表示,如果存在一个幺正同构映射 $U:\mathcal{H}_1\to\mathcal{H}_2$,使

$$U\pi_1(A)U^{-1}=\pi_2(A), \quad \forall A\in \mathcal{A} \tag{A1.7.20}$$

成立,就说这两个表示是**幺正等价的(equivalent)**。

对所有 $A\in \mathcal{A}$,$\pi(A)=0$ 是一个平凡表示。如果 0 是唯一被所有 $A\in \mathcal{A}$湮灭的矢量,就说这个表示是**非退化的(non-degenerate)**。

如果表示空间 $\mathcal{H}$中包含有一个矢量Ω,使得 $\pi(A)\Omega$ 的集合(一般情况下是 $\mathcal{H}$ 的一个子集)和 $\mathcal{H}$重合(在 $\mathcal{H}$中稠密),则称 Ω 是个**循环矢量(cyclic vector)**,并称 $\pi(A)$表示是一个**循环表示(cyclic representation)**。

C^*-代数 A 的一个表示,如果

$$\pi(A)=\lambda I, \quad \forall A\in \mathcal{A} \tag{A1.7.21}$$

称这个表示是**不可约的**。$\mathcal{H}$上表示的不可约性等价于 $\mathcal{H}$ 中每个矢量 Ω 对于表示 $\pi(A,\mathcal{H})$都是循环的,或者说 $\pi(A)\Omega$ 在 $\mathcal{H}$中稠密。

如果 π 是 A 在 $\mathcal{H}$上的一个非退化表示,$\mathcal{H}$中的任意一个单位矢量 $\Psi\in\mathcal{H}$,都通过式(A1.7.16)确定一个态 ψ,称为与表示 π 有关的矢量态。反过来,从任何一个矢量态 $\omega\in S(A)$,可以在具有循环矢量 Ω_ω 的 Hilbert 空间 $\mathcal{H}_\omega$上以一定方式构造一个循环表示 π_ω。C^*-代数 A 的一般表示 $\pi(A)$是所有 π_ω,$\omega\in S(A)$的直和。

C^*-代数理论的一个主要结果:**每个 C^*-代数都同构于 Hilbert 空间上的$B(H)$的子代数**。

定理：任意一个非退化表示 π，都是循环表示的直和。

引理：令 M 是 $B(\mathcal{H})$中的一个 *-代数，取一个非零矢量 $\Psi\in\mathcal{H}$，并令 P 是到封闭集 $M\Psi$ 上的投影，则 $P\in M'$（即对所有 $A\in M$，$[P,A]=0$）。

证明：如果 $A\in M$，由 P 的定义有

$$AP\mathcal{H}\subseteq P\mathcal{H}$$

因而

$$P^{\perp}AP=0$$

而 $P^{\perp}=I-P$，由此得

$$AP=PAP$$

当 $A=A^*$ 时，有

$$(AP)^*=PA=(PAP)^*=PAP=AP$$

所以

$$[A,P]=0$$

应用这一引理，当 $M=\pi(A)$时，表示的非简并性保证 P 是非零的。$A\to P\pi(A)$定义了代数 A 在子空间 $P\mathcal{H}$上的一个子表示，这个子表示显然是循环的，并有循环矢量 Ψ。这个过程可以在子空间 $P^{\perp}\mathcal{H}$上重复，证毕。

附录 A2　量子信息中的群论基础

群作为对称性分析的工具,在理解量子算法,构造量子纠错码,对引起消相干的系统—环境相互作用的性质进行分析,寻找无消相干子空间和相应的有效纠错码,都起着关键性基础作用。本附录将介绍有关群和群表示的基本知识。

A2.1　群和半群的基本概念

A2.1.1　群和半群的概念

对于由若干个元素$\{x,y,z,\cdots\}$构成的非空集合 S,规定一种代数(二元)运算(视 S 中元素的性质不同,这个代数运算可以是通常的加法、乘法、矩阵乘法或逐位模二加“$\oplus$”等),记为“$*$”,若 S 在“$*$”运算下满足以下条件:

(1) **封闭性**(closure property),对于任意 $x,y\in S$,有 $x*y\in S$。

(2) **可结合性**(associativity),对于任意 $x,y,z\in S$,有$(x*y)*z=x*(y*z)$成立,则称集合 S 是一个**半群**(semi-group),记为$(S,\circ)$。

若半群$(G,\circ)$还具有以下性质:

(1) 存在**单位元**(identity)$e\in(G,\circ)$,对任意 $x\in(G,\circ)$有 $x*e=e*x=x$。

(2) 对于每一个 $x\in(G,\circ)$,都存在一个**逆元**(inverse)$a\in(G,\circ)$,使得 $a*x=x*a=e$(以后记 x 的逆元 a 为 $a=x^{-1}$);则称半群$(G,\circ)$是一个**群**(group),记为 G。

注意,集合 S 作为群必须有单位元存在,但 S 作为半群,有单位元不是一个必要条件。

下面着重讨论群。

若群中元素的个数是有限的,则称 G 为**有限群**(finite group)。有限群中元素的个数称为群的**阶**(order),常记为$|G|$。如果群的二元运算“$*$”是加法,则称 G 是**加法群**;若“$*$”为乘法,则称 G 为**乘法群**。如果对于 G 中任意两个元素 x,y 都有

$$x*y=y*x$$

成立,则称群 G 是**可对易群**(commutative group)或 **Abel 群**(Abelian group)。显然,加法群都是 Abel 群。元素是矩阵的乘法群是不可对易群的例子。

为了简单,以后群的二元运算符号“$*$”在不特别强调的情况下常常省去。

A2.1.2 群的例子

例 A2.1.1 整数集合$\{\cdots,-3,-2,-1,0,1,2,3,\cdots\}$在加法运算下构成一个群。因为两个整数之和是整数,所以这个集合在加法运算下封闭;这个群的单位元是 0;加法运算满足结合率;任意整数的逆元是和它相反的数。这是个无限阶、分立、Abel 群。

例 A2.1.2 两个元素的集合$\{0,1\}$在模二加"$\oplus$"运算下构成一个群,即

$$0\oplus 0=0,\quad 1\oplus 0=0\oplus 1=1,\quad 1\oplus 1=0$$

封闭性显而易见,单位元是 0,任意元素的逆元就是其自身。这是一个二阶可交换群,记为 G_1 群。

例 A2.1.3 由$\{0,1\}$构成的 n 长二元串

$$x=(x_1,x_2,\cdots,x_n);\quad x_i\in\{0,1\}$$

在逐位模二加"$\oplus$"运算下构成一个 2^n 阶群,记为 G_n 群。因为 n 长二元串

$$y=(y_1,y_2,\cdots,y_n);\quad y_i\in\{0,1\}$$

属于 G_n,而

$$x\oplus y=(x_1\oplus y_1,x_2\oplus y_2,\cdots,x_n\oplus y_n)=(z_1,z_2,\cdots,z_n);\quad z_i=x_i\oplus y_i\in\{0,1\}$$

也属于 G_n,所以 G_n 作为集合在$\oplus$运算下封闭;显然 $e=(0,0,\cdots,0)$是单位元;由于对于任意元 x,有

$$x\oplus x=(x_1\oplus x_1,x_2\oplus x_2,\cdots,x_n\oplus x_n)=(0,0,\cdots,0)$$

任一元素 x 的逆元就是其自身。至于可结合性是显而易见的。因此,n 长二元串集合是一个群,而且是一个可交换群,群阶是 2^n。

如果一个操作能把一个物理系统(或一个几何图形)带到和它原来重合,就称该操作是该物理系统(或这个图形)的**对称操作**(symmetry operation)。通常把不对系统施加任何操作为恒等操作(记作 e)。如果把恒等操作、对称操作都看做是元素,定义两个元素 R,S 的结合 RS 就是先执行 S 操作,再执行 R 操作。可以证明,一个物理系统(或一个几何图形)所有对称操作集合是一个群,称为相应物理系统(或几何图形)的**对称性群**(symmetry group)。

例 A2.1.4 氨分子的结构(见图 A2.1.1)。氨分子的对称操作有:绕 ON 轴进行 $2\pi/3$、$4\pi/3$ 的转动(分别记为 c_3^1,c_3^2),以及分别相对过 ON 轴及 A,B,C 点平面的反射(分别记为 $\sigma_A,\sigma_B,\sigma_C$),加上恒等操作 e。可以证明,这六个元素构成氨分子系统的对称性群,记作 C_{3v}。容易看出,这也是正三角形图形的对称性群。

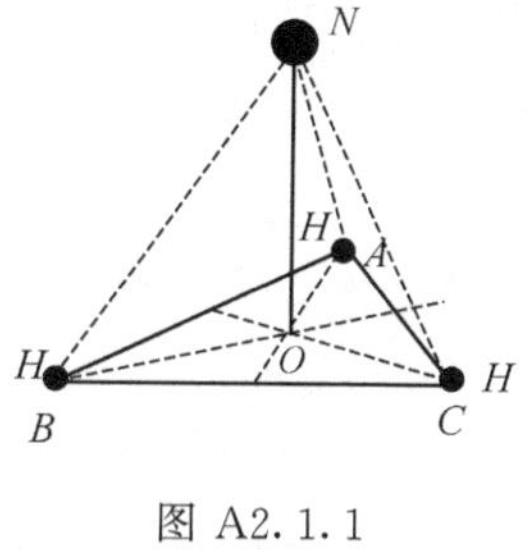

图 A2.1.1

$$C_{3v}=\{e,c_3^1,c_3^2,\sigma_A,\sigma_B,\sigma_C\}$$

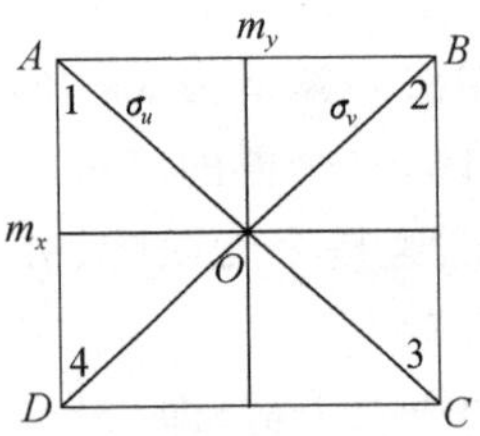

图 A2.1.2

例 A2.1.5　正方形的对称性群(见图 A2.1.2)。对于一个正方形 $ABCD$,绕过中心 O 且垂直于正方形平面的轴,转动 $\pi/2,\pi,3\pi/2$ 都是正方形的对称操作(分别记为 c_4^1,c_4^2,c_4^3)。此外,绕两条对角线、绕两对边中点的连线转动 π 也是正方形的对称操作(分别记为 σ_u,σ_v 和 m_x,m_y),加上恒等操作 e,正方形的全部八个对称操作构成一个八阶群,称为正四边形的对称性群,记为 c_{4v} 群(或 D_4 群)

$$c_{4v}=\{e,c_4^1,c_4^2,c_4^3,m_x,m_y,\sigma_u,\sigma_v\}$$

例 A2.1.6　置换群 S_3。考虑由三个全同粒子构成的物理系统,把三个粒子的坐标按 1,2,3 编序,则交换其中两个粒子的坐标是系统的一个对称操作。记

$$p=\begin{bmatrix}1 & 2 & 3\\ p_1 & p_2 & p_3\end{bmatrix}$$

表示 $1\to p_1,2\to p_2,3\to p_3$。三个对象所有可能的置换是

$$e=\begin{bmatrix}1 & 2 & 3\\ 1 & 2 & 3\end{bmatrix},\quad (12)=\begin{bmatrix}1 & 2 & 3\\ 2 & 1 & 3\end{bmatrix},\quad (13)=\begin{bmatrix}1 & 2 & 3\\ 3 & 2 & 1\end{bmatrix}$$

$$(23)=\begin{bmatrix}1 & 2 & 3\\ 1 & 3 & 2\end{bmatrix},\quad (123)=\begin{bmatrix}1 & 2 & 3\\ 2 & 3 & 1\end{bmatrix},\quad (132)=\begin{bmatrix}1 & 2 & 3\\ 3 & 1 & 2\end{bmatrix}$$

其中,符号(m_1,m_2)称为**对换**,表示 $m_1\to m_2,m_2\to m_1$;(m_1,m_2,m_3)称为**轮换**,表示 $m_1\to m_2,m_2\to m_3,m_3\to m_1$。对换也可以看做是对象为二的轮换,特别地,$(m)$可以看做是不置换。

定义两个置换 p 和 p'的乘积 pp'为先执行置换 p',再执行置换 p。例如

$$p=\begin{bmatrix}1 & 2 & 3\\ 2 & 1 & 3\end{bmatrix},\quad p'=\begin{bmatrix}1 & 2 & 3\\ 3 & 2 & 1\end{bmatrix}$$

则

$$pp'=\begin{bmatrix}1 & 2 & 3\\ 2 & 1 & 3\end{bmatrix}\begin{bmatrix}1 & 2 & 3\\ 3 & 2 & 1\end{bmatrix}=\begin{bmatrix}1 & 2 & 3\\ 3 & 1 & 2\end{bmatrix}$$

注意,写成形式为

$$p=\begin{bmatrix}1 & 2 & 3\\ p_1 & p_2 & p_3\end{bmatrix}$$

的置换,其结果只取决于每列相对的两个符号,而与列的顺序无关。例如

$$\begin{bmatrix}1 & 2 & 3\\ p_1 & p_2 & p_3\end{bmatrix}=\begin{bmatrix}1 & 3 & 2\\ p_1 & p_3 & p_2\end{bmatrix}=\begin{bmatrix}2 & 1 & 3\\ p_2 & p_1 & p_3\end{bmatrix}$$

所以，上面的乘积可以采用以下的方法执行：

$$\begin{bmatrix}1 & 2 & 3\\ 2 & 1 & 3\end{bmatrix}\begin{bmatrix}1 & 2 & 3\\ 3 & 2 & 1\end{bmatrix}=\begin{bmatrix}3 & 2 & 1\\ 3 & 1 & 2\end{bmatrix}\begin{bmatrix}1 & 2 & 3\\ 3 & 2 & 1\end{bmatrix}=\begin{bmatrix}1 & 2 & 3\\ 3 & 1 & 2\end{bmatrix}$$

在上面定义的乘法下，可以验证三个对象置换的全体构成群，记为 S_3 群。由于两个置换不可交换，所以置换群是非交换群。

显然，上面三个对象的置换群的定义可以推广到 n 个对象置换群的情况。

例 A2.1.7　Pauli 算子群八个矩阵

$$I=\begin{bmatrix}1 & 0\\ 0 & 1\end{bmatrix},\quad X=\begin{bmatrix}0 & 1\\ 1 & 0\end{bmatrix},\quad Y=\begin{bmatrix}0 & 1\\ -1 & 0\end{bmatrix},\quad Z=\begin{bmatrix}1 & 0\\ 0 & -1\end{bmatrix}$$

$$-I=\begin{bmatrix}-1 & 0\\ 0 & -1\end{bmatrix},\quad -X=\begin{bmatrix}0 & -1\\ -1 & 0\end{bmatrix},\quad -Y=\begin{bmatrix}0 & -1\\ 1 & 0\end{bmatrix},$$

$$-Z=\begin{bmatrix}-1 & 0\\ 0 & 1\end{bmatrix}$$

在矩阵乘运算下构成一个八阶群，称为 **Pauli 算子群**。其中，I 是单位元 e。

A2.2　群乘法表和重排定理

A2.2.1　群乘法表

对于一个群，如果知道了所有群元素，并且知道了其中任意两个群元的乘积是什么，这个群的结构就完全、唯一地确定了。对于有限群，所有群元之间的乘积可以方便地用一个表表示。对于 n 阶群，该表由 n 行 n 列构成，其中每行、每列各由一个群元标明，在行与列的交叉处，记下这两个群元的乘积。由于对非交换群的一般情况，乘积还依赖于因子顺序，因此还必须指明乘积中因子的次序。这里规定标志行的群元是第一因子，标志列的群元是第二因子。

表 A2.2.1、表 A2.2.2、表 A2.2.3、表 A2.2.4 分别为 G_1 群、G_{3v} 群、G_{4v} 群和 Pauli 算子群乘法表。

表 A2.2.1　G_1 群的乘法表

$x \oplus y$ (x \ y)	0	1
0	0	1
1	1	0

表 A2.2.2　G_{3v}群的乘法表

S / RS / R	e	c_3^1	c_3^2	$\hat{\sigma}_A$	$\hat{\sigma}_B$	$\hat{\sigma}_C$
e	e	c_3^1	c_3^2	$\hat{\sigma}_A$	$\hat{\sigma}_B$	$\hat{\sigma}_C$
c_3^1	c_3^1	c_3^2	e	$\hat{\sigma}_C$	$\hat{\sigma}_A$	$\hat{\sigma}_B$
c_3^2	c_3^2	e	c_3^1	$\hat{\sigma}_B$	$\hat{\sigma}_C$	$\hat{\sigma}_A$
$\hat{\sigma}_A$	$\hat{\sigma}_A$	$\hat{\sigma}_B$	$\hat{\sigma}_C$	e	c_3^1	c_3^2
$\hat{\sigma}_B$	$\hat{\sigma}_B$	$\hat{\sigma}_C$	$\hat{\sigma}_A$	c_3^2	e	c_3^1
$\hat{\sigma}_C$	$\hat{\sigma}_C$	$\hat{\sigma}_A$	$\hat{\sigma}_B$	c_3^1	c_3^2	e

表 A2.2.3　c_{4v}群的乘法表

S / $R\cdot S$ / R	e	C_4^1	C_4^2	C_4^3	$\hat{\sigma}_u$	$\hat{\sigma}_v$	m_x	m_y
e	e	C_4^1	C_4^2	C_4^3	$\hat{\sigma}_u$	$\hat{\sigma}_v$	m_x	m_y
C_4^1	C_4^1	C_4^2	C_4^3	e	m_y	m_x	$\hat{\sigma}_u$	$\hat{\sigma}_v$
C_4^2	C_4^2	C_4^3	e	C_4^1	$\hat{\sigma}_v$	$\hat{\sigma}_u$	m_y	m_x
C_4^3	C_4^3	e	C_4^1	c_4^2	m_x	m_y	$\hat{\sigma}_v$	$\hat{\sigma}_u$
$\hat{\sigma}_u$	$\hat{\sigma}_u$	m_x	$\hat{\sigma}_v$	m_y	e	C_4^2	C_4^1	C_4^3
$\hat{\sigma}_v$	$\hat{\sigma}_v$	m_y	$\hat{\sigma}_u$	m_x	C_4^2	e	C_4^3	C_4^1
m	m_x	$\hat{\sigma}_v$	m_y	$\hat{\sigma}_u$	C_4^3	C_4^1	e	C_4^2
m_y	m_y	$\hat{\sigma}_u$	m_x	$\hat{\sigma}_v$	C_4^1	C_4^3	C_4^2	e

表 A2.2.4　Pauli 算子群的乘法表

S / $R\cdot S$ / R	e	$-Y$	$-I$	Y	X	$-X$	$-Z$	Z
e	e	$-Y$	$-I$	Y	X	$-X$	$-Z$	Z
$-Y$	$-Y$	$-I$	Y	e	$-Z$	Z	$-X$	X
$-I$	$-I$	Y	e	$-Y$	$-X$	X	Z	$-Z$
Y	Y	e	$-Y$	$-I$	Z	$-Z$	X	$-X$
X	X	Z	$-X$	$-Z$	e	$-I$	Y	$-Y$
$-X$	$-X$	$-Z$	X	Z	$-I$	e	$-Y$	Y
$-Z$	$-Z$	X	Z	$-X$	$-Y$	Y	e	$-I$
Z	Z	$-X$	$-Z$	X	Y	$-Y$	$-I$	e

由于群表本质上反映的是群中两元素的乘积等于什么，所以群表中行或列中元素的次序是无关紧要的。行或列中元素不同的编序得出本质上相同的乘法表和群结构。

A2.2.2　重排定理

观察上面给出的各个群表(A2.2.1、A2.2.2、A2.2.3、A2.2.4)可以看出，群表中每行、每列都是群中元素不重复的名单。由此,可归纳出下面的重排定理。

定理 A2.2.1(重排定理) 在群的乘法表中,每个群元在每行、每列中出现一次并且仅出现一次。

首先证明在群表中每行或每列不可能有两个元素是相同的。假定在群元 T 标识的行中第 R 列和第 S 列的两个元素相同,这意味着

$$\mathrm{Tr} = ts$$

以 t^{-1} 左乘上式两边,得 $r=s$,这不可能。所以,群表中不可能在同一行中有两个相同的元素。利用同样方法可以证明,在每个列中也不可能有两个相同的元素。

重排定理的一个重要推论是,若 f 是群元素的任意函数,则有

$$\sum_{r\in G} f(r) = \sum_{r\in G} f(rs)$$

其中,s 是群 G 中的任意元素。

A2.3 群的子集合

在研究一些复杂的群结构时,需要把群分解成一些子集合,通过研究这些子集合的性质以及不同子集合之间的关系了解群结构。分解群为子集合的一个重要方法就是**子群**(subgroup)和**陪集**(coset)分解。

A2.3.1 子群

对于群 G 的一个子集 $G'\subset G$,若 G' 在相同的二元运算下仍然是一个群,则称 G' 是群 G 的一个**子群**。

关于子群有如下定理。

定理 A2.3.1 群 G 的一个非空子集 G' 成为子群的充要条件是:若 $r,s\in G'$,则 $r*s^{-1}\in G'$。

证明 若 G' 是子群,显然有 $r*s\in G'\Rightarrow rs^{-1}\in G'$,这个条件是必要的。下面证明这个条件也是充分的。

由 $r*s\in G'\Rightarrow rs^{-1}\in G'$,取 $r=s$,则 $ss^{-1}=e\in G'$,G' 中含有单位元。

取 $r=e$,则 $es^{-1}=s^{-1}\in G'$,又由于 s 是 G' 中的任意元素,因此 G' 中任意一个元素的逆元也在 G' 中;r,s^{-1} 可以是 G' 中任意两个元素,所以 G' 满足封闭性条件;由于 G' 中二元运算就是原来 G 的二元运算,而 G' 是 G 的子集,因此结合率条件自然满足。综上所述,G' 是一个子群。

对于有限群,定理 A2.3.1 中的条件还可以简化为:**有限群 G 的非空子集 G' 成为子群的充要条件是对于 $r,s\in G'$ 有**

$$r*s\in G'$$

成立,即 G' 在和群 G 相同的二元运算下满足封闭性条件。

事实上,取 $r=s$,由假设

$$s * s = s^2 \in G'$$

类似地可证

$$s^n \in G'$$

因为 G' 是有限的,所以 n 必定是有限数,即对某一个 N 值,有

$$s^N = e$$

因此,G' 中含有单位元。显然,任意一个元素 s 的逆元 s^{-1} 也在 G' 中。应用封闭性条件有

$$r * s^{-1} \in G'$$

根据上面关于子群的定理,知 G' 是一个子群。

每个群都有两个平凡的子群:单位元构成的一阶群和群 G 自身。若子群 $G' \neq G$,G 比 G' 包含更多的元素,则称 G' 是 G 的**真子群**(proper subgroup)。寻找一个群的真子群是了解这个群群结构的重要问题。若没有特殊指明,所说的子群一般都是指真子群。

例 A2.3.1 n 长二元串在模二加"$\oplus$"下构成的 G_n 群,$G_2, G_3, \cdots, G_{n-1}$ 都是它的真子群。

例 A2.3.2 c_{4v} 的真子群有 $\{e, c_4^1, c_4^2, c_4^3\}$,$\{e, c_4^2, m_x, m_y\}$,$\{e, c_4^2, \sigma_u, \sigma_v\}$,$\{e, c_4^2\}\{e, \sigma_u\}$ 等。

例 A.3.3 两个对象的置换群 $S_2=\{e,(12)\}$ 是 S_3 群的真子群。可以验证 S_3 群还有其他真子群。

A2.3.2 陪集

考察 n 阶群 G 的一个 $m(m<n)$ 阶子群 H

$$H = \{h_1 \equiv e, h_2, \cdots, h_m\}$$

设 $g \in G$ 是 G 中的任意元素,用 g 和 H 中的元素构成所有形式为

$$ge = g, gh_2, \cdots, gh_m$$

的乘积,并记乘积元素的集合为

$$gH = \{ge = g, gh_2, \cdots, gh_m\}$$

存在有两种可能性:

(1) 若 $g \in H$,由于 H 作为子群满足封闭性条件,因此集合 gH 不过是 H 中元素的新排列,作为集合有

$$gH = H$$

(2) 若 $g \notin H$，则 gH 中所有的元素都不属于 H，可利用反证法证明这一点。设对某个 $h_i \in H(1 \leqslant i \leqslant m)$ 有

$$gh_i \in H$$

成立，由于 H 是一个群，因此 $h_i^{-1} \in H$，从而

$$(gh_i)h_i^{-1} = g \in H$$

这与假设 g 不在 H 中矛盾，故 gH 和 H 不可能有公共元素，即

$$gH \cap H = \varnothing$$

当 g 不是 H 中的元素（当然它仍然是 G 中的元素）时，集合 gH 称为 G 中 H 相对元素 g 的**左陪集**(left coset)。同样，也可将下列元素集合

$$Hg = \{g, gh_2, gh_3, \cdots, gh_m\}$$

称为 G 中 H 相对 g 的**右陪集**(right coset)。

A2.3.3　Lagrange 定理

Lagrange 定理可表述为若 m 阶子群 H 是 n 阶群 G 的一个子群，则 m 必为 n 的因数。

证明　令

$$H = \{h_1 \equiv e, h_2, \cdots, h_m\}$$

是 G 的一个 m 阶子群。相对于一个属于 G 但不属于 H 的元素 g，构造 H 的左陪集

$$gH = \{ge = g, gh_2, \cdots, gh_m\}$$

前面已证明，gH 中所有元素都属于 G 但不属于 H，于是得到群 G 的 m 个新元素。这样就可得到群 G 的 $2m$ 个元素

$$H + gH = \{e, h_2, h_3, \cdots h_m, ge = g, gh_2, \cdots, gh_m\}$$

如果这还不是全部 G，就在 G 中剩余的元素中任取一个元素 s，同样做成左陪集 sH。根据同样的道理，sH 中的所有元素都属于 G，但不属于 H，现在证明 sH 和 gH 也不可能有共同的元素。

假设 sH 和 gH 有一个元素相同，即

$$sh_i = gh_j$$

则有

$$s = gh_jh_i^{-1} = gh_k \in gH$$

表明 s 属于陪集 gH，而这与假设的 s 的选择矛盾。所以

$$sH \cap gH = \varnothing$$

于是又得到了 m 个属于 G 但不属于 H 的新元素。这样得到了群 G 的 $3m$ 个元素。如果还没有穷尽 G 中的元素,就在 G 中剩余部分再取一个元素,继续上述步骤,每次都能得到 m 个 G 中的新元素,所以 G 中元素的个数必为 m 的整数倍。

整数 n/m 称为 G 中子群 H 的**指数**(index)。

Lagrange 定理的一个明显推论是:阶为素数的群没有真子群。例如,5 阶群,7 阶群,…,没有真子群。

A2.3.4 共轭元素类

分解群为子集合的另一重要方法是类分解。类的概念在群表示理论中具有重要应用。

在群 G 中取一元素 r,另取一元素 s,用 s 对 r 做相似变换

$$srs^{-1} = t$$

得到一个新元素 t。若群元 r 和 t 存在上述关系,则称 r 共轭于 t,记为 $r \sim t$。若 $r \sim t$,则有

$$r = s^{-1}ts = (s^{-1})t(s^{-1})^{-1}$$

所以 $t \sim r$,r 和 t 互为共轭元素。此外,取 s 为单位元 e,则有 $r \sim r$;另外,若 $r \sim t$,$t \sim s$,则可证明 $r \sim s$。因此,共轭的概念满足数学上**等价关系**(equivalence relation),利用这一等价关系可以把群元素分成一些不相交的子集,使得每个子集中的元素都相互共轭,但属于不同子集的元素都不共轭,这样的子集称为群的**共轭元素类**,简称为**类**(class)。

对于任意群 G,单位元自成一类。因为对于任意 $s \in G$,都有

$$ses^{-1} = e$$

由于单位元自成一类,群的其余类都不会含有单位元,因此都不可能构成子群。

Abel 群的每个元素自成一类。因为任取 Abel 群的一个元素 r,用任意群元 s 对它做相似变换,都有

$$srs^{-1} = rss^{-1} = r$$

所以得到的共轭元素仍然只是 r 自身。

对于一般的群,为了确定它的类,可以从一个群元出发,作出群中所有元素(包括它自身在内)对它的相似变换,得到的元素集合就是一个类。然后再取其余元素中的一个,用所有群元对它做相似变换,得到一个新的类。重复上述过程直到把所有群元都列入一类或另一类为止。

对于物理上的常见群,有一些简单的规则可以帮助确定其类别。

关于共轭类中元素的数目有下面的定理 A2.3.2。

定理 A2.3.2 如果 G 是 n 阶有限群，则 G 中每个类中元素的数目都是 n 的一个因数。

证明 在群 G 中取一个子集 H^s，s 是 G 中任意一个元素，取

$$H^s = \{h \in G \mid hsh^{-1} = s\}$$

即 H^s 是由 G 中所有对 s 的相似变换仍为 s 的元素组成。可以证明这个集合是一个子群。取 $h_1, h_2 \in G$，并且 $h_1 s h_1^{-1} = s, h_2 s h_2^{-1} = s$，则 h_1, h_2 都属于 H^s。由

$$h_1 s h_1^{-1} = s = h_2 s h_2^{-1}$$

得

$$s = h_1^{-1} h_2 s h_2^{-1} h_1 = (h_1^{-1} h_2) s (h_1^{-1} h_2)^{-1}$$

这表示

$$h_1^{-1} h_2 \in H^s$$

由前面关于子群的定理可知 H^s 是一个子群。

现在证明 G 中子群 H^s 的左陪集数目等于含 s 的类中元素的数目。

如果 h_1 和 h_2 对 s 决定同一个共轭元素，即

$$h_1 s h_1^{-1} = h_2 s h_2^{-1}$$

则有 $h_1^{-1} h_2 \in H^s$ 或 $h_2 \in h_1 H^s$，即 h_1 和 h_2 属于 H^s 的同一个左陪集。反过来，如果 h_1 和 h_2 属于 H^s 的同一个左陪集，则可以证明它们确定 s 的同一个共轭元素。所以，含 s 类中的元素和子群 H^s 左陪集一一对应，二者有相同的数目。而后者恰为群阶 n 的一个因子，定理得证。

A2.3.5 生成元和循环子群

前面从群的子集合角度研究了群的结构，再深入一步，下面研究构成群的元素。

1. 元素的阶

在群中任取一元素 g（单位元除外）作为它的乘幂，由群的封闭性质，这些乘幂

$$g, g^2, g^3, \cdots$$

必然都在群 G 中。一般这些乘幂应给出 G 的不同元素。但当 G 为有限群时，必然存在一个有限正整数 n，使得

$$g^n = e$$

称满足 $g^n = e$ 的最小正整数 n 为**元素 g 的阶**(order)。

例如，对于 c_{3V} 群，元素

$$(c_3^1)^2 = c_3^2, \quad (c_3^1)^3 = e, \quad (c_3^2)^2 = c_3^1, \quad (c_3^2)^3 = c_3^1 c_3^2 = e$$

所以 c_3^1, c_3^2 都是三阶元素，而

$$(\hat{\sigma}_A)^2 = e, \quad (\hat{\sigma}_B)^2 = e, \quad (\hat{\sigma}_c)^2 = e$$

因此 $\hat{\sigma}_A, \hat{\sigma}_B, \hat{\sigma}_c$ 都是二阶元素。已知对于 C_{3V} 群，$\{e\}$，$\{C_3^1, C_3^2\}$ 和 $\{\hat{\sigma}_A, \hat{\sigma}_B, \hat{\sigma}_c\}$ 是它的三个类，该例子表明，属于群中同一类的元素有相同的阶。这对任何群都成立。事实上，设 s 是与 r 属于群 G 的同一类，则群 G 中必存在另一个元素 g，使得

$$grg^{-1} = s$$

从而

$$s^m = (grg^{-1})^m = (grg^{-1})(grg^{-1})\cdots(grg^{-1}) = gr^m g^{-1}$$

若 s 是 n 阶元素，$s^n = e$，则 $gr^n g^{-1} = e$，从而 $r^n = g^{-1}eg = e$，因此 s 和 r 有相同的阶。

2. 生成元和循环子群

若元素 g 的所有不同乘幂已构成 G 群元全体，则称元素 g 是群 G 的**生成元**(generator)。由单一元素生成的群称为**循环群**(cyclic group)。例如，C_{3V} 的子群 $\{e, C_3^1, C_3^2\}$ 就是一个循环群。由于任何群至少有一个生成元，因此任何群至少有一个循环子群。由于一个元素乘幂可以交换，所有循环群都必定是 Abel 群，但其逆不一定成立，即并非所有的 Abel 群都是循环群。

有时一个群很大，由单一元素不足以生成群元全体，即这样的群生成元不是单一元素，而是存在一个生成元集合

$$g = \{g_1, g_2, \cdots, g_m\}$$

由它们各自乘幂以及所有乘幂间的乘积生成群 G。这样能够生成群 G 的所有元素的最小集合 $\{g_1, g_2, \cdots, g_m\}$ 称为群 G 的**生成元组**(generator set)。

例如，C_{3v} 群就不可能由一个元素生成。单个元素 c_3^1 只生成子群 $\{e, c_3^1, c_3^2\}$。如果再增加一个元素 $\hat{\sigma}_A$，由于

$$\hat{\sigma}_A c_3^1 = \hat{\sigma}_B, \quad \hat{\sigma}_A (c_3^1)^2 = \hat{\sigma}_A c_3^2 = \hat{\sigma}_c$$

因此 $\{C_3^1, \hat{\sigma}_A\}$ 可以取作 C_{3v} 群的生成元组。

必须注意，一个群的生成元组的选择不是唯一的。例如，C_{3v} 群的生成元组还可以取为 $\{c_3^1, \hat{\sigma}_B\}$，$\{c_3^1, \hat{\sigma}_c\}$ 或 $\{c_3^2, \hat{\sigma}_A\}$ 等。

引入生成元组的概念可以把一个复杂的群归结为少数几个基本元素，便于对群进行研究。例如，在稳定子码研究中，就把稳定子群研究归结为稳定子群生成元研究。尤其在研究无限群时，由于群元有限多，这时研究群生成元对研究群本身具有重要意义。

A2.4　正 规 子 群

A2.4.1　正规子群

设 G 和 H 都是群(不一定有子群关系)，并且 H 和 G 的元素间定义了二元运

算,若存在 $g_i \in G$,使集合

$$g_i H = H g_i$$

即

$$g_i H g_i^{-1} = H$$

成立,则称 H 在 g_i 变换下不变。G 中能使 H 不变的所有元素的集合

$$N(H \mid G) = \{g: gHg^{-1} = H, g \in G\}$$

称为 H 在 G 中的**正规子**(normalizaer)。

可以证明,正规子是 G 的一个子群。事实上,若 $g_i, g_j \in N(H|G)$,即

$$g_i H g_i^{-1} = H, \quad g_j H g_j^{-1} = H$$

则有

$$H = g_i^{-1} g_j H g_j^{-1} g_i$$

或

$$(g_i^{-1} g_j) H (g_i^{-1} g_j)^{-1} = H$$

这表明$(g_i^{-1} g_j) \in N(H|G)$,由子群存在定理 A2.3.1 可知,$N(H|G)$是 G 的子群。

若 $N(H|G)=G$,即 H 在 G 的所有元素变换下不变,则称 H 在 G 变换下不变。若 H 是群 G 的子群,对于 G 中所有元素 g,子群 H 的左陪集和右陪集作为集合相等,则 H 称为 G 的**正规子群**(normal subgroup)或**不变子群**(invariant subgroup)。

设 $g \in G$ 是群 G 的任意元素,H 是正规子群的条件可以写作

$$gH = Hg \tag{A2.4.1}$$

或

$$gHg^{-1} = H$$

$gHg^{-1} = H$ 表明,若 h_i 是 H 中的某一元素,则与它共轭的所有元素也都在 H 中。这就是说,**正规子群是由大群的完全类组成的**,若正规子群 H 中包含某一类中的一个元素,那它必定包含该类中的所有元素。相反,若群 G 的子群 H 由 G 的完全类组成,则 H 必为 G 的正规子群。

根据上面正规子群的定义,若群 G 的子群 H 的指数是 n,则 H 必为正规子群。因为对于 $g \in G$,若 $g \in H$,则有

$$gH = H = Hg \tag{A2.4.2}$$

若 $g \notin H$,则 gH 是属于 G 但不属于 H 的 m(m 是子群 H 的阶)个元素,即 G 的其余 m 个元素。同样,这 m 个元素也必在 H 的右陪集中,所以

$$gH = Hg \tag{A2.4.3}$$

因此,H 是正规的。

不含正规子群的群称为**简单群**(simple group),不含 Abel 正规子群的群称为**半简单群**。简单群不包含正规子群,当然也不包含 Abel 正规子群,所以简单群必为半简单群(semisimple group)。区分简单群和半简单群在李群的表示理论中有重要意义。

例 A2.4.1 Abel 群的所有子群都是正规子群。

例 A2.4.2 S_3 群含有正规子群$\{e,(123),(132)\}$,S_3 群不是简单群;S_3 群的子群 S_2:$\{e,(12)\}$不是正规的。

注意,如果 H 是 G 的正规子群,而 H' 又是 H 的正规子群,那么 H' 不一定是 G 的正规子群,因为 H' 包含 H 的完全类,但不一定包含 G 的完全类。

A2.4.2 中心化子

必须注意,式(A2.4.1)只是表明两个集合相等,并不意味着 g 和 H 中的元素都对易。

设 H 是群 G 的子群,令 $h\in H$,可以证明 G 中所有和 h 对易的元素全体构成一个群,称为 h 在 G 中的**中心化子**(centralizer),简称为**中心**(center)。

作为集合

$$Z(h \mid G) = \{g: ghg^{-1} = h, g \in G\} \tag{A2.4.4}$$

若 $r,s\in Z(h|G)$,即

$$rhr^{-1} = h,\quad shs^{-1} = h$$

则有

$$rhr^{-1} = shs^{-1}$$

即

$$s^{-1}rhr^{-1}s = (s^{-1}r)h(s^{-1}r)^{-1} = h$$

这表明 $s^{-1}r$ 也属于集合 $Z(h|G)$,由关于子群的定理 A2.3.1 可知 $Z(h|G)$是 G 的子群。

和 G 中每个元素都对易的群 G 中元素的集合

$$Z(G) = \{g: g_i g g_i^{-1} = g, \forall g_i \in G\} \tag{A2.4.5}$$

称为群 G 的**中心化子**。

可以证明群 G 的中心 $Z(G)$是 G 的一个子群。因为如果 $g_1,g_2\in Z(G)$,那么有

$$g_1gg_1^{-1} = g,\quad g_2gg_2^{-1} = g$$

对所有的 $g\in G$ 成立。由此 $g_1gg_1^{-1}=g_2gg_2^{-1}$,即$(g_2^{-1}g_1)g(g_2^{-1}g_1)^{-1}=g$,这表明 $g_2^{-1}g_1\in Z(G)$。由关于子群存在的定理 A2.3.1 可知,$Z(G)$是 G 的一个子群。

由于 $Z(G)$的元素和群 G 的每个元素都对易,特别是它自身的每个元素都对

易，因此 $Z(G)$ 是一个可交换群。若群 G 本身就是一个可交换群，则有 $Z(G)=G$。

A2.4.3 商群

设 N 是群 G 的正规子群，可以把 G 的元素相对于 N 分解成如下一些陪集：

$$N, r_2N, \cdots, r_mN$$

来穷尽群 G。现在把一个陪集看做是一个元素，得到的集合称为**商集合**(quotient set)。定义商集合中两个元素之积(即两个陪集之积)为取第一个陪集中的每个元素与第二个陪集中的每个元素乘积的集合，由于已把集合作为元素，因此乘积相同的只取一次。当 N 为正规子群时，可以证明在这样的乘法定义下商集合

$$\{N, r_2N, \cdots, r_mN\}$$

是一个群。

证明：由于

$$N(r_iN) = Nr_iN = rN_iN = (r_iN)N$$

因此 N 是单位元。其次，任意两元素的乘积

$$(r_iN)(r_jN) = r_ir_jNN = r_kN$$

仍属于这个商集合，所以这个商集合在所定义的乘法下是封闭的。还可以证明任意元素 (r_iN) 的逆元

$$(r_iN)^{-1} = N^{-1}r_i^{-1} = r_i^{-1}N$$

也在该集合中，而且所定义的集合乘积满足结合律，所以这个商集合是一个群。

由商集合构成的群称为群 G 相对于正规子群 N 的**商群**(quotient group)，记为 G/N。显然，商群的阶等于子群 N 在 G 中的指数。

例 A2.4.3 C_{3v} 的子群 $N=\{e, c_3^1, c_3^2\}$ 是正规子群。C_{3v} 相对于该正规子群的商群由两个元素构成

$$N = \{e, c_3^1, c_3^2\}, \quad N_2 = \{\hat{\sigma}_A, \hat{\sigma}_B, \hat{\sigma}_C\}$$

其中，$N_2=rN, r\notin N$。

一般情况下，两陪集的乘积是与相乘次序有关的，本例中商群是二阶群，因此是 Abel 群。

例 A2.4.4 $N=\{e, c_4^2\}$ 是 C_{4v} 的正规子群，C_{4v} 相对于 N 的商群由如下四个元素构成：

$$N = \{e, c_4^2\}, \quad N_2 = \{c_4^1, c_4^3\}$$
$$N_3 = \{m_x, m_y\}, \quad N_4 = \{\hat{\sigma}_u, \hat{\sigma}_v\}$$

A2.5 同态、同构、直积群

前面关于群的研究是从群内部结构着眼，现在考虑两个群之间的关系。

A2.5.1 同态

群首先是一个集合,因此可以把集合映射的概念运用到群上。定义一个映射μ,它把群G的元素r映射为像$\mu(r)$。记群G中元素在μ映射下的像集合为F,即

$$\mu: G \to F = \{\mu(r) \mid r \in G\}$$

称G为μ的定义域,$F=\{\mu(r)|r\in G\}$为μ的值域。

显然,可以有多种不同的方式定义μ,一般情况下,尽管G是一个群,但是F不一定是一个群。**如果映射μ能使群G的任意两个元素乘积的像是这两个元素像的乘积**,即

$$\mu(r_i r_j) = \mu(r_i)\mu(r_j)$$

则称μ为**同态映射**(homomorphism mapping)。可以证明,在同态映射下,群G的像是一个群,记为G'。

证明 对于G'中的任意两个元素$\mu(r_i)$,$\mu(r_j)$,由于

$$\mu(r_i)\mu(r_j) = \mu(r_i r_j) = \mu(r_k) \in G'$$

因此G'是封闭的。又由于

$$\mu(e)\mu(r) = \mu(er) = \mu(re) = \mu(r)\mu(e)$$

因此$e'=\mu(e)$是G'的单位元,μ映射G单位元的像是G'的单位元。又由于

$$\mu(e) = \mu(rr^{-1}) = \mu(r)\mu(r^{-1}) = e'$$

因此

$$[\mu(r)]^{-1} = \mu(r^{-1}) \in G$$

即μ把r的逆元映射为r的像$\mu(r)$的逆元。另外,μ映射并不破坏结合律,所以G'是一个群。同态映射是保持群结构的一种映射。

例 A2.5.1 任何群G都有一个最简单的同态映射,就是把G的每个元素都映射为单位元e'的映射。

例 A2.5.2 映射

$$\mu: \{e, c_3^1, c_3^2\} \to e'$$
$$\{\hat{\sigma}_A, \hat{\sigma}_B, \hat{\sigma}_C\} \to (12)$$

是C_{3v}群到S_2群的一个同态映射。

A2.5.2 同构

在同态映射中,并不假定不同的元素的像不同,也就是说,可以有多个不同的元素对应同一个像。

如果在同态映射下,再进一步假定若$r_i \neq r_j$则

$$\mu(r_i) \neq \mu(r_j)$$

成立，即 G 中只有唯一一个元素 r 对应于 G' 中的一个元素 $\mu(r)$，这时称映射是一对一的。一对一的同态映射称为**同构映射**(isomorphism mapping)。若群 G' 和群 G 之间存在一个同构映射，则称群 G 和群 G' 同构。

对于两个同构的群，不仅群元素之间存在一一对应关系，而且有相同的乘法表。因此，从抽象群的观点来看，两个同构的群是相同的群。

例 A2.5.3　所有的二阶群都互相同构；所有阶为质数的群都互相同构。

例 A2.5.4　若 C_{3v} 群和 S_3 群同构，则群元之间的对应关系可以建立为

$$C_{3v} = \{e, c_3^1, c_3^2, \hat{\sigma}_A, \hat{\sigma}_B, \hat{\sigma}_C\}$$

$$S_3 = \{e, (132), (123), (23), (13), (12)\}$$

例 A2.5.5　若 C_{4v} 群和 Pauli 算子群同构，则群元之间的对应关系为

$$c_{4v} = \{e, c_4^1, c_4^2, c_4^3, m_x, m_y, \hat{\sigma}_u, \hat{\sigma}_v\}$$

$$\{e, -Y, -I, Y, X, -X, -Z, Z\} \quad \text{(Pauli 算子群)}$$

关于群的同构，有下面的定理 A2.5.1。

定理 A2.5.1(Cayley 定理)　任何一个阶为 n 的有限群，都和 S_n 的一个子群同构。

证明　记 n 阶群 G 的元素为

$$G = \{g_1 \equiv e, g_2, \cdots, g_n\}$$

由群的乘法表可以看出，对于任意 $g_i \in G$，g_iG 给出这 n 个元素的新排列。定义映射

$$\mu: g_i \to P_{g_i} = \begin{bmatrix} g_1 & g_2 & \cdots & g_n \\ g_ig_1 & g_ig_2 & \cdots & g_ig_n \end{bmatrix}$$

这个映射是一对一的。下面证明这个映射还是同态的，即对于

$$g_ig_j = g_k$$

有

$$P_{g_i}P_{g_j} = P_{g_k}$$

成立。而这可由

$$P_{g_i}P_{g_j} = \begin{bmatrix} g_1 & g_2 & \cdots & g_n \\ g_ig_1 & g_ig_2 & \cdots & g_ig_n \end{bmatrix}\begin{bmatrix} g_1 & g_2 & \cdots & g_n \\ g_jg_1 & g_jg_2 & \cdots & g_jg_n \end{bmatrix}$$

$$= \begin{bmatrix} g_jg_1 & g_jg_2 & \cdots & g_jg_n \\ g_ig_jg_1 & g_ig_jg_2 & \cdots & g_ig_jg_n \end{bmatrix}\begin{bmatrix} g_1 & g_2 & \cdots & g_n \\ g_jg_1 & g_jg_2 & \cdots & g_jg_n \end{bmatrix}$$

$$= \begin{bmatrix} g_1 & g_2 & \cdots & g_n \\ g_kg_1 & g_kg_2 & \cdots & g_kg_n \end{bmatrix} = P_{g_k}$$

看出。所以,G 同构于$\{P_{g_i}\}$构成的群,而后者显然是 S_n 的一个子群。前面例 2 中 C_{3v}群同构于 S_3 群就是这种同构关系的一个特殊例子。

A2.5.3 同态核和商群

在同态映射 $\mu: G \to G'$中,映射为 G'中的单位元 e'的所有 G 中元素的集合称为**同态核**(kernel of homomorphism),记为

$$K = \{s \in G \mid \mu(s) = e'\}$$

关于同态核有如下定理 A2.5.2。

定理 A2.5.2 同态核 K 是群 G 的正规子群,商群 G/K 同构于 G'。

证明 首先证明作为集合 K,是 G 的一个子群。若 $s_1, s_2 \in K$,即

$$\mu(s_1) = \mu(s_2) = e'$$

则

$$[\mu(s_1)]^{-1} = e'$$

$$e' = [\mu(s_1)]^{-1}\mu(s_2) = \mu(s_1^{-1})\mu(s_2) = \mu(s_1^{-1}s_2)$$

所以

$$s_1^{-1}s_2 \in K$$

由关于子群的定理 A2.3.1 可知,K 是 G 的一个子群。

再进一步证明它是正规的。为此,只需证明对任意 $s \in K, r \in G$,必有

$$rsr^{-1} \in K$$

而这可由

$$\mu(rsr^{-1}) = \mu(r)e'[\mu(r)]^{-1} = e'$$

得出。因此,K 是 G 的正规子群。

由于对于所有 $s \in K, r \in G$,有

$$\mu(rs) = \mu(r)\mu(s) = \mu(r)$$

所以正规子群 K 的左陪集$\{rK\}$中的每一个元素都被 μ 映射为 G'中的同一个元素;相反,可以证明,被 μ 映射为相同像的任意两个元素必位于 K 的同一个左陪集中。因为若

$$\mu(r_1) = \mu(r_2)$$

则

$$\mu(r_1^{-1}r_2) = e'$$

即

$$r_1^{-1}r_2 \in K, \quad r_2 \in \{r_1K\}$$

既然同态核 K 是 G 的正规子群,那么可由 K 的陪集作为元素,构成一个商

群。商群到 G' 的映射是一对一的，而且满足如下同态关系：

$$\mu[(r_iK)(r_jK)] = \mu(r_i)\mu(r_j)$$

所以，G/K 同构于 G'。

例如，前面例中 C_{3v} 到 S_2 群的同态映射为

$$\mu:\{e,c_3^1,c_3^2\} \to e'$$
$$\{\hat{\sigma}_A,\hat{\sigma}_B,\hat{\sigma}_C\} \to (12)$$

同态核

$$K = \{e,c_3^1,c_3^2\}$$

是 C_{3v} 的正规子群。商群 C_{3v}/K 是二阶群，当然同构于 S_2 群。

A2.5.4 直积群

设 n 阶群 H 和 m 阶群 K 为

$$H = \{e_H,h_2,h_3,\cdots,h_n\}, \quad K = \{e_K,k_1,k_2,\cdots,k_m\}$$

以所有有序对 $\{(h_i,k_j)\}$ 作为元素构成一个集合，定义集合中两元素的乘积为

$$(h_{i_1},k_{j_1})(h_{i_2},k_{j_2}) = (h_{i_1}h_{i_2},k_{i_1}k_{i_2})$$

可以证明，在如此定义的乘法运算下，集合 $\{(h_i,k_j)\}$ 构成一个群，称为 H 和 K 的直积群，记为 $H\otimes K$。

证明 设 e_H 和 e_K 分别为群 H 和群 K 的单位元，由于

$$(h_i,k_j)(e_H,e_K) = (h_i,k_j) = (e_H,e_K)(h_i,k_j)$$

因此 (e_H,e_K) 是直积群的单位元。另外，对于任意元素 (h_i,k_j) 都有逆元 (h_i^{-1},k_j^{-1}) 存在，且满足

$$(h_i,k_j)(h_i^{-1},k_j^{-1}) = (e_H,e_K) = (h_i^{-1},k_j^{-1})(h_i,k_j)$$

此外，集合在所定义的乘法下封闭，对于任意两元素 (h_1,k_1) 和 (h_2,k_2)，其乘积

$$(h_1,k_1)(h_2,k_2) = (h_3,k_3)$$

仍是集合中的一个元素。结合律由两个群中的元素在乘法运算下都满足结合律保证，所以上面给出的直积集合是一个群，称为**直积群**(direct-product group)。

考虑直积群 $H\otimes K$ 的一个子集

$$H \otimes e_K = \{(h_i,e_K) \mid h_i \in H\}$$

其显然是 $H\otimes K$ 的一个子群，该子群同构于 H。同样

$$e_H \otimes K = \{(e_H,k_j) \mid k_j \in K\}$$

也是 $H\otimes K$ 的一个子群，并且同构于 K。由于

$$(h_i,e_K)(e_H,k_j) = (h_i,k_j) = (e_H,k_j)(h_i,e_K)$$

因此这两个子群的元素互相交换。

例 A2.5.6　六阶群 $G=\{g^6\equiv e,g^1,g^2,g^3,g^4,g^5\}$ 可以看成是由一个元素 g 的乘幂生成的,称为六阶循环群。容易验证,若定义 $(h_i,k_j)=h_ik_j$,则它是两个子群

$$H=\{e_H\equiv e,g^2,g^4\},\quad K=\{e_K\equiv e,g^3\}$$

的直积群。

例 A2.5.7　对于作用在不同对象上的两个置换群

$$S_2=\{e,(12)\},\quad S'_2=\{e,(34)\}$$

若它们的元素互相交换,它们的直积群

$$S_2\otimes S'_2=\{e,(12),(34),(12)(34)\}$$

是四个对象的置换群 S_4 的一个子群。

例 A2.5.8　设 H_1 是子系统 1 Hamilton 算子的对称性群,H_2 是子系统 2 Hamilton 算子的对称性群。当这两个子系统不存在相互作用时,由这两个子系统构成的复合系统 Hamilton 算子的对称性群就是 H_1 和 H_2 的直积群 $H_1\otimes H_2$。

附录 A3　群表示理论

A3.1　群表示的定义

A3.1.1　群表示的概念

定义 A3.1.1　若作用在线性空间 L 上的矩阵群

$$D = \{D(r_1 = e), D(r_2), \cdots, D(r_i), \cdots\}$$

同态于群 $G=\{e, r_1, r_2, \cdots, r_i, \cdots\}$，则称矩阵群 D 是群 G 的一个**表示**(representation)。L 称为**表示空间**(representation space)，L 的维数称为表示的**维数**(dimension)。

设 D 是群 G 的一个线性表示，由定义 A3.1.1 中的同态条件可知，若 $r_i r_j = r_k$，则

$$D(r_i)D(r_j) = D(r_i r_j) = D(r_k) \tag{A3.1.1}$$

这并不要求群元和表示矩阵一一对应。若 G 中的元素和 D 中的矩阵一一对应，即矩阵群 D 和群 G **同构**(isomorphism)，则称矩阵群 D 是群 G 的**忠实表示**(faithful representation)。

根据定义 A3.1.1 可以得出：

(1) 对于群的任意表示，单位元必由单位矩阵表示。由群单位元具有的性质

$$er = re = r, \quad \forall r \in G$$

成立，根据表示的同态性质可知，上述关系可用矩阵表示为

$$D(e)D(r) = D(r)D(e) = D(r)$$

而该等式仅当 $D(e)$ 为单位矩阵时才能满足。

(2) 在群的任意一个表示中，群元 r 的逆元 r^{-1} 必由矩阵 $D(r)$ 的逆矩阵表示。因为

$$D(r_i)D(r_j) = D(r_i r_j)$$

取 $r_j = r_i^{-1}$，上式可写为 $D(r_i)D(r_i^{-1}) = D(e)$，由于 $D(e)$ 是单位矩阵，因此

$$D(r_i^{-1}) = [D(r_i)]^{-1} \tag{A3.1.2}$$

A3.1.2　群代数和群正则表示

把群元看成是复线性矢量空间的基矢量，这组基矢量张起的复矢量空间称为**群空间**(group space)，记为 L_G。在数学上，一个线性矢量空间若在某种乘法规则下封闭，则该线性空间称为一个**代数**(algebra)。在 L_G 中进一步定义两个矢量的乘积为数与数按普通数乘，群元与群元按群乘法规则进行，即若

$$x = \sum_i \alpha_i r_i, \quad y = \sum_j \beta_j r_j$$

则

$$xy = \sum_{i,j} (\alpha_i \beta_j) r_i r_j \tag{A3.1.3}$$

$r_i r_j = r_k$ 也是群元素，群空间 L_G 在这样定义的乘法下封闭，L_G 是一个代数，称为**群代数**(group algebra)。

现在取 L_G 作为群表示空间，对应每个群元 r_i，定义一个算子 $\hat{r}_i$，它对于群空间任意矢量 x 的作用为 $\hat{r}_i x = r_i x$。因为对于任意 x 都有

$$\hat{r}_j \hat{r}_i x = \hat{r}_j (r_i x) = r_j r_i x$$

若 $r_j r_i = r_k$，则 $\hat{r}_k x = r_k x = r_j r_i x$，所以

$$\hat{r}_j \hat{r}_i = \hat{r}_k \tag{A3.1.4}$$

这表明上面定义的算子和群满足同态关系，构成群的一个表示，称为群的**正则表示**(regular representation)。

注意到 n 阶群 G 的 n 个元素现在是群空间一组正交归一化基，可直接用群元本身表示基矢量，当一个群算子作用到基矢组上时，由重排定理可知，只是给出基矢组的一个重新排列，所以表示矩阵的每行每列除了一个元素为 1 外，其余元素必定全都为零。由于群算子对群元的作用为 $\hat{r}_i r_j = r_i r_j$，由正则表示的定义有 $\hat{r}_i r_j = \sum_k r_k D_{kj}(r_i)$，其中表示矩阵元

$$D_{kj}(r_i) = (r_k, r_i r_j) = \delta_{r_k, r_i r_j} \tag{A3.1.5}$$

A3.1.3　等价表示、幺正表示定理

设 n 维表示空间 L 中，两组基矢 $e=\{\vec{e}_1, \vec{e}_2, \cdots, \vec{e}_n\}$ 和 $e'=\{\vec{e}'_1, \vec{e}'_2, \cdots, \vec{e}'_n\}$ 通过非奇异矩阵 S 相联系。在基 e 下，算子 $\hat{r} \in G$ 的表示矩阵为 $D(r)$；在基 e' 下，算子 r 的表示矩阵为 $D'(r)$，则

$$D'_{ji}(r) = (\vec{e}'_j, \hat{r}\vec{e}'_i) = \Big(\sum_k \vec{e}_k S_{kj}, \hat{r} \sum_l \vec{e}_l S_{li}\Big) = \sum_{k,l} S^*_{kj} (\vec{e}_k, \hat{r}\vec{e}_l) S_{li}$$

$$= \sum_{k,l} S_{kj}^{*} D_{kl}(r) S_{li} = \sum_{k,l} \widetilde{S}_{jk}^{*} D_{kl}(r) S_{li} = S^{-1} D(r) S$$

或

$$D(r) = SD'(r)S^{-1}, \quad \forall r \in G \tag{A3.1.6}$$

称表示 $D'(r)$是表示 $D(r)$的**等价表示**(equivalent representation)。等价表示是同一表示空间不同基矢下的表示。

若表示$\{D(r), r \in G\}$的每个矩阵都是幺正矩阵,即 $D^{\dagger}(r)D(r)=I$,则称表示 $D(r)$是**幺正表示**(unitary representation)。在群表示理论中可以证明如下定理。

定理 A3.1.1 有限群在内积空间上的每个表示都有一个等价的幺正表示。 称为**群幺正表示定理**。表示的非幺正性表明,生成这个表示的基矢组是非正交归一化的。定理 A3.1.1 的实质在于对于任意内积空间,总可以找到一组正交归一化基。可以证明,该定理对于一类连续群——紧李群仍然成立。

根据该定理,不失一般性,至少对于有限群,可以只考虑幺正表示。

A3.1.4 可约表示、不可约表示

若 $L^{(m)}$是表示空间 L 的一个子空间,$L^{(m)}$在群 G 作用下是封闭的,即对于任意$r \in G$和任意 $x \in L^{(m)}$,都有 $\hat{r}x \in L^{(m)}$成立,则称 $L^{(m)}$是 G 作用下的**不变子空间**(invariant subspace)。当 $L^{(m)}$是 L 的真子空间时,称由 L 生成的表示是**可约的**(reducible)。若在 L 找不到G 作用下的真不变子空间,则相应的表示称为是不可约的(irreducible)。表示的可约性与生成该表示的矢量空间是否存在 G 作用下真不变子空间有关。

注意到,表示的可约性不要求补空间 $L-L^{(m)}$也是 G 作用下不变的。如果能证明真不变子空间 $L^{(m)}$的补空间也是 G 不变的,那么称由 L 生成的表示 D 是**完全可约的**(completely reducible)。

当 L 中存在真不变子空间 $L^{(m)}$时,总可以在 L 中选择一组基矢$\{\vec{e}_1, \vec{e}_2, \cdots, \vec{e}_m, \vec{e}_{m+1}, \cdots, \vec{e}_n\}$,其中,$\{\vec{e}_1, \vec{e}_2, \cdots, \vec{e}_m\}$是 $L^{(m)}$的基,在这组基矢下,任意群元 $r \in G$ 的表示矩阵必取如下形式:

$$D(r) = \begin{bmatrix} D^{(1)}(r) & X(r) \\ 0 & D^{(2)}(r) \end{bmatrix} \tag{A3.1.7}$$

其中,$D^{(1)}$,$D^{(2)}$分别是 m 阶和$n-m$ 阶方阵;X 是 m 行、$n-m$ 列矩阵。

若表示空间 L 可以分解为$L^{(m)}$和 $L^{(p)}$的直和

$$L = L^{(m)} \oplus L^{(p)} \tag{A3.1.8}$$

并且 $L^{(m)}$和 $L^{(p)}$都是 G 作用下的不变子空间,则 L 生成的表示是完全可约的。通过适当的基矢选择,完全可约表示的矩阵可以都有如下形式

$$D(r) = \begin{bmatrix} D^{(1)}(r) & 0 \\ 0 & D^{(2)}(r) \end{bmatrix} = D^{(1)}(r) \oplus D^{(2)}(r), \quad \forall r \in G \tag{A3.1.9}$$

其中，$D^{(1)}$，$D^{(2)}$分别是 m 阶和 $n-m$ 阶方阵。

关于表示的完全可约性，有如下定理 A3. 1. 2。

定理 A3. 1. 2　若 D 是给定群的可约幺正表示，则 D 是完全可约的。

综上所述，有限群在内积空间上的表示或者本身就是不可约的，或者等价于几个不可约表示的直和。群表示理论就是解决如何判定表示的等价性、不可约性，找出给定群的所有不等价不可约表示，以及如何把一个可约表示约化成不可约表示的直和。

A3. 2　群不可约表示矩阵元正交性定理

群不可约表示矩阵元正交性定理在群表示理论中处于中心地位。下面通过两个引理推导出这一定理，然后再对该定理进行解释。

A3. 2. 1　Schur 引理 1

引理 A3. 2. 1（Schur 引理 1）　若 D 是群 G 的一个 n 维不可约表示，而矩阵 M 与 D 的所有矩阵｛$D(r)$，$r\in G$｝都对易

$$D(r)M = MD(r),\quad \forall r \in G \tag{A3. 2. 1}$$

则 M 必为单位矩阵的常数倍

$$M = cI$$

证明　下面分两步证明这一引理。第一步证明与不可约表示 D 的所有矩阵都对易的任一 Hermitian 矩阵，必是单位矩阵的常数倍。

令 H 为一 Hermitian 矩阵 $H=H^{\dagger}$，它与 D 的所有矩阵对易，即

$$HD(r) = D(r)H,\quad \forall r \in G \tag{A3. 2. 2}$$

由于 H 是 Hermitian 的，因此 H 矩阵本征值都是实数，而且存在一个幺正变换 U，使得 H 对角化，对角元就是 H 的本征值。令 U 为这样的幺正变换，则有

$$U^{-} HU = H_d \tag{A3. 2. 3}$$

H_d 是一个对角矩阵，对角元 $\lambda_i(i=1,2,\cdots,n)$就是 H 的本征值。下面证明 λ_i 必定全都相等。

假设 λ_i 不是全同，则挑选出某一个本征值 λ，并假定这个本征值重复 $k(1\leqslant k\leqslant n)$次。通过重排 U 的列，改变 H_d 中 λ_i 的顺序，可以把这 k 个相同的本征值排在前 k 个位置，即

$$\lambda = \lambda_1 = \lambda_2 = \cdots\lambda_k \neq \lambda_l,\quad k+1 \leqslant l \leqslant n \tag{A3. 2. 4}$$

以 U^{-}左乘、以 U 右乘式(A4. 2. 2)，得

$$U^{-} HUU^{-} D(r)U = U^{-} D(r)UU^{-} HU,\quad \forall r \in G$$

即

$$H_d D'(r) = D'(r) H_d, \quad \forall r \in G \tag{A3.2.5}$$

其中,D'是和 D 等价的表示。取式(A3.2.5)的第 l 行、第 j 列元素得

$$\lambda_l D'_{lj}(r) = D'_{lj}(r)\lambda_j$$

即

$$(\lambda_l - \lambda_j) D'_{lj}(r) = 0, \quad \forall r \in G$$

由式(A3.2.4)可知,当 $1 \leqslant l \leqslant k, k+1 \leqslant j \leqslant n$ 时,$\lambda_l \neq \lambda_j$,所以必有

$$D'_{lj}(r) = 0, \quad \forall r \in G$$

即对于所有 $r \in G$,$D'(r)$具有如下形式:

$$D'(r) = \begin{bmatrix} * & 0 \\ 0 & * \end{bmatrix}$$

这表明 D'具有可约形式,从而与之等价的 D 也是可约的,而这与假设 D 是可约的矛盾。这就意味着生成不可约表示 D 的空间 L 是 H 对应同一本征值的本征空间。从而

$$H_d = \lambda I$$

由式(A3.2.3)可得

$$H = U H_d U^{-} = \lambda I$$

即 H 为单位矩阵的常数倍。

第二步证明满足式(A3.2.1)条件的任意矩阵 M 也必是单位矩阵的常数倍。

由假设

$$D(r) M = M D(r), \quad \forall r \in G$$

取 Hermitian 共轭

$$M^{\dagger} D^{\dagger}(r) = D^{\dagger}(r) M^{\dagger}, \quad \forall r \in G$$

不失普遍性,总可假设 D 是幺正表示,由幺正表示的性质可知,上式可以写为

$$M^{\dagger} D(r^{-}) = D(r^{-}) M^{\dagger}, \quad \forall r \in G \tag{A3.2.6}$$

这表示 $M^{\dagger}$ 与所有表示矩阵对易。利用 M 构造两个 Hermitian 矩阵

$$H_1 = (M + M^{\dagger})/2, \quad H_2 = \mathrm{i}(M^{\dagger} - M)/2 \tag{A3.2.7}$$

由于 $M, M^{\dagger}$ 都和 $D(r)$的所有矩阵对易,因此 H_1, H_2 也都和所有 $D(r)$对易,由第一步证明的结论可知,H_1, H_2 都必为常数矩阵。令 $H_1 = \lambda_1 I, H_2 = \lambda_2 I$,由式(A3.2.7)有

$$M = H_1 + iH_2 = (\lambda_1 + \mathrm{i}\lambda_2) I$$

是单位矩阵的常数倍,证毕。

引理 A3.2.1 的重要性不仅在于由此可推导出一些重要结论，而且其逆定理也成立。即如果某一表示 D 的所有矩阵都与某一常数矩阵对易，那么此表示必为不可约表示。其逆定理给出了不可约表示的一个判据。

A3.2.2 Schur 引理 2

引理 A3.2.2(Schur 引理 2)　假设 $D^{(\nu)}$ 和 $D^{(\mu)}$ 是群 G 的两个维数分别为 n_ν 和 n_μ 的不可约表示，而 n_ν 行、n_μ 列矩阵 M 满足如下关系：

$$D^{(\nu)}(r)M = MD^{(\mu)}(r), \quad \forall r \in G \tag{A3.2.8}$$

则必有以下两种结论之一成立：

(1) $M=0$，M 是零矩阵。

(2) $\det(M)\neq 0$，M^- 存在，此时 $D^{(\nu)}$ 和 $D^{(\mu)}$ 是两个等价表示。

应当注意，两个表示只有维数相等时才可能是等价表示，所以若 $n_\nu \neq n_\mu$，则只有结论(a)成立。

证明　由假设

$$D^{(\nu)}(r)M = MD^{(\mu)}(r), \quad \forall r \in G$$

取等式两边 Hermitian 共轭，得

$$M^\dagger D^{(v)}(r) = D^\mu(r)M^\dagger, \quad \forall r \in G$$

不失一般性，假设这两个表示都是幺正的，由幺正表示的性质可得

$$M^\dagger D^{(\nu)}(r^-) = D^{(\mu)}(r^-)M^\dagger, \quad \forall r \in G$$

以 M 右乘上式两边，并由式(A3.2.8)得

$$M^\dagger MD^{(\mu)}(r^-) = D^{(\mu)}(r^-)M^\dagger M, \quad \forall r \in G$$

而矩阵 $M^\dagger M$ 与不可约表示 $D^{(\mu)}$ 的所有矩阵对易，由引理 A3.2.1 可知，$M^\dagger M$ 必为单位矩阵的常数倍

$$M^\dagger M = \lambda I \tag{A3.2.9}$$

其中，λ 为一常数。

(1) 首先考虑 $n_\nu = n_\mu$ 情况，设 $n_\nu = n_\mu = n$，由式(A3.2.9)可得

$$\det(M^\dagger M) = \det(M^\dagger)\det(M) = \lambda^n \tag{A3.2.10}$$

若 $\lambda \neq 0$，则 $\det(M)\neq 0$，M^- 存在，由式(A3.2.8)有

$$D^{(\nu)}(r) = MD^{(\mu)}(r)M^-, \quad \forall r \in G$$

这表明 $D^{(\nu)}$ 和 $D^{(\mu)}$ 是两个等价表示，此即结论(2)成立。

若 $\lambda = 0$，取式(A3.2.9)中第 i 行、第 i 列元素，有

$$\sum_k M^\dagger_{ik} M_{ki} = 0$$

亦即

$$\sum_k M_{ki}^* M_{ki} = \sum_k |M_{ki}|^2 = 0$$

上式仅当 $M_{ki}=0(1\leqslant k\leqslant n)$ 时成立。由于 i 是任意的，可取 $1\sim n$ 之间的任意值，故 $M=0$，即结论(a)成立。

(2) 对于 $n_\nu \neq n_\mu$ 的情况，这里证明只有结论(1)成立。不失一般性，假设 $n_\nu < n_\mu$，这时可添加 $n_\mu - n_\nu$ 行"0"元素，使 M 成为一个新的矩阵 M'

$$M' = \begin{pmatrix} M \\ 0 \end{pmatrix} \tag{A3.2.11}$$

由此可写成

$$M'^\dagger = (M^\dagger \quad 0) \tag{A3.2.12}$$

由矩阵乘 $M'^\dagger M' = M^\dagger M$ 得

$$\det(M'^\dagger M') = \det(M^\dagger M) = \lambda^n \tag{A3.2.13}$$

这里已假设 $n_\mu = n$ 且利用了式(A3.2.10)。然而，由式(A3.2.11)和式(A3.2.12)可得

$$\det(M'^\dagger M') = \det(M'^\dagger)\det(M') = 0$$

所以式(A3.2.13)中 $\lambda=0$，再由式(A3.2.9)可得

$$M^\dagger M = 0$$

再次取 $M^\dagger M$ 的第 i 行、第 i 列元素，重复前面的论证，即可得出 $M=0$，即结论(a)成立。证毕。

A3.2.3 群不可约表示矩阵元正交性定理的概念

定理 A3.2.1(不可约表示矩阵元正交定理) 群不可约表示正交性定理可表示为

$$\frac{n_\nu}{|G|}\sum_{g\in G} D_{mk}^{(\nu)}(g) D_{m'k'}^{(\mu)*}(g) = \delta_{\nu\mu}\delta_{mm'}\delta_{kk'} \tag{A3.2.14}$$

其中，$D^{(\nu)}$ 和 $D^{(\mu)}$ 是群 G 的两个不可约表示；$|G|$ 是群 G 的阶；n_ν 是不可约表示 $D^{(\nu)}$ 的维数。

证明 为了证明该定理，构造某一矩阵 M 如下：

$$M = \frac{1}{|G|}\sum_{g\in G} D^{(\nu)}(g) X D^{(\mu)}(g^-) \tag{A3.2.15}$$

其中，$D^{(\nu)}$ 和 $D^{(\mu)}$ 是群 G 的两个维数分别为 n_ν 和 n_μ 的不可约表示；X 是和群元无关的 $n_\nu \times n_\mu$ 矩阵。以 $D^{(\nu)}(s)(s\in G)$ 左乘式(A3.2.15)得

$$D^{(\nu)}(s)M=\frac{1}{|G|}\sum_{g\in G}D^{(\nu)}(s)D^{(\nu)}(g)XD^{(\mu)}(g^{-})$$

$$=\frac{1}{|G|}\sum_{g\in G}D^{(\nu)}(sg)XD^{(\mu)}(g^{-})=\frac{1}{|G|}\sum_{g\in G}D^{(\nu)}(t)XD^{(\mu)}(g^{-})$$

令其中 $t=sg$ 仍是群 G 的元素，将 $g^{-}=t^{-}s$ 代入上式得

$$D^{(\nu)}(s)M=\frac{1}{|G|}\sum_{t\in G}D^{(\nu)}(t)XD^{(\mu)}(t^{-}s)$$

$$=\frac{1}{|G|}\sum_{t\in G}D^{(\nu)}(t)XD^{(\mu)}(t^{-})D^{(\mu)}(s)$$

$$=MD(\mu)(s) \tag{A3.2.16}$$

由于式(A3.2.16)对所有 $s\in G$ 都成立，因此由引理 A3.2.2 可得：

(1) 若 $n_\nu\neq n_\mu$，则 $D^{(\nu)}$ 和 $D^{(\mu)}$ 是群 G 的两个不等价表示，有 $M=0$ 是零矩阵。注意到 X 是 $n_\nu\times n_\mu$ 矩阵，现在取

$$X_{ll'}=\delta_{lk}\delta_{l'k'} \tag{A3.2.17}$$

即 X 是除第 k 行、第 k' 列元素为 1 外，其余元素都为 0 的矩阵。则

$$0=M_{mm'}=\frac{1}{|G|}\sum_{g\in G}\sum_{l,l'}D^{(\nu)}_{ml}(g)X_{ll'}D^{(\mu)}_{l'm'}(g^{-})$$

将式(A3.2.17)代入上式得

$$\sum_{g\in G}D^{(\nu)}_{mk}(g)D^{(\mu)}_{k'm'}(g^{-})=0,\quad \nu\neq\mu \tag{A3.2.18}$$

(2) 若 $n_\nu=n_\mu$，则 $D^{(\nu)}$ 和 $D^{(\mu)}$ 是群 G 的同一个不可约表示。式(A3.2.16)表示 M 和 $D^{(\nu)}$ 的所有矩阵对易，由引理 A3.2.1 可知，M 必为单位矩阵的常数倍，即 $M=\lambda I_{n_\nu\times n_\mu}$。$M$ 的矩阵元

$$M_{mm'}=\lambda\delta_{mm'} \tag{A3.2.19}$$

为了确定 λ，利用式(A3.2.15)可得

$$M_{mm'}=\frac{1}{|G|}\sum_{g\in G}\sum_{l,l'}D^{(\nu)}_{ml}(g)X_{ll'}D^{(\nu)}_{l'm'}(g^{-})$$

对其中的 X 矩阵仍取式(A3.2.17)的形式，得

$$M_{mm'}=\frac{1}{|G|}\sum_{g\in G}D^{(\nu)}_{mk}(g)D^{(\nu)}_{k'm'}(g^{-}) \tag{A3.2.20}$$

利用式(A3.2.19)，令 $m=m'$，并对 m 求和得

$$\lambda n_\nu=\frac{1}{|G|}\sum_{g\in G}\sum_{m}D^{(\nu)}_{mk}(g)D^{(\nu)}_{k'm}(g^{-})=\frac{1}{|G|}\sum_{g\in G}D^{(\nu)}_{k'k}(g^{-}g)$$

$$=\frac{1}{|G|}\sum_{g\in G}D^{(\nu)}_{k'k}(e)=\delta_{kk'}$$

其中，n_ν 是不可约表示 $D^{(\nu)}$ 的维数。由上式可得

$$\lambda = \frac{1}{n_\nu}\delta_{kk'} \tag{A3.2.21}$$

综合式(A3.2.19)、式(A3.2.20)和式(A3.2.21)可得

$$\frac{1}{|G|}\sum_{g\in G}D_{mk}^{(\nu)}(g)D_{m'k'}^{(\nu)*}(g) = \frac{1}{n_\nu}\delta_{mm'}\delta_{kk'} \tag{A3.2.22}$$

将式(A3.2.22)和式(A3.2.18)合并即得式(A3.2.14)。证毕。

A3.2.4 群不可约表示矩阵元正交性定理的几何解释

前面把每个群元都看成是基矢量，张起群空间。现在把每个群元对应一个单位基矢量

$$g_1 \to \vec{e}_1 = (100\cdots0)^{\mathrm{T}}$$
$$g_i \to \vec{e}_i = (00\cdots\underset{i}{1}\cdots0)^{\mathrm{T}}$$

这个空间内的任意矢量都可表示为

$$\vec{u} = \sum_{i=1}^{|G|}u(g_i)\vec{e}_i \tag{A3.2.23}$$

其中，$u(g_i)$是矢量 $\vec{u}$ 沿 $\vec{e}_i$ 方向的分量，它可以看成是群元 g_i 的函数。$\vec{u}$ 由$|G|$个分量

$$\{u(g_1),u(g_2),\cdots,u(g_{|G|})\}$$

唯一确定。$\vec{u}$ 可以看做是定义在群上的函数，$\vec{u}$ 全体构成一个矢量空间，称为**群上函数空间**，该空间的维数就是$|G|$。还可以定义群上函数空间中两矢量的标量积为

$$\langle \vec{u}_i \mid \vec{u}_j\rangle = \sum_{g\in G}u^{(i)}(g)u^{(j)*}(g) \tag{A3.2.24}$$

利用群上函数空间的概念，可以给出群不可约表示矩阵元正交性定理一个清晰的几何解释。为此，把正交性表达式(A3.2.14)改写为

$$\sum_{g\in G}\sqrt{\frac{n_\nu}{|G|}}D_{mk}^{(\nu)}(g)\cdot\sqrt{\frac{n_\mu}{|G|}}D_{m'k'}^{(\mu)*}(g) = \delta_{\nu\mu}\delta_{mm}\delta_{kk'} \tag{A3.2.25}$$

现在把群不可约表示 $D^{(\nu)}$ 的每个矩阵元都看成是群上函数空间中的一个矢量，记为

$$\vec{D}^{(\nu,m,k)} \equiv \sqrt{\frac{n_\nu}{|G|}}D_{mk}^{(\nu)} \tag{A3.2.26}$$

称为**表示矢量**(representation vector)，它由$|G|$个分量

$$\left\{\sqrt{\frac{n_\nu}{|G|}}D_{mk}^{(\nu)}(g_1),\sqrt{\frac{n_\nu}{|G|}}D_{mk}^{(\nu)}(g_2),\cdots,\sqrt{\frac{n_\nu}{|G|}}D_{mk}^{(\nu)}(g_{|G|})\right\}$$

唯一确定。于是,正交性关系式(A3.2.25)就可解释为:群不可约表示任意两个表示矢量都满足正交归一化关系

$$\langle \vec{D}^{(\mu,m',k')} \mid \vec{D}^{(\nu,m,k)} \rangle = \delta_{\nu\mu}\delta_{mm'}\delta_{kk'} \tag{A3.2.27}$$

A3.3 群表示的特征标

群表示的特征标可以提供群表示的等价性、不可约性等信息,并给出将一个可约表示约化为不可约表示的工具。

A3.3.1 特征标和特征标表

虽然在给定的表示空间中,表示矩阵依赖于基矢组的选择,但是表示矩阵的迹与基矢组选择无关,可以更本质地刻画表示的性质。在群表示理论中,将表示矩阵的迹称为表示的**特征标**(character),并用 $\chi(r)$ 表示

$$\chi(r) = \sum_i D_{ii}(r) \tag{A3.3.1}$$

表示 D 的所有特征标集合 $\{\chi(r), r\in G\}$,称为表示 D 的**特征标表**(table of characters),特别地,若表示 D 是可约的,则其特征标称为**复合特征标**(composite character),若表示 D 是不可约的,则其特征标称为**单纯特征标**(simple character)。

群表示特征标的一个重要性质是,在同一表示中,**相互共轭的群元素具有相同的特征标**。设群元 r 和 s 共轭,即在群中存在一个元素 t,使得

$$trt^{-1} = s$$

用矩阵表示可以写为

$$D(t)D(r)D(t^{-1}) = D(s)$$

取等式两边矩阵的迹,注意在求迹号下相乘矩阵次序可以交换,可得

$$\mathrm{Tr}[D(s)] = \mathrm{Tr}[D(t)D(t^{-1})D(r)] = \mathrm{Tr}[D(r)]$$

即

$$\chi(s) = \chi(r) \tag{A3.3.2}$$

因此,在群中同一类的元素具有相同的特征标,**特征标是类函数**(function of class)。

如果把群的每个类都看做是一个矢量空间的基矢,可以类似群空间定义群的**类空间**。特征标就是类上函数空间的矢量,称为**特征标矢量**(character vector),它的分量个数等于群类的个数。设群 G 中共有 K 个类,第 i 类 c_i 中有 n_i 个元素。

群表示理论表明,群不可约表示特征标矢量满足正交归一化关系

$$(\chi^{(\mu)},\chi^{(\nu)}) = \sum_{i=1}^{K} \sqrt{\frac{n_i}{n}}\chi^{(\mu)*}(c_i)\sqrt{\frac{n_i}{n}}\chi^{(\nu)}(c_i) = \delta_{\mu\nu} \qquad \text{(A3. 3. 3)}$$

由于对于每个不可约表示都有一个特征标矢量,不同不可约表示的特征标矢量互相正交,因此作为类上函数空间的矢量,它们是线性独立的。而类上函数空间的维数等于群中类的个数,由此可以得出群不可约表示数目的一个限制

群 G 的不可约表示数目 $N \leqslant K$——G 中类的个数

后面将说明其中等号成立。

A3. 3. 2　群可约表示的约化

设 D 是群 G 在空间 L 上的一个可约表示,则 D 可分解为若干个不可约表示的直和

$$D(r) = \sum_{\nu} \oplus a_\nu D^{(\nu)}(r), \quad \forall r \in G \qquad \text{(A3. 3. 4)}$$

其中,a_ν 是不可约表示 $D^{(\nu)}$ 在表示 D 中重复出现的次数,称为**重复度**(multiplicity)。为了将 D 表示约化,需要确定 D 中包含哪些不可约表示以及每个不可约表示的重复度。为此对式(A3. 3. 4)两边矩阵求迹得

$$\chi(r) = \sum_{\nu} a_\nu \chi^{(\nu)}(r), \quad \forall r \in G \qquad \text{(A3. 3. 5)}$$

以 $\chi^{(\mu)*}(r)$乘以式(A3. 3. 5)两端,并对所有群元求和得

$$\sum_{r\in G}\chi(r)\chi^{(\mu)*}(r) = \sum_{\nu} a_\nu \sum_{r\in G}\chi^{(\nu)}(r)\chi^{(\mu)*}(r) = \sum_{\nu} a_\nu \sum_{i=1}^{K} n_i\chi^{(\nu)}(c_i)\chi^{(\mu)*}(c_i)$$

其中第二个等号已用到特征标是类的函数,假设 c_i 类中元素个数为 n_i 利用群不可约表示特征标的正交性关系式(A3. 3. 3),利用式(A3. 3. 5)由上式得

$$\sum_{r\in G}\chi(r)\chi^{(\mu)*}(r) = \sum_{\nu} a_\nu n\delta_{\mu\nu} = a_\mu n$$

所以在群约化中不可约表示 $D^{(\mu)}$ 的重复度

$$a_\mu = \frac{1}{n}\sum_{r\in G}\chi(r)\chi^{(\mu)*}(r) \qquad \text{(A3. 3. 6)}$$

若 $a_\mu=0$,则表示在 D 中不含不可约表示 $D^{(\mu)}$。

以上确定不可约表示重复度的方法给出了判断一个表示是否为不可约表示简单明了的方法。设 χ 是群 G 表示 D 的特征标,把它表示成单纯特征标的组合为

$$\chi(r) = \sum_{\nu} a_\nu \chi^{(\nu)}(r), \quad \forall r \in G$$

用上式两边的复共轭并分别乘上式两端,然后对所用群元求和得

$$\frac{1}{n}\sum_{r\in G}\chi(r)\chi^{*}(r)=\frac{1}{n}\sum_{\mu\nu}a_{\nu}a_{\mu}^{*}\sum_{r\in G}\chi^{(\nu)}(r)\chi^{(\mu)*}(r)=\frac{1}{n}\sum_{\mu\nu}a_{\nu}a_{\mu}^{*}\sum_{i=1}^{K}n_{i}\chi^{(\nu)}(c_{i})\chi^{(\mu)*}(c_{i})$$

由此结果,利用特征标正交性关系式(A. 3. 3. 3)可得

$$\frac{1}{n}\sum_{r\in G}\chi(r)\chi^{*}(r)=\sum_{\mu\nu}a_{\nu}a_{\mu}^{*}\delta_{\mu\nu}=\sum_{\nu}|a_{\nu}|^{2} \tag{A3. 3. 7}$$

如果对于表示 D 式(A3. 3. 7)的值为 1,则表示除一个不可约表示出现 1 次外,其余不可约表示均不出现。由此得到不可约表示的一个判据:**一个表示为不可约表示的充要条件是其特征标满足**

$$\sum_{r\in G}\chi(r)\chi^{*}(r)=\sum_{i=1}^{K}n_{i}\chi(c_{i})\chi^{*}(c_{i})=n \tag{A3. 3. 8}$$

其中,n_i 是类 c_i 中元素的个数。

将上述结果应用到群的正则表示中,注意到各群元表示矩阵的迹,除单位元等于群阶 n(表示空间维数)外,其余群元表示矩阵的迹都是零。由式(A3. 3. 6)可得

$$a_{\mu}=\chi^{(\mu)*}(e)=n_{\mu}$$

其中,n_μ 是不可约表示 D^{μ} 的维数。这表明在群正则表示中,每个不可约表示的重复度都等于其维数。利用这一结果,正则表示分解可以写作

$$D(r)=\sum_{\nu}\oplus n_{\nu}D^{(\nu)}(r),\quad \forall r\in G$$

对 $r=e$,取上式两端矩阵的迹得

$$n=\sum_{\nu}n_{\nu}^{2} \tag{A3. 3. 9}$$

这表明在群正则表示中,诸不可约表示维数平方和等于群阶 n。利用类上函数空间特征标矢量正交归一化关系,可进一步证明:**群不等价不可约表示的数目等于群中类的个数**。

将上述群表示理论的普遍结果运用到 Abel 群,由于 Abel 群类的数目等于群阶,而类的数目又等于不可约表示的数目,因此 **Abel 群的不可约表示都是 1 维的,表示矩阵就是表示的特征标**,这一结论在描述量子 Fourier 变换中会用到。

循环群可以由一个生成元 r 生成,$|G|$ 阶循环群有

$$r^{|G|}=e$$

由于群表示满足同态关系,因此上式可以利用表示矩阵写成

$$1=D^{(\nu)}(e)=D^{(\nu)}(r^{|G|})=[D^{(\nu)}(r)]^{|G|}$$

所以

$$D^{(\nu)}(r)=e^{2\pi in/|G|},\quad n=0,1,2,\cdots,|G|-1 \tag{A3. 3. 10}$$

共有$|G|$个 $D^{(\nu)}(r)$值，对应着$|G|$个不等价不可约表示中元素 r 的表示，而对于每个不可约表示 ν，群元 $r^m(m<|G|)$的表示为

$$D^{(\nu)}(r^m) = [D^{(\nu)}(r)]^m = e^{2\pi in/|G|} \tag{A3.3.11}$$

其中，$m=0,1,\cdots,|G|-1$ 给出同一个不可约表示中$|G|$个不同元素的表示矩阵。所以循环群的特征标是

$$\begin{aligned} &\chi^{(\nu)}(r) = e^{2\pi in/|G|}, \\ &\chi^{(\nu)}(r^m) = e^{2\pi inm/|G|}, \quad n,m = 0,1,2,\cdots,|G|-1 \end{aligned} \tag{A3.3.12}$$

特别地，可以取不可约表示 ν 就用 $n+1$ 标记。

$$\begin{aligned} &\chi^{(n)}(r) = e^{2\pi i(n-1)/|G|} \\ &\chi^{(n)}(r^m) = e^{2\pi i(n-1)m/|G|} \end{aligned} \tag{A3.3.13}$$

例 A3.3.1　二阶循环群的特征标 $\chi^{(1)}(r)=1,\chi^{(1)}(r^2=e)=1,\chi^{(2)}(r)=e^{2\pi i/2}=e^{i\pi}=-1,\chi^{(2)}(r^2=e)=1$。

利用式(A3.3.13)可以求出三阶循环群的特征标：

ν	e	r	r^2
1	1	1	1
2	1	$e^{2\pi i/3}$	$e^{4\pi i/3}$
3	1	$e^{4\pi i/3}$	$e^{8\pi i/3}=e^{2\pi i/3}$

对四阶循环群的特征标，注意到

$$e^{2\pi i/4} = i \quad e^{2\pi i2/4} = -1 \quad e^{2\pi i3/4} = -i$$

可以得出下面的特征标表：

ν	e	r	r^2	r^3
1	1	1	1	1
2	1	i	-1	$-i$
3	1	-1	1	-1
4	1	$-i$	-1	i

A3.3.3　投影算子

利用有限群不可约表示矩阵，可以从已知的适当群上函数出发，得到荷载群不

可约表示矢量空间的基函数。

对于有限群 G,利用给出的群表示矩阵$\{D(g)\}$可以定义一个算子

$$P_m^{(\mu)} = \frac{n_\mu}{N}\sum_{g\in G} D_{mm}^{(\mu)*}(g)g \tag{A3.3.14}$$

其中 n_μ 是不可约表示 μ 的维数,N 是群 G 的阶数。当把群元 g 看做是作用在群上函数空间的算子时,可以证明,这是一个**投影算子**。实际上

$$P_m^{(\mu)} P_k^{(\nu)} = \frac{n_\mu n_\nu}{N^2}\sum_{g,r\in G} D_{mm}^{(\mu)*}(g) D_{nn}^{(\nu)*}(r) gr$$

令 $gr=t$,则 $r=g^{-1}t$,代入上式得

$$P_m^{(\mu)} P_k^{(\nu)} = \frac{n_\mu n_\nu}{N^2}\sum_{g,t\in G} D_{mm}^{(\mu)*}(g)\sum_l D_{ln}^{(\nu)}(g) D_{ln}^{(\nu)*}(t)t$$

利用群不可约表示矩阵元正交性定理式(A3.2.14),上式为

$$P_m^{(\mu)} P_k^{(\nu)} = \delta_{\mu\nu}\delta_{mn}\frac{n_\mu}{N}\sum_{t\in G} D_{mm}^{(\mu)*}(t)t = \delta_{\mu\nu}\delta_{mn} P_m^{(\mu)} \tag{A3.3.15}$$

这表明式(A3.3.14)中定义的算子 $P_m^{(\mu)}$ 满足投影算子条件。

设一个幺正相似变换 U 把群 G 的可约表示 D 约化成不可约表示直和,按群不可约表示 μ 变换的第 m 个基函数为

$$\psi_{mk}^{(\mu)} = \sum_{r\in G} rU_{r,\mu mk} \tag{A3.3.16}$$

其中 k 表示第 k 次出现的不可约表示 μ。式(A3.3.16)表示 U 矩阵是群空间群元基矢组$\{r\}$到新基$\{\psi_{mk}^{(\mu)}\}$的变换,它的逆变换是把新基组合成群元素

$$r = \sum_{\nu nk}\psi_{nk}^{(\nu)}(U^{-1})_{\nu nk,r} \tag{A3.3.17}$$

利用这一结果,投影算子 $P_m^{(\mu)}$ 对任意群元 r 的作用为

$$\begin{aligned} P_m^{(\mu)} r &= \frac{n_\mu}{N}\sum_{g\in G} D_{mm}^{(\mu)*}(g)\sum_{\nu nk} g\psi_{nk}^{(\nu)}(U^{-1})_{\nu nk,r} \\ &= \frac{n_\mu}{N}\sum_{g\in G} D_{mm}^{(\mu)*}(g)\sum_{\nu nkj} D_{jn}^{(\nu)}(g)\psi_{nk}^{(\nu)}(U^{-1})_{\nu nk,r} \end{aligned}$$

即

$$P_m^{(\mu)} r = \sum_k \psi_{mk}^{(\mu)}(U^{-1})_{\mu mk,r} \tag{A3.3.18}$$

投影任意群元(群空间一个基)到第 k 次出现的不可约表示 μ 的子空间上,但是由于组合系数$(U^{-1})_{\mu mk,r}$依赖行指标,$P_m^{(\mu)} r$ 并不构成表示 $D^{(\mu)}$ 的一组标准基。重新定义

$$P_{mn}^{(\mu)} = \frac{n_\mu}{N}\sum_{g\in G} D_{mn}^{(\mu)*}(g)g \qquad (A3.3.19)$$

它对任意群元 r 的作用,可以得到按不可约表示 D^μ 变换的标准正交基。但式(A3.3.19)中的算子,虽然仍称为投影算子,实际上它并不满足投影算子条件。

在利用投影算子计算新基时,由于群 G 的不等价不可约表示并不是事前已知的,通常不是用群 G 的投影算子,而是用它的某个循环子群计算。而循环群只有 1 维不可约表示,表示矩阵退化为群元算子的本征值(即特征标),很容易求出。式(A3.3.19)也化简为

$$P^{(\mu)} = \frac{1}{N}\sum_{g\in G} \chi^*(g)g \qquad (A3.3.20)$$

在本书中我们用到的就是这种情况。

附录 A4 李群和李代数

A4.1 李群的概念

A4.1.1 连续群的概念

在群元连续不可数情况下，一般唯一标定每个群元都需要一组连续取值的实参数（有时还需要补充若干离散取值的参数）。

例 A4.1.1 实数集合是 1 维连续加法群。单位元是 0，任意群元 x 的逆元为 $-x$，两群元 x_1，x_2 之和 x_1+x_2 仍属于实数集合，该集合构成群。这个群元是连续的，需要利用在 $-\infty\sim+\infty$ 上连续取值的实参数 x 标定。

例 A4.1.2 2 维实矢量空间的特殊正交变换群[$\boldsymbol{SO}(\mathbf{2})$**群**]，物理上表示绕某个固定轴 z 的所有转动，该群是一个单参数连续群，其元素可以用 $\{R_z(\phi)\}$ 表示，其中 ϕ 在 $0\leqslant\phi<2\pi$ 区间上连续取值。

例 A4.1.3 3 维实矢量空间所有实正交变化集合构成 $O(3)$ 群。它的群元分为两组，一组的行列式为 $+1$，另一组的行列式为 -1。由于不能连续地从行列式为 $+1$ 的部分过渡到行列式为 -1 的部分，因此 $O(3)$ 群元分成不相交的两叶。其中，行列式为 $+1$ 的一叶对应着纯转动，称为 $\boldsymbol{SO}(\mathbf{3})$ **群**，它是 $O(3)$ 群的一个子群，其元素可以表示为 $\{R_{\vec{n}}(\phi)\}$，其中 $\vec{n}$ 表示转轴方位，需要两个实参数标定，ϕ 表示转角的大小。除去这三个取连续值的参数外，$O(3)$ 群还需要一个非连续取值的参数指明这个元素属于哪一叶。

定义 A4.1.1 若存在一组有限参数，它们对标定群的每个元素都是必要的，而且也是足够的，这样的连续群称为是有限维的，其中参数的个数称为连续群的阶(order)。

群参数变化的区域称为**群参数空间**，群阶就是群参数空间的维数。常见情况是，群元素与群参数空间的某个子集中的点有一一对应的关系，对于这样的群，可将群元与群参数视为同一，这时群参数空间就是群空间。

A4.1.2 李群的概念

物理上常用的一类连续群是一类特殊连续群——**李群**(Lie group)。下面给出李群的定义。

设 r,s 是连续群的两个不同元素，它们分别用 n 个实参数的两组不同取值标定

$$r = R(r_1, r_2, \cdots, r_n), \quad s = S(s_1, s_2, \cdots, s_n) \tag{A4.1.1}$$

当这两个群元相乘时，可得到一个新的群元 $t=rs$，其中，t 可以用这 n 个参数的另一组取值标定

$$t = T(t_1, t_2, \cdots, t_n)$$

这里 t_j 的取值显然不可能独立于 r,s 的取值，设

$$t_j = f_j(r_1, r_2, \cdots, r_n, s_1, s_2, \cdots, s_n), \quad j = 1,2,\cdots,n \tag{A4.1.2}$$

这 n 个函数称为连续群的**组合函数**(combinatorial function)。它的作用相当于有限离散群情况下的乘法表，给出两个群元结合为另一个群元的规则。

群组合函数不同于一般函数，其必须满足以下规则。

(1) **封闭性**：当组合函数在其变元定义域(群参数空间)内变化时，其值域也必须是群参数空间。

(2) **结合律**

$$f_j(r;f(s,t)) = f_j(f(r,s);t) \tag{A4.1.3}$$

(3) 标定单位元的参数$\{e_j, j=1,2,\cdots,n\}$也必须在群参数空间内，即

$$f_j(r;e) = f_j(e;r) = r_j \tag{A4.1.4}$$

为了方便常取

$$e = E(0,0,\cdots,0)$$

(4) 若记 r 的逆元 r^{-1} 的参数值为 $\bar{r}_j$，则有

$$f_j(r;\bar{r}) = f_j(\bar{r};r) = e_j = 0 \tag{A4.1.5}$$

现在可将李群定义如下：**至少在群单位元的一个邻域内，组合函数是其宗量的连续可微函数的连续群称为李群**。

如果一个李群只由包含单位元在内的一叶组成，那么这样的李群称为**简单李群**(simple Lie group)；对于简单李群，群中任意两个元素在群参数空间的对应点可以用一条完全包含在参数空间内的连线连接起来，所以简单群又称为**单连通的**(simply connected)。如果群参数空间分成不相连通的若干叶，那么称相应的李群为**混合李群**(mixed Lie group)。可以证明，混合李群包含恒元的那一叶是混合李群的**不变子群**。混合李群的性质完全由简单李群(正规子群)和每一连续片中一个代表元素性质决定，在研究李群时，常只关注包含单位元的简单李群。

最后，若群参数空间是闭合的、而且有界，则称相应的群为**紧致的**(compactness)。

对于简单李群，引入适当参数后，两群元乘积的参数可以用因子群元参数的解

析函数表示，这就使得可以用数学分析中极限、连续的概念以及微积分工具研究李群。例如，在有限群理论中对群元求和时，在连续群情况下就可用积分代替，有限群元个数可代以引入适当度规后群参数空间体积等，从而把在有限群理论中建立的一些概念推广到李群。

A4.1.3　李群的例子

作为例子，下面给出几个常见李群。

例 A4.1.4　2 维转动群 $SO(2)$。其元素为

$$R_z(\phi)=\begin{bmatrix}\cos\phi & -\sin\phi\\ \sin\phi & \cos\phi\end{bmatrix}\tag{A4.1.6}$$

群元只依赖单参数 ϕ，ϕ 变化范围为 $0\sim2\pi$，这是一个**单参数连通紧致李群**。单位元 $R_z(0)=\begin{bmatrix}1 & 0\\ 0 & 1\end{bmatrix}$，$R_z(\phi)$ 的逆元 $R_z^{-1}(\phi)=R_z(-\phi)$，若 $R_z(\phi)=R_z(\phi_2)R_z(\phi_1)$，则组合函数 $\phi=\phi_2+\phi_1$ 为 ϕ_2 和 ϕ_1 的解析函数。

例 A4.1.5　2 维复矢量空间中的幺正变换群。2 维复矢量空间中的一般线性变换集合是 2×2 复矩阵群，每个群元需要八个实参数标定，是一个八阶李群。在物理上人们更关心 2 维复矢量空间的(即一个量子位的 Hilbert 空间)幺正变换，加上幺正条件后，使原来的八个实参数减为四个，如果再进一步限制行列式为 +1，就可得到三参数、连通紧李群，称为 $SU(2)$ 群。它的一般群元可用三个实参数表示为

$$\begin{bmatrix}\cos\eta e^{i\xi} & \sin\eta e^{i\zeta}\\ -\sin\eta e^{-i\zeta} & \cos\eta e^{-i\xi}\end{bmatrix}\tag{A4.1.7}$$

该群在量子信息理论中有基本的重要性，因为一个量子位的所有一位门操作都是这个群的元素。

例 A4.1.6　$SO(3)$ 群

$SO(3)$ 群是实 3 维空间的特殊正交变换群，物理上代表 3 维空间坐标系转动变换，是一个三参数、连通紧李群。常用欧拉角 α,β,γ 参数化为分别绕 x 轴、y 轴和 z 轴三个转动的乘积。为了后面求群无穷小生成元方便，这里定义转动矢量

$$\vec{\alpha}=\alpha\vec{n}$$

其中，$\vec{n}=(n_1,n_2,n_3)=(\sin\theta\cos\phi,\sin\theta\sin\phi,\cos\theta)$，确定转轴方位；$\alpha$ 为绕 $\vec{n}$ 轴的转角。对应的转动矩阵可由以下几何关系求出：任意矢量 $\vec{r}(x,y,z)$ 绕 $\vec{n}$ 轴转动 α 角，得到新矢量 $\vec{r}'(x',y',z')$，则有

$$\begin{aligned}\vec{r}'=R(\alpha,\vec{n})\vec{r}&=(\vec{r}\cdot\vec{n})\vec{n}+\cos\alpha[\vec{r}-(\vec{r}\cdot\vec{n})\vec{n}]+\sin\alpha\{\vec{n}\times[\vec{r}-(\vec{r}\cdot\vec{n})\vec{n}]\}\\ &=\cos\alpha\vec{r}+(1-\cos\alpha)(\vec{r}\cdot\vec{n})\vec{n}+\sin\alpha(\vec{n}\times\vec{r})\end{aligned}$$

写成分量形式为

$$\begin{bmatrix} x' \\ y' \\ z' \end{bmatrix} =$$

$$\begin{bmatrix} \cos\alpha + (1-\cos\alpha)n_1^2 & (1-\cos\alpha)n_2 n_1 - \sin\alpha n_3 & (1-\cos\alpha)n_3 n_1 + \sin\alpha n_2 \\ (1-\cos\alpha)n_1 n_2 + \sin\alpha n_3 & \cos\alpha + (1-\cos\alpha)n_2^2 & (1-\cos\alpha)n_3 n_2 - \sin\alpha n_1 \\ (1-\cos\alpha)n_1 n_3 - \sin\alpha n_2 & (1-\cos\alpha)n_2 n_3 + \sin\alpha n_1 & \cos\alpha + (1-\cos\alpha)n_3^2 \end{bmatrix} \begin{bmatrix} x \\ y \\ z \end{bmatrix}$$

(A4.1.8)

A4.2 李群的无穷小算子、李代数

由于一般李群的研究可以归结为研究含单位元那一叶的简单李群，可以证明，简单李群的无穷多群元可以由等于简单李群阶的 n 个无穷小算子生成，而这 n 个生成元在适当定义的乘积运算下构成一个代数——**李代数**(Lie algebra)，从而可以把研究李群的表示归结为研究李代数的表示。

A4.2.1 李群的无穷小算子

取李群单位元 e 对应群参数空间坐标系原点，即 $e=E(0,0,\cdots,0)$，考虑单位元附近的一个群元 $r=R(a_1,a_2,\cdots,a_n)\equiv R(\vec{a})$，其中，$\vec{a}=(a_1,a_2,\cdots,a_n)$，由李群组合系数的解析性质，可以把 $R(a_1,a_2,\cdots,a_n)$ 在参数空间坐标原点展开成 Taylor 级数，并可只取到一次项

$$R(a_1,a_2,\cdots,a_n) \approx R(0) + \sum_{i=1}^{n} a_i \frac{\partial R}{\partial a_i}\Big|_{\vec{a}=0} = I + \sum_{i=1}^{n} a_i X_i \quad \text{(A4.2.1)}$$

式中

$$X_i = \frac{\partial R}{\partial a_i}\Big|_{\vec{a}=0} \quad \text{(A4.2.2)}$$

称为李群**无穷小生成元**(算子)(infinite simal generator)。对于一个 n 阶李群，利用式(A4.2.2)可以求出 n 个无穷小算子。

例 A4.2.1 $SO(2)$群的无穷小群元由式(A4.1.6)可以写作

$$R(\delta\phi) = \begin{bmatrix} 1 & -\delta\phi \\ \delta\phi & 1 \end{bmatrix}$$

其只有一个无穷小算子

$$X_\phi = \frac{\partial R(\delta\phi)}{\delta\phi}\Big|_{\phi=0} = \begin{bmatrix} 0 & -1 \\ 1 & 0 \end{bmatrix} \quad \text{(A4.2.3)}$$

例 A4.2.2 $SU(2)$群的式(A4.1.7)参数化方案在 $\eta=0$ 时参数 ζ 不能确定，

不便于求出群无穷小生成元。这里采取另外的参数化方案,令群无穷小元素为

$$R = I + \mathrm{i}B \tag{A4.2.4}$$

其中,B 为 2×2 无穷小矩阵;$R\approx \mathrm{e}^{\mathrm{i}B}$。由 $R^{\dagger}=I-\mathrm{i}B^{\dagger}$ 及 R 为幺正矩阵条件

$$RR^{\dagger} \cong I + \mathrm{i}(B - B^{\dagger}) = I$$

可得 $B=B^{\dagger}$,即 B 是厄米矩阵。再由特殊幺正条件及 $\det \mathrm{e}^{B}=\mathrm{e}^{\mathrm{Tr}B}$,可得 B 必为零迹矩阵。根据上述条件,B 应有如下形式:

$$B = \begin{bmatrix} a_3 & a_1 - \mathrm{i}a_2 \\ a_1 + \mathrm{i}a_2 & -a_3 \end{bmatrix}$$

其中,a_1,a_2,a_3 是三个实参数。将其代入式(A4.2.4),得到 $SU(2)$ 的无穷小群元为

$$R(\vec{a}) = \begin{bmatrix} 1 + \mathrm{i}a_3 & \mathrm{i}a_1 + a_2 \\ \mathrm{i}a_1 - a_2 & 1 - \mathrm{i}a_3 \end{bmatrix} \tag{A4.2.5}$$

利用式(A4.2.2)求得 $SU(2)$ 群的无穷小生成元

$$X_1 = \begin{bmatrix} 0 & \mathrm{i} \\ \mathrm{i} & 0 \end{bmatrix},\quad X_2 = \begin{bmatrix} 0 & 1 \\ -1 & 0 \end{bmatrix},\quad X_3 = \begin{bmatrix} \mathrm{i} & 0 \\ 0 & -\mathrm{i} \end{bmatrix}$$

对上式等号右侧乘以因子$-\mathrm{i}$,即得三个 Pauli 算子

$$\hat{\sigma}_x = \begin{bmatrix} 0 & 1 \\ 1 & 0 \end{bmatrix},\quad \hat{\sigma}_y = \begin{bmatrix} 0 & -\mathrm{i} \\ \mathrm{i} & 0 \end{bmatrix},\quad \hat{\sigma}_z = \begin{bmatrix} 1 & 0 \\ 0 & -1 \end{bmatrix} \tag{A4.2.6}$$

3. $SO(3)$群的无穷小算子

采取参数化方案 $\vec{\alpha}=\alpha\vec{n}=(\alpha_1,\alpha_2,\alpha_3)$,注意到当 α 充分小时 $\cos\alpha=1$,$\sin\alpha=\alpha$,由式(A4.2.2)得 $SO(3)$群无穷小群元

$$R(\alpha_1,\alpha_2,\alpha_3) = \begin{bmatrix} 1 & -\alpha_3 & \alpha_2 \\ \alpha_3 & 1 & -\alpha_1 \\ -\alpha_2 & \alpha_1 & 1 \end{bmatrix} \tag{A4.2.7}$$

利用式(A4.2.2)可求得三个无穷小算子

$$X_1 = \begin{bmatrix} 0 & 0 & 0 \\ 0 & 0 & -1 \\ 0 & 1 & 0 \end{bmatrix},\quad X_2 = \begin{bmatrix} 0 & 0 & 1 \\ 0 & 0 & 0 \\ -1 & 0 & 0 \end{bmatrix},\quad X_3 = \begin{bmatrix} 0 & -1 & 0 \\ 1 & 0 & 0 \\ 0 & 0 & 0 \end{bmatrix}$$

注意,上式算子乘上 i 后可得量子力学中直角坐标系下的角动量算子的三个分量

$$J_x = \begin{bmatrix} 0 & 0 & 0 \\ 0 & 0 & -\mathrm{i} \\ 0 & \mathrm{i} & 0 \end{bmatrix},\quad J_y = \begin{bmatrix} 0 & 0 & \mathrm{i} \\ 0 & 0 & 0 \\ -\mathrm{i} & 0 & 0 \end{bmatrix},\quad J_z = \begin{bmatrix} 0 & -\mathrm{i} & 0 \\ \mathrm{i} & 0 & 0 \\ 0 & 0 & 0 \end{bmatrix} \tag{A4.2.8}$$

A4. 2. 2　有限群元的生成、群生成元

下面证明由前面得到的无穷小算子可以生成有限群元，从而可以看出为什么把这些无穷小算子称为群的**生成元**。

首先针对最简单的单参数 $SO(2)$ 群，将式(A4. 2. 3)中无穷小算子代入式(A4. 2. 1)中，得到无穷小群元

$$R(\delta\phi) = I + \partial\phi X_\phi = I + \left(\frac{\phi}{N}\right)X_\phi$$

其中，ϕ 是一个有限转动；N 是一个任意大数。而一个有限转动可以由 $R(\partial\phi)$ 作用 N 次生成。于是

$$R(\phi) = [R(\delta\phi)]^N = \left[I + \left(\frac{\phi}{N}\right)X_\phi\right]^N = I + \phi X_\phi + \frac{1}{2!}\phi^2 X_\phi^2 + \frac{1}{3!}\phi^3 X_\phi^3 + \cdots \tag{A4.2.9}$$

当 $N\to\infty$ 时，式(A4. 2. 9)可写作

$$R(\phi) = \mathrm{e}^{\phi X_\phi} \tag{A4.2.10}$$

另一方面，注意到 $X_\phi^2 = -I$，利用 $\cos\phi, \sin\phi$ 的幂级数展开，式(A4. 2. 10)又可写作

$$R(\phi) = \cos\phi + X_\phi \sin\phi = \begin{bmatrix} \cos\phi & -\sin\phi \\ \sin\phi & \cos\phi \end{bmatrix} \tag{A4.2.11}$$

此即为式(A4. 1. 6)中 $SO(2)$ 群的元素。

如果取转轴为 z 轴，并把转动中不变的 z 分量也包括进来，扩充 X_ϕ，再乘以 i，得到角动量 z 分量算子为

$$\hat{J}_z = \mathrm{i}X_3 = \begin{bmatrix} 0 & -\mathrm{i} & 0 \\ \mathrm{i} & 0 & 0 \\ 0 & 0 & 0 \end{bmatrix} \tag{A4.2.12}$$

利用 $\hat{J}_z$ 表示，$SO(2)$ 群的一般元又可表示为

$$R_z(\phi) - \mathrm{e}^{\phi X_\phi} = \mathrm{e}^{-\mathrm{i}\phi\hat{J}_z}$$

类似地，对于 $SO(3)$ 群，分别绕 x, y, z 轴转动 α, β, γ 角的有限转动可以表示为

$$R_x(\alpha) = \mathrm{e}^{-\mathrm{i}\alpha\hat{J}_x},\quad R_y(\beta) = \mathrm{e}^{-\mathrm{i}\beta\hat{J}_y},\quad R_z(\gamma) = \mathrm{e}^{-\mathrm{i}\gamma\hat{J}_z} \tag{A4.2.13}$$

从而用欧拉角表示的一般转动就可写作

$$R(\alpha,\beta,\gamma) = \mathrm{e}^{-\mathrm{i}\alpha\hat{J}_x}\mathrm{e}^{-\mathrm{i}\beta\hat{J}_y}\mathrm{e}^{-\mathrm{i}\gamma\hat{J}_z}$$

但由于角动量的分量不对易，因此上式不能写成 $R(\alpha,\beta,\gamma) = \mathrm{e}^{-\mathrm{i}(\alpha\hat{J}_x+\beta\hat{J}_y+\gamma\hat{J}_z)}$ 的形式。但可利用李群李乘积公式。

$$\lim_{n\to\infty}(e^{i\alpha\hat{A}/n}e^{i\beta\hat{B}/n})^n = \lim_{n\to\infty}\left[1+\frac{i}{n}(\alpha\hat{A}+\beta\hat{B})\right]^n$$
$$= e^{i(\alpha\hat{A}+\beta\hat{B})} \tag{A4.2.14}$$

$$\lim(e^{i\hat{A}/\sqrt{n}}e^{i\hat{B}/\sqrt{n}}e^{-i\hat{A}/\sqrt{n}}e^{-i\hat{B}/\sqrt{n}})^n = \lim_{n\to\infty}\left[1+\frac{1}{h}(\hat{A}\hat{B}-\hat{B}\hat{A})^n\right] = e^{-[\hat{A},\hat{B}]} \tag{A4.2.15}$$

去近似 $SO(3)$的任意转动。

恰当地选择群参数——正则参数，如对 $SO(3)$群参数取 $\vec{\alpha}=\alpha\vec{n}$，式（A4.2.10）中无穷小群元到有限群元的过渡就可推广到一般情况。绕空间任意方向 $\vec{n}$（方位角为 θ,ϕ）转过 α 角的转动就可写作

$$R_{\vec{n}}(\alpha) = e^{-i\alpha\vec{n}\vec{j}} = e^{-i\vec{\alpha}\vec{j}} = e^{-i\sum_l \alpha_l J_l} \tag{A4.2.16}$$

称 $\vec{\alpha}$ 的分量$(\alpha_1,\alpha_2,\alpha_3)$为 $SO(3)$群的**正则参数**（canonical parameters）。在选择正则参数的情况下，若无穷小群元为

$$R(\delta\vec{a}) = I + \sum_{i=1}^{n}\delta a_i X_i$$

则任何有限群元都可以通过以下指数映射生成

$$R(\vec{a}) = e^{(\sum_i a_i X_i)} \tag{A4.2.17}$$

由于上述原因，前面定义的李群**无穷小算子**又称为**李群的生成元**。

现在不难理解为何 Pauli 算子在量子信息中频频出现，Pauli 算子作为 2 维复矢量空间幺正变化群生成元，可以生成一个量子位空间的所有转动操作。而单量子位任意转动操作和二量子纠缠门构成量子计算的通用逻辑门组。

A4.3 李代数和李群的表示

在数学上，若一个矢量空间在某种定义的乘法运算下封闭，则该矢量空间称为一个**代数**（algebra）。对于简单的 n 阶李群的 n 个生成元，由于它们线性独立，因此可以看做是矢量空间的一组基——**自然基**，再适当定义二元乘法运算，这组算子就构成一个**代数**。

A4.3.1 李代数

李代数定义如下：设 L 是域 F 上的矢量空间，$x,y,z,\cdots$是 L 中的元素。定义二元对易子运算为$[x,y]=xy-yx$（称为**李乘积**），若 L 在这种二元运算下满足以下条件：

$$[x,y]\in L$$

$$[x,y]=-[y,x]$$

$$[x,[y,z]]+[y,[z,x]]+[z,[x,y]]=0 \tag{A4.3.1}$$

则称 L 为**李代数**。其中,最后一个条件又称为 **Jacobi 恒等式**(Jacobi equation)。若 F 为实数域,则相应的李代数是实的;若 F 为复数域,则相应的李代数为复的。

(1) 如果一个李代数存在一个子集,该子集在相同的对易子运算下也满足上述条件,那么称该子集为原李代数的一个**子代数**(Lie subalgebra)。

(2) 如果两个李代数其元素间存在一一对应关系,且在对易子运算下其对应关系不变,那么称这两个李代数是**同构的**(isomorphism)。

(3) 如果一个李代数对易子运算恒为零,那么称它是 **Abel 李代数**。

可以证明,**李群的无穷小算子集合是一个李代数**。

考虑两个无穷小群元

$$R(a)=1+\varepsilon X_\rho,\quad R(b)=1+\varepsilon X_\sigma \tag{A4.3.2}$$

其中,ε 是一个小量。这两个群元相乘可得到一个新的群元

$$R(a)R(b)=R(c)=1+\sum_\tau c_\tau X_\tau$$

$$R(b)R(a)=R(c')=1+\sum_\tau c'_\tau X_\tau$$

所以

$$[R(a),R(b)]=R(a)R(b)-R(b)R(a)=\sum_\tau(c_\tau-c'_\tau)X_\tau \tag{A4.3.3}$$

另一方面,由式(A4.3.2)可得

$$[R(a),R(b)]=(1+\varepsilon X_\rho)(1+\varepsilon X_\sigma)-(1+\varepsilon X_\sigma)(1+\varepsilon X_\rho)=\varepsilon^2[X_\rho,X_\sigma] \tag{A4.3.4}$$

比较式(A4.3.3)和式(A4.3.4)可得

$$[X_\rho,X_\sigma]=\sum_\tau c^\tau_{\rho\sigma}X_\tau \tag{A4.3.5}$$

其中,组合系数 $c^\tau_{\rho\sigma}=(c_\tau-c'_\tau)/\varepsilon^2$ 称为李群**结构常数**(structure constant)。这表明李群无穷小生成元集合在对易子运算下封闭,容易验证它们还满足其他两个李代数条件,故它们构成一个李代数。

例如,$SU(2)$群的三个无穷小算子

$$X_1=\begin{bmatrix}0 & \mathrm{i}\\ \mathrm{i} & 0\end{bmatrix},\quad X_2=\begin{bmatrix}0 & 1\\ -1 & 0\end{bmatrix},\quad X_3=\begin{bmatrix}\mathrm{i} & 0\\ 0 & -\mathrm{i}\end{bmatrix}$$

满足对易关系$[X_i,X_j]=-2X_k$(i,j,k 轮换),习惯上令 $S_l=-\mathrm{i}X_l/2=\sigma_l/2$,称 S_l 为自旋角动量(分量)算子,满足角动量对易关系

$$[S_i,S_j]=\mathrm{i}S_k,\quad i,j,k\ \text{轮换} \tag{A4.3.6}$$

其中,任意两指标相同都是零

$SO(3)$群的三个无穷小算子(见式 A4.2.8),满足对易关系

$$[j_i, j_j] = \mathrm{i} j_k, \quad i,j,k \text{ 轮换} \tag{A4.3.7}$$

其中任意两指标相同都是零

式(A4.3.6)和式(A4.3.7)表明这两个群相应的李代数同构。

A4.3.2 李代数的表示和李群的表示

推广群表示的概念,可定义李代数表示如下。

定义 A4.3.1 如果作用在矢量空间 L 上的一组 n 个矩阵集合 D 满足对易关系

$$[D(X_\rho), D(X_\sigma)] = \sum_\tau c_{\rho\sigma}^{\tau} D(X_\tau) \tag{A4.3.8}$$

$c_{\hat{\rho}\hat{\sigma}}^{\tau}$ 是群结构常数,则称矩阵 D 为李代数在 L 上的一个表示。称 L 是表示空间,L 的维数为表示的维数。同样,可以把群等价表示、群可约表示等概念推广到李代数的表示上。

由于求得了李代数的表示,将其代入式(A4.2.17)就得到相应李群的表示,因此研究李群的不可约表示问题可以归结为研究李代数的不可约表示,并且可以得出以下结论。

(1) 李群的两个表示等价的充要条件是生成这两个表示的李代数等价。

(2) 李群的一个表示为不可约表示的充要条件是生成它的李代数的表示是不可约的。

由于李群的全部不可约表示都可由李群李代数的不可约表示生成,所以两者的约化问题是相同的。**研究李群的表示问题就可归结为研究李代数的表示问题。**关于李代数的表示已经有了系统的理论结果,原本可以从李代数的研究出发,把李群的表示理论推演得十分精美和一般化,但这种处理过于数学化,下面只给出几个具体的结论和例子。

李群互相对易生成元的最大个数称为它的**秩**(rank),与一个李群所有生成元都对易的算子 $\hat{C}_\sigma$ 称为李群的 **Casimir 算子**,其可表示为

$$[\hat{C}_\sigma, \hat{X}_\mu] = 0, \quad \mu = 1,2,\cdots,n; \hat{\sigma} = 1,2,\cdots,l \tag{A4.3.9}$$

关于 Casimir 算子,存在下面 **Racah 定理**。

定理 A4.3.1 秩为 1 的简单紧李群有 l 个 Casimir 算子,它们是群无穷小算子的双线性函数。

例如,$SO(3)$群是一秩群,有一个 Casimir 算子

$$\hat{J}^2 = \hat{J}_x^2 + \hat{J}_y^2 + \hat{J}_z^2 \tag{A4.3.10}$$

就是角动量算子；同样 $SU(2)$ 群也只有一个 Casimir 算子，即自旋角动量算子

$$\hat{S}^2 = \hat{S}_x^2 + \hat{S}_y^2 + \hat{S}_z^2 \tag{A4.3.11}$$

而 $SO(2)$ 群是单参数群，只能是一秩群，所以 Casimir 算子就是生成元本身。

设一秩李群和 Casimir 算子对易的生成元组是 $\{\hat{H}_i, i=1,2,\cdots,l\}$（$\hat{H}_i$ 可以是自然生成元的某种线性组合），它们都和每个 Casimir 算子对易

$$[\hat{C}_\sigma, \hat{H}_i] = 0, \quad \hat{\sigma}, i = 1,2,\cdots,l \tag{A4.3.12}$$

它们可以同时对角化，并存在共同的本征函数系

$$\begin{matrix} \hat{C}_\sigma \mid c_\sigma, h_i \rangle = c_\sigma \mid c_\sigma, h_i \rangle \\ \hat{H}_i \mid c_\sigma, h_i \rangle = h_i \mid c_\sigma, h_i \rangle \end{matrix}, \quad 1 \leqslant \hat{\sigma} \leqslant l; 1 \leqslant i \leqslant l \tag{A4.3.13}$$

记属于一个 Casimie 算子的一组本征值集合的共同函数空间为 L_{C_σ}，这个空间必定是群无穷小生成元作用下的不变子空间，因此可以生成李代数的一个表示。可以证明，该表示能够生成相应李群的一个不可约表示，且这个不可约表示可以用 l 个 Casimir 算子的一组本征值标记。

A4.4　几个重要李群的表示

本节利用 A4.3 节给出的一般李群表示理论，给出几个重要的李群的表示。

A4.4.1　*SO*(2)群的表示

$SO(2)$ 群是单参数 Abel 群，所有不可约表示都是 1 维的。对于 $SO(2)$ 群有

$$R(\phi_1)R(\phi_2) = R(\phi_1 + \phi_2)$$

表示矩阵满足 $D(\phi_1)D(\phi_2)=D(\phi_1+\phi_2)$，对于 1 维表示，满足这一关系的函数可以取为 $D(\phi)=\mathrm{e}^{c\phi}$，其中 c 为一常数。但由于 $D(e)=1$，表示的单值性要求 $D(2\pi)=D(0)=1$，因此 $\mathrm{e}^{2\pi c}=1$，这要求 $c=\mathrm{i}m(m=0,\pm1,\pm2,\cdots)$，从而

$$D(\phi) = \mathrm{e}^{-\mathrm{i}m\phi} \tag{A4.4.1}$$

其中，m 取不同值表示不同的不可约表示。

A4.4.2　*SO*(3)群的表示

重新取 $SO(3)$ 群李代数的基 $\{\hat{J}_\pm, \hat{J}_z\}$ 代替 $\{\hat{J}_x, \hat{J}_y, \hat{J}_z\}$，其中，$\hat{J}_\pm = \hat{J}_x \pm \mathrm{i}\hat{J}_y$，可以证明新基满足对易关系

$$[\hat{J}_z, \hat{J}_\pm] = \pm \hat{J}_\pm, \quad [\hat{J}_+, \hat{J}_-] = 2\hat{J}_z \tag{A4.4.2}$$

$SO(3)$ 群的 Casimir 算子 $\hat{J}^2$ 由式(A4.3.10)给出，它和 $\hat{J}_z$ 对易，二者共同本征函数系就是熟知的球谐函数

$$|jm\rangle = Y_{jm}(\theta,\phi),\quad j=0,1,2,\cdots;m=-j,-j+1,\cdots,j$$

本征值由下式给出:

$$\hat{J}^2\,|jm\rangle = j(j+1)\,|jm\rangle,\quad \hat{J}_z\,|jm\rangle = m\,|jm\rangle \tag{A4.4.3}$$

另一个熟知的结果是

$$\hat{J}_{\pm}|jm\rangle = \sqrt{j(j+1)-m(m\pm 1)}\,|j,m\pm 1\rangle \tag{A4.4.4}$$

对于 Casimir 算子给定的本征值 j,$2j+1$ 个函数$|jm\rangle$张起一个 $2j+1$ 维空间,生成 $SO(3)$群的 $2j+1$ 维不可约表示。这个不可约表示可利用式(A4.4.3)和式(A4.4.4)求出,其中

$$D(\hat{J}_z) = \begin{bmatrix} j & 0 & \cdots & 0 \\ 0 & j-1 & \cdots & 0 \\ \vdots & \vdots & & \vdots \\ 0 & 0 & \cdots & -j \end{bmatrix} \tag{A4.4.5}$$

$$D(\hat{J}_+) = \begin{bmatrix} 0 & \sqrt{2j} & 0 & \cdots & 0 \\ 0 & 0 & \sqrt{2j-1} & \cdots & 0 \\ 0 & 0 & 0 & \cdots & 0 \\ \vdots & \vdots & \vdots & & \sqrt{2j} \\ 0 & 0 & 0 & \cdots & 0 \end{bmatrix},$$

$$D(\hat{J}_-) = \begin{bmatrix} 0 & 0 & 0 & \cdots & 0 \\ \sqrt{2j} & 0 & 0 & \cdots & 0 \\ 0 & \sqrt{2j-1} & 0 & \cdots & 0 \\ \vdots & \vdots & \vdots & & \vdots \\ 0 & 0 & 0 & \sqrt{2j} & 0 \end{bmatrix} \tag{A4.4.6}$$

$SO(3)$群生成元 $\hat{J}_x$,$\hat{J}_y$ 的表示矩阵可由关系

$$D(\hat{J}_x) = \frac{D(\hat{J}_+)+D(\hat{J}_-)}{2},\quad D(\hat{J}_y) = \frac{D(\hat{J}_+)-D(\hat{J}_-)}{(2\mathrm{i})}$$

通过 $D(\hat{J}_{\pm})$求出。$SO(3)$群以 j 为标志的不可约表示可由式(A4.2.15)求出

$$D^j[R_{\vec{n}}(\alpha)] = \mathrm{e}^{-\mathrm{i}\alpha[D^j(\hat{J}_x)\sin\theta\cos\phi + D^j(\hat{J}_y)\sin\theta\sin\phi + D^j(\hat{J}_z)\cos\theta]} \tag{A4.4.7}$$

A4.4.3 SO(3)群不可约表示的特征标和不可约表示直积的约化

由于绕任意方向 $\vec{n}$ 转过相同角度的转动都属于同一类,因此 $SO(3)$群特征标只是转动角度 α 的函数。为了求出 $SO(3)$群以 j 为标志的不可约表示特征标,可以只考虑沿某一特定轴(如 z 轴)的转动,令 $\theta=0$,由式(A4.4.7)和式(A4.4.5)得

绕 z 轴转动 α 角的表示矩阵

$$D^j[R_z(\alpha)] = \mathrm{e}^{-\mathrm{i}\alpha[D^j(\hat{J}_z)]} = \begin{bmatrix} \mathrm{e}^{-\mathrm{i}\alpha j} & 0 & \cdots & 0 \\ 0 & \mathrm{e}^{-\mathrm{i}\alpha(j-1)} & \cdots & 0 \\ \vdots & \vdots & & \vdots \\ 0 & 0 & \cdots & \mathrm{e}^{\mathrm{i}\alpha j} \end{bmatrix} \tag{A4.4.8}$$

转动角度为 α 类的特征标

$$\chi^{(j)}(\alpha) = \mathrm{e}^{-\mathrm{i}\alpha j} + \mathrm{e}^{-\mathrm{i}\alpha(j-1)} + \cdots + \mathrm{e}^{\mathrm{i}\alpha j}$$

这是公比 $q=\mathrm{e}^{\mathrm{i}\alpha}$，共有 $2j+1$ 项等比级数，求出其和得

$$\chi^{(j)}(\alpha) = \frac{\sin\left(j+\frac{1}{2}\right)\alpha}{\sin\left(\frac{\alpha}{2}\right)} \tag{A4.4.9}$$

一个群的两个不可约表示的直积仍然是群的一个表示，但一般是一个可约表示，可以约化成不可约表示的直和。 $SO(3)$ 群以 $j_1, j_2\,(j_1 \geqslant j_2)$ 标记的两个不可约表示直积的约化为

$$D^{j_1} \otimes D^{j_2} = \sum_j \oplus a_j D^j \tag{A4.4.10}$$

上式用特征标表示为

$$\chi^{(j_1)}(\alpha)\chi^{(j_2)}(\alpha) = \sum_j a_j \chi^{(j)}(\alpha) \tag{A4.4.11}$$

利用式(A4.4.9)，式(A4.4.11)可以写作

$$\begin{aligned} \chi^{(j_1)}(\alpha)\chi^{(j_2)}(\alpha) &= \frac{\sin\left(j_1+\frac{1}{2}\right)\alpha \sin\left(j_2+\frac{1}{2}\right)\alpha}{\sin^2\left(\frac{\alpha}{2}\right)} \\ &= \frac{-\cos(j_1+j_2+1)\alpha + \cos(j_1-j_2)\alpha}{2\sin^2\left(\frac{\alpha}{2}\right)} \end{aligned}$$

注意到 $\cos(j_1+j_2+1)\alpha = -2\sin\left(j_1+j_2+\frac{1}{2}\right)\alpha + \cos(j_1+j_2)\alpha$，将其代入上式可得

$$\begin{aligned} \chi^{(j_1)}(\alpha)\chi^{(j_2)}(\alpha) &= \frac{\sin\left(j_1+j_2+\frac{1}{2}\right)\alpha}{\sin\left(\frac{\alpha}{2}\right)} + \frac{\sin j_1\alpha \sin j_2\alpha}{\sin^2\left(\frac{\alpha}{2}\right)} \\ &= \chi^{(j_1+j_2)}(\alpha) + \chi^{(j_1-1/2)}(\alpha)\chi^{(j_2-1/2)}(\alpha) \end{aligned} \tag{A4.4.12}$$

对其中 $\chi^{(j_1-1/2)}(\alpha)\chi^{(j_2-1/2)}(\alpha)$ 重复上面的推导，可得

$$\chi^{(j_1-1/2)}(\alpha)\chi^{(j_2-1/2)}(\alpha)=\chi^{(j_1+j_2-1)}(\alpha)+\chi^{(j_1-1)}(\alpha)\chi^{(j_2-1)}(\alpha)$$

对其中 $\chi^{(j_1-1)}(\alpha)\chi^{(j_2-1)}(\alpha)$再重复上面的推导,一直进行到 $n=2j_2$ 步,则有

$$\chi^{(j_1-j_2+1/2)}(\alpha)\chi^{(1/2)}(\alpha)=\chi^{(j_1-j_2+1)}(\alpha)+\chi^{(j_1-j_2)}(\alpha)$$

最后得

$$\chi^{(j_1)}(\alpha)\chi^{(j_2)}(\alpha)=\chi^{(j_1+j_2)}(\alpha)+\chi^{(j_1+j_2-1)}(\alpha)+\cdots+\chi^{(j_1-j_2)}(\alpha) \tag{A4.4.13}$$

与式(A4.4.11)比较可以看出,当 j 满足

$$j_1-j_2\leqslant j\leqslant j_1+j_2 \tag{A4.4.14}$$

时,j 标记的 $SO(3)$群不可约表示出现一次且仅出现一次。

A4.4.4 $SU(2)$群的不可约表示

$SU(2)$群是 2 维复矢量空间的特殊幺正变换群,其群元可以利用满足$|a|^2+|b|^2=1$ 的两个复数 a,b 参数化为

$$R(a,b)=\begin{bmatrix} a & b \\ -b^* & a^* \end{bmatrix}$$

2 维复矢量空间列矢量为$[u,v]^{\mathrm{T}}$,它在 $R(a,b)$作用下变换为新矢量$[u',v']^{\mathrm{T}}$,即

$$\begin{bmatrix} u' \\ v' \end{bmatrix}=\begin{bmatrix} a & b \\ -b^* & a^* \end{bmatrix}\begin{bmatrix} u \\ v \end{bmatrix}$$

所以

$$u'=au+bv$$
$$v'=-b^*u+a^*v$$

现在研究 $2j+1$ 个由 u,v 构成的 u,v 的 $2j$ 次奇次多项式函数

$$\psi_{jm}(u,v)=\frac{u^{j+m}v^{j-m}}{\sqrt{(j+m)!(j-m)!}},\quad j=0,\frac{1}{2},1,\frac{3}{2},\cdots \tag{A4.4.15}$$

对于给定的 j 值,m 取 $j,j-1,\cdots,-j$。这 $2j+1$ 个函数张起以 j 为标记的矢量函数空间。当 $SU(2)$群元变换$(u,v)\to(u',v')$时,也就相当于变换 $\psi_{jm}(u,v)\to\psi'_{jm}(u',v')$,即

$$\psi'_{jm}(u',v')=\frac{u'^{j+m}v'^{j-m}}{\sqrt{(j+m)!(j-m)!}}=\frac{(au+bv)^{j+m}(-b^*u+a^*v)^{j-m}}{\sqrt{(j+m)!(j-m)!}} \tag{A4.4.16}$$

利用二项式定理展开分子中的乘幂

$$\psi'_{jm}=\sum_{k=0}^{j+m}\sum_{k'=0}^{j-m}\frac{\sqrt{(j+m)!(j-m)!}}{k!k'!(j+m-k)!(j-m-k')!}(-1)^{j-m-k'}$$
$$\cdot a^{j+m-k}(a^*)^{k'}b^k(b^*)^{j-m-k'}u^{2j-k-k'}v^{k+k'}$$

上式中,k,k'取值要保证分母中阶乘号内非负。引入 $m'=j-k-k'$,有 $2j-k-k'=j+m'$,$j-m-k'=k+m'-m$,$k+k'=j-m'$,上式可写作

$$\psi'_{jm}=\sum_{m'=0}\sum_{k=0}\frac{(-1)^{k+m'-m}\sqrt{(j+m)!(j-m)!}}{k!(j-m'-k)!(j+m-k)!(k+m'-m)!}$$
$$\cdot a^{j+m-k}(a^*)^{j-m'-k}b^k(b^*)^{k+m'-m}u^{j+m'}v^{j-m'}$$

引用式(A4.4.15)中的定义,此式可改写为

$$\psi'_{jm}=\sum_{m'=0}\sum_{k=0}\frac{(-1)^{k+m'-m}\sqrt{(j+m)!(j-m)!}\sqrt{(j+m')!(j-m')!}}{k!(j-m'-k)!(j+m-k)!(k+m'-m)!}$$
$$\cdot a^{j+m-k}(a^*)^{j-m'-k}b^k(b^*)^{k+m'-m}\psi_{jm'}$$

根据群表示的定义 $R(a,b)\psi_{jm}=\sum_{m'}\psi_{jm'}D^{(j)}_{m'm}(a,b)$,由上式求得表示矩阵元表达式

$$D^{(j)}_{m'm}(a,b)=\sum_{k}\frac{(-1)^{k+m'-m}\sqrt{(j+m)!(j-m)!}\sqrt{(j+m')!(j-m')!}}{k!(j-m'-k)!(j+m-k)!(k+m'-m)!}$$
$$\cdot a^{j+m-k}(a^*)^{j-m'-k}b^k(b^*)^{k+m'-m} \tag{A4.4.17}$$

这就是 $SU(2)$群元 $R(a,b)$在表示 j 中矩阵元的计算公式。

可以证明表示 $D^{(j)}$是幺正的。

$$\sum_{m=-j}^{j}|\psi_{jm}|^2=\sum_{m=-j}^{j}\frac{|u^{j+m}v^{j-m}|^2}{(j+m)!(j-m)!}=\sum_{m=-j}^{j}\frac{(|u|^2)^{j+m}(|v|^2)^{j-m}}{(j+m)!(j-m)!}$$

令 $n=j-m$,则 $j+m=2j-n$,上式可写作

$$\sum_{m=-j}^{j}|\psi_{jm}|^2=\sum_{n=0}^{2j}\frac{(|u|^2)^{2n-j}(|v|^2)^n}{(2j-n)!n!}=\frac{1}{(2j)!}(|u|^2+|v|^2)^{2j} \tag{A4.4.18}$$

同样,由式(A4.4.16),式(A4.4.18)可写作

$$\sum_{m=-j}^{j}|\psi'_{jm}|^2=\sum_{m=-j}^{j}\frac{(|u'|^2)^{j+m}(|v'|^2)^{j-m}}{(j+m)!(j-m)!}=\frac{1}{(2j)!}(|u'|^2+|v'|^2)^{2j} \tag{A4.4.19}$$

而 $SU(2)$群元 $R(a,b)$保持复矢量$[u,v]$长度不变:$|u|^2+|v|^2=|u'|^2+|v'|^2$,比较式(A4.4.18)和式(A4.4.19)可得出

$$\sum_{m=-j}^{j}|\psi'_{jm}|^2=\sum_{m=-j}^{j}|\psi_{jm}|^2$$

这表明表示矩阵 $D^{(j)}$ 是保持矢量长度不变的变换,该表示是 $SU(2)$ 群的一个幺正表示。利用 Schur 引理还可以进一步证明这个表示还是一个不可约表示。具体证明,读者可参阅专门的群论书籍。和不可约表示直积的约化。

A4.4.5 *SU*(2)群不可约表示的特征标

首先证明 $SU(2)$ 群参数 a 实部相同的群元素属于同一类。因为任何一个幺正矩阵总存在一个幺正变换矩阵 S 使其对角化,对角元就是该矩阵的特征值。考虑$SU(2)$群的一般元

$$R(a,b)=\begin{bmatrix} a & b \\ -b^* & a^* \end{bmatrix}$$

本征值方程 $\begin{vmatrix} a-\lambda & b \\ -b^* & a^*-\lambda \end{vmatrix}=\lambda^2-(a+a^*)\lambda+1=0$,设 $a=a_1+\mathrm{i}a_2$,a_1 和 a_2 分别是 a 的实部和虚部,解得 $\lambda_1=a_1+\sqrt{a_1^2-1}$,$\lambda_2=a_1-\sqrt{a_1^2-1}$,即本征值只和 a 的实部有关。由于$|a_1|\leqslant 1$,可令 $a_1=\cos(\alpha/2)$,$(0\leqslant\alpha\leqslant 2\pi)$,$\sqrt{a_1^2-1}=\mathrm{i}\sin(\alpha/2)$,从而

$$\lambda_1=\cos\left(\frac{\alpha}{2}\right)+\mathrm{i}\sin\left(\frac{\alpha}{2}\right)=\mathrm{e}^{\mathrm{i}\alpha/2},\quad \lambda_2=\mathrm{e}^{-\mathrm{i}\alpha/2}$$

于是

$$S\begin{bmatrix} a & b \\ -b^* & a^* \end{bmatrix}S^{-1}=\begin{bmatrix} \mathrm{e}^{\mathrm{i}\alpha/2} & 0 \\ 0 & \mathrm{e}^{-\mathrm{i}\alpha/2} \end{bmatrix}$$

显然 $S\in SU(2)$,所以 **$SU(2)$群凡实部 $a_1=\cos(\alpha/2)$ 相同的群元都属于同一类**。即在区间$[0,2\pi]$上每个 α 值都确定了 $SU(2)$ 群的一个类。

由于同一类元素有相同的特征标,因此取参数为$(a=\mathrm{e}^{\mathrm{i}\alpha/2},b=0)$的群元为 α 类的代表,在 $a=\mathrm{e}^{\mathrm{i}\alpha/2}$,$b=0$ 情况下,式(A4.4.17)除 $k=0$,$m'=m$ 一项外,其余项都是零。在不可约表示 $D^{(j)}$ 中的表示矩阵可以由求出

$$D_{m'm}^{(j)}(\mathrm{e}^{\mathrm{i}\alpha/2},0)=\frac{(j+m)!(j-m)!}{(j-m')!(j+m)!}a^{j+m}(a^*)^{j-m'}\delta_{mm'}=\mathrm{e}^{\mathrm{i}\alpha m}\delta_{mm'}$$

其特征标

$$\chi^{(j)}(\mathrm{e}^{\mathrm{i}\alpha/2},0)=\sum_{m=-j}^{j}D_{mm}^{(j)}(\mathrm{e}^{\mathrm{i}\alpha/2},0)=\sum_{m=-j}^{j}\mathrm{e}^{\mathrm{i}m\alpha}=\frac{\sin\left(j+\dfrac{1}{2}\right)\alpha}{\sin\left(\dfrac{\alpha}{2}\right)}\qquad\text{(A4.4.20)}$$

这和 $SO(3)$群特征标公式(A4.4.9)相同,但对于 $SU(2)$群 j 可以取整数值,也可以取半整数值,而对于 $SO(3)$群 j 只能取整数值。

$SU(2)$群 j_1 和 $j_2$$(j_1\geqslant j_2)$标记的两个不可约表示直积的约化可以采用与

$SO(3)$群直积约化同样的方法求出，即

$$D^{(j_1)} \otimes D^{(j_2)} = \sum_{|j_1-j_2|}^{j_1+j_2} \oplus D^{(j)} \tag{A4.4.21}$$

当然，由于群 $SU(2)$李代数与 $SO(3)$群李代数同构，因此这两个群是局部同构的。局部网只反映这两群在单位元附近有相同的性质，并不能说明在整体上这两群之间的关系。可以证明，作为整个群，$SO(3)$群与 $SO(2)$群同态。

索　引

A

Abel 李代数　625
Abel 群(可交换群)　584
Abel 任意子　523,524
Abel 群的稳定子问题　93
A-B 效应　239

B

Baker-Campbell-Hausdorf 公式　124
Banach 空间　559
Banach 代数　580
靶位　39
摆动模　160
半导体存储器　18
半导体异质结构　192
半简单群　596
半群　584
半群主方程(SME)　430
BCS 理论　230
Bell 不等式　578
Bemstein-Vazirani 问题　69
Berry 相　497
被动量子纠错(PQEC)　411
表示　582,603
表示空间　603
表示矢量　611
边带冷却　171
辫子　501
辫子群(编织群)　503
Bloch 矢量　32
Bloch 球　31
Bohr 磁子　109,568
波函数的标准化条件　557
波粒二象性　20,554
不变子空间　605
不变子群　595
不可约(表示)　582
不确定性关系　555

C

C 门　57
C^*-代数(von Neumann 代数)　581
操作(出)错　480
Casimir 算子　626
Cayley 定理　599
Church-Turing 论题　61
Cirac-Zoller 门　175
Clifford 群　325
Cooper 对　231
Cooper 对盒　246
CSS 量子纠错码　375
测量模式　303,307
常数相互作用模型　198
超导磁通量子位　251,260
超导电荷量子位　246,261
超导量子干涉器(SQUID)　238,240
超导临界电流　226
超导临界温度　226
超导态　225
超导体　226
超导体同位素效应　228
超导现象　226
超导相位量子位　256,260
超流电子　229
超密编码　25

场效应管　14
(量子)超算子　136,434
超算子的算子和表示　136
驰豫过程　213
出错球　345
出错算子　412,431,435,438
纯辫子群　505
纯态　31,579
磁通量子　233
磁通量子化　232,233
磁通偏置 Josephson 结电路　245
磁性存储器　17
存储(出)错　480
存储器　15
存储元件　15
簇态　285,288
簇态的熔接　299
重排定理　589

D

代数运算　558
单纯特征标　612
单电子晶体管　198,257
单电子隧穿电流　201
单连通空间(区域)　496,498
单向量子计算　285
Debye 频率　231
Debye 温度　227
Deutsch-Josza 算法　179
Deutsch-Jozsa 问题　67
Deutsch 问题　65,92
等价表示　605
等价关系　592
等离子体频率　244
Divincenzo 判据　150
Dirac 符号　20
Doppler 制冷　169
地址　19
叠加态　29
电化学势　199
电荷量子位　246
电偶极跃迁　165
电四极跃迁　165
电子搁置技术　171
电子自旋共振　208
电子自旋假说　567
电阻量子　510
定域实在论　575
独立出错模型　362
独立相互作用(模型)　365,415
度量空间(距离空间　338,558
对称操作　585
对称性群　585
对合运算　581
对偶码　349
对易关系　565
对易子　565
多项式时间类算法　63

E

Earshaw 定理　156
EPR 佯谬　575
Euclid 算法　77

F

Fabry-Perot 干涉仪　542
分级结构理论　517
Fermi 能级　228
Fibonacci 任意子　528
Fibonacci 数列　529
F-矩阵　530
反转错＋相位错　365
范数(模)　559
非 Abel 群隐藏子群问题　94
非 Abel 任意子　523,524,525
非局域算子　292

非门 16,37
分数量子 Hall 效应 510
复合脉冲技术 174
复合特征标 612
副产品算子 310
赋范(线性)空间 517

G

概率密度 555
Ginzburg-Landau(G-L)理论 232
Grover 迭代算法 73
共轭元素(类) 592
关联算子 292
光存储器 19
归一化 339,560
归一化的波函数 556
归一化条件 556
孤立系统 561

H

Hadamard 门 38,315,464
Hall(横向)电阻 508
Hall 系数 508
Hamming 距离 341,342
Hamming 码 351
Hamming 限 361
Hamming 熵 361
Hamilton 算子 22,561
Heisenberg(相互作用)模型 111,207
Hilbert 空间 560
Hopf 链接环 543
合法操作 459,460
横向操作 459
横向量子点 194
红边带跃迁 164
后向传播 454
呼吸模 160
换位子群 436
恢复量子超算子 438
混(合)态 32,580
或门 16
Hall 尔系数 505

I

Ising 模型(势) 127,286
Ising 任意子 526

J

Jacobi 恒等式 625
基 338
基本辫子 502
基本出错率 480
激子 502
激子 Pauli 阻塞 214
级联码 481
集体相互作用(模型) 415
集体消相干 411
几何相位 497
几何相位门 177
几率幅 555
计算基 31,113
计算 61
计算复杂度(性)问题 63
简单李群 619
简单群 596
交换门 42,54,320
交换门的平方根(门) 54,211
交流 Josephson 效应 237
校验矩阵 349
结构常数 625
紧致的 619
经典计算机 20
经典 Hall 效应 508
经典可逆计算 35
径向模 159
纠缠门 43

纠缠态　25,575
纠缠顽(固)性　301
Jordan-Wigner 变换　97
Josephson 结　234
Josephson 第一方程　235
Josephson 第二方程　236
Josephson 结的等离子体频率　236,244
Josephson 能　244
Josephson 效应　234
绝热量子计算　275
绝热演化　273
距离三角形不等式　559

K

可变磁通变换器　255
可对易性(可交换性)　565
可对易(Abel)群　584
可计算函数　61
可能性树　62
Kraus 算子　135
可约化(的)　605
控制非门　40,318,471
控制函数　60
控制控制非门　42
控制器　15
控制位　39
控制相位门　39
控制 Z 门　52
库仑规范　128
库仑阻塞　201

L

Lagrange 定理　591
Lamb-Dicke 参数　162
Landauer 原理　35
Lande 因子　109
Landau(朗道)能级　511
Laughlin 波函数　516
Lindblad 算子　147
Lindbland 方程　147
蓝边带跃迁　164
类　592
类空间　612
李代数　621,625
李群　619
李群无穷小生成元(算子)　621
李子代数　625
两量子位 C 门　57
两流体模型　229
量子 Fourier 变换　81,84,90
量子 Fourier 变换的实现　84
量子点接触(QPC)　214
量子非克隆定理　25
量子黑盒　65
量子计算的精确阈限定理　482
量子纠缠现象　24,574
量子纠错的标准模型　437,438
量子超算子　434,437
量子绝热定理　269
量子绝热条件　270
量子力学的第二条基本假设(量子态叠加原理)　557
量子力学的第三条基本假设　21,561
量子力学的第四条基本假设　22,564
量子力学的第五条基本假设　569
量子模拟机　95
量子 Oracle　72
量子维数　526
量子位　21,29
量子位簇　285
量子线路网络模型　36
量子跃变算子　147
两位纠缠门　43
临界磁场　226
临界电流　234
零化空间　340

0 控制非门 41
离子晶体 159
London 穿透深度 230
London 第一方程 229
London 第二方程 230
逻辑出错率 480
逻辑门的级联 322
逻辑元件 15
逻辑深度 317

M

Markoff 近似 145
Markov 过程 430
Markoff 演化 145
Meissner 效应 226
Mølmer-Sørensen 两位门 176
码字 341
码字的重量 341
码率 341
Meissner 效应 226
门限量子点 194
密度算子(矩阵) 580
Moore 定律 4

N

Neumark 定理 572
NP 类 63
NP 完备 64
内积 338,559
内积空间 338,560

O

欧氏空间 338,560
偶极近似 132

P

Paul 势阱 158
Pauli 算子(矩阵) 577
Pauli 算子群 385,386,587
Pauli 自旋阻塞 206
POVM 测量 571
P 类和 NP 类算法 62
陪集 590
平衡函数 65
偏置能量窗口 200

Q

前向传播 454
求阶问题 78
群 584
群表示 603
群不可约表示矩阵元正交性定理 609
群乘法表 587
群代数 604
群换位子 486
群空间 604
群码 344
(群)生成元 504,594,621

R

Rabi 频率 119,121,162
Rabi 震荡 118
Racah 定理 626
R 矩阵 532
任意子(anyon) 495,499
容错 H 门 470
容错操作 455
容错恢复 453
容错计算 23
容错绝热量子计算 280
容错控制非门 471
容错相位门 469
熔结(规则) 522,524
熔结道 525
熔结树图 530

S

Schmidt 分解　138
Schur 引理 1　606
Schur 引理 2　608
Shor 态　456
Simon 问题　70,93
SO(2)群　618,620
SO(3)群　618,620
Solovay-Kitaev 定理　486
Steane 态　456
三位重复码　369
三元可满足性　273
三线棱编织　537
商集合　597
商群　597,600
生成矩阵　346,395
生成元组　594
生成元矩阵的标准形式　395
失相时间　150
失谐量　121,163
时序逻辑　17
实际出错率　480
时间复杂度　329
矢量空间　338,558
受激 Raman 跃迁　166
竖直量子点　194
数字电路　15
数字量子模拟机　95
双极型晶体管　13
双矢量表示　392
四极滤质器　156
松弛时间　150
算法　61
算法复杂性理论　62
算子量子纠错　411,445
随机存储器　18
随机数据库搜索问题　71
隧道效应　200
棱编织　506

T

Toffoli 门　35,474
Trotter-Suzuki 分解　99
特征标(character)　612
特征标表　612
特征标矢量　612
通用逻辑门　33,43
同构　603,625
同构映射　599
同态　598
同态核　600
同态映射　598
统计角　523
投影算子　32,579,616
Turing 机　60
拓扑变换　495
拓扑性质(拓扑不变量)　496
拓扑等价　496,501
拓扑荷　522
拓扑相　521
拓扑相位　497
拓扑(有)序　521
图态　288

U

U(幺正)空间　338,560
U(幺正)算子　561

V

von Neumann 代数(C^*-代数)　581
von Neumann 正交投影测量　112

W

完备基　339
完备码　351,405

完全可约 605
完全抗磁性 227
位 16
位反转错 140,365
稳定子 93,389
稳定子码 388
无消相干 413
无消相干子空间(DFS) 411,413
无消相干子系统(NS) 411,434,436

X

系统码 347
线性 Paul(势)阱 156,158
线性独立 338,558
线性 Hermitian 算子 22,562
线性纠错码 341
线性相关 338,558
相互作用算子代数 434
相位错 140,365
相位门 37,38,316,464
相位丢失时间 150
消相干 133,141,142,143,220,262,337,412
辛内积 394
信息流矢量 330
序参量 232
旋转波近似 133
循环表示 582
循环码 405
循环群 594
循环矢量 582
旋磁比 109,567

Y

Yang-Baxter 关系 504
赝自旋算子 131
幺正变换 22,459
幺正算子 22,37,44,47,561
幺正表示 605
幺正表示定理 605
幺正量子超算子 438
一致性条件 531
隐参数理论 576
隐藏子群问题 92
隐形传态 25
有限群 584
有限算子 581
有效算法 64
有效梭编织 539
与门 16
元激发 517
元素的阶 593
远程态制备 25
运算器 15
阈限定理 492

Z

在簇态上模拟基本量子逻辑门的定理 309
增加能 199
真空态 526
真值表 33
真子群 590
整数量子 Hall 效应 510,513
正常电子 229
正规子 390,595
正规子群 595
正交 339
正交补空间 340
正交投影测量(von Neumann 测量) 570
正则表示 604
正则参数 624
正则语言 62
直积群 601
直流 Josephson 效应 237
只读存储器 18
指错子 354,370,391,409

指数时间算法 63
质心模 160
置换群 586
中心(化)子 390,506,596
忠实表示 603
重复度 613
重量 341,366,391
轴向模 159
主动量子纠错(AQEC) 362,411
主方程 146
注入梭编织 539
准空穴(态) 521
准粒子(态) 517,521,522
子空间 338
真子群 589
子群 589
字 18
字长 18
自旋(角动量)量子数 568
自旋费密子模型 110
自旋阻塞 205
自由演化 114
自组织生长量子点 193
纵向电阻 509
组合函数 619
组合逻辑 17
最大连通性 301
最佳码 351
“最小距离”译码规则 343
阻尼振子 148